来自饲料生产第一线的技术问答

程宗佳　郝　波　主编

U0306245

中国农业科学技术出版社

图书在版编目（CIP）数据

来自饲料生产第一线的技术问答 / 程宗佳，郝波主编 .
—北京：中国农业科学技术出版社，2013.3
ISBN 978-7-5116-1051-5

Ⅰ . ①来⋯　Ⅱ . ①程⋯　②郝⋯　Ⅲ . ①饲料 – 问题解答
②饲料加工 – 问题解答　Ⅳ . ① S816–44

中国版本图书馆 CIP 数据核字（2012）第 196558 号

责任编辑　徐　毅
责任校对　贾晓红

出 版 者　中国农业科学技术出版社
　　　　　北京市中关村南大街 12 号　　　　邮编：100081
电　　话　（010）82106631（编辑室）　　　（010）82109704（发行部）
　　　　　（010）82109703（读者服务部）
传　　真　（010）82106631
网　　址　http://www.castp.cn
经 销 者　新华书店北京发行所
印 刷 者　北京卡乐富印刷有限公司
开　　本　889mm×1 194mm　1/16
印　　张　22.5
字　　数　600 千字
版　　次　2013 年 4 月第 1 版　2013 年 4 月第 1 次印刷
定　　价　158.00 元

作者简介

程宗佳

　　程宗佳：1985年毕业于南京农业大学畜牧专业后就职于江西省饲料科学研究所，1989年赴美国研修，在美国饲料厂、种猪场、奶牛场、火鸡场和鱼虾场等工作8年。1996年获美国明尼苏达大学（University of Minnesota）农业硕士学位（猪的营养），2000年获美国堪萨斯州立大学（Kansas State University）博士学位（饲料加工工艺），2000～2002年在美国爱达荷大学（University of Idaho）从事水产（虾和虹鳟鱼）饲料加工和营养研究，2003～2011年任美国大豆协会（Kansas State University）北京办事处饲料技术主任，2012年以来任动物营养与饲料技术顾问，主要从事饲料原料国际贸易、饲料配方、饲料产品开发，组织中国代表团赴欧美参观饲料厂、饲料设备厂、养殖场、农场、大学、科研机构，及饲料技术咨询等工作。自从获得博士学位以来，在美国、加拿大、中国及东南亚国家做近500场动物营养与饲料技术讲座，协助近200家饲料企业进行饲料设备改造及配方升级工作。在国际学术刊物发表论文共20篇、文摘68篇；在国内饲料刊物翻译和发表实用动物营养和饲料科技方面文章若干篇。

郝　波

　　郝波，男，汉族，1956年1月15日出生，江苏溧阳人，1979年毕业于江苏工学院（江苏大学），1998年获得东南大学研究生学历，1994年，江苏省政府授予"有突出贡献的中青年专家"称号；之后受到国务院表彰，享受政府特殊津贴，荣获全国"五一"劳动奖章。九届全国人大代表，高级工程师等。郝波现任江苏省正昌集团有限公司党委书记、董事长、总裁、中国饲料工业协会副会长。

　　他一生专注于饲料机械及整厂工程的研究，经过二十多年的不懈努力，把一个名不见经传的国营粮机小企业发展成目前中国最大的饲料机械加工设备和整厂工程制造商之一——江苏正昌集团有限公司，是国家高新技术企业。他发表论文《绩效管理》，提出了企业管理创新的新概念，并主编著作《饲料制粒技术》和《饲料加工设备维修》（中国农业出版社出版）填补了全国饲料加工企业工人培训教材的空白。

前　言

近几年，畜禽产品的持续高价格给饲料行业带来了前所未有的发展机遇，同时，大宗饲料原料、添加剂价格剧烈动荡给饲料行业带来了巨大的挑战！尽管如此，在配合饲料生产技术和管理的过程中仍有许多问题亟待解决，如饲料产品如何应对错综复杂的养殖业生产环境？在不同生产水平和目标、复杂的动物品种等条件下动物的营养需要量应该如何界定？要实现饲料成本的最低化，每种饲料准确的营养价值是多少？微量元素、氨基酸、维生素都是营养物质，同时，它们还有特殊的生物活性功能，促生长、促消化、抗病、防病、抗应激均有效果。反之，环境、疾病、生产水平等都会改变它们的需要量，各种添加剂的功效如何？饲料加工的目的是什么？是为了工业化的大生产？还是为了饲料企业的利润？加工的每一个环节都可以改变营养物质利用率和添加剂功效，有正效应，也有负效应。能量、氨基酸等利用率能提高多少？维生素、酶等各种添加剂的功效能影响多少？不同工艺条件有何不同影响？如何做到管理的精细化、配方的最优化、成本的最低化、生产的标准化？作为一个系统工程，《来自饲料生产第一线的技术问答》一书是把来自生产一线的实用技术奉献给大家，本册共分七个部分，以问答的形式——向从业者们解答。这七个部分是：一、饲料原料。二、质量检测。三、牧草与青贮。四、饲料添加剂。五、霉菌毒素及其检测。六、加工工艺。七、其他问题。

本书是主编自 2000 年以来在美国、加拿大、中国及东南亚国家所做的近 500 场技术讲座中所回答问题的部分总结，这些技术问题都是来自饲料生产第一线，也是编者在饲料加工装备的设计与制造、饲料加工工艺的研究与应用、饲料生产以及畜牧业、水产养殖业等方面，几十年来长期工作经验的技术积累与知识总结。也有部分问题是来自电邮和电话交流。同时也邀请了业界专家就他们在生产、教学与推广活动中所碰到的问题提供答案，还有部分答案来自网络，因无署名，或署名为秩名，故参考文献中未列出。因此，本书是集体劳动的成果。参加本书编辑的其他人员是：朱建平、李忠平、徐超、王洪海、孙志强、卢德秋、邹三元、连俊杰、盛小南、王卫国、马振强等。

编辑本书的目的是为饲料与养殖生产者提供一些实际生产中遇到问题的答案。希望通过本书，能给广大读者在饲料与畜牧、水产养殖业的工作过程中，所遇到的类似技术问题给予一点启发与帮助，同时更希望广大读者在提升饲料加工产能与效率，提高饲料品质与养殖效益，降低生产与养殖成本，改善安全、卫生与环境条件等方面有更大的收获。因编者水平有限，加之时间仓促，缺点和错误在所难免，恳请读者批评指正。同时，本主编建议读者将生产中遇到的问题电邮至 feedtecheng@yahoo.com，我们将尽全力为读者找到答案，同时在此书再版时加以补充。让我们共同努力，为中国饲料工业和养殖业的发展贡献自己的力量！

程宗佳　博士

美国波士顿饲料技术服务公司

2013-3-1

C 目录
CONTENTS →

饲料原料

质量检测

牧草与青贮

饲料添加剂

霉菌毒素及其检测

加工工艺

其他问题

【饲料原料】

发酵豆粕有哪些特性？

答：发酵豆粕是为提高豆粕消化率，降低其抗营养因子，经一定工艺和技术手段发酵后的豆粕。发酵豆粕具有以下优点：（1）提高了豆粕蛋白的溶解度，利于消化；（2）减小了豆粕中蛋白的分子量，其中，一部分已达到小肽水平甚至氨基酸水平，可以直接被动物吸收；（3）具有一定的芳香气味和鲜味，有一定的诱食作用，适口性较好；（4）豆粕中一些多糖分子在发酵过程中被分解，这对于动物的消化吸收也很有利。特别是一些胀气因子，也被微生物在发酵中降解，这是其他工艺难以达到的。

豆粕价格与赖氨酸价格变化是否有直接联系？

答：豆粕是一种最常用的植物性蛋白质原料，在饲料中用量很大，豆粕中赖氨酸含量也很高，每吨豆粕含有的赖氨酸约为 25 kg，所以豆粕也是饲料赖氨酸的主要来源。赖氨酸是动物的限制性必需氨基酸，目前赖氨酸主要是用玉米进行发酵法生产，故赖氨酸的生产成本与玉米的成本和生产成本等相关联。豆粕价格的变化，会导致其他饼粕原料的应用，导致饲料中赖氨酸含量往往不足，需加以补充以满足动物的需要。当豆粕价格上涨时，势必影响赖氨酸的使用量，从而影响赖氨酸的销售价格。

DDG、DDS 和 DDGS 是什么？其营养成分有哪些？

答：玉米经酵母发酵，再以蒸馏法萃取酒精后之产品，经分离去除滤液所得粗渣部分加以干燥即得玉米酒糟（DDG）。分离所得滤液浓缩干燥即得可溶性玉米酒糟（DDS）。将滤液喷在粗渣内，直接浓缩干燥后即得含可溶物酒糟，即常见之 DDGS。DDG/DDS/DDGS 主要成分比较如表1。

表 1　DDG/DDS/DDGS 主要营养成分

品名	DDGS	DDG	DDS	品名	DDGS	DDG	DDS
干物质（%）	93.0	94.0	92.0	粗纤维（%）	9.1	12.0	4.0
猪消化能（MJ/kg）	13.39	12.97	13.91	粗脂肪（%）	9.0	9.2	9.0
鸡代谢能（MJ/kg）	10.37	8.25	12.26	赖氨酸（%）	0.75	0.78	0.90
粗蛋白（%）	27.2	27.9	28.5	蛋＋胱（%）	1.00	0.64	0.90

图 1，编者（右 3）带领中国饲料企业家代表团在美国认真学习 DDGS 的应用，从酒精厂生产的湿 DDGS 可直接用作奶牛饲料。图 2、图 3 为中国饲料企业家代表团（VIP）团员在美国酒精厂参观并洽谈 DDGS 和毛油的贸易，最近，编者协助国内越来越多的饲料厂和贸易公司与美国酒精厂直接进行贸易。

图 1　湿 DDGS 可直接用作奶牛饲料

图 2　加工好的 DDGS

图 3　中国饲料企业家代表团（VIP）团员在美国酒精厂参观并洽谈 DDGS 和毛油的贸易

饲料生产中使用玉米酒精糟及可溶物等应注意什么？

答：玉米酒精糟及其可溶物简称 DDGS。饲料生产中使用 DDGS 应注意：（1）酒精发酵原料不同所生产的 DDGS 在营养成分含量上有较大差别，不同酒精厂采用的生产工艺不同也会使其产生较大差别。（2）与原料相比，由于去掉了淀粉和糖，其他营养成分，如蛋白、脂肪、维生素的含量明显提高，大约为玉米的 3 倍，然而霉菌毒素的含量也通常为玉米的 3 倍。（3）DDGS 虽然蛋白质含量高，蛋氨酸及胱氨酸稍高，但赖氨酸明显不足。由于受氨基酸平衡和粗纤维等影响，在生产中只能部分代替豆粕，不能全部替代，在使用过程中还要注意补充赖氨酸等限制性氨基酸。（4）DDGS 有效磷的含量较高，应注意充分利用。经过发酵，植酸遭水解而释出植酸磷，磷的利用率高达 80%。（5）叶黄素是玉米的 3 倍，着色效果佳。（6）对反刍动物而言，是优良蛋白质及能量来源，适口性好；对单胃动物而言，适口性略差。（7）使用限制：对猪而言，使用 10% 容积增 3%，会影响采食量，肉猪用量 20% 以上时，屠宰率下降，肉质变软；因此，使用时要先进行质量安全分析，根据饲喂对象，确定最佳使用量。（8）建议用量见表 2。

表 2　DDGS 的建议用量（%）

小牛、小羊：0	乳猪：0 ~ 2.5	小鸡：0
奶牛、肉牛：0 ~ 25	肉猪：0 ~ 15	肉鸡：0 ~ 7.5
水产（杂食性）：0 ~ 20	母猪：0 ~ 20	蛋鸡、种鸡：0 ~ 7.5

啤酒糟的营养成分怎样？

答: 啤酒制法各地不同，原料也有差异，所以成分变化很大，以蛋白质来看，一般可分26%以上，24%以上，17%以上3种蛋白质等级，17%啤酒糟是榨汁后干燥的产品，水溶性蛋白已去除殆尽，所以粗蛋白较低。啤酒糟的规格与成分见表3。

表 3　啤酒糟的规格与营养成分（%）

	分析值	范　围
水分	10.0	6.5 ~ 12.0
粗蛋白	24.5	20.0 ~ 27.0
粗脂肪	6.0	4.0 ~ 8.0
粗纤维	15.0	14.0 ~ 18.0
粗灰分	4.0	2.5 ~ 4.5
钙	0.28	0.15 ~ 0.35
磷	0.48	0.35 ~ 0.60

大豆类饲料如何加工及应用？

答:（1）豆粕的用途：豆粕是大豆经提取豆油后得到的一种副产品，根据提取方法不同分为一浸豆粕和二浸豆粕，其中用浸提法提取豆油后得到的副产品为一浸豆粕；先以压榨取油，再经过浸提取油后得的副产品称为二浸豆粕。一浸豆粕的生产工艺较为先进，蛋白质含量高，是目前国内外现货市场上流通的主要品种。豆粕是棉籽粕、花生粕、菜籽粕等 12 种动植物油粕饲料产品中产量最大、用途最广的一种。作为一种高蛋白质，豆粕是制作牲畜与家禽饲料的主要原料，还可以用于制作糕点食品、健康食品以及化妆品和抗生素原料。（2）豆腐渣作饲料：豆腐渣是生产豆腐和豆浆的副产品，粗蛋白质和粗脂肪的含量很高，是一种物美价廉的饲料。但生豆腐渣含有抗胰蛋白酶及一些有毒物质，所以喂猪时一定要控制好用量，喂前最好加热煮熟 15 min，以增强适口性，提高蛋白质的吸收利用率。（3）大豆多肽——饲料：大豆多肽是将大豆蛋白质水解作用后，再经过分离、精制等过程得到的低聚肽混合物，其中，还含有少量游离氨基酸、糖类和无机盐等成分。大豆多肽通常由 3 ~ 6 个氨基酸组成，液相色谱显示其分子量在 1 000Dal 以下，主要出峰位置在分子量300 ~ 700 的范围内。（4）豆粕替代鱼粉在饲料中的应用：豆粕取代鱼粉用在全价配合饲料中。（5）大豆浓缩蛋白的加工法：大豆浓缩蛋白可应用于代乳粉、蛋白浇注食品、碎肉、乳胶肉末、肉卷、调料、焙烤食品、婴儿食品、模拟肉等的生产，使用时应根据不同浓缩蛋白的功能特性选择。（6）发酵豆粕：豆粕经发酵酶解处理后因有效降低大豆蛋白中的抗营养因子，尤其是发酵酶解产生大量小分子多肽有利于日粮蛋白质的消化吸收而呈现出降低断奶仔猪腹泻率的良好效果。仔猪断奶应激会导致肠道受损、消化功能紊乱、消化酶活性低，致使蛋白质不能很好地被消化吸收，继而在大肠发生腐败，产生的氨和胺类物质对肠道黏膜有毒性作用，使腹泻加重。小肽特别是 2 ~ 3 肽，可被仔猪完全而有效地吸收，减少了大肠后段氨气和有毒胺类的产生。同时，能维持消化道正常的功能，降低腹泻率。小肽还能加强有益菌群的繁殖，提高菌体蛋白的合成、提高抗病力。另外某些活动小肽能促进幼小动物的小肠发育，并刺激消化酶的分泌，提高机体的免疫能力和吸收能力。有研究表明，小肽能效刺激和诱导小肠绒毛膜刷状缘酶的活性上升，并促进动物的营养性康复。此外，发酵豆粕中的乳酸含量3%，益生菌含量为 1×10^7CFU/g，可以认为，断奶仔猪腹泻率的降低是豆粕经特殊工艺发酵后形成的独特品质和多种有益生物活性物质综合作用的结果。

图 4　中国饲料企业家代表团受到美国堪萨斯州农场主的热烈
欢迎和盛情款待

大豆皮的营养价值、应用现状及前景如何？

答：当前秸秆和干牧草是我国草食动物冬季主要粗饲料，但秸秆、干牧草营养成分低，木质素含量高，饲喂动物生长速度慢，生长周期长，而大豆皮是一种较理想的饲料资源，有很大的潜力。大豆皮是大豆制油工艺的副产品，约占整个大豆体积的10%，占整个大豆重量的8%。大豆皮主要是大豆外层包被的物质，颜色为米黄色或浅黄色，由油脂加工热法脱皮或压碎筛理两种加工方法所得。主要成分是细胞壁和植物纤维，粗纤维含量为38%，粗蛋白12.2%，钙0.53%，磷0.18%，木质素含量低于2%（NRC，1996）。大豆皮含有大量的粗纤维，可代替草食动物粗饲料中的低质秸秆和干草。秸秆适口性差，粗蛋白含量、矿物质含量少，木质素含量高。在把牧草晒制为干草的过程中，由于化学作用和机械作用养分损失大半，草食动物利用率低。大豆皮NDF占63%，ADF占47%，木质素含量仅为1.9%，其NDF可消化率高达95%。大豆皮是易消化的纤维性副产品，是冬季牧场很好的粗饲料，优于在冬季饲喂干草。Weidner（1994）在荷斯坦奶牛日粮中添加5种不同水平的大豆皮，代替25% ~ 42%的粗饲料，干草代替33%的青贮饲料，测定对奶牛日粮营养物质消化率和产奶性能的影响。结果表明，大豆皮提高中性纤维的消化率和产奶量分别为14，33%和9%。大豆皮含有适量的蛋白质和能量，可代替反刍动物部分精料补充料。其粗蛋白含量为12.2%，高于玉米的含量（10%），低于小麦麸的含量（17.1%）；其净能为8.15 MJ/kg，高于小麦麸的6.72 MJ/kg，接近于玉米的8.23 MJ/kg，因此，大豆皮可代替一定量的玉米与小麦麸。添加大豆皮也可减少反刍动物的代谢病。在低质粗料中加入谷物类能量饲料，由于谷物类饲料中含有大量的淀粉，淀粉在瘤胃中快速发酵，瘤胃液 pH 值下降和微生物区系紊乱，导致酸中毒，从而影响饲料干物质和粗纤维的消化。用大豆皮代替部分谷物饲料，不仅可减少因为高精料日粮导致的酸中毒，形成有利于保持瘤胃 pH 值，而且大豆皮能刺激瘤胃液中分解纤维的微生物快速生长，增强降解纤维的活力。鲁琳（2001）用大豆皮代替奶牛精料中的 25% 和50% 的玉米和小麦麸，日产奶量、4% 乳脂率校正奶和饲料转化率均无明显变化，但每千克奶的饲料成本分别降低 0.045 元和 0.057 元。Zervas（1997）在泌乳奶用绵羊试验中用大豆皮代替精料中 60% 的玉米，产奶量提高 3%，乳脂率提高 14%，脂肪校正奶产量提高 16%。大豆皮独特的优点决定了其广泛的应用前景。大豆皮是一种高纤维，通过酶解等生理生化作用而成为草食动物易消化的饲料，特别适用于肉牛和奶牛饲料。大豆皮能量高，不存在淀粉类谷物抑制瘤胃纤维酵解的负反应，作为一种新的饲料资源有很大的潜力。

酱油渣有哪些特点和营养价值？

答：采用国内大型酱油厂优质下脚料酱油渣（酱油粕），利用独有的发酵、烘干、粉碎等先进工艺技术加工，降低水分含量，提高蛋白含量，得到利用价值较高的富含多种氨基酸的干燥酱油渣粉末，其中，含有异黄酮等抗氧化物质，具有较强的生理活性，是很好的蛋白质饲料原料之一，并且有价格便宜，可久贮而不变质等优点。酱油渣产品可作水产和禽类的饲料原料，也可作为猪牛的配合饲料和调味饲料使用，且日粮中不必再添加食盐。根据酱油压榨原料不同，酱油渣产品分为酱油（麸）渣和酱油（豆）渣两种，见表 4。

表 4　酱油渣产品的营养成分（%）

	酱油（麸）渣	酱油（豆）渣
脂肪	11.9	26.7
水分	10.8	10.2
盐分	14.8	16.8
蛋白	24.8	21.3
氨基酸总量	23.8	20.8

全脂膨化大豆的营养成分如何？

答：膨化技术可将生大豆加工成高质量大豆原料，具有灵活性、普遍性、经济效益高等优点。其依靠物料与膨化机筒壁及螺杆之间相互摩擦产热，对大豆进行加工，可以消除大豆中的多种抗营养因子，改变大豆蛋白质及纤维的结构，使其营养成分更易与消化酶接触而被充分利用，提高大豆原料的营养价值和饲料利用率，同时，也提高大豆的适口性和卫生水平。在目前豆粕和油脂价格不断高涨的情况下，在动物生产中应用膨化大豆可以带来良好的经济收益。全脂大豆营养成分及氨基酸消化率见表 5 和表 6。

表5 全脂大豆成分及营养价值

	名称	单位	含量	名称	单位	含量
常规成分	干物质	（%）	88.0	钙	（%）	0.32
	粗蛋白质	（%）	35.5	磷	（%）	0.4
	粗脂肪	（%）	18.7	非植酸磷	（%）	0.25
	粗纤维	（%）	4.6	镁	（%）	0.28
	无氮浸出物	（%）	25.2	钾	（%）	1.7
	粗灰分	（%）	4.0	钠	（%）	0.22
有效能	猪消化能	（MJ/kg）	17.74	铁	（mg/kg）	111.0
	猪代谢能	（MJ/kg）	15.77	铜	（mg/kg）	18.1
	鸡代谢能	（MJ/kg）	15.69	锰	（mg/kg）	21.5
	肉牛维持净能	（MJ/kg）	9.19	锌	（mg/kg）	40.7
	肉牛增重净能	（MJ/kg）	6.01	硒	（mg/kg）	0.06
	产奶净能	（MJ/kg）	8.12			
	羊消化能	（MJ/kg）	16.99			

注：矿物质及微量元素列于右半部分。

表6 全脂大豆氨基酸消化率（%）

	名称	含量	氨基酸真消化率（猪）	氨基酸真消化率（鸡）
氨基酸	赖氨酸	2.37	85	88
	蛋氨酸	0.55	88	85
	胱氨酸	0.76	73	81
	苏氨酸	1.42	71	84
	异亮氨酸	1.32	81	86
	亮氨酸	2.68	87	86
	精氨酸	2.63	88	92
	缬氨酸	1.53	77	84
	组氨酸	0.63	85	89
	酪氨酸	0.67	85	88
	苯丙氨酸	1.39	87	87
	色氨酸	0.49	65	82

中国饲料原料采购指南（第二版）. 中国农业大学出版社，2007

全脂膨化大豆在饲料中的应用现状及前景如何？

答：大豆中富含活性极强的抗原物质，可激发仔猪胃肠道的过敏反应及对肠道形态产生不利影响，进而引起肠道消化吸收功能低下而发生腹泻，而高质量膨化大豆替代杂粕能够缓解仔猪的超敏反应和腹泻程度，改善仔猪的生产性能，提高仔猪对饲料中氨基酸的消化能力。在适宜的温度下，膨化大豆具有比杂粕更好的适口性及更高的生物利用率，可改善饲料转化率，提高早期断奶仔猪的生产性能。经过膨化处理的大豆，其脂肪和能量的消化率高于其他热处理工艺，如烘炒、红外线热处理和蒸煮处理。Hancock 等（1991）报道，膨化大豆可使生长猪日粮氮的表观消化率提高 7.0%。在 121℃的出料温度膨化大豆时，可在生长猪获得最佳的回肠消化率，蛋白质及氨基酸的利用率显著高于生大豆。谯仕彦等（1999）研究指出，膨化大豆有改善日粮脂肪和亚油酸等几种脂肪酸回肠消化率的作用，其粗脂肪和亚油酸的回肠表观消化率分别高达 93.6% 和 97.7%。在高温膨化下大豆中的油可以从油细胞中充分释放出来，可提供足量且高利用率的油脂，改善动物的生长性能。另外，膨化大豆中的脂肪还可有效提高制粒的产量，同时，减少制粒及饲喂过程中产生的饲料粉尘，改善畜舍空气质量（图 5 ~ 8）。

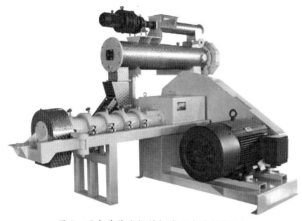

图 5　国内某著名饲料机械厂生产的膨胀机

图 6　滚筒式冷却机

图 7　加工好的膨化大豆

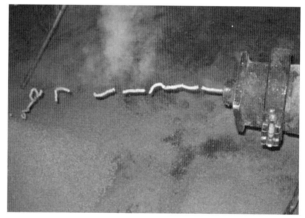

图 8　正在工作的膨化机

在天气干燥的地区，可以将膨化大豆直接放置在地上，减少冷却这一环节。膨化大豆日粮在仔猪生产实践中得到了充分的肯定。宁志华等试验表明，日粮中膨化大豆替代部分豆粕，可以提高仔猪的平均日增重和改善料重比。江明生等（2001）用 6% 和 12% 膨化大豆分别替代对照日粮中的 5% 豆粕 +1% 豆油和 10% 豆粕 +2% 豆油，结果表明，与各对照组相比，试验组的日增重分别提高 7.2% 和 10%，腹泻率下降 8.4% 和 9.2%，改善了饲料利用率，并提高了经济效益。席鹏彬等（2002）试验发现，经 135℃湿法膨化的大豆日粮与普通豆粕日粮相比，减轻了断奶仔猪的过敏反应，提高机体对木糖的吸收能力，降低断奶仔猪腹泻率，仔猪的日增重及采食量分别提高 24.2% 和 10.3%，饲料报酬改善 23.4%。研究还表明，湿法膨化的大豆产品中脲酶活性为 0.03 ~ 0.4 时饲喂效果最佳；大豆胰蛋白酶抑制因子灭活率达 75% ~ 85% 或大豆胰蛋白酶抑制因子的含量为 4 ~ 5 mg/g 时，大豆蛋白质的营养效价最高，动物生产性能最佳。姜秋水等（2003）

在日粮中添加 5% 的膨化大豆部分替代日粮中的豆粕试验结果表明，膨化大豆组仔猪日增重比豆粕组提高 7.5%，料重比和腹泻率分别下降 6.9% 和 14.6%。生长肥育猪对大豆中的抗营养因子耐受力较强，对加工处理条件的要求相对较低，而在育肥猪生产中的诸多应用研究表明，膨化大豆日粮可在不同程度上改善动物的生产性能。Hanke 等（1972）试验表明，饲喂膨化大豆能促进育肥猪的生长，提高饲料利用率，平均日增重提高 6.3%。谯仕彦等（1997）分别用 6% 的在 135℃ 和 145℃ 生产的膨化大豆替代对照日粮中 5% 的豆粕和 1% 的豆油为实验日粮，结果表明，与豆粕＋豆油日粮比较，采食 135℃ 和 145℃ 膨化大豆的生长猪的日增重分别比对照组提高了 6.8% 和 8.8%，采食量分别提高了 4.2% 和 2.9%，料重比分别降低 2.5% 和 5.7%。陈文娟等（1997）及张根军等（1998）报道，在育肥阶段膨化大豆日粮消化率高，增重效果好，日增重和饲料转化率分别极显著提高了 15% 左右。刘国忠等（1999）报道，长大母猪在育肥期 26～60 kg 阶段，试验组用 12% 膨化大豆替代对照组日粮中的部分豆粕结果表明，试验组比对照组日增重提高 4.1%，每千克增重成本也比对照组节省 0.02 元。以上研究均表明，与豆粕相比膨化大豆可以进一步促进育肥猪的生长发育，改善其生产性能。膨化大豆可促进畜禽健康，减少疾病的发生。金征宇等（1996）研究认为，大豆膨化加工后能有效防止仔猪下痢，改善消化道的微环境，表明膨化大豆应用于仔猪饲料比豆粕加油脂具有更强的优越性。Chae 和 Han（1998）指出，膨化加工在控制沙门氏杆菌方面，较制粒更为有效。宋时光等（2000）研究表明，饲喂膨化大豆仔猪成活率提高了 3%。施学仕（2000）的试验表明膨化大豆与豆粕和去皮豆粕相比可显著降低早期断奶仔猪的腹泻率。膨化大豆在蛋鸡料中使用效果也很显著。图 9 为编者（右）在马来西亚一蛋鸡场做技术服务及交流膨化大豆在蛋鸡日粮中的应用，由于采用膨化大豆日粮，该养殖场鸡蛋的平均蛋重比其他养殖场重 3g 左右，且蛋壳颜色更具光泽和鲜艳（图 10）。

图 9　作者在马来西亚与蛋鸡场主作技术服务

图 10　饲喂膨化大豆的鸡所产的鸡蛋

　　总的来说，在适宜的温度下，膨化加工的大豆能提高仔猪的生长速度和改善饲料转化率。主要原因在于膨化加工的高温高压可使大豆中部分胰蛋白酶抑制因子等抗营养因子失活，增加产品的适口性，从而提高仔猪生产性能。同时，膨化加工的物理作用也可破坏植物的细胞壁，使细胞内的脂肪和蛋白质等养分释放出来，提高养分的消化率。因此，膨化大豆是很好的饲用蛋白和能量来源。

能否用玉米秸秆做猪、鸡、鱼饲料，加酶能否消除玉米秸秆中的纤维素？

答：最好不要用，秸秆是难以通过维生素、酶、膨化等措施来降解粗纤维含量的，而粗纤维含量过高，会影响饲料当中其他有效成分的消化吸收。

谷子能做饲料吗？

答：能，一切谷类作物都可以做饲料，如何使用要看它们的真正价值与质量。

用小麦全部代替玉米后，动物会表现什么不同？

答：动物会有一段时间的适应过程，短期内肉鸡采食量会下降，蛋鸡蛋壳发白，猪没有什么问题，鸭会有好的表现。

木薯的营养成分及其在饲料中的应用如何？

答：木薯是在东南亚、非洲及中美洲生长的热带根茎类作物。我国海南、江西、广西壮族自治区和广东等地也有种植。种植期约 11 个月，产量主要受品种和农业技术，尤其是施肥和灌溉技术的影响，平均产量为 20 ~ 60 t/hm²。经过施用足够的动物粪便后，木薯的产量可提高到 100 ~ 150 t/hm²。在目前谷物价格居高不下的情况下，需要增加其他廉价的能量替代饲料，满足动物对日粮能量的需求。比较常用的替代品为碳水化合物含量丰富的块根块茎作物，其中，木薯是饲料中最为认可的能量饲料。目前，木薯在东南亚地区的成功应用也为中国能量饲料原料替代物的研究提供了良好的参考。新鲜的根茎主要成分是淀粉，以及 60% 的水分，氢氰酸的含量大约为 100 mg/kg。新鲜的根茎加工成木薯片或颗粒后，氢氰酸的含量小于 30 mg/kg，对动物无毒性。木薯制品应用在饲料生产中很少发生黄曲霉毒素和其他霉菌毒素污染的事件。木薯淀粉中支链淀粉的比例较高，其淀粉的消化率高于玉米淀粉，可用作猪、家禽和反刍动物日粮中的主要能量原料，但必须注意其氢氰酸和氨基酸的含量。在木薯晒制场，经过 3 ~ 4 天的日光照射，木薯中的氢氰酸含量可由 100 mg/kg 下降到 30 mg/kg 以下，此为畜禽料中的安全范围。木薯的根茎含有丰富的碳水化合物（65% 左右的淀粉，粗纤维低于 4.5%），消化能值为 13 ~ 14 MJ/kg，干物质消化率为 75%，有机物消化率高于 85%，养分中除粗蛋白（氨基酸）的含量较低及纤维含量较高外，其他营养水平与谷物相近。表 7 和表 8 分别列出了木薯的化学组分、营养价值及其与其他饲料原料的比较。表 9 列出了木薯及其他饲料原料营养价值的比较（图 11 ~ 12）。

图 11　泰国农民在木薯地施肥

图 12　泰国农民收获木薯

表 7　木薯及其他饲料原料的化学组分（Uthai，2001）

	木薯	玉米	碎稻米	高粱
水分	13	13	10	13
蛋白	2	8	8	11.8
代谢能	3 360	3 300	3 569	3 140
脂肪	0.5	0.9	4.0	3.0
纤维	4.0	2.5	1.0	3.0
赖氨酸	0.09	0.25	0.27	0.23
蛋氨酸 + 胱氨酸	0.06	0.39	0.32	0.27

表 8　木薯、碎米、玉米和高粱的化学成分比较（Uthai，2001）

项 目	木薯	碎米	玉米	高粱
粗蛋白质（%）	2.0	8.0	8.0	11.80
赖氨酸（%）	0.09	0.27	0.25	0.23
蛋氨酸（%）	0.03	0.27	0.19	0.16
蛋氨酸 + 胱氨酸（%）	0.06	0.32	0.39	0.27
色氨酸（%）	0.02	0.10	0.09	0.10
苏氨酸（%）	0.07	0.36	0.32	0.33
异亮氨酸（%）	0.07	0.45	0.34	0.44
精氨酸（%）	0.12	0.36	0.40	0.39
亮氨酸（%）	0.12	0.71	1.17	1.38
苯丙氨酸 + 酪氨酸（%）	0.12	1.15	0.81	0.96
组氨酸（%）	0.03	0.18	0.25	0.22
缬氨酸（%）	0.09	0.53	0.46	0.55
甘氨酸（%）	0.08	0.71	0.33	0.33
猪消化能（kcal/kg）	3 260	3 596	3 300	3 140
禽代谢能（kcal/kg）	3 500	3 500	3 370	3 250
脂肪（%）	0.75	0.90	1.00	3.00
钙（%）	0.12	0.03	0.01	0.04
有效磷（%）	0.05	0.04	0.10	0.10
粗纤维（%）	4.0	1.00	2.50	3.00

表 9　木薯及其他饲料原料营养价值的比较（Uthai，2001）

	玉米	稻米	木薯
蛋白质	8	8	2
代谢能	3 300	3 596	3 360
淀粉消化性	慢	中速	快
霉菌毒素	高	低	低 / 无
对健康影响	不好	一般	好
药物使用	高	一般	低 / 无
死亡率	高	低	低

木薯片和颗粒的加工过程？

答：新鲜的木薯根茎，先除杂，然后破片，后暴晒 3 ~ 4 天生成木薯片。可以分为工业用和动物饲料用木薯片。木薯片经过粉碎，制粒和冷却后生成木薯颗粒，用于动物饲料的生产（图 13 ~ 16）。

图 13　清理木薯

图 14　木薯切片机

图 15　木薯切片

图 16　木薯晒制

表 10 和表 11 分别列出了木薯的质量标准和不同种类木薯在猪日粮中的代谢能值。

表 10　木薯片及颗粒质量标准

产品	木薯片		木薯颗粒	
质量	优质	普通	优质	普通
水分含量上限	13	14	13	14
蛋白含量上限	2	2	2	2
粗纤维含量上限	4/1 ~ 2	5/3	4/1 ~ 2	5/3
淀粉含量下限	70	65	70	65

（泰国商业部对外经贸处）

表 11　不同种类木薯片在猪日粮中的代谢能值（Punsurin et al，2002）

木薯片类型	粗纤维（%）	猪 20 kg	猪 60 kg
木薯淀粉	0	3 741	3 756
去皮木薯	2.3	3 540	3 574
优质木薯片	3.9	3 356	3 385
普通木薯片	5.2	3 189	3 291

木薯产品的特性有哪些？

答：木薯含软性淀粉，主要为支链淀粉，在小肠前段消化率极高；通常带有天然有益细菌，主要是乳酸菌和酵母；酸性比较低，不容易受霉菌毒素污染。含有很低水平的氢氰酸或者不含。由于木薯本身的上述特性，其在饲料中应用具有如下优点：（1）可提供优质、高消化率的淀粉，可全部取代猪日粮中的玉米及碎稻米；（2）减少饲料中药物的使用，降低死亡率；（3）降低生猪生产成本，生产绿色无抗生素猪肉；（4）减少排泄物的恶臭气味；（5）改善动物的健康状况：①其淀粉和干物质有较高的消化率；②丰富的非致病菌和酵母，酸性较强可降低消化道内致病菌的数量；③由盲肠产生的短链脂肪酸中高比率的丁酸是小肠绒毛用于生长的营养源；④促进小肠绒毛的生长，改善营养素的吸收及增强对疾病的抵抗力；⑤增强谷胱甘肽过氧化酶的活性，该酶是动物体内的一种抗氧化酶，可以消除自由基，改善动物的免疫机能；⑥增加动物机体内免疫性淋巴细胞数量，改善对疾病的抵抗力。图 17 ~ 20 是我国海南省将木薯用于淀粉和酒精的生产中，木薯渣经发酵后可用作牛饲料。图 21 是在讲完木薯的应用后，江西听众与作者（右一）交流应用木薯的心得体会。

图 17　海南木薯

图 18　用做淀粉的木薯

图 19　木薯废液可用做沼气

图 20　木薯加工

图 21　作者（右一）兴致勃勃地与听众交流

畜牧业上能用木薯渣吗？

答：能。目前，我国木薯产业年产值超过 10 亿元。采用木薯淀粉的湿法加工工艺，每加工 1 吨木薯产生含水 70% 的木薯渣约 700 kg，每年产生数百万吨的木薯渣。木薯渣的主要成分是淀粉、纤维素和少量的蛋白质。经生物发酵处理后，木薯渣的营养成分含量大幅度提升，其利用率也大大提高；且含有大量的益生菌群，可提高动物的生产性能和饲料报酬，减少抗生素的使用量，生物转化效率明显提高。木薯渣的营养成分结构得到改善之后，有效地促进畜禽生物转化效率，另外，还可以提高粗蛋白质和粗脂肪的消化率，促进与细胞壁结合的矿物质的吸收；提高小肠绒毛的完整性。

去皮豆粕在畜牧生产中有何具体应用？

答：去皮豆粕是经先去皮、后浸出工艺生产出的不带豆皮的豆粕，是国内外市场上一种蛋白质饲料原料。蛋白质是饲料业中最为看重的指标之一，蛋白质含量和消化率越高，氨基酸的比例越合理，蛋白质饲料质量就越好。与普通豆粕相比，去皮豆粕蛋白质含量高，高蛋白含量使饲料中其他蛋白原料的投入量大为减少，降低了畜禽的养殖成本。能值反映了单位饲料能提供给畜禽的能量，去皮豆粕的能量值高于普通豆粕。豆粕中还富含多种必需氨基酸，去皮豆粕的氨基酸含量及消化率都高于普通豆粕。

图22，作者在马来西亚推广大豆产品在猪饲料中的应用，翻译将他的普通话译成闽南话，因为马来西亚的猪农99%是华裔福建人。

图22 作者在马来西亚讲课

去皮豆粕与普通豆粕的营养指标和最新国家标准分别见表12和表13。

表12 带皮豆粕与去皮豆粕营养指标比较

	带皮豆粕	去皮豆粕
蛋白质	≥ 44.0%	≥ 47.5% ~ 49%
脂肪	≥ 0.5%	≥ 0.5%
纤维	≤ 7.0%	≤ 3.3% ~ 3.5%
水分	≤ 12%	≤ 12%
能量（kcal/kg）	2 240	2 475
精氨酸	3.4	3.8
赖氨酸	2.9	3.2
蛋氨酸	0.65	0.75
胱氨酸	0.67	0.74
色氨酸	0.6	0.7
组氨酸	1.1	1.3
亮氨酸	3.4	3.8
异亮氨酸	2.5	2.6
苯丙氨酸	2.2	2.7
苏氨酸	1.7	2.4

资料来源：Dale，N. Feedstuffs，July，p24（1996）

表13 大豆粕最新国家标准

项目	带皮大豆粕		去皮大豆粕	
	一级	二级	一级	二级
水分（%）	≤ 12.0	≤ 13.0	≤ 12.0	≤ 13.0
粗蛋白质（%）	≥ 44.0	≥ 42.0	≥ 48.0	≥ 46.0
粗纤维（%）	≤ 7.0		≤ 3.5	≤ 4.5
粗灰分（%）	≤ 7.0		≤ 7.0	
尿素酶活性（以氨态氮计）[mg/（min•g）]	≤ 0.3		≤ 0.3	
氢氧化钾蛋白质溶解度（%）	≥ 70.0		≥ 70.0	

注：粗蛋白质、粗纤维、粗灰分均以88%或87%干物质为基础

资料来源：中华人民共和国国家标准GB/T 19541—2004，饲用大豆粕，2004年10月1日开始实施

膨化玉米产品如何分类？用途是什么？

答：根据终产品的容重（干燥冷却后，2 mm 筛板粉碎），可以将膨化玉米分为 3 种：（1）低膨化度产品：容重 >0.5 kg/L，一般采用低温膨化，80 ~ 120℃，成品水分较高，糊化度能做到 60% ~ 80%，断奶后期仔猪可用，也可用于多维和酶制剂包被工艺。（2）中等膨化度产品：容重 0.3 ~ 0.5 kg/L，温度 100 ~ 150℃，成品水分 8% ~ 10%，糊化度能做到 90% 以上，用于乳猪料，貉、狐及水貂等特种动物饲料，水产饲料。（3）高膨化度产品：容重 0.1 ~ 0.3 kg/L，温度 140 ~ 170℃或更高，成品水分 4% ~ 8%，可完全糊化，一般采用干法膨化，用于复合磷脂粉中载体，及铸造工业、涂料工业。

发酵产品与非发酵产品的变化主要体现在哪几个方面？

答：发酵主要是利用微生物在生长过程中产酶，使底物中蛋白质等大分子物质降解以及成分发生变化来提高产品的营养价值和风味等。与非发酵制品相比，其变化主要体现在以下几个方面：原料中的蛋白质、脂肪、碳水化合物等大分子物质被微生物酶水解为氨基酸、脂肪酸、糖等小分子物质，提高了产品的营养价值和消化性能；微生物代谢产生的乳酸、乙醇、乙酸等小分子物质赋予产品特有的香味、色泽和口感等感官特征的改善和多样化，使产品更易为消费者所接受；原料中难消化的胀气性寡糖和抗营养因子（胰蛋白酶抑制剂、凝集素、植酸和单宁等）可被发酵除去或降低，而维生素、抗癌物、活性肽、降胆固醇化合物等功能性成分被大量合成或释放，强化了产品的功能特性。

大蒜素食疗价值是如何发挥作用的？

答：大蒜的食疗价值主要是大蒜中的有效成分——大蒜素在起作用。生物化学分析证明，新鲜大蒜中并不含有大蒜素，而含有它的前体——蒜氨酸。蒜氨酸以不稳定无臭的形式存在于大蒜中。试验证明，鲜大蒜中存在的蒜氨酸手冲击（切片或破碎）后蒜酶活化，催化蒜氨酸形成大蒜素，大蒜素进一步分解后形成具有强烈臭味的硫化物。大蒜采用不同溶剂，控制不同条件会得到不同的产物。据此机制可选择适当的溶剂，控制反应条件，实现既脱臭又保存其有效成分的大蒜原液，进而加工成大蒜系列产品。

墨西哥沙漠中有种丝兰植物，能减少氨氮的排放量，是这样吗？

答：沙漠中的植物有固氮的作用，先将氮固定下来，一旦有水就可以生长，这是沙漠植物的天然保护。这种植物可以除臭。

目前乌贼蛋白产品的主要营养指标都有哪些?

答:见表14。

表14　乌贼蛋白产品的主要营养指标(%)

	粗蛋白	粗脂肪	水分	粗灰分	粗纤维
乌贼粉一级(褐色)	≥46	≤12	≤12	≤12	≤8
乌贼粉二级(黑色)	≥42	≤12	≤12	≤12	≤10
乌贼膏	≥25	≥12	≤43	≥25	≥12

非常规饲料原料的特性是怎样的? 如何应用?

答:非常规饲料原料是指在配方中较少使用,或者对营养特性和饲用价值了解较少的那些原料。非常规原料是一个相对的概念,不同地域、不同畜禽日粮所使用的原料是不同的,在某一地区或某一日粮中是非常规原料,在另一地区或另一种日粮中可能就是常规原料。非常规原料是区别于传统日粮习惯使用的原料,常见的非常规原料有麦麸、米糠、豆渣、酒糟、甘薯、秸秆及树叶等。非常规原料主要来源于农副产品和食品工业副产品,是重要的饲料资源。按照它们的营养特性,主要分为非常规能量原料、非常规植物蛋白原料、非常规动物蛋白原料和食品工业副产品等4大类。畜禽对非常规原料利用的特点:反刍动物比单胃动物更容易利用非常规原料,猪比家禽能更好地利用非常规原料,水禽比鸡能更好地利用非常规原料,但水禽对饲料毒物比鸡更敏感,成年动物比幼年动物能更好地利用非常规原料。由于非常规原料具有多方面的局限性,在使用时要注意根据各种原料的实际情况进行适当的处理和调整。要注意它的营养特性、抗营养成分、物理特性以及经济价值等。合理使用非常规饲料原料,必须考虑如下措施,提高它的营养价值和饲料效率。(1)通过适当的加工处理,改善非常规原料的物理性状,改善适口性和消化率,提高其在日粮中的使用比例。例如,通过发酵、粉碎、膨化或微波处理,可以改善某些劣质饲料的适口性,通过添加酶对某些动物性蛋白原料进行前处理,可以提高它们的消化率。(2)对含有抗营养因子或毒物的原料,通过使用某些添加剂或加工处理,使抗营养因子钝化或脱毒。例如,在含有非淀粉多糖的非常规原料及其副产品的日粮中,使用酶制剂;在含有植酸水平高的日粮中,使用植酸酶;在含有棉酚的棉籽粕日粮中,添加硫酸亚铁,使用膨化技术等。(3)用新的非常规原料时,有条件的最好能直接分析或评定饲料成分和能量价值,特别是可利用营养的含量。例如,有效能值、有效赖氨酸、有效磷等,或者选用或参考可靠的饲料数据。(4)设计配方时,根据非常规原料的营养浓度、体积和有害成分含量,确定在日粮中的最大用量。例如,种用畜禽蛋鸡、蛋鸭可以适当提高低营养浓度和大体积饲料原料的用量,注意根据各种原料的营养特性,平衡重要的限制性氨基酸,并调整维生素和微量元素的用量。常用非常规饲料的应用:麦麸含粗纤维8%~9%,硫胺素、烟酸和胆碱的含量丰富。麦麸质地松软、适口性好。用麦麸饲喂畜禽用量不能过多,更不能长时间单独饲喂,否则容易造成畜禽缺钙。用麦麸饲喂畜禽的适宜用量为:喂猪不能超过日粮的15%,喂雏鸡不能超过日粮的5%,喂产蛋鸡不能超过日粮的10%。米糠含有丰富的油脂和粗蛋白质,米糠能量高,但长期储存易变质,因此,配制配合饲料时应用新鲜米糠。配制猪用配合饲料，米糠的用量不宜超过 30%，否则，仔猪会泻肚，育肥猪易形成软脂，导致猪肉品质差。生豆渣含抗胰蛋白酶，抗胰蛋白酶会阻碍畜禽对蛋白质的消化吸收，因此，必须煮熟后再喂，否则易引起畜禽拉稀。豆渣缺乏维生素和矿物质，因此，应与精、粗饲料及青饲料合理搭配，且用量不超过饲料总量的 30%，变质的豆渣绝对不能饲喂。酒糟富含粗蛋白质、B 族维生素、钾、磷酸盐，但含钙少，且有酒精残留，因此，必须与青饲料和配合饲料搭配饲喂，且不宜饲喂孕畜。甘薯含淀粉 16% ~ 26%，单喂营养不全，生喂不易消化吸收，因此，甘薯应煮熟后与配合饲料和青饲料混喂。槐叶、柳叶、榆叶等多种树叶可直接采来喂牛羊等反刍家畜，用于喂猪、鸡则需加工成叶粉再配入饲料中。嫩叶一般可打浆鲜喂。将大量采集的树叶及时晾干，或用烘干机（温度为 50 ~ 60℃）烘干、粉碎，然后装入塑料袋置于阴凉干燥处储藏备用。青绿叶也可混同青草制成青贮饲料。山桃、核桃、李子树等树的叶片有苦涩味，适口性差，应将这些树叶经青贮或发酵处理后适量搭配饲喂。饲喂秸秆、籽壳前用水浸泡 8 ~ 12 h，待其软化后，再与青饲料或配合饲料混喂。也可将秸秆、子壳经碱化、氨化青贮等处理后饲喂。

固态发酵豆粕是怎样生产的？在饲料中的应用情况如何？

答：豆粕大部分用作饲料，少部分用于发酵食品生产，以豆粕为原料进行深加工和综合利用的研究相对薄弱。常见的加工豆粕方法是酶解豆粕和发酵豆粕，即利用现代生物技术将大豆蛋白通过蛋白酶酶解或微生物发酵降解为可溶性蛋白和小分子多肽的混合物。经过酶解或发酵处理的蛋白由于有比传统大豆中蛋白质更易于吸收、低抗原等特点，被认为是幼龄动物饲料的理想植物蛋白。酶解豆粕主要用于大豆肽的液态生产，它存在一系列的限制因素。首先蛋白质水解过程中产生的苦味、臭味无法完全抑制，尤其是大规模生产中，降低和脱除水解过程中的苦味和臭味需要很高的成本。较高的价格是限制大豆肽进入市场的主要原因。其次用于水解的酶制剂仅限于食品工业中的常用几种，单一或混合使用均无法彻底消除水解过程中产生的苦味和臭味。寻找克服水解过程中的苦味的蛋白酶，任务非常艰巨，且水解度难以控制。随着固态发酵技术的改进和完善，固态发酵不仅可以应用于液态生产不能实现的过程，而且可以弥补液态生产的不足与缺陷。应用现代固体发酵技术能实现大规模生产，而且其投资规模和生产成本往往要比液态法低，更重要的是现代固态发酵往往没有影响环境的污染废物产生，在食品加工业中将发挥越来越重要的作用。固态发酵其中一个重要应用领域就是利用微生物转化农作物及其副产物，以提高它们的营养价值，减少对环境的污染。豆粕经固态发酵则可有效提高蛋白质的生物转化率。豆粕中的蛋白含量很高，在 42.0% ~ 55.0%，而且其中 80.0% 以上都是水溶性蛋白。其中，赖氨酸 2.5% ~ 3.0%、色氨酸 0.6% ~ 0.7%、蛋氨酸 0.5% ~ 0.7%、胱氨酸 0.5% ~ 0.8%、胡萝卜素每千克 0.2 ~ 0.4 mg、硫胺素每千克 3 ~ 6 mg、核黄素每千克 3 ~ 6 mg、烟酸每千克 15 ~ 30 mg、胆碱每千克 2 200 ~ 2 800 mg。微生物发酵豆粕采用生物发酵工程技术，通过发酵过程中微生物分泌的酶将豆粕中的部分蛋白酶解为分子量 3 000 以上的大豆肽。发酵选用菌种多用乳酸菌、酵母菌、芽孢杆菌等。发酵过程中分为好氧发酵和厌氧发酵。在发酵前期采用好氧发酵，促使芽孢杆菌、酵母菌等好氧微生物繁殖生长，同时，芽孢杆菌、酵母菌分泌产生大量酶类、维生素等活性产物促进乳酸菌的生长。后期的厌氧发酵，促进乳酸菌的增殖，并产生大量乳酸。微生物在无氧条件下发生强制自溶，细胞中的胞内酶及其他生物活性成分分泌出来。厌氧发酵时蛋白酶发生酶解反应，并产生香味物质。综合好氧发酵和厌氧发酵的优缺点，将两者结合起来用于发酵豆粕基本可以达到以下指标：发酵酶解产生的小肽占豆粕中粗蛋白含量的 30%，占成品的 10%。发酵豆粕与酶解相比风味得到极大改善，且产生大量生物活性成分，但分子量多在 0.5 万～1 万，属于多肽范畴，离大豆寡肽、小肽的生理活性、易吸收性距离很大，所以成本相对也比较低。因此，越来越多的学者及研究人员研究固态发酵法发酵豆粕。固态发酵豆粕的现状及应用前景：将豆粕通过生物发酵处理后，使豆粕中的各种抗原成分、抗营养因子被有效降低去除，豆粕中的蛋白质被分解成大量的植物小肽。这种无抗原的植物小肽吸收率高，可作为断奶仔猪、幼禽、虾蟹，尤其是许多高档经济动物的优良蛋白质来源。这一产品的推广应用，将大大降低饲料工业对鱼粉等动物性饲料的依赖性，推动饲料工业的技术进步，同时产生较大的经济效益。由于幼畜的消化酶系统尚未发育完全，对于植物蛋白质的消化能力较弱。而大豆肽中富含许多小肽，能直接被动物吸收，而且大豆肽抗原性较低，幼畜使用后发生过敏反应的概率大大降低。利用多菌种、多温相、多重发酵技术发酵生产的新型发酵豆粕在水产饲料中应用后，可明显抑制消化道疾病的发生；提高动物机体免疫力，促进动物生长。同时，可大幅度减少疫苗、抗生素等药物使用量；提高水产动物的成活率；减少对环境的污染，社会效益和生态效益明显。在早期断奶仔猪饲料中添加大豆肽作为血浆蛋白粉的替代品，大豆肽可以部分替代中华鳖和鳗鱼人工配合饲料中的白鱼粉，日均增重、饵料系数、特定生长率等无显著性差异。应用推广存在以下主要问题：虽然很多研究证实了大豆肽能提高畜禽水产动物的生长速度，改善饲料利用率，但大豆肽的吸收和利用效果也将受到多种因素的影响。大豆肽的主要成分为小肽和其他小肽一样。因此，大豆肽的消化吸收效果将受到动物因素、日粮蛋白质的含量和品质、大豆肽的理化性质和大豆肽的用量等因素的影响。现在，对影响大豆肽作用效果因素及解决措施，还没有形成相对深入广泛的研究。对其进一步的研究，是大豆肽在饲料中推广应用的前提和保障。肽一般在胃肠道蛋白质消化过程中生成，消化过程释放产生毒性肽的几率是十分微小的，现尚无出现毒性肽的报道。但是，大豆肽的生产涉及生产工艺及其发酵、酶解选用的菌种及酶等，需要注意其安全性。发酵豆粕作为继配合饲料、膨化饲料之后新的工业饲料将得到推广应用。

杂粕代替豆粕存在哪些问题？

答：近年来，我国畜牧业和饲料工业发展十分迅速，饲料资源紧缺的矛盾日益突出。据专家预测，2010～2020 年，我国蛋白质饲料的差额为 2 400 万～4 800 万 t，饼粕类差额为 2 560 万 t。长期以来，我国主要以豆粕作为蛋白饲料原料，造成豆粕供应日趋紧张，价格不定期上涨波动。我国每年生产大量的杂粕，如棉籽饼粕年产量在 600 万 t 以上，菜籽饼粕约 300 万 t。各种杂粕的蛋白质含量均很高，如花生粕粗蛋白含量比豆粕高，棉籽粕与豆粕接近，菜籽粕、葵籽粕等粗蛋白含量也相当于豆粕的 80% 左右。有些杂粕的平均氨基酸消化率也很高，如葵籽粕可达 89%（豆粕氨基酸平均消化率为 90%）。此外，杂粕还含有丰富的其他营养物质。如大多数杂粕均含有很高的亚油酸，有效磷含量也均高于豆粕，亚麻粕亚麻酸含量十分丰富，葵籽粕的 B 族维生素含量显著高于豆粕。但由于杂粕本身存在着抗营养因子含量高，多含有毒物质等固有缺陷，其在饲料中的用量一直难以加大。采用现代生物工程技术的成果——酶制剂来提高杂粕在饲料中的使用量及利用率是目前最有效的方法之一。杂粕粗纤维含量高，特别是加工过程中脱壳不充分时。如棉籽饼粕的粗纤维含量可高达 17%，亚麻籽粕粗纤维含量可达 28%，带壳压榨的葵籽粕粗纤维含量更可高达32%。粗纤维主要包括纤维素、半纤维素(阿拉伯木聚糖等)、果胶和木质素。粗纤维不仅本身不能被单胃动物消化利用,以一种"稀释"作用使饼粕原料本身养分浓度降低,而且还影响其他营养物质的消化吸收,表现出抗营养作用。杂粕纤维素含量高,不仅包裹营养物质,妨碍与消化酶的充分接触,还增加了内源营养物质的损失,降低饲料中养分的利用率,还可与日粮中的钙、铜、铁、锌等金属离子发生螯合反应生成不溶性盐,影响矿物元素的吸收利用。

如何在饲料中应用蝇蛆蛋白?

答:(1)作为鲜活饵料:在动物养殖中,鲜活饵料营养全面,有利于畜禽和鱼类的摄食和生长,特别是在畜禽和鱼类的幼体阶段(如幼鱼、雏鸡等)以及处于繁殖期的动物。作为鲜活饵料,蝇蛆正好满足了这些动物对营养和蛋白质需求高的特点。此外,有些动物以活食为主(如牛蛙、林蛙)或喜食活饵料(如黄鳝、观赏鸟类、蝎等),这个方面,蝇蛆更是具有其他饲料难以比拟的优点。因此在动物养殖中,开发蝇蛆作为鲜活饵料是十分可行的。(2)作为替代鱼粉的蛋白饲料源:蝇蛆完全可以作为替代鱼粉的动物蛋白饲料,蝇蛆繁殖及生产上的优势更证实蝇蛆替代鱼粉的可行性。(3)作为载体饵料生物:所谓载体饵料生物是指某些饵料生物能将一些特定的物质或药物摄取后,再来饲养其他动物,当动物捕食到饵料生物时,那些特定的物质或药物也同时被消化吸收,从而促进了饲养动物的生长发育;或者防治了所饲养动物生活中极易发生的某些病害。这些可用来当做运载工具的生物即是载体饵料生物。利用蝇蛆的生产及营养优势,近年来也开发了相应的蝇蛆载体饵料生物。据资料显示,国外已有色素载体蛆、抗生素载体蛆等成功实践经验。载体饵料生物通过生物转化的方式,具有高效、无毒害等优点,而且从环保角度讲,具有变废为宝的优点。相信载体饵料生物今后必将成为饵料生物的一个发展趋势。(4)开发饲料添加剂:饲料添加剂是为提高饲料利用率,保证或改善饲料品质,促进饲养动物生产,保障饲养动物健康而掺入饲料中的少量或微量的营养性或非营养性物质。由于蝇蛆具有较高的营养价值及药用价值,含有丰富的氨基酸和微量元素及多种活性成分(如抗菌蛋白、凝集素、粪产碱菌以及磷脂等),因而可开发成具有较高附加值的氨基酸类和中药类饲料添加剂。

使用啤酒糟时应注意什么?

答:使用啤酒糟时应注意:(1)在高温、高湿状况下超过12%水分之产品不耐储存,容易生霉变质;(2)干燥方法及干燥程度影响质量最大,过热产品影响利用率,日晒则又有变质的顾虑;(3)干燥前榨汁与否及榨汁程度对成分影响很大,可溶物流失愈多,成品蛋白质含量愈低,粗纤维含量愈高,但对生产者而言,所耗燃料费较低;(4)用量建议:①小牛、小羊:0%~5%;奶牛、肉牛:0%~40%。②乳猪:0%;肉猪:0%~7.5%;母猪:0%~15%。③小鸡:0%;肉鸡:0%~7.5%;蛋鸡、种鸡:0%~7.5%。

在使用苹果渣时应注意什么？

答：苹果渣铁含量较高，但饲喂时要注意铁是否氧化，还有钙、磷的问题。因为苹果渣的体积大，占去大半的食量，所以应提升配方中钙磷的浓度。

生骨粉为何不宜喂畜禽？

答：一些养殖户为了降低饲养成本，从市场购买骨粉自己动手配制混合饲料。但在选购骨粉时应注意选"蒸"丢"生"。蒸骨粉是用新鲜的兽骨经高压蒸煮，除去脂肪等物质后再磨碎而制成的。它含钙38%、磷20%，仅含有少量的蛋白质和脂肪，是很好的钙、磷补充饲料。用手指捏时，感到柔软细腻，是饲喂效果最好的一种骨粉。而生骨粉是将蒸煮过而没有经过高压处理的兽骨经粉碎而成的骨粉。其含有较多的脂肪等，质地坚硬，不易消化，而且易腐败。用手指捏时，感到有油脂且颗粒坚硬，饲喂效果极差。故最好不要买这样的骨粉喂畜禽。

节粮饲料如何加工？

答：（1）蛋壳饲料：收集孵化场废弃的蛋壳，把蛋壳铺在水泥地上晒干。盛夏一般暴晒3天，秋冬为5天，堆晒厚度为3～4 cm，水分在未蒸发掉之前不要翻动，待完全蒸发掉后则需经常翻动，晒至手能捏碎为好，然后用粉碎机粉碎，去掉杂质，存放干燥处备用。（2）蝇蛆饲料：黄豆5 kg，浸泡发胀后磨浆，与麸皮10 kg拌成糊状，放入缸或桶中发酵。口要封闭，放于太阳下暴晒，夏季3天，冬秋1周，到时可产鲜蝇蛆20～30 kg，可供500只鸡鸭吃1周。用该饲料养殖的鸡鸭不但长得快，而且可以提高产蛋率和提前开产。有条件的专业户可以建水泥池进行生产。（3）动物血饲料：动物血是一种很好的蛋白补充饲料。加工方法是：将动物血和麸皮、米糠或饼粕按1：2：1的比例配合，并搅拌均匀，然后摊放在水泥地板或席子上，不断翻动，晒干粉碎成血粉，在猪日粮中添加血粉5%，鸡日粮中添加3%即可。值得注意的是要与饲料混拌均匀。（4）秸秆、颖壳饲料：如水稻、玉米、油菜、向日葵、豆科作物的秸秆和颖壳等，都含有大量的营养物质，可以风干，粉碎成粉，代替部分精饲料。其用法是：喂猪时，可在饲料日粮中加入25%～30%，喂家禽在饲料中加入8%即可。（5）树叶饲料：如松针、槐叶、桑叶等，都是作饲料的好原料。如将松针叶制成粉，掺入饲料中喂畜禽，可补充蛋白质和多种维生素的不足。在鸡饲料中，加入5%的松针叶粉，其产蛋率可以提高15%。

哪些骨粉不宜喂畜禽？

答：夏季是多种畜禽生长和繁殖的旺季，在畜禽饲料中添加充足的骨粉、贝壳粉等矿物质饲料，对充分发挥畜禽生产能力十分必要。但有些矿物质饲料应慎用，如羊骨粉、生骨粉、粗贝壳粉等。羊骨粉性味热，畜禽大量采食后容易上火，甚至发生炎症。特别是较肥胖的怀孕母畜，羊骨粉喂多了会引起化胎。用羊骨粉喂产蛋鸡，会引起鸡体温升高，不利于蛋壳形成，降低产蛋率。生骨粉是经过蒸煮而没有经过高压处理的兽骨、经粉碎而成的骨粉。生骨粉中含有较多的脂肪，在温度较高的盛夏季节极易腐败变质。而且生骨粉质地坚硬，畜禽很难消化，饲喂效果极差，起不到补钙作用。加工不细的粗贝壳粉不能喂畜禽，特别是不能用来喂牛。粗贝壳粉表面包着一层几丁质，不能被牛的瘤胃消化，进入瓣胃还会沉积和摩擦，久而久之则引起消化机能紊乱，发生消化道疾病。用贝壳粉作畜禽的钙质补充饲料时，一定要加工成细粉状再喂。

性质不同的饲料如何按需饲喂？

答：畜禽常用饲料主要有糠麸类、饼粕类、糟渣类、动物性饲料、矿物质饲料。由于畜禽常用饲料的营养含量和性质不同，因此饲喂量要求也不尽相同。（1）糠麸类饲料主要有米糠、麦糠、甘薯藤糠、花生藤糠、蚕豆叶糠、黄豆秸秆糠等。猪用量为饲料总量的 10%～15%，最多不超过 20%；（2）饼粕类饲料主要包括菜籽饼、花生饼、棉籽饼、豆饼、芝麻饼等。猪用饼类饲料的配合比例为饲料总量的 10%～25%。豆饼、花生饼营养好，可配 25%；菜籽饼、棉籽饼要低于 5%。菜籽饼和棉籽饼作饲料要先脱毒，其他饼类只需蒸煮或炒熟配喂即可；（3）糟渣类饲料主要包括酒糟、糠糟、粉渣、豆渣、蔗渣等。猪用量为饲料总量的 5%～10%。妊娠母猪、育肥后期不宜喂酒糟，各种糟渣在饲喂前必须煮熟；（4）常用的动物性饲料包括蚕蛹、鱼粉、骨粉、血粉及羽毛粉等。猪用量为饲料总量的 4%～8%，仔猪不宜喂血粉。育肥猪饲料中鱼粉可配 10%，如果配蚕蛹，鱼粉就只能配 5%～6%。用这类饲料时要注意配好钙、磷的比例；（5）常用的矿物质饲料包括贝壳粉、蛋壳粉、碳酸钙、磷酸钙和食盐等。猪用量为饲料总量的 1%～2%，食盐用量不超过 0.5%，如果添加微量元素，要严格按规定使用。值得一提的是，豆饼喂牛是其过瘤胃蛋白量比豆粕要高。图 23，东北某油厂制作豆饼的情景；图 24，作者在东北做技术服务时，情不自禁地拿起一块豆饼，闻闻其味道并合影留念。

图 23　豆饼压榨机

图 24　作者在东北做技术服务

玉米浆干粉（味精厂用来浸提玉米后的下脚料）含粗蛋白 43%，能否代替部分豆粕使用？

答：玉米浆干粉有别于玉米蛋白粉，粗蛋白较高，可以用来替代一部分豆粕，但要注意一定要补充赖氨酸，玉米源蛋白的赖氨酸缺乏都较严重。

干豆腐渣与湿豆腐渣营养成分有什么不同？能完全取代麸皮还是 50% 的麸皮？

答：干、湿豆腐渣的区别在于其水分含量，干豆腐渣的水分含量大幅减少，其各种营养指标都大幅提高。干豆腐渣的各种营养成分均优于麸皮，单纯从营养角度讲，可以完全替代，如果要考虑麸皮的缓泻作用，就不要完全替代。

大蒜、陈皮和辣椒在饲料中如何巧利用？

答：在养殖业中，人们常把大蒜、陈皮和辣椒称之为养殖业"三宝"，广泛地应用于畜禽饲养上。其在养殖业上的应用如下：（1）增进畜禽食欲：在畜禽的饲料里适量添加一些大蒜粉、陈皮粉、辣椒粉，可以掩盖某些饲料成分的不良气味，增加动物喜食的香味，从而提高饲料的适口性，提高畜禽的采食量，增进畜禽的采食量；（2）改善畜禽产品的品质：在蛋鸡或肉鸡的饲料中分别添加 2% ~ 3% 的大蒜、陈皮、辣椒粉，可明显的提高肉鸡的鸡肉香味，改善蛋鸡蛋黄的色泽；（3）保健促产：大蒜、辣椒具有杀菌、防止腹泻、防止产蛋率下降的作用；陈皮含有丰富的粗蛋白、粗纤维、铁、锌、锰等多种元素和维生素 B_1、维生素 C_1。（4）建议畜禽饲料中"三宝"的添加量为：①陈皮：猪 3% ~ 5%；鸡 2% ~ 3%；鸭 1% ~ 2%；②大蒜和辣椒：猪 0.5%；鸡 0.5%；肉兔 0.5%。

什么是抗营养因子？包括哪些种类？

答：有些饲料存在某些能破坏营养成分，或以不同机制阻碍动物对营养成分的消化、吸收和利用并对动物的健康状况产生副作用的物质，这些物质统称为饲料抗营养因子，如戊聚糖、β-葡萄糖、胰蛋白酶抑制因子和单宁等。有些饲料还可能存在对动物产生毒性作用的物质，如棉酚、芥子苷、氰苷等。但在实践中抗营养因子和毒物之间并无特别明显的界限，毒物也通常表现出一定的抗营养作用，有些抗营养因子也表现出一定的毒性作用而给动物造成一定损害。生产上常常采用一定的加工手段来消除或减弱抗营养因子的活性，或者采取限制饲喂量的手段来降低抗营养因子对动物的危害。热处理可减弱热敏性抗营养因子的影响，而非热敏性抗营养因子不能采用此办法解决，只能针对不同抗营养因子的特性分别处理。

饲喂蔬菜类饲料为什么要注意防止亚硝酸盐中毒？

答：蔬菜类饲料如甜菜、萝卜和马铃薯等块茎类以及油菜、小白菜、菠菜和青菜等富含硝酸盐，在加工、调制过程中如方法不当或保存不好，发生腐烂或堆放发热，在硝酸盐还原菌的作用下，使硝酸盐还原，产生大量亚硝酸盐。亚硝酸盐与血液作用，形成高铁血红蛋白，从而使血液失去携氧功能，使动物缺氧中毒，抢救不及时可危及生命。不仅如此，亚硝酸盐在体内外与仲胺类作用形成亚硝胺类，达到一定剂量时致癌、致畸、致突变，并可通过动物产品危害人体健康。

菜籽粕中含有哪些有害物质？怎样合理使用菜籽粕？

答： 菜籽粕适口性较差，且含有多种有害物质，不宜直接用来作饲料。猪、鸡对菜籽粕的副作用尤为敏感。猪中毒后主要表现为血尿、咳嗽、呼吸困难、口、鼻流泡沫状黏液；腹胀痛、泄泻；瞳孔散大、虚脱等，严重时可造成死亡。因此，利用菜籽粕饲喂畜禽时，必须去毒。菜籽粕中主要存在有四大类有害物质。（1）主要存在于子叶中的硫葡萄糖苷（亦称芥子苷），其本身没有毒性，但在菜籽中固有的芥子苷水解酶（芥子酶）或其他途径来源的芥子酶作用下，产生具有一定毒害作用的降解产物硫氰酸酯、异硫氰酸酯、恶唑烷硫酮、腈等，其中，腈的毒性最大，其次是恶唑烷硫酮，硫氰酸酯和异硫氰酸酯的毒性相对稍小；（2）非聚合酚类化合物，其主要是芥酸及其酯化产物–芥子碱，芥酸对动物的心脑血管具有较大的影响，造成心肌脂肪沉积等，此类物质亦存在于子叶中；（3）聚合酚类–单宁，主要存在于种皮中，易影响饲料的适口性；（4）植酸和粗纤维，影响动物的消化吸收。一般的处理办法是菜籽加工油脂时进行热处理，以钝化其中的芥子酶，降低芥子苷的水解毒性，也可选择低含量油菜品种；对芥酸与芥子碱一般最好选用低含量品种，故现在通常所说的双低品种即是低芥子苷与低芥酸（芥子碱）品种；对单宁、粗纤维等物质，最好的办法是进行脱壳处理，但目前油菜加工厂进行此法生产的很少，一般是全菜籽加工；对于植酸一般可以添加植酸酶加以解决。合理使用菜籽饼粕时要注意：①要保证菜粕的质量，尽量选择双低菜籽粕；②要设计完善的日粮配方，应以可消化氨基酸为基础配制，通过添加油脂调控日粮能量，与其他饼粕蛋白质饲料联合使用，并添加适宜的酶制剂，才能达到营养平衡，饲喂效果才会好；③进行碱液或膨化处理，效果明显，见表15。

表15　膨化对菜籽–大豆混合料（1∶1，w/w）芥子苷含量的影响（Fenwick et al., 1986）

	低芥子苷菜籽–大豆混料（%）	高芥子苷菜籽–大豆混料（%）
未膨化	18.4	91.6
150℃膨化	13.4	73.7
3%碱液	11.2	56.6

棉籽饼粕中主要存在哪些有毒有害物质？怎样合理使用棉籽饼粕？

答： 棉籽饼粕中主要存在棉酚、环丙烯类脂肪酸类、植酸和植酸盐、单宁、α–半乳糖苷等有毒有害物质。棉酚于游离态存在于棉仁中的腺体内，易溶于有机溶剂，在用浸出法生产棉油时进入棉油，而如在制油前进行高温蒸炒时则会与其他物质结合形成结合棉酚，具有不溶性而存在于棉饼中。棉酚对动物具有较大危害，特别对精子具有很强的杀灭作用，故常用作男性避孕药，而环丙烯类脂肪酸则易引起蛋黄膜通透性增加，从而改变蛋的品质引起俗称"橡皮蛋"。合理使用棉籽饼粕要注意：（1）使用低毒无毒棉花品种；（2）改进传统制油工艺，避免压榨过程中的高温高湿处理，可减少色素腺体的破坏，在用溶剂浸出时让其进入到棉油内，再进行棉酚提取或脱除，提高棉籽饼粕的蛋白质品质及饲养效能；（3）限量饲喂：当棉酚在饼粕中不超过0.1%时，可直接限量饲喂。将棉籽饼粕∶菜饼粕以1∶1，棉∶菜∶豆饼粕以1∶1∶2，棉∶菜∶葵花饼粕按1∶1∶4配合使用，既安全限量，又可满足营养全面需求，是利用饼粕的有效措施；

（4）添加必需氨基酸和其他预混合微量元素；（5）可进行膨化处理，去毒后再饲喂动物。经一次膨化处理，游离棉酚的含量可从 5 417 mg/kg 下降到 678 mg/kg，降低了 87.5%（表 16）。事实证明膨化处理方法比较实用，且经过膨化后，蛋白和脂肪的利用率均可提高。

表 16　膨化对棉籽与去皮大豆 50 ：50 混合料中棉酚的影响（del Valle et al.， 1986）

通过膨化机	棉酚（mg/kg）	
次数	总	游离
0	5 363	5 417
1	3 990	678
2	3 346	404
3	3 048	379
4	2 783	311

大豆饼粕主要存在哪些有毒有害物质？

答：大豆及其饼粕中主要存在二大类抗营养因子。（1）热敏性抗营养因子，主要包括：蛋白酶抑制剂、植物红细胞凝聚素、致甲状腺肿因子、脂肪氧化酶、抗维生素因子、脲酶、皂甙等，此类物质一般经加热处理后即可钝化其活性；（2）非热敏性抗营养因子，主要代表是大豆抗原蛋白、植酸、大豆低聚糖、赖丙氨酸等有毒有害物质，其中，大豆抗原蛋白对幼小哺乳动物具有强烈的免疫过敏反应，易造成下痢等，但一般可利用膨化法可降低其影响，故一般乳仔猪饲料最好采用膨化大豆或膨化豆粕，而减少豆粕用量可降低乳仔猪下痢的风险。

谷实类饲料营养特点是什么？在畜禽饲养过程中如何做到扬长避短？

答：谷实类饲料主要包括玉米、高粱、大麦、小麦、燕麦、谷子、荞麦等。这类饲料富含无氮浸出物，其中主要成分是淀粉，能量含量和消化率都很高，是畜禽饲料的主要组成部分。但谷实类饲料的蛋白质和必需氨基酸含量不足，尤其是缺乏赖氨酸、色氨酸和甲硫氨酸；维生素 A、维生素 D 含量很少，维生素 B 族的含量也不能满足猪、鸡的需要；钙、磷比例严重失调，含钙量一般低于 0.1%，但含磷量却可高达 0.45%，这样的比例对任何家畜都不合适。生产上只有巧妙利用，才能够避短扬长，使谷实类饲料发挥最佳效益。谷实类饲料属能量饲料，所谓能量饲料指饲料干物质中粗纤维含量低于 18%，粗蛋白含量低于 20% 或每千克饲料干物质含消化能在 10.46 MJ 以上的饲料。主要包括禾谷类籽实（如小麦、大麦、玉米、稻谷等）及其加工副产品（如麸皮、米糠）和淀粉含量高的块根块茎饲料（如甘薯、马铃薯）等。谷实类饲料的营养特点：（1）无氮浸出物很高（70% ~ 80%），其中，大部分是淀粉，所含消化能值高，在 10.46 ~ 14.4 MJ/kg。粗纤维含量少，易消化，是各种畜禽良好的补充热能的主要来源；（2）含粗蛋白质较少，约在 6.8% ~ 13.8%，且蛋白质品质不高，大部分是醇溶蛋白，所含赖氨酸、蛋氨酸、色氨酸量低：（3）含粗脂肪在 1.0% ~ 6.9%，大部分存在于胚中，主要是不饱和脂肪酸，易氧化酸败，用量过多易引起软脂；（4）含磷 0.11% ~ 0.42%，含钙 0.02% ~ 0.14%；（5）维生素以 B_1 和 E 较丰富，但维生素A、D缺乏；（6）糠麸类是谷物加工的副产品，含能量是原粮的60%左右，除无氮浸出物外，其他成分一般较原粮多；含磷多，钙少；维生素以B_1、尼克酸含量多；质地疏松，有的有轻泻性，能通便。有的有吸水性，易发霉变质，尤以大米糠含脂肪多，更易酸败，难以储存。使用谷实类饲料扬长避短的措施如下：①合理加工：谷实类饲料经过焙炒后，不但增加了香味，而且具有止泻作用，适用于仔猪早期补料，幼龄家畜消化不良时也可使用。玉米、高粱、大麦、小麦、稻谷等谷实类饲料，都有一层硬种皮或兼有粗硬的颖壳，喂猪前粉碎或压片，可减少咀嚼消耗的能量，也有利于消化，但若粉碎过细，会对猪的食道和胃黏膜造成损害，容易导致胃溃疡，谷实类饲料的维生素B族大都存在于糊粉层与胚质中，为防止维生素B族流失，最好不要将谷实类饲料进行精细加工。②巧妙搭配：使用任何谷实类饲料，都必须注重搭配钙质，可根据畜禽特点，使用含钙丰富的骨粉、石粉、石膏粉、蛋壳粉、贝壳粉等。玉米含蛋白质只有8.6%，赖氨酸、甲硫氨酸、色氨酸含量均较低，用来饲喂生长猪、生长鸡和产蛋鸡时，应配合鱼粉、豆粕加以弥补。高粱中含单宁较多，不但有苦涩味，适口性差，还可影响能量、蛋白质及一些矿物质的利用，但若将日粮蛋白质水平提高到16%，甲硫氨酸水平提高到0.13%，就可减小单宁的影响。黄玉米含有丰富的胡萝卜素和叶黄素，能增加皮肤的黄色度，对肉鸡适当增加喂量，可使其皮肤着色良好，提高产品外观质量。③控制用量：大麦和带壳的稻谷含粗纤维较多，对于家禽来说，主要用在育成期，在蛋鸡日粮中不能超过10%，单宁主要存在于高粱种皮内，颜色越深的高粱子粒，单宁含量越高，平均含量为0.29%，有的甚至高于1%。使用高粱饲喂猪和家禽时，应尽量脱皮后使用，并且要根据单宁含量，控制高粱的使用量，不要使用黑红色的高粱饲喂肉鸡。小麦黏度大，商品肉鸡用量过多，会影响皮肤颜色，饲喂用量一般不要超过日粮的30%。白猪不能饲喂带壳的荞麦子粒，否则，易发生荞麦疹，严重的形成水疱性皮炎，甚至痉挛死亡。④发芽饲喂：发芽饲料营养丰富，是补充糖分、维生素的上等饲料，最适宜在青绿饲料缺乏时使用。饲喂发芽饲料，能补充营养，调节食欲。饲喂种用畜禽，还可促进发情、增强性欲、提高生殖细胞的活力；饲喂生长畜禽，能促进生长发育，提高抗病力和成活率。发芽饲料制作简单：将大麦、小麦、燕麦、谷子等谷实类饲料，用水淘洗，除去秕壳、杂质和沙土，捞出后，放在容器里摊平，厚2.5 ~ 5 cm，将室温控制在15 ~ 20℃，待芽长6 ~ 8 cm时，即可取出饲喂畜禽。饲喂大家畜，可直接拌在粗饲料中，每天喂200 ~ 300 g；饲喂小家畜和家禽，可切成1 ~ 2 cm长的小段，每天喂10 ~ 50 g。

柑橘皮如何做成畜禽的优质饲料添加剂？

答： 在柑橘集中上市的季节，人们在品尝柑橘美味的同时，柑橘皮和核大部分被丢弃浪费掉了。其实，柑橘皮和核营养丰富，是优良的饲料添加剂。在柑橘皮和核中，含有较多的粗蛋白、粗脂肪和纤维素，含铁、锰、锌等多种微量元素，还含有丰富的维生素C、β-胡萝卜素、叶黄素、生物类黄酮橙皮苷等，故柑橘皮和核还有解毒、抗菌的作用，可以提高畜禽的抗病能力。因此，将柑橘皮和核收集起来，经晒干或烘干，粉碎成粉末，可添加到畜禽饲料中，喂养鸡、鸭、鹅、牛和猪等畜禽。用柑橘皮和核的粉末喂畜禽的比例为：喂鸡，添加量为日粮的2% ~ 3%；喂鸭、鹅，添加量为日粮的1% ~ 2%；喂牛，添加量为日粮的10% ~ 20%；喂猪，添加量为日粮的5% ~ 10%。用添加了柑橘皮和核粉末的饲料喂鸡、鸭，不仅产蛋增加，蛋壳的颜色还会加深，蛋黄颜色更红。

如何科学处理发霉玉米？

答：饲料原料发霉后，可采用多种方法进行处理，对于饲料厂家首先应对原料进行筛选，剔除霉变饲料，然后在生产饲料时，加入一定量的霉菌毒素吸附剂或黏土、沸石粉等，以降低霉菌毒素对动物的危害。对于养殖户还可采用漂洗、热处理、氨化处理、生石灰处理、乳酸菌发酵处理等方法。但必须注意的是，对于严重霉变的饲料，不应再处理利用。

进口原料如玉米、DDGS 等是否比较安全？如何判定？

答：应该说由于美国等主要玉米和 DDGS 出口国的收割方式和中国有很大区别，因此，他们的玉米以及 DDGS 的品质以及卫生指标一直都比较安全、可靠。但是由于 2009 年美国玉米收割季节连续遭遇大雨，所以 2010 年以来的进口玉米以及 DDGS 的卫生指标不容乐观，表 17 中的检测数据可以反映出这点，因此，不能盲目相信，要根据检测结果的事实来判定。

表 17　2009 年 10 月 ~ 2010 年 5 月部分原料及成品霉菌毒素含量（μg/kg）

样品	猪全价料35 份	禽全价料103 份	东北玉米42 份	进口DDGS28 份	国产DDGS41 份	麸皮 53 份	玉米蛋白粉19 份	河南玉米16 份	安徽玉米8 份
AFB1	3 ~ 75	3 ~ 25	5 ~ 35	0 ~ 8	12 ~ 80	3 ~ 15	10 ~ 120	15 ~ 120	5 ~ 35
ZON	50 ~ 1 800	350 ~ 290	400 ~ 100	350 ~ 1 500	800 ~ 3 000	200 ~ 2 000	320 ~ 2 200	300 ~ 2 000	280 ~ 2 000
DON	350 ~ 3 500	380 ~ 5 000	350 ~ 2 800	500 ~ 5 000	150 ~ 30 000	200 ~ 1 800	600 ~ 2 500	500 ~ 3 000	1 200 ~ 5 000
说明	大多乳猪料 AF 控制较好，但是忽视了 ZON	主要关注 AF 的影响，对 DON 耐受较强	并非想象的那样安全，大意吃大亏	2010 年 1 月以来污染量不断上升	安全的太少	容易被忽视的一种原料	容易被忽视	躲避不及却又不可避免	受灾户经常出现，损失较大

注：AFB1：黄曲霉毒素 B₁；ZON：玉米赤霉烯酮；DON：呕吐毒素（本表由上海澳灵生物科技有限公司提供）

次粉和小麦麸的营养价值有何差异？

答：小麦结构主要由种皮、糊粉层、胚乳与胚芽组成，以小麦为原料磨制面粉后，产生的产品主要有：面粉（胚乳）、麦麸（种皮、胚芽、糊粉层及少量胚乳）及次粉（糊粉层及少量胚乳与种皮）。次粉又称黑面、三等粉等，是除去小麦麸及合格面粉以外的部分，与小麦麸的性质完全不同。次粉的颜色从灰白色到淡褐色，取决于种皮/糊粉层/胚乳所占的比例，颜色深者含麸皮多。次粉的营养价值高于麦麸，尤其是其有效能值远高于麦麸，如猪的消化能为 13.43 MJ/kg，比麦麸 9.37 MJ/kg 要高。次粉粗蛋白含量一般为 13% ~ 17%，粗纤维 3% 左右，粗灰分 2% 左右，后两者均比麦麸少。赖氨酸含量 0.60% 左右，比麦麸高。所以，从蛋白含量与能量等方面综合考虑，次粉是值得开发的优良的能量饲料。次粉用于肥育畜禽的效果优于麦麸，可以与玉米价值相等；也是很好的颗粒黏结剂，故较适用于颗粒饲料。

米糠的营养价值有哪些?

答: 稻谷是我国第一大粮食品种。目前,年产 1.85 亿 t 左右。占全国粮食总产量的 42%。世界上稻谷产量占粮食总产量的 37%。稻谷在加工成精米的过程中要去掉外壳和占总重 10% 左右的种皮和胚,米糠就是由种皮和胚加工制成的,是稻谷加工的主要副产品。米糠中富含各种营养素和生理活性物质,由于加工米糠的原料和所采用的加工技术不同,米糠的组成成分并不完全一样。一般来说,米糠中平均含蛋白质 15%,脂肪 16%～22%,糖 3%～8%,水分 10%,热量大约为 125.1 kJ/g。脂肪中主要的脂肪酸大多为油酸、亚油酸等不饱和脂肪酸,并含高量维生素、植物醇、膳食纤维、氨基酸及矿物质等。因此,米糠可以经过进一步加工提取有关营养成分,如与豆腐渣合用来提取核黄素、植酸钙,米糠可用于榨取米糠油。脱脂米糠还可以用来制备植酸、肌醇和磷酸氢钙等;米糠颗粒细小颜色淡黄。便于添加到烘焙食品及其他米糠强化食品中;同时,由于可溶性纤维含量低,米糠中的米蜡、米糠素及谷甾醇都具有降低血液胆固醇的作用。

如何保存饲料厂玉米?

答: 应储存在清洁、干燥、防雨、防潮、防虫、防鼠、无异味的仓库或货台上,不得与有毒有害物质或水分较高的物质混存。平时根据实际情况每年至少熏垛一次。磷化铝是一种广谱性熏蒸杀虫剂,主要用于熏蒸各种仓库害虫,也可用于仓库灭鼠。磷化铝吸收空气中水分后会立即产生剧毒的磷化氢气体,通过昆虫(或者老鼠等动物)的呼吸系统进入虫体、抑制昆虫正常生长致死。用磷化铝熏垛时,将薄稀布包好,放在玉米堆中,每一粒片剂可用于 2～3 m³ 空间,然后盖上篷布,熏蒸 7 天左右,完毕后,掀开篷布,取出剩余的磷化铝,深埋于地下。饲料厂原料库大时,也可以直接储存在原料库,现存现用如图 25 所示。

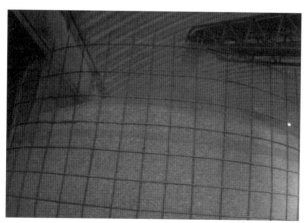

图 25　简易的玉米储存

甜菜碱、氯化胆碱和蛋氨酸之间是如何转化的?

答: 在动物体内蛋氨酸的合成是靠胆碱提供甲基,而胆碱本身不起甲基供体作用。胆碱必须在线粒体内氧化成甜菜碱才能发挥甲基供体的作用,而甜菜碱则再不能还原为胆碱。甜菜碱可将甲基转移给高半胱氨酸合成蛋氨酸,高半胱氨酸由蛋氨酸在体内代谢产生,天然蛋白质中几乎不含这种氨基酸，新生的高半胱氨酸可进一步接受转化而来的甲基。在上述这一循环过程中，并没有新生的蛋氨酸分子，在这一循环过程中，蛋氨酸只是简单地向前面的其他反应转移由甜菜碱提供的甲基，所以甜菜碱不能回来代替蛋氨酸合成蛋白质，但是如果胆碱或甜菜碱供应不足，转甲基循环受到抑制，因为没有足够的甲基转移给高半胱氨酸用于蛋氨酸的合成。因此甲基将不得不由日粮中不能再生的蛋氨酸提供，从而使蛋白质的合成削弱，淡氨酸的利用率下降。如果蛋氨酸供应过量而又缺乏胆碱或甜菜碱，那么大量的高半胱氨酸在体内积蓄，会产生胫骨发育不良和动脉粥样硬化等症，这就解释了日粮中为什么要有足够的胆碱和甜菜碱来满足对不稳定甲基的需要。胆碱需转化为甜菜碱才能发挥甲基供体作用，而甜菜碱又不能还原为胆碱。甜菜碱作为动物体内普遍存在的中间代谢物，是由胆碱在肝脏黄素蛋白酶氧化下形成的，此反应需要维生素 B_1、维生素 B_2 的参与，同时，容易被镍、钴、铁盐抑制，在核黄素缺乏及有球虫的存在时也会使反应受到抑制，影响胆碱效能的发挥。甜菜碱直接使用就减少了由胆碱转化为甜菜碱的氧化过程，所以直接使用甜菜碱将更有效。从转化甲基循环的生化路径可以看出，胆碱作为甲基供体时被转变为甜菜碱，但甜菜碱再不能还原成胆碱，甜菜碱起不到胆碱其他功能的作用。此时对于雏鸡，由磷脂酰乙醇胺和由蛋氨酸提供的甲基合成的胆碱不足以满足其需要，因此，雏鸡有一个甜菜碱或蛋氨酸不能满足的胆碱的绝对需要量。

松针粉有什么营养成分？它的作用有哪些？

答：含畜禽生长所需要的各种氨基酸、维生素和微量元素，具有较高的营养价值（表18）。据称松针粉中含有植物杀菌剂及植物激素等生理调控物质，可抑制机体内有害微生物的生长繁殖，促进畜禽生长。长期饲用松针粉，可能促进畜禽的生长，增加其抗应激和免疫，防治一些常见的畜禽疾病。另外，松针粉还可能具有预防和抑制生物体细胞膜过氧化的功能，有抗衰老的作用。

表 18 松针粉的营养成分

营养成分	含量	营养成分	含量	营养成分	含量
干物质（%）	90.2	胱氨酸（%）	0.1	脯氨酸（%）	0.29
粗蛋白（%）	6.7	天门冬氨酸（%）	0.37	钙（%）	0.34
粗脂肪（%）	9.8	苏氨酸（%）	0.36	磷（%）	0.08
粗纤维（%）	29.5	丝氨酸（%）	0.39	钾（%）	0.34
灰分（%）	2.9	谷氨酸（%）	0.16	钠（%）	0.02
胡萝卜素（mg/kg）	134	甘氨酸（%）	0.43	镁（%）	0.13
叶绿素（mg/kg）	1564	颉氨酸（%）	0.47	铜（%）	6.6
维生素 B_1（mg/kg）	3.8	异亮氨酸（%）	0.32	锰（%）	475
维生素 B_2（mg/kg）	17.2	亮氨酸（%）	0.66	铁（%）	295
维生素 E（mg/kg）	704	酪氨酸（%）	0.27	锌（mg/kg）	29
维生素 C（mg/kg）	541	苯丙氨酸（%）	0.46	钴（mg/kg）	1.2
赖氨酸（%）	0.51	组氨酸（%）	0.13	硒（mg/kg）	3.6
蛋氨酸（%）	0.06	精氨酸（%）	0.34		

豌豆的营养成分怎样？

答：见表 19。

表 19　每 100 g 豌豆籽粒所含营养成分

项目	干豆	青豆	项目	干豆	青豆
热量（kJ）	1348 ~ 1453	335 ~ 674	钙（mg）	71 ~ 117	13 ~ 63
水分（g）	13.0 ~ 14.4	55.0 ~ 78.3	磷（mg）	194 ~ 400	71 ~ 127
蛋白质（g）	20.0 ~ 24.0	4.4 ~ 11.6	铁（mg）	5.1 ~ 11.1	0.8 ~ 1.9
脂肪（g）	1.0 ~ 2.7	0.1 ~ 0.7	胡萝卜素（mg）	0.01 ~ 0.04	0.15 ~ 0.33
碳水化合物（g）	55.5 ~ 60.6	12.0 ~ 29.8	维生素 B_1（mg）	0.73 ~ 1.04	0.11 ~ 0.54
粗纤维（g）	4.5 ~ 8.4	1.3 ~ 3.5	维生素 B_2（mg）	0.11 ~ 0.24	0.04 ~ 0.35
灰分（g）	2.0 ~ 3.2	0.8 ~ 1.3	维生素 PP（mg）	1.3 ~ 3.2	0.17 ~ 0.35
			维生素 C（mg）	0	9 ~ 38

豌豆中所含有的必需氨基酸含量是多少？

答：见表 20。

表 20　豌豆蛋白质中 8 种必需氨基酸含量（mg N/g）

赖氨酸	蛋氨酸	苏氨酸	亮氨酸	异亮氨酸	缬氨酸	苯丙氨酸	色氨酸
460	80	240	520	350	350	320	70

豌豆与其他几种食用豆类的蛋白质含量有何不同？

答：见表 21。

表 21　各种豆类的蛋白质含量（%）

豆类	大豆	蚕豆	豌豆	豇豆	绿豆	菜豆	小豆
蛋白质	38.0	27.9	24.6	24.2	23.8	23.2	22.3

虾饲料中可用去皮膨胀豆粕部分替代鱼粉吗？

答：豆粕因其氨基酸平衡良好和较高的粗蛋白质含量（40% ~ 50%）与鱼粉一起被誉为是迄今为止全球最主要的两大蛋白原料，在水产饲料中应用广泛。鱼粉曾经被认为是动物饲料尤其是水产饲料中不可缺少的动物蛋白源，但是人们逐渐发现动物蛋白与植物蛋白除存在某些必需氨基酸和诱食方面的差异外，氨基酸本身并没有动植物之分。氨基酸是生命之源，我们完全可以用营养素的补充和调节来实现水产动物营养的全面均衡，并改善适口性。面对越来越枯竭的鱼粉原料资源，有效的控制动物蛋白和全面推广植物蛋白的广泛应用，已经成为未来全球饲料工业的重大课题。相对于水产饲料来说，豆粕尤其是去皮膨胀豆粕，除了营养可与鱼粉相媲美外，资源优势更是鱼粉无法比拟的。全球豆粕产量在以往20多年连续增长。在过去的几年时间里，豆粕型饲料已经广泛地应用于我国的水产养殖业，但是豆粕型饲料在对虾上的应用却刚刚起步。本书作者于2004年与广东德宁水生生物研究中心和广东惠州市澳华水产饲料公司做过一个试验。本试验旨在用豆粕部分替代鱼粉，从原料资源和营养等方面探索出一条对虾饲料与营养的新路子。试验饲料配方和专用料由广东省惠州市澳华水产饲料公司提供并加工，按照5.0%、10%、15%和20%不同的豆粕含量分别设计成对应的对照组、试验1组、2组和3组，主要配方组成如表22，并参照对虾的不同生长阶段把每组饲料分别加工成小碎粒、大碎粒和1.6 cm短条状3种粒型，以满足对虾不同生长阶段投喂相应规格饲料。试验在德宁水生生物研究中心的室内全自动水循环实验系统进行。试验分4个组，对应投入上述4种对虾料，每组设两个水平，共8只试验桶，各放4～5 cm对虾苗25尾，约30g。饲料配方和生长结果见表22和表23。

表22　饲料配方表（%）

	对照	试验1	试验2	试验3
进口鱼粉	27.0	21.6	16.2	10.8
面粉	20.0	18.0	16.5	14.0
进口肉骨粉	2.0	10.0	11.0	15.0
花生麸	27.8	22.5	24.5	23.8
豆粕	5.0	10.0	15.0	20.0
蛋白粉	2.0	2.0	2.0	2.0
虾壳粉	3.5	3.5	3.5	3.5
啤酒酵母粉	2.0	2.0	2.0	2.0
小料及预混料	10.7	10.4	9.3	8.9
粗蛋白质	40.58	40.51	40.51	40.56
合计	100	100	100	100

表23　对虾的生长表现（平均值 ± 标准误）

指标	饲料类型			
	对照	试验1	试验2	试验3
初重（g）	1.24 ± 0.05	1.28 ± 0.06	1.16 ± 0.02	1.21 ± 0.07
末重（g）	12.38 ± 1.30	12.90 ± 0.71	12.56 ± 0.56	12.54 ± 1.26
增重（g）	10.35 ± 0.95	10.30 ± 0.10	10.65 ± 0.25	10.00 ± 0.30
饵料系数	1.01 ± 0.09	1.03 ± 0.01	0.97 ± 0.03	1.04 ± 0.03
成活率（%）	94 ± 2.0	90 ± 6.0	94 ± 6.0	90 ± 6.0
脱壳数	5.30 ± 0.40	5.25 ± 0.25	5.20 ± 0.1	5.45 ± 0.25

　　本次试验通过适当加大豆粕和进口肉骨粉的配比，同时减少相应鱼粉的比例，使之达到蛋白质和能量的平衡，各处理组的适口性都很好。表23显示，为期2个月的养殖试验中，在放养同规格的虾苗时，不同豆粕含量替代部分鱼粉对南美白对虾的个体增重、饲料消耗、饵料系数以及存

活率均无明显差异，各处理组都有良好的生长效果。全球在近 10 年里以及我国的水产科技工作者在用豆粕代替鱼粉配制水产饲料的实践中做了大量卓有成效的工作，已经证实豆粕是最能够满足水产动物氨基酸需求的植物蛋白质来源。目前，豆粕型饲料只是在大部分常规鱼饲料和少部分海水鱼虾饲料中得到应用，并取得与鱼粉饲料相同甚至更好的生长效果。但是，有关豆粕及其制品在水产养殖特别是海水鱼虾类的应用，还将依赖于大豆加工技术的进步，这些技术包括热处理、挤压膨化、营养新技术等的改进，主要是消除和有效降低蛋白抑制因子等抗营养因子。动物蛋白质比植物蛋白质在能量、必需氨基酸、必需脂肪酸、磷脂、胆固醇、矿物元素、诱食等方面具有相对多的优势，这些营养差异目前可通过添加合成氨基酸、微量元素和油类等方法来实现。但水产养殖所需营养丰富复杂，目前，我们已知的只是有限的数十种物种，其摄食习性和营养需求都极不相同，其饲料配方也更加复杂化。而在实际的应用中，饲料尤其是颗粒料的物理性状如水稳定性等对关键性维生素、矿物元素和合成氨基酸等营养素造成的损失也是个问题。随着水产动物营养研究和饲料技术的进一步提高，大豆及大豆制品在我国乃至全球水产饲料业上的广泛应用必将突显它的资源、成本和市场优势。

反刍动物用舔砖的价值及目前生产状况如何？

答： 舔砖用于饲喂反刍动物，在欧美等畜牧业发达国家对其研究、生产与应用已有几十年的历史（图 26 ~ 27）。舔砖是根据牛、羊等反刍动物的生理特点和舔食习性，应用营养科学配方和特殊的生产工艺加工而成的一种块状精料补充料。它具有营养性、适口性、高密度、便于运输与储存、饲用简单方便等优点。按营养特性，舔砖分为矿物质舔砖和蛋白质舔砖，前者主要由食盐、钙及矿物质预混合饲料及少量糖蜜组成；后者主要由非蛋白氮、粗蛋白、糖蜜、部分谷物能量饲料及复合预混合饲料等组成。按成形工艺，舔砖又可分为压制式舔砖和浇注式舔砖，前者是通过机械压缩或挤压制造工艺加工而成；后者是依赖物料间相互化学反应自行凝结成块的一种化学浇注制造工艺加工而成。采用压制式生产工艺，舔砖成形快、硬度易控制、产品质地好、生产效率高、便于实现工厂化生产，且节省劳力及场地。由于舔砖特别是蛋白质舔砖富含补充牛、羊等反刍动物生长和繁殖所需的有效营养物质，如蛋白质、可溶性糖、矿物质元素等。饲喂舔砖可明显地提高反刍动物的生产性能和降低饲养成本，有很高的经济效益。尤其对于主要以麦秸、稻草、玉米秸等为基础饲料的秸秆养畜地区效果更为显著。

图 26　编者于 2011 年研制蛋白舔砖现场

图 27　美国某公司生产的矿物质舔砖

磷脂在各类饲料中的作用及建议用量是多少?

答: 鱼饲料建议添加量为 2% ~ 3%。作用:①鱼类对糖类利用能力差,磷脂为鱼类提供高效率的能源物质和生长必需的不饱和脂肪酸,因而可提高蛋白质的利用率;②磷脂中大量的胆碱可预防鱼类出血病和脂肪肝的发生,提高幼鱼的生长率、成活率和增重;③磷脂有很好的诱食作用,并具有鲜活饵料的效果。猪饲料一般用量: 乳猪 0.5% ~ 1.5%,母猪 1.5% ~ 2.0%。作用:①可提高断奶仔猪对饲料脂肪的消化率。消除因消化不良引起的腹泻,促进仔猪对脂溶性维生素的利用,使仔猪被毛光滑,减少断奶综合征的发生;②磷脂用于母猪饲料中可提高母猪的妊娠率和窝重。蛋鸡料作用量 0.5% ~ 3.0%。作用:①磷脂是蛋黄的重要成分,蛋鸡饲料中添加磷脂可明显提高产蛋率和蛋重;②对蛋鸡病后恢复卵巢功能有明显的作用,可使产蛋率升 5% ~ 10%;③磷脂能提高种鸡的受精率、孵化率及雏鸡的成活率。肉鸡饲料使用量为 0.5% ~ 3.0%。作用:①对于肉鸡饲料来说,使用浓缩磷脂的效果优于使用脂肪,因为浓缩磷脂能改善能量利用率,如作为能量饲料,完全可取代饲料中的油脂,价格性能比更好;②磷脂中的不饱和脂肪酸和胆碱可保护肌肉中的肉碱,从而改善体内的脂肪代谢和分布降低肉鸡的腹脂率,解决出口肉鸡腹脂率高、影响屠宰率的大难题;③使用磷脂可减少肉鸡对蛋氨酸和胆碱的消耗,提高蛋白质的利用率。

膨化玉米的生产原理及产品特性都有哪些?

答: 玉米是主要饲用淀粉原料。我国玉米含淀粉量 65% ~ 75%,其中,直链淀粉占 27%。淀粉在膨化过程中的主要变化是"糊化"。原淀粉是由淀粉粒子组成的颗粒状团块,结构紧密,吸水性差。淀粉由调质器到膨化机,经历水热处理过程,淀粉粒子在湿、热、机械挤压、剪切的综合作用下,结构受到破坏,分子链被打开,颗粒进一步崩溃,形成胶态的凝胶体糊化。淀粉分子断裂为短链糊精,降解为可溶性还原糖。溶解度、消化率和风味得到提高。淀粉的糊化与温度有关,温度不同即糊化度不同。消化系统发育不完善的哺乳期的乳猪,其断奶料中的淀粉,要求糊化度高;水生动物,对原淀粉吸收能力差,饲料的糊化度也应高些。因此,用膨化机生产水产料,比制粒机生产的料好,因为环模制粒受温度的限制,其中淀粉的糊化度不高,一般小于 35%。糊化不仅提高了消化吸收率,而且改善了制粒和成形效果,因为糊精是很好的黏结剂。糊化的淀粉分子相互交联,形成网状的空间结构,在瞬间膨化后失去部分水分,冷却后成为膨化产品的骨架,使产品保持一定的形状。若配方中淀粉含量少,或根本不含淀粉,则很难形成疏松多孔的膨化结构。配方的原料,如淀粉含量高,则容易膨化,产品密度小。而所含淀粉中,若支链淀粉含量高,则产品膨化度大,密度小。水产料必须具备在水中或沉或浮的特性,利用淀粉的这一膨化特性便比较容易实现这种要求。变性淀粉含量高的产品,吸水速度慢,持水时间长,这同样是水产饲料应具备的重要特性。图 28,用膨化机生产膨化玉米时的情景,北方地区干燥,在地上冷却也行。

图 28　膨化机生产玉米

饲用膨化玉米都有哪些质量指标？

　　答：饲用膨化玉米，最重要的是要求熟化，至于膨化，是淀粉颗粒破裂、水分闪蒸的必然结果，一般以物料容重来表示膨化度大小。因此，膨化玉米有两个方面的要求，熟化度和膨化度，分别用淀粉糊化度和物料容重来衡量。淀粉糊化度用淀粉葡萄糖苷酶法测定，物料容重则可用容重计测得。熟化度和膨化度是相互关联的，熟化度高不一定膨化度就高，而膨化度高相应的熟化度会高。对于大多数饲料企业，不具备测量糊化度的条件，但容重则很容易测得，而通过容重反映的熟化度也比较准确。因此，容重就成为目前饲料企业评价膨化玉米的重要指标。根据终产品的容重（干燥冷却后，2 mm 筛板粉碎），可以将膨化玉米分为 3 种：（1）低膨化度产品：容重 >0.5 kg/L，一般采用低温膨化，80 ～ 120℃，成品水分较高，糊化度能做到 60% ～ 80%，离乳后期仔猪可用，也可用于多维和酶制剂包被工艺；（2）中等膨化度产品：容重 0.3 ～ 0.5 kg/L，温度 100 ～ 150℃，成品水分 8% ～ 10%，糊化度能做到 90% 以上，用于乳猪料，貉、狐及水貂等特种动物饲料，水产饲料；（3）高膨化度产品：容重 0.1 ～ 0.3 kg/L，温度在 140 ～ 170℃和更高，成品水分 4% ～ 8%，可完全糊化，一般采用干法膨化，用于复合磷脂粉中载体，及铸造工业、涂料工业。由于水分对膨化玉米影响非常显著，在同一温度下，水分不同出来的产品膨化度也有差异，水分越低，膨化度越高，直接反映在产品容重上。在同一水分下，膨化度要求越高，膨化温度升高，电耗增加，产量下降。因此，需要根据自己的产品要求，确定适宜的膨化度，对一般饲料用膨化玉米，首先要保证足够的熟化度，以中等膨化度为宜。过度膨化，不仅导致设备效率低下，还会产生一些抗酶消化的类似木质素的新键物质，使得膨化产品的淀粉含量下降或膳食纤维量上升，从而降低动物对淀粉的消化吸收。

芝麻粕在水产饲料中是否能用，如何使用最佳？

　　答：麻饼粕是芝麻取油后的副产品。全世界总产量约 250 万 t，印度居首位，约占 1/3，其次为中国、苏丹、缅甸。我国年产芝麻饼粕不足 20 万 t，主产区为河南，其次为湖北、安徽、江苏、河北、四川、山东、山西等省。芝麻饼和芝麻粕是一种很有价值的蛋白质来源。（1）芝麻榨油：有机榨、浸出和预压浸提法。（2）营养特性：芝麻饼粕蛋白质含量较高，约 40%，氨基酸组成中蛋氨酸、色氨酸含量丰富，尤其蛋氨酸高达 0.8% 以上，为饼粕类之首。赖氨酸缺乏，不及豆饼的 50%，精氨酸极高，赖氨酸与精氨酸之比为 100 ∶ 420，比例严重失衡，配制饲料时应注意，将其与豆饼、菜籽饼或动物性蛋白饲料搭配使用，则可起到氨基酸互补用。粗纤维含量低于 7%，代谢能低于花生、大豆饼粕，约为 9.0 MJ/kg。矿物质中钙、磷较多，但多为植酸盐形式存在，故钙、磷、锌的吸收均受到抑制。维生素 A、D、E 含量低，核黄素、烟酸含量较高。芝麻饼粕中的抗营养因子主要为植酸和草酸，二者能影响矿物质的消化和吸收。芝麻产品的营养成分见表 24 和表 25。

表 24　芝麻饼、粕、油渣的常规养分和有效能值

成分	芝麻粕	芝麻饼	油渣	成分	芝麻粕	芝麻饼	油渣
干物质（%）	87.6	92.0	90.0	粗灰分（%）	5.0	10.4	8.9
粗蛋白质（%）	47.9	39.2	42.5	钙（%）	2.29	2.24	1.89
粗脂肪（%）	3.4	8.6	10.3	磷（%）	0.79	1.19	1.58
粗纤维（%）	5.6	7.2	2.6	消化能（MJ/kg）	12.68	13.29	13.54
无氮浸出物（%）	25.7	24.9	34.0	代谢能（MJ/kg）	9.67	10.59	10.92

表 25　芝麻饼成分及营养价值（中国饲料数据库，2002 年第 13 版）

名称	含量	名称	含量
干物质（%）	92.0	赖氨酸（%）	0.82
粗蛋白质（%）	39.2	蛋氨酸（%）	0.82
粗脂肪（%）	10.3	胱氨酸（%）	0.75
粗纤维（%）	7.2	苏氨酸（%）	1.29
无氮浸出物（%）	24.9	异亮氨酸（%）	1.42
粗灰分（%）	10.4	亮氨酸（%）	2.52
钙（%）	2.24	精氨酸（%）	2.38
磷（%）	1.19	缬氨酸（%）	1.84
非植酸磷（%）	0.22	组氨酸（%）	0.81
消化能（猪）（MJ/kg）	13.39	酪氨酸（%）	1.02
代谢能（猪）（MJ/kg）	11.80	苯丙氨酸（%）	1.68
代谢能（鸡）（MJ/kg）	8.95	色氨酸（%）	0.49
消化能（肉牛）（MJ/kg）	13.56		
产奶净能（奶牛）（MJ/kg）	7.07		
消化能（羊）（MJ/kg）	14.69		

（3）饲用价值：芝麻饼粕是一种略带苦味的优质蛋白质饲料。使用效果不如大豆饼粕，在鸡饲料中用量不宜超过 10%，雏鸡禁用。因含有较多植酸，用量过高会引起脚软和生长抑制等。仔猪尽可能避免使用，对育肥猪效果远不如大豆饼粕，用量宜小于 10%，且须补充赖氨酸。在饲料中添加 4% ~ 6% 的鱼粉同时补足赖氨酸，可代替 50% 的大豆饼粕，但采食过多会使体脂变软。

芝麻饼粕还有一定轻泄作用，是牛良好的蛋白质来源，可使被毛光泽良好，但过量采食可降低乳脂率，使体脂和乳脂变软，宜与其他蛋白质饲料配合使用。对肉牛和绵羊也是一种良好的蛋白质来源。芝麻粕在水产饲料中曾使用到3%，但会引起饲料采食量的下降，其在水产饲料中的最佳应用仍有待进一步研究。

米糠油和猪油混合加热后是否可以降低酸败程度？

答：不可以混合加热，米糠油氧化速度很快，而在加热后酸价会受温度的影响，温度越高导致酸价和过氧化值会迅速升高，加热只能促进酸败而不能降低。

脱脂米糠目前质量特点及注意事项都有哪些？

答：（1）脱脂米糠在脱脂过程中经加热，脂解酶已被破坏，故可长期储存，不用担心脂肪氧化、酸败问题；（2）在米糠来源不足时，为降低脱脂米糠成本，掺杂的现象经常可见，通常加入粗糠末、锯屑及非蛋白氮物质，或直接混合进口的廉价米糠抵充，影响脱脂米糠的品质及适口性；（3）通常脱脂米糠的粗纤维与粗蛋白质间呈负相关（$r=0.71$），粗蛋白质与其二氧化硅间亦是负相关（$r = 0.85$），此等相关性有助评价脱脂米糠的真伪与品质。粗糠含二氧化硅约17%（11%～19%），故测二氧化硅含量，乘以5.9（100/17）即为所掺粗糠估计量，此外亦可经由木质素的定性与定量判断出粗糠掺杂量；（4）东南亚进口的全脂米糠粒，未脱除粗糠，故含有较高量的纤维，蛋白质低，且经长途运输，鲜度已差，虫蛀、酸败机会大，以此所制成的脱脂米糠，风味、品质均比一般脱脂米糠差很多；（5）脱脂米糠成分受原料、制法影响很大，批间成分亦有差别，应详加分析各批成分，计算配方时才有正确资料可循。

脱脂米糠的成分特性及在各种动物饲料中如何应用？

答：（1）成分特性：脱脂米糠属低热能的纤维性原料，与全脂米糠成分上不同，主要脂肪与脂溶性物质已被脱除，仅余2%左右脂肪，其他蛋白质、粗纤维、矿物质、碳水化合物等成分均与全脂米糠类似，仅随脂肪脱除量，依比例略为增加。此外，造成脂肪酸败的脂解酶则完全破坏，引起生长抑制的胰蛋白酶抑制因子亦减少很多，故耐贮性提高，适用范围增加；（2）鸡：热能含量不高，不适用于肉鸡，但蛋鸡、种鸡则可加以利用，而不用担心变质及生长抑制问题。脱脂米糠具补充维生素 B 群及锰的效果，只要不影响热能需求，可尽量使用，唯一要注意的是，用量太高时，因米糠含植酸多，会造成钙、镁、锌、铁、磷等矿物质利用率的降低，须补足；（3）猪：品质良好的脱脂米糠对猪的适口性其佳，不必担心对屠体品质有任何不良影响，是很好的纤维来源原料，但为避免造成能量不足，肉猪用量宜在20%以下，仔猪亦可少量使用；（4）反刍动物：适口性好，乳牛、肉牛均可使用，多用亦不必担心变质、下痢或体脂、乳脂变软等问题，通常牛精料中可用至30%。马、羊等亦可使用。

如何在动物日粮中有效利用去皮豆粕？

答： 去皮豆粕是经先去皮、后浸出工艺生产出的不带豆皮的豆粕，是国内市场上一种蛋白质饲料原料。与普通豆粕相比，去皮豆粕最主要的优势在于：一方面其本身含蛋白和能量都较高，在配方中留出了更多的空间来容纳更多的谷物原料，减少价格昂贵的脂肪用量，从而降低饲料成本，并可提高颗粒料的加工质量；另一方面由于现代榨油技术使其品质更加稳定，氨基酸的消化率也有所提高，从而在饲养过程中可明显提高畜禽生产性能。因此，与普通豆粕相比，去皮豆粕在品质及价格上都有明显的优势，随着去皮豆粕加工技术的改进，其在畜牧生产中将具有广阔的应用前景。大量试验表明，使用去皮豆粕饲喂动物科取得明显的经济效益。刘爱巧等（2003）在1 536只28周龄父母代海兰褐蛋种鸡的结果表明，饲料中使用去皮豆粕的试验组鸡的产蛋率比普通豆粕对照组鸡高4.06%，平均蛋增重0.4 g；去皮豆粕的试验组鸡比普通豆粕对照组鸡饲料消耗低8.57%。余斌等（2000）为研究不同能量浓度及去皮豆粕与普通豆粕对哺乳期母猪生产性能的影响，选用了96头哺乳母猪及所产873头仔猪，试验结果表明，去皮豆粕组和普通豆粕组哺乳期仔猪日增重分别为210 g和199 g，前者显著高于后者；母猪失重分别为7.94 kg、11.26 kg，去皮豆粕组均显著低于普通豆粕组。

大豆浓缩蛋白在动物饲料中的应用效果及前景如何？

答： 大豆浓缩蛋白是以大豆为原料，经过粉碎、去皮、浸提、分离、洗涤、干燥等加工工艺，去除了大豆中的油脂、低分子可溶性非蛋白组分（主要是可溶性糖、灰分、醇溶蛋白和各种气味物质等）后所得到的大豆深加工产品。大豆浓缩蛋白的生产工艺主要有4种，即湿热浸提法、酸洗涤法、乙醇浸提法和超滤膜法。由于消除了寡聚糖类胀气因子、胰蛋白酶抑制因子，凝集素和皂甙等抗营养因子，大豆浓缩蛋白中的营养素消化率有一定程度的提高，而且改善了产品风味和品质，大豆浓缩蛋白由于去除了一般豆制品中的抗营养因子，蛋白质和氨基酸的消化率有所提高。从NRC（1998）的数据来看，其氨基酸的表现消化率普遍高于脱脂奶粉和血浆蛋白粉；脂肪、还原糖及水分含量低，储存不易变质，品质能维持恒定；酸碱度近中性，最适合仔猪消化吸收；不含一般的豆腥味，且具有特殊芳香味，利于诱食；添加于仔猪料中可防止仔猪下痢，减少用药，利于仔猪尽早地适应饲喂含大豆原料的饲料，避免因仔猪料过高依赖动物性蛋白而延缓对今后主要蛋白源饲料豆粕的适应性，节约饲料成本。对14～35日龄的小猪，用大豆浓缩蛋白取代14%的等蛋白奶粉，可取得同等的摄食和生长率。研究者用大豆浓缩蛋白代替早期断奶仔猪日粮中的脱脂奶粉，结果发现，饲喂大豆浓缩蛋白的仔猪饲料转化率略差，但生长性能没有差异。澳大利亚的一项试验表明，小猪（15～36日龄）摄食含大豆浓缩蛋白的饲料（10%大豆浓缩蛋白+10%乳清粉）具有与摄食含20%脱脂奶粉为主的饲料相同的采食量和生长率。欧洲的试验表明，将大豆浓缩蛋白与乳清粉等优质碳水化合物饲料配合使用，饲喂不同日龄的早期断奶仔猪，取得了与脱脂奶粉相似的生长性能。饲喂大豆浓缩蛋白日粮的仔猪的小肠绒毛高度和绒毛表面积比脱脂奶粉日粮组低，但显著高于大豆粕日粮组。血清大豆抗体效价的测定结果表明，大豆浓缩蛋白日粮的免疫原性显著低于大豆粕日粮组。大豆浓缩蛋白日粮提高生长性能的机理是改善了小肠绒毛的发育，降低了大豆抗原的过敏反应。

豆粕与发酵豆粕之间的区别在哪里？发酵豆粕的使用会有什么效果？

答：豆粕是大豆经提取豆油后得到的副产品。根据提取方法不同可分为一浸豆粕和二浸豆粕：用浸提法提取豆油后得到的副产品为一浸豆粕；压榨取油后再经过浸提取油后得到的副产品称为二浸豆粕。一浸豆粕的生产工艺较为先进，蛋白质含量高。是目前国内外现货市场上流通的主要产品。有以下特性：（1）物理性质：浅黄色至浅褐色。（2）化学成分：豆粕中含蛋白质 43% 左右、赖氨酸 2.5% ~ 3.0%、色氨酸 0.6% ~ 0.7%、蛋氨酸 0.5% ~ 0.7%、胱氨酸 0.5% ~ 0.8%、胡萝卜素 0.2 ~ 0.4 mg/kg、硫胺素 3 ~ 6 mg/kg、核黄素 3 ~ 6 mg/kg、烟酸 15 ~ 30 mg/kg、胆碱 2 200 ~ 2 800 mg/kg，豆粕中蛋氨酸较缺乏，粗纤维主要来自豆皮，无氮浸出物、B 族维生素与淀粉含量低，矿物质含量少。发酵豆粕是为提高豆粕消化率，降低其抗营养因子，经一定工艺和技术手段发酵后的豆粕。发酵豆粕具有以下优点：提高了豆粕蛋白的溶解度，利于消化；减小了豆粕中蛋白的分子量，其中的一部分已达到小肽或氨基酸水平，可以直接被动物吸收；发酵豆粕具有一定的芳香气味，有一定的诱食作用，适口性较好；豆粕中一些多糖分子在发酵过程中被分解，这对于动物的消化吸收也很有利。特别是一些胀气因子，也被微生物在发酵中降解，这是其他工艺所不能达到的。发酵豆粕中蛋白质的 KOH 溶解度为 95% 以上；多糖也可以溶解；气味与口感及适口性良好，无豆腥味。学者们通过采用不同的方法研究发酵豆粕，采用各种检测技术来评定发酵豆粕的质量以及对用其饲养动物的效果进行了评定。Cho 等（2007）将 144 头平均出生重为 8.09 kg 的断奶仔猪分为 4 个处理组，对照组饲喂基础日粮，处理组分别饲喂用 5%、10%、15% 的发酵大豆蛋白替代基础日粮中的豆粕后得到的日粮，得出的结论是饲喂 10%、15% 的发酵大豆蛋白替代日粮，饲料效率，氨基酸消化率，血尿氮和血中总蛋白浓度都得到提高。Kim 等用 240 头出生重为 5.16 kg 的断奶仔猪做了相同的实验，结论是随着发酵大豆蛋白添加量的增加，生长性能和养分消化率提高的幅度增大，对肠道形态没有影响。发酵大豆蛋白产品 pH 值低，产乳酸细菌增多，大豆中免疫球蛋白的免疫活性降低，大部分氨基酸的含量会有所增加，只有少部分的氨基酸会因发酵类型的不同而变化。

什么是动物源性饲料？我国对动物源性饲料使用有哪些特殊规定？

答：动物源性饲料产品是指以动物或动物副产物为原料，经工业化加工、制作的单一饲料。我国对动物源性饲料生产企业，按农业部《动物源性饲料产品安全卫生管理办法》规定考核、发证。在我国允许生产使用的动物源性产品主要包括：（1）肉粉（畜和禽）、肉骨粉（畜和禽）；（2）鱼粉、鱼油、鱼膏、虾粉、鱿鱼肝粉、鱿鱼粉、乌贼膏、乌贼粉、鱼精粉、干贝精粉；（3）血粉、血浆粉、血球粉、血细胞粉、血清粉、发酵血粉；（4）动物下脚料粉、羽毛粉、水解羽毛粉、水解毛发蛋白粉、皮革蛋白粉、蹄粉、角粉、鸡杂粉、肠黏膜蛋白粉、明胶；（5）乳清粉、乳粉、巧克力乳粉、蛋粉；（6）蚕蛹、蛆、卤虫卵；（7）骨粉、骨灰、骨炭、骨制磷酸氢钙、虾壳粉、蛋壳粉、骨胶；（8）动物油渣、动物油脂、饲料级混合油。为防范疯牛病和其他动物疫病传播，我国对动物源性饲料产品的使用有着严格的规定，包括禁止在反刍动物饲料中使用动物源性饲料产品；禁止疫区来源的动物源性饲料中使用牛羊源性原料；禁止经营、使用无进口产品登记证的进口动物源性饲料产品；禁止经营、使用未取得《动物源性饲料产品生产企业安全卫生合格证》的动物源性饲料产品。

选择和使用动物源性饲料应该注意什么？

答： 动物源性饲料是畜、禽、水产等动物饲料的重要原料，具有蛋白质含量丰富及生物学价值高等特点，被饲料生产企业和广大养殖场广为利用。选择和使用动物源性饲料应该注意的问题有：（1）注意生产动物源性饲料的企业是否有《动物源性饲料产品生产企业安全卫生合格证》，是否符合国家或行业标准的卫生要求；（2）注意原料来源的可靠性和安全性，不采用腐败、污染和来自疫区的动物原料；（3）注意有无掺假现象，并注意动物源性饲料中的疫区牛羊源性原料的控制。

如何提高稻壳的利用率？

答： 目前一般的加工企业针对副产品的利用率都不怎么重视，有待开发。稻壳可用于：（1）发电：蒸汽锅炉——蒸汽涡轮发电机组——电力，可以解决本厂用电需求，降低成本。（2）取暖：燃烧锅炉——蒸汽——管道——用户，稻谷产生的热能也是十分可观的。（3）活性炭：稻壳——燃烧——稻壳灰——稻壳灰——进一步提炼活性炭。（4）粉碎：饲料添加。（5）制板：喷涂试剂——锻压——成型。

使用矿物质饲料应注意什么？

答： 矿物质饲料包括工业合成的、天然的单一种矿物质饲料，多种混合的矿物质饲料，以及配合有载体的微量、常量元素的饲料。常用的有：食盐、石粉、贝壳粉、蛋壳粉、石膏、硫酸钙、磷酸氢钠、磷酸氢钙、骨粉、混合矿物质补充饲料等。应注意的问题有：（1）注意不同化合物的有效性和有害物质的含量：钙、磷、铜、铁、锰、硒、钴等元素之间既互相协同又相互制约，它们的不足、过量或相互比例不平衡，均可造成畜禽生长发育不良或中毒。如饲料中的钙、磷比例不平衡或维生素 D 缺乏，会引起畜禽软骨病或骨质疏松症，蛋壳质量下降；食盐既是畜禽的必需营养物质，又是调味剂，当添加过量或虽未过量但因混合不匀，造成局部过量，雏鸡、小鸡、小猪吃了都易中毒。（2）注意加工工艺的要求以及使用过程中的添加量及安全性。（3）注意来源是否广泛、稳定。（4）注意成本价格。

蓖麻粕都含有哪些毒素，脱毒处理的方法都有哪些？目前饲料企业如何利用现有的膨化机进行脱毒处理？

答：蓖麻作为一种重要的油料作物在我国的内蒙古、东北及广大南方地区都有大面积栽种。蓖麻籽仁含油占籽重的45% ~ 50%，其余部分主要为蛋白质。蓖麻饼粕中有丰富的蛋白质，粗蛋白含量约33% ~ 35%，为粮食作物的3倍。蓖麻蛋白组成中含有球蛋白60%，谷蛋白20%，清蛋白16%，不含或含少量动物难以吸收的醇溶蛋白，所以蓖麻蛋白绝大部分可被动物消化利用。脱毒蓖麻粕蛋白与大豆相近，大豆中赖氨酸比蓖麻高40%左右，而蓖麻蛋白的蛋氨酸比大豆高出40%，如果两者混合，可起到氨基酸互补的作用。尽管蓖麻蛋白有以上优点，却因含有少量毒素，未经处理不能食用。蓖麻籽中含有少量毒素，但毒性非常剧烈。主要毒素有：（1）蓖麻碱：蓖麻碱存在于蓖麻的叶、茎和籽中，它占籽重的0.15% ~ 0.2%，在脱脂饼粕中占0.3% ~ 0.4%。蓖麻碱属高毒性物质，可引起呕吐，呼吸抑制，肝和肾受损。饲喂试验表明饲料中蓖麻碱含量超过0.01%，能抑制鸡的生长，含量超过0.1%，鸡将中毒死亡。（2）蓖麻毒蛋白：蓖麻毒蛋白是高分子蛋白毒素，它存在于蓖麻籽蛋白质中，含量占籽重的0.5% ~ 1.5%，为脱脂饼粕的2% ~ 3%。蓖麻毒蛋白是一种蛋白合成抑制剂，对动物毒性极大，兔肌肉注射半致死量LD_{50}为4.1 μg/kg。毒蛋白在水中煮沸或加压蒸汽处理即凝固变性，失去毒性。（3）变应原：变应原存在于蓖麻仁中不含油的胚乳部分，具有强烈的过敏活性及抗原性，其毒性对人只过敏不致死，对动物相对重些但也不会致死。（4）血球凝集素：血球凝集素是高分子蛋白质，对一定的糖分子有特异亲和力，它与蓖麻毒素蛋白同时存在于籽仁中。凝集素遇热不稳定，100℃加热30 min被破坏，所以在机榨饼或预榨浸油饼粕中，血球凝集素和毒蛋白同时变性而失去活性。

蓖麻饼粕的脱毒方法有：（1）化学法：化学法是将水、饼粕、化学药剂按比例加入到耐腐蚀并带有搅拌的去毒罐中，按照所需温度、压力，通（或不通）蒸汽，维持一定时间，出料进行分离，然后将饼粕进行干燥冷却即可。化学法中有酸处理法、碱处理法、石灰法、氨处理法等。（2）物理法：物理法脱毒工艺是通过加热、加压、水洗等过程，将毒素从饼粕中转移到水溶液中，在通过分离、洗涤将粗蛋白洗净。物理法中主要有沸水洗涤法、加压蒸煮、热喷及膨爆法等。（3）微生物法：微生物法是利用特定的微生物菌株对蓖麻毒素进行分解从而达到脱毒目的。该法投资较大、周期长，难以实施工业化生产。（4）膨化法：也称物化联合法。脱脂的蓖麻饼粕经粉碎、筛分后，与定量的碱性化合物进行混合，达到一定含量后，将混合物送入膨化机进行高温、高压的瞬间反应，再经干燥、冷却、筛分即得脱毒蓖麻粕成品。脱毒方法的选择应使残毒量降至安全水平以下，营养成分损失小，适口性好，生产工艺及设备简单，操作方便，投资少，成本低，适于工业化生产，尽量不用或少用化学药剂，避免重复污染。从脱毒的效果及应用来看，挤压膨化在该领域有着良好的发展前景。膨化脱毒蓖麻粕是利用螺杆汽塞对物料的挤压升温增压，在出口处突然减压，从而使物料得以膨化。目前，膨化已作为一种先进的熟化工艺被广泛应用于饲料加工业中，应用该工艺对蓖麻毒蛋白的去除率为95%以上，对变应原的去除率为98%。研究表明，由于膨化机内的高热高压及剪切作用，加之碱液的存在可以破坏蓖麻毒素，使其中的毒蛋白和血球凝集素失活，并大大降低变应原及蓖麻碱的含量，从而达到脱毒的目的。蓖麻饼粕膨化后，物料中所含毒素一方面由于分子变化而降解，另一方面与物料中的碱液脱毒剂结合而失活，经饲喂试验证明，脱毒效果和饲养效果都很好。膨化提高了蓖麻饼粕在饲料中的添加量，使饲料生产商可以尽可能地选用比较便宜的蓖麻饼粕，大大降低了饲料成本，也使得蓖麻粕这一难以利用的原料成为优质的蛋白饲料。

血浆蛋白是经过高温喷雾干燥而制得，免疫球蛋白在 200℃ 以上的高温应该是变性的，可是为什么市场上销售的血浆蛋白还是以免疫球蛋白为卖点呢？

答：血浆蛋白的免疫球蛋白含量高低主要是由其加工工艺决定的。液体血浆喷雾干燥方式主要是与热空气进行热交换，在高温的条件下对液体血浆进行喷雾干燥一定会使蛋白质变性。一般来说，液体血浆与高温空气接触的时间越短，蛋白质变性的可能性就越小。高压喷雾干燥技术（高温 200℃、高压 150 ~ 200kPa）能确保液体血浆在喷雾时有很高的加速度，使得雾化后的血浆与高温热风接触时间大大缩短，免疫球蛋白的特殊结构和活性得以保存，同时，其他蛋白质变性很少。而离心喷雾干燥工艺由于没有垂直向下的加速度，使得雾化后血浆在干燥过程中与高温热风接触时间比较长，蛋白质变性程度增加，因而生物活性的免疫球蛋白含量较低。从理论上讲，一般猪血浆中免疫球蛋白 lgG 含量为 1.7 ~ 2.9g/100 ml，血浆干物质浓度为 8% ~ 10%，由此推算，免疫球蛋白占血浆干物质的比例为 18.8%。现在市场上的血浆蛋白最高含有 16% ~ 18% 的免疫球蛋白，表示已经有部分的免疫球蛋白变性。所以，采用高温高压喷雾干燥工艺同样会使免疫球蛋白变性，只不过与离心喷雾干燥工艺相比，免疫球蛋白变性比例减少了。

大豆蛋白质降解的技术和方法的选择都有哪些？

答：降解大豆蛋白获得大豆多肽的方法及技术很多，不同的方法和使用不同的技术以及在同一技术中不同方法的选择，获得大豆多肽的品质和生化性质各有不同。目前，生产大豆多肽所用的方法和技术大致有酸解法、碱解法、电解法、微生物发酵法和酶解法五种。（1）酸解法：这种方法不符合现代绿色生产的要求。它的弱点是投资大，工艺复杂，环境污染大，工艺很难控制，生产的大豆多肽分子分布不均，极不稳定，产品质量也不稳定，生理功能很难确定。（2）碱解法：在实验室用于蛋白质的降解，分子量分布和氨基酸组成较好，但没有发现用于工业化生产。（3）电解法：目前只见到理论文章，近来有披露和发现以此法生产大豆多肽的报道。（4）微生物发酵法：用此法生产的大豆多肽，分子量分布在 3 000 以上，也属于大豆多肽。因多肽分子量在 5 000 ~ 10 000 间都属于多肽范畴。但离大豆寡肽、小肽、微肽的活性、易吸收性、生理活性距离很大，所以，价格也很便宜。（5）酶解法：酶解法使用的酶不同、酶的选择与配方不同、酶解的大豆蛋白质不同，所获得的大豆多肽的品质、分子量分布和氨基酸组成也大不相同。特别是制得的大豆多肽的生理功能也大不相同。目前酶法生产的大豆多肽，使用的动物酶有：胃蛋白酶、胰蛋白酶、细菌蛋白酶、霉菌蛋白酶；植物酶有：菠萝蛋白酶、无花果蛋白酶、木瓜蛋白酶等等。用单纯的胰酶生产的大豆多肽有腥味和苦味；用胰酶和其他酶配方，要弄清配方中各种酶的特性、相互作用等，否则生产的大豆多肽达不到质量要求。近年来，人们十分重视植物芳香蛋白酶，只要在剂量配方上选择得好，生产出来的大豆多肽质量高，品质好，具有极强的活性和多样性，生理功能十分显著。且生产出来的大豆多肽风味独特，无腥，无苦味，气味芳香。

如何提取大豆分离蛋白及如何改性？相关方法有哪些利弊？

答： 大豆的蛋白含量较高而且营养丰富，一般含蛋白 38%。大豆蛋白含有 8 种必需氨基酸，且比例合理，赖氨酸相对稍高，而蛋氨酸和半胱氨酸含量较低。目前大豆蛋白已成为一种重要的蛋白资源，特别是大豆分离蛋白含蛋白质 90% 以上，是一种优良的食品原料。大豆分离蛋白主要由 11S 球蛋白和 7S 球蛋白组成，大约占整个大豆籽粒储存蛋白的 70%。这两种球蛋白的组成、结构和构象不同，大豆分离蛋白的功能特性也不同。大豆分离蛋白在提取、加工和贮运过程中会发生物理和化学变化，这些适当的改变可以提高大豆蛋白在食品中应用的功能特性。大豆分离蛋白的提取方法如下：（1）碱提酸沉法：将脱脂豆粕与蒸馏水以 1 : 10 的比例混合，用 NaOH 调整混合物的 pH 值为 7 ~ 9，充分搅拌浸提碱溶大豆蛋白，离心分离，用稀 HCl 调整上清液的 pH 值为 4.5 ~ 4.8，沉淀出蛋白质，离心分离，沉淀重新溶于 pH 值 7.0 ~ 8.0 的 NaOH 溶液中，喷雾或冷冻干燥即得大豆分离蛋白，其蛋白含量可达 90% 以上，得率 24% ~ 38%。（2）膜分离法：先用 $Ca(OH)_2$ 的稀溶液浸提脱脂大豆粕，蛋白浸出率可达 80% 左右。将浸提液进行循环超滤分离，截留液的浓度可达 13% 左右。把截留液喷雾或冷冻干燥，即得大豆分离蛋白产品，其蛋白含量可达 95% 以上。与传统的碱提酸沉法比较，产物得率高，质量好，能耗少，废水排放污染也一定程度上得到解决。（3）双极膜电解法：这种方法是在电渗析的基础上发展而来的。双极膜由 3 层组成：阴离子交换膜和阳离子交换膜以及阴阳离子交换膜中间的亲水层。在电流作用下，水分子在双极膜上电离为 H^+ 和 OH^-，由于膜选择透过阴离子或阳离子，导致溶液的 pH 值降低，达到大豆蛋白质的等电点而使蛋白质沉淀。这种方法不需要加入酸或碱调整蛋白质溶液的 pH 值，避免分离得到的大豆蛋白质中混入盐离子，并且可保护大豆蛋白质的功能性。（4）起泡法：它是根据表面活性的差异，来分离和纯化物质的手段，该技术是分离和浓缩蛋白质及酶的一条有效途径。

大豆分离蛋白的改性方法有：（1）热处理法：将 5%、8%、11%、13% 和 15% 的大豆分离蛋白在 80℃或 100℃处理 30 min，然后在 4℃冷却过夜，当浓度大于或等于 8% 时，形成凝胶，在相同温度下，浓度越高，不溶性组分越多；蛋白质溶液的浓度相同时，100℃处理的不溶性组分比 80℃要多。经 DSC 测量，80℃处理时，蛋白质部分变性，而 100℃处理时，蛋白质全部变性。经过热处理，蛋白质的可溶组分和不可溶组分的表面亲水性（S0）发生变化，浓度较低时，由于热变性而暴露内部的亲水基，S0 增大。在非热变性蛋白质中，可溶性组分和非可溶性组分，水结合能力（WIC）相同，热变性后，可溶性组分和非可溶性组分的 WIC 都提高，特别是浓度为 8% 最高。经过热处理后，蛋白乳化性能得到提高。（2）酸处理：用酸处理大豆分离蛋白质和大豆球蛋白。只有从长时间储藏的大豆粉提取的蛋白，经酸处理后，溶解性会降低，pH 值的变化对溶解性和水结合能力（WIC）影响很小，而起泡性和泡沫稳定性有很大提高。酸处理时，pH 值 11S 球蛋白有很强的变性作用。（3）酶处理：用木瓜蛋白酶水解大豆分离蛋白，并用超滤分离水解产物。11S 蛋白亚基比 7S 球蛋白亚基对木瓜蛋白酶敏感。木瓜蛋白酶显著提高大豆分离蛋白的表面吸水性、溶解性和乳化性。胰蛋白酶和胰凝乳蛋白酶能水解 11S 大豆球蛋白的两个碱性亚基。大豆蛋白经胰酶水解后，表面吸水性显著提高，溶解性变化不大，乳化液蛋白质和油含量增加，乳化能力增加，但乳化稳定性有所降低。

微生物发酵法降解豆粕中抗营养因子的主要途径是什么?

答: (1)发酵过程微生物的大量繁殖消耗利用非蛋白类抗营养因子(如植酸、低寡糖、致甲状腺素等)。(2)微生物会分泌一些蛋白酶对豆粕中的蛋白类抗营养因子进行降解(如大豆抗原蛋白、胰蛋白酶抑制剂、大豆凝集素、脲酶、脂肪氧化酶)。

小肽类产品的大致生产方式都有哪些?

答: 由于小肽结构的被阐明,生物技术、化学合成和基因工程的发展,小肽的生产和工艺有了许多的改进和创新。现在的肽类制品主要有以下几种生产方法:1.蛋白质的降解:蛋白质的降解是现在生产肽类的主要方法,但根据其具体操作工艺有可以细化为以下几个具体类型:(1)酶解法:是以蛋白质为底物并选择适当的蛋白酶,将蛋白质进行酶解,即可得到大量的具有各种生理功能的生物活性肽。此法产生的小肽分子量在3 000D左右,具有较强的生物学活性,而酶解所要求的条件较难控制,因此,要注意与小肽酶解生产效果密切相关的因素如温度、pH值、酶浓度、底物浓度、时间等。但最为关键的是酶的选择,一般可选用胃蛋白酶,胰酶等动物蛋白酶,也可使用菠萝和木瓜等植物蛋白酶。通过选择适当的蛋白酶,可以获得大量具有各种功能的肽。但动物蛋白和植物蛋白水解后的产物有所不同的是动物蛋白可释放较大比例的肽,而植物蛋白释放较多的为游离氨基酸,为此酶解底物以选择高品质的动物蛋白为宜。该法虽然在工业上应用较广但是产品中带有苦味,对产品的品质的提高带来了一定的影响。(2)微生物发酵法:是把蛋白酶的发酵生产和蛋白的酶解生产结合在一起生产肽的一种办法。这种生产方法降低了小肽的生产成本,应用前景很好。此方法的关键是筛选出合适的菌种,要求菌种本身及其分泌物对人畜安全无害,并能够在蛋白质底物上良好表达,菌种能分泌合适的蛋白酶在体外将蛋白质切成长短合适的肽段。现在生产上主要使用米曲霉、乳酸菌、芽孢杆菌等能分泌蛋白酶的菌种,让菌种分泌的蛋白酶酶解蛋白质产生小肽蛋白,其肽产物的分子量分布大多在3 000D以上,其产品中的小肽以营养性小肽为主。但为了提高小肽的产量和品质还应注意底物的组成、菌龄、接种量、发酵时间等因素的影响。微生物发酵法的优点是能较好地去除蛋白原料中的抗营养因子和一些蛋白抗原成分,并且由于在微生物发酵过程中加入乳酸菌、酵母菌、米曲霉、芽孢杆菌等菌株,还可产生3%左右乳酸和发酵香味,具有酸化剂的作用,有利于提高动物采食量,改善动物胃肠道的微环境的作用。(3)酸解法和碱解法:指在只有酸或碱存在的条件下使蛋白发生分解产生小肽的一种方法。由于碱水解时,丝氨酸、苏氨酸等大部分氨基酸被破坏,且还会发生消旋作用,产生D型和L型氨基酸的混合物,营养成分损失大,因此,很少采用此法来制取肽类;但用酸水解蛋白质则不会引起氨基酸的消旋作用,且水解速度快、反应完全彻底。用酸水解法制备小肽存在的问题是温度和时间对酸水解程度的影响,其中温度的影响更大。并且所得水解产物中含大量因中和反应而产生的盐,若能除去其中的盐并分离游离氨基酸,则小肽含量可大大提高。总的来说酸解法和碱解法多用于试验机构,而在生产实践中使用较少。2. 化学合成法:化学合成法分为液相法和固相法。液相法不适合反应中间体溶解度较低的情况。固相法是把要合成的多肽其中一端的氨基酸羧基、氨基或侧链基附着在固体载体上,然后从氨基端或羧基端逐步增长肽链的方法。与液相法相比,固相法易于纯化,并可以实现自动化。但是,由于成本高所以极大地限制了固相法的应用。主要原因在于在肽键形成中，存在消旋作用因而需要保护和去保护操作，导致产率低。另一方面由于需要用超过量的耦联剂和酰化试剂，并且回收这些组分相当困难，所以也影响到了小肽的生产。3. 酶合成法：酶合成法指用蛋白酶来催化合成肽。在活性肽的酶合成法中，最广泛应用的酶是丝氨酸和半胱氨酸内切酶。酶法合成与其他合成方法相比具有：在温和条件下进行，危险性相对较低；专一性强，取材广泛；立体异构和消旋作用。但其在实际生产中的应用仍然有限。4. 生物工程法：生物工程法指从动物或植物的基因组中分离出带有目的基因的 DNA 片段，然后将此 DNA 片段克隆至适当的载体并采用特定方法将其导入受体细胞，通过细胞表达获得所需要的活性肽或将外源基因插入到噬菌体基因序列之中，使得多肽以融合蛋白形式表达在噬菌体颗粒表面，并经过加工、纯化后来获得所需要的小肽。虽然使用生物工程法只要建立起了一个适当的体系，就可以用廉价的原料通过发酵的方法来获得大量活性肽，并且基因重组技术与其他方法相比有其不可比拟的优势，但 DNA 重组技术仅限于大肽的生产，而且其表达效率较低、产品提取和回收困难。此外，用 DNA 重组技术构建的细胞表达系统不能用于酰胺肽的生产，因为微生物缺乏 α- 酰化酶，这限制了在生物活性表达方面起决定性作用的酰胺化的广泛使用。而噬菌体展示肽库技其缺点是库容多样性易受到多种因素的影响，且获得的是小分子肽亲和力较低。

目前市场上所售的小肽类制品大部分都有苦味，这种苦味产生的原因及消除方法都有哪些？

答：多肽的苦味是由其中的疏水性氨基酸引起，与蛋白质的氨基酸结构组成有关，多肽疏水度、氨基酸序列及空间结构是重要的影响因素。一般天然蛋白质的疏水性基团都包含在分子结构内部，从而不会呈现苦味。当蛋白质水解成小分子多肽时，就会暴露出其疏水性氨基酸残基，此类氨基酸残基刺激味蕾，即呈现苦味。疏水度较大的氨基酸残基有赖氨酸、亮氨酸、苏氨酸、苯丙氨酸等疏水性氨基酸残基在多肽中的比例越高，则该多肽的苦味可能越强。除疏水性氨基酸残基位于 C- 端会导致苦加味强之外，还发现碱性氨基酸残基也会加强多肽的苦味，另外苦肽的苦味还与特定的分子构象相关，即多肽链两端较近形成回转构象时，苦味更强。但当相对分子质量大于 5 000D 的大豆多肽没有苦味，相对分子质量在 500 ~ 1 000D 的大豆多肽苦味最强。随着分子质量的减小，苦味逐渐减弱。肽产品的苦味控制方法主要包括以下几种：加工工艺的改良及分离、提取、吸附、掩盖、酶法及微生物脱苦等方法。（1）加工工艺的改良：在实际生产中所用的蛋白酶，都是非专一性内切酶，其对蛋白原料的内切酶解作用是随机的。无论选用何种酶制剂和采用什么酶解条件，蛋白酶对蛋白原料的酶解都会或多或少地产生游离氨基酸，并且随着水解度的提高，蛋白质内部的氨基酸疏水性末端大量游离出小肽末端，疏水性氨基酸残基也不断暴露，导致水解产物产生苦味。因而采用相同的酶解蛋白原料，不同的工艺和操作参数，将产生不同的酶解结果，将对小肽产品的品质有很大的影响，特别是酶添加量，底物浓度，酶解温度，酶解过程控制，酶解过程加碱（酸）频率及加碱（酸）总量等条件的控制。因而应根据所要得到的小肽的种类和特性来研究酶的特性，选择合适的酶，优化生产工艺的各项参数从而避免了酶解方法的盲目性，使产品中所希望得到的小肽含量较高，苦味值也能控制在较低水平，产品质量也能够得到保证。（2）选择性分离法：根据蛋白水解液中不同多肽成分的疏水性不同，利用活性炭、树脂或溶剂，将水解液中疏水性高的多肽予以选择性的去除。最早使用的除苦味方法是在小肽的酶解液中加入活性炭来进行选择性分离。活性炭是一种疏水性吸附剂，不仅可以除去水解液的不良风味物质和苦味成分，而且可除去大分子量的多肽、未水解的蛋白质片段和潜在的抗原性成分。但当活性炭用量达到较大时，活性炭可吸附小肽和多种对氨基酸，因而产品得率较低，不利于小肽的生产。另外，利用活性炭处理后的成品，其苦味虽然有所降低但也带来了活性炭的特殊气味。生产中还可以将酶解液经过预处理后加入到琼脂糖凝胶柱中，室温洗脱，含疏水性氨基酸的苦味肽便结合于凝胶载体上，从而达到脱苦的目的，不过这种方法脱苦不够彻底。（3）掩盖剂掩盖法：向含苦味的蛋白水解液中加入一些能掩盖蛋白质水解液苦味的物质或其他疏水基团包被剂掩盖苦味来减轻苦味。一般情况下可以在蛋白水解液中直接加入甜味物质或酸味物质来改良肽产品中的苦味，这种方法成本较低，但感官评定显示，产品甜味和酸味过后仍能品尝到较浓的苦味。另一种方法是在蛋白质水解过程中加入交联淀粉，其主要机理在于交联淀粉能将苦味基团掩藏于淀粉的分子结构内部，从而阻止它们接触味蕾而起到掩盖苦味的目的。要达到这种效果，必须加热淀粉与苦味肽的混合物。苦味肽还可以和浓缩乳清蛋白、脱脂奶混合，也有脱苦或掩苦作用，其原因则是蛋白质之间、氨基酸和肽之间存在亲和作用。（4）酶脱苦法：酶脱苦法所使用的外切酶主要是指端肽酶，它是从肽链的一个末端开始将氨基酸水解下来发挥作用的，如果将其细分还可以再分为羧肽酶和氨肽酶，前者的作用从肽链的羧基末端开始一个个水解肽酶，而后者从氨基末端开始，端肽酶可以从肽链的末端移去一个或多个氨基酸分子，羧肽酶从 C - 端，氨肽酶从 N- 端起作用但外切酶所切下的氨基酸，其苦味阀值可能较低，甚至有可能是疏水性氨基酸，小肽蛋白中疏水性氨基酸可能再度暴露出来，增加苦味，因此，这种方法的脱苦得不到有效保证，脱苦效果也不太明显。但是如果在脱苦工艺中添加风味酶，除了能产生外切酶酶解的效应，还产生美拉德反应，生成浓香味风味物质，产品苦味有较大缓和，对动物采食有利，但脱苦成本较高。（5）微生物发酵法：一些微生物体内存在一定的产肽酶体系，它们能将苦味肽进一步水解，使苦味下降甚至完全脱除。例如，用欧文氏菌细菌与胃蛋白酶水解的蛋白水解液作用，其脱苦效果十分显著。同样用乳酸菌和酿酒酵母水解鸡肉蛋白酶解液中的苦味肽，发现苦味肽的苦味强度下降十分明显，而且游离氨基酸的含量逐渐提高。同时，由于此法中添加了有益微生物，故其发酵产物具有乳香味和酒香味等风味物质，并且产品的诱食性较好。（6）类蛋白反应法：这种方法最早是由日本科学家所发现，并且该反应可以极大的脱除蛋白水解物的苦味。浓缩的蛋白水解物在适当的条件下经蛋白酶作用就会形成凝胶状的物质，即发生"类蛋白反应"，该反应的进行主要依赖于底物的种类、酶、底物浓度以及 pH 值。对于该反应的机制，目前认同较多的是转肽作用的结果，通过转多肽作用，疏水性氨基酸在某些多肽中富集，而这些多肽由于溶解度较低会浓缩形成小颗粒，即形成不溶的类蛋白。

饲料生产中选择油脂时最关键的质量安全指标是什么？

答：选择油脂时最关键的质量指标包括：（1）水分、杂质及非皂化物的含量；（2）总脂肪酸的含量；（3）脂肪酸的饱和程度；（4）游离脂肪的含量或酸价；（5）过氧化物含量；（6）劣质油脂中还会存在大量高毒性高致癌性的脂溶性毒素。

饲料中添加油脂的作用主要是什么?

答: 饲料中添加油脂的作用主要有: (1) 供给动物能量, 畜禽能量的主要来源是碳水化合物, 但对快速生长的动物, 单靠日粮中的碳水化合物满足不了需要的能量, 缺少的部分主要通过添加油脂来补充。目前, 饲料用油脂主要包括动物脂肪、植物油和混合油, 油脂能量是淀粉的 2.2 倍, 所以饲料添加油脂后可以提升热能改善料肉比。(2) 作为动物体内必须脂肪酸的来源, 油脂中的亚油酸、亚麻油酸是动物体内不能合成的, 是细胞结构和机体代谢不可缺少的, 必须从日粮中摄取; (3) 改善饲料适口性, 提高和促进脂溶性营养素的消化吸收; (4) 减少饲料生产过程中的粉尘和饲养过程中的饲料浪费, 有助空气质量改善, 减少饲料机械磨损, 防止饲料分级, 提高饲料制粒的质量; (5) 某些油脂如鱼油, 因富含不饱和脂肪酸及独特的腥味, 对动物具有诱食、提高繁殖性能、促进脑神经组织的发育和正常生长的作用及其他许多重要功能; (6) 促脂溶性物质吸收, 油脂含量高时, 脂溶性物质例如脂溶性维生素、色素等容易带入体内供吸收。

饲料中添加油怎么考虑? 饱和脂肪酸和不饱和脂肪酸是什么?

答: 是否加油, 要考虑到如下因素: (1) 饲料能量含量高低; (2) 饲料脂肪含量高低; (3) 饲料必需脂肪酸含量高低。不饱和脂肪酸是指脂肪链中含有不饱和键的脂肪酸, 不饱和脂肪酸氧化后变成饱和脂肪酸, 一般较稀的植物油含不饱和脂肪酸较多, 而对动物而言, 不饱和脂肪酸中的亚麻酸和亚油酸是饲料中必需的, 所以又称必需脂肪酸。一般情况下, 饲料中植物性原料 (玉米等) 中含有的脂肪就能满足动物的必需脂肪酸, 故饲料中添加油脂的目的主要是提高饲料的能量水平, 由于我国油脂价格贵 (油脂和玉米的能量和价格不成正比), 故一般情况下, 尽量使用高能值原料而少用低能值原料, 并考虑使用相应酶制剂以提高动物对饲料的能量利用率, 在此等方法利用后能量还达不到要求时, 再考虑适当添加油脂。

油脂如何分类?

答: 油脂的分类一般按脂肪酸结构、来源、制造方式三个标准分类。(1) 依脂肪酸结构分类: ①依脂肪酸结构可分成饱和脂肪酸 (不含双键结构), 单不饱和脂肪酸 (只有一个双键), 双不饱和脂肪酸 (有两个双键) 及多不饱和脂肪酸 (双键结构两个以上); ②依碳数多少分成中链脂肪酸 (碳数在 8 ~ 14 之脂肪酸) 及长链脂肪酸 (碳数在 16 以上之脂肪酸); ③依代谢需求必须由体外提供者称之必需脂肪酸, 可由体内自己合成者称之非必需脂肪酸。(2) 依来源分类: ①饱和类植物油: 椰子油、棕油及棉油; ②不饱和植物油: 红花籽油、玉米油、黄豆油及磷脂等; ③饱和动物油: 鸡油、牛油及猪油; ④中饱和动物油: 猪油、鸡油; ⑤不饱和动物油: 深海鱼油、一般鱼油、乌贼油。(3) 依制造方式不同分类: ①原油: 粗萃取之油脂, 完全未经精炼; ②精制油: 经脱胶、脱色、脱臭、脱酸之精炼油; ③馊水油、回锅油: 食用油用后回收之再制油; ④油粉: 将油脂制成粉末状, 有磷脂粉、乳化油粉、氢化油粉、皂化油粉及吸附油粉等; ⑤加工残渣: 油脂精炼过程中之副产品加工提炼者, 有油渣、皂脚、蒸馏渣等。

饲料中怎样使用油脂？

答：从配方考虑，当原料能量低或者不饱和脂肪酸不够时，选用油脂是一个办法；向饲料中加油，有专门的设备当然最好，如果没有，可以直接加入混合机中。对立式混合机或者没有混合机，可将油先与部分玉米面或豆粕混合后再混成全价料。也可以在制粒后喷油（图 29）。

图 29　滚筒油喷系统

在饲料配方中是否用小麦能全部代替玉米？怎样做配方？

答：可以的，要看小麦与玉米的价格，还要考虑着色和不饱和脂肪酸问题。通常小麦蛋白含量比玉米多 5 个百分点。因此，每多 10% 的小麦代替玉米，就可以降低豆粕添加量，一般的替代方法是：10 小麦 =9 玉米 +1 豆粕，因而只要小麦的价格不比玉米贵或稍贵一点时，可降低饲料成本。把余出来成本空间的一部分，可以考虑使用相应酶制剂（一般当小麦用量超过 10% 时需要考虑）。

饲料中用小麦代替玉米有什么缺点吗？有什么好的建议？

答：适口性差，黏度大，不能湿拌料。含有抗营养因子，因此，需要加木聚糖酶或者复合酶。使用小麦必须是熟料（高温加热），最好制粒。生料黏稠度高，可导致难以下咽，难以消化吸收；熟料不仅可以增加适口性，而且还可以提高饲料转化率。

小麦酶可提高能量 6%，植酸酶也可提高能量，两者同时进入配方，是否要增加百分比？

答：两者机理不同，不一定能累加起来的。

加小麦酶能量可以提高，蛋白是否也提高了？

答：不能，酶制剂把小麦当中的非淀粉多糖消化，因而提供动物能量（一般根据不同动物与年龄，可提高能量 1% ~ 3%），但是，没法提供蛋白质供动物利用，因而不提高蛋白质，但可提高蛋白中各种氨基酸的利用率，幅度很有限，一般只提高 1% ~ 2%。

温度对小麦酶的活性有什么影响？

答：分加工温度和肠道内温度，加工温度过高，会影响小麦酶的活性，太高的话，会使小麦酶失活。胃肠道内的温度非常恒定，因而没有影响。

用小麦替代玉米 – 豆粕型日粮中的玉米，有哪些注意事项？

答：世界小麦的价格比玉米贵，但中国例外。用小麦时应注意：（1）小麦的粗蛋白比玉米高，可以省豆粕，测定小麦的粗蛋白时，换算系数应该是 5.75 而不是 6.25；（2）小麦的能量低于玉米，因此须补充能量；（3）小麦中的麦角毒素是个问题，所以选择小麦要注意品质，饱满度要好，形状怪异的可能麦角毒素高；（4）全小麦配方也可用，但一定要加酶制剂。一般小麦中含有较高的非淀粉多糖，此类物质在动物体内很少有相应的酶去分解消化，故在多加小麦时，一般要添加相应的酶制剂以提高其消化吸收利用率，否则多加后会对动物生长有不利影响。

小麦如何分类？

答：小麦分类标准繁多，大致可依麦粒颜色（红或白）、种实组织（硬或软）、播种季节（春或冬）3 种区分。（1）冬麦是指秋天播种，冬季及来年春天生长，5 ~ 7 月收割；春麦则是指春天雪融之后开始播种，夏末秋初就能收割的模式；（2）硬质小麦多栽培在含雨量少的地区，颗粒较小，胚乳细密蛋白质较高，多供制面包之用，软小麦则反之，多供制糕饼之用；（3）依谷物外表颜色可分为茶褐色之红小麦及蛋黄色之白小麦。

玉米依品种如何分类？

答：玉米依品种可分为：（1）凹玉米：轴长，粒大、成熟时顶端凹入而得名，该品种约占美国所有生产玉米总数的 99% 左右，凹玉米又可分成黄、白及混合玉米等 3 种，其中，黄玉米是一般现货和期货市场上主要的交易对象；（2）硬玉米：轴细长，成分与凹玉米近似，谷粒硬且早熟，阿根廷、泰国、南非栽培最多；（3）甜玉米：甜玉米所含的糖分比其他种类为高，是人类食用的玉米，不适用之级外品才供饲用；（4）爆玉米：籽粒较小，米粒形或珍珠形，胚乳几乎全部是角质，质地坚硬透明，是爆米花的原料；（5）粉玉米：谷粒软，又称软质玉米，可轻易用手压成粉状。通常为白色或蓝色；（6）夹玉米：玉米原种，近椭圆形，谷粒外部覆以纤维状外皮；（7）高油脂玉米：新品种饲用基因改良玉米，胚特大，脂肪含量比一般玉米多3%~5%，蛋白质也提高0.7%~1.2%左右，热能高于一般玉米，有可能变成未来玉米主流；（8）半凹玉米：凹玉米与硬玉米之杂交后品种。

烘干玉米品质与风干玉米相同吗？如何鉴别？

答：烘干玉米，主要通过加热，达到干燥的目的；而风干玉米则是通过通风带走水分，达到干燥的目的。烘干玉米干燥效果好，便于储存。但烘干后玉米无论从营养成分、含量、还是酶的活性来看都具有下降趋势。如果加工工艺不当，干燥温度过高（超过60℃），蛋白质变性，营养成分损失，能值降低。烘干过度的玉米，消化率较差，应避免使用。特别是品质好的玉米，营养损失更多。鉴别：（1）容重：烘干玉米容重要比自然干玉米低些，有些烘干玉米容重过低就不能在饲料中使用。（2）破碎粒：烘干玉米破碎粒多，容易感染霉菌，容易氧化酸败。（3）烘过头：有些烘干玉米烘过头后，外观上变棕、红甚至是黑，淀粉遭破坏，影响营养价值。（4）粉碎情况：烘干玉米比自然干玉米容易粉碎，耗电少。一般情况下，烘干玉米的霉变率标准是1%，容重不低于865g/L，不完善粒不高于5%。（5）烘干玉米由外皮皱褶多、饱满度差、光泽不亮等外观特征可以看出。图30为国内烘干设备丰神系列连续式谷物烘干机，可将收获后的玉米立即烘干，存储在圆筒仓内，待价格好时卖出。

图 30 丰神系列连续式谷物烘干机

为什么有些玉米颜色深，有些玉米颜色浅？

答：引起玉米颜色深浅及颜色不同的主要原因在于品种。就一个品种来说，老一点的玉米颜色会深些，嫩一点的玉米颜色就浅些。

如何通过感官判断玉米水分含量?

答:见表26。

表26 玉米水分含量的感官检测

玉米水分(%)	看脐部	牙齿咬	手指掐	大把握	外观
14 ~ 15	明显凹下,有皱纹	震牙、清脆声	费劲	有刺手感,温差显著	
16 ~ 17	明显凹下	不震牙、有响声	稍费劲	很凉感	
18 ~ 20	稍凹下	易碎、稍有声	不费劲	很凉感	有光泽
21 ~ 22	不凹下、平	极易碎	掐后自动合拢	很凉感	较强光泽
23 ~ 24	稍凸起			很凉感	强光泽
25 ~ 30	凸起明显		掐脐部出水	很凉感	光泽特强
30 以上	玉米粒呈圆柱形		压胚乳出水		

麸皮的主要营养成分有哪些?使用时应注意什么?

答:见表27。

表27 麸皮的营养成分和使用注意事项

项目(%)	品　种		分析	范围
	白麸皮	红麸皮	红麸皮	红麸皮
水分	14.0 ↓	14.0 以下	13.0	11.0 ~ 15.0
粗蛋白	12.0 ↑	15.0 以上	15.0	13.5 ~ 17.0
粗脂肪			4.0	3.0 ~ 4.75
粗纤维	10.0 ↓	10.0 以下	10.0	9.5 ~ 12.0
粗灰分	6.0 ↓	6.0 以下	5.0	5.0 ~ 7.0
钙			0.14	0.05 ~ 0.14
磷			1.0	1.10 ~ 1.50

　　因麸皮成分有以下特点:麸皮之成分与脱脂米糠类似,但氨基酸组成较佳,消化率也略优于脱脂米糠,维生素中B群及E含量高,A、D则少,矿物质含量颇丰,磷亦属植酸态磷,约占75%,因含植酸酶,故磷利用率优于脱脂米糠,约为35%(猪);脂肪4%左右,不饱和脂肪酸居多;纤维含量高,属低热能原料。所以,使用时应注意如下:(1)适口性:对反刍动物而言,麸皮体积大,适口性好,又有助通便之效。对单胃动物而言,麸皮比重轻、能量低,反而降低食量;(2)使用限制:无抗营养因子,但因比重轻,用量不能太高。对猪而言,具轻泻作用,是种猪饲料绝佳原料,但热能需求高之乳猪料则不适用;(3)用量建议(%)。①小牛、小羊:0% ~ 10%;奶牛、肉牛:0% ~ 25%;水产(杂食性):0% ~ 10%。②乳猪:0%;肉猪:0% ~ 10%;母猪:0% ~ 25%。③小鸡:0%;肉鸡:0% ~ 5%;蛋鸡、种鸡:0% ~ 5%。

配合饲料的粗蛋白质是不是越高越好？

答：不一定。蛋白质是饲料的重要组成部分，蛋白质饲料一般相对稀缺而且比较贵，市场上相同厂家的饲料也总是粗蛋白质水平高的比较贵，这也造成了部分养殖户认为饲料粗蛋白质越高越好的片面认识。例如，饲料中添加尿素则粗蛋白质水平很高，对于单胃动物而言却毫无益处。饲料的价值重在营养全面平衡，回报率高，而不是简单地以粗蛋白质水平高低来衡量的。科学的饲料配方设计不但要考虑粗蛋白质水平，还要考虑蛋白质品质，各种氨基酸的比例，粗蛋白质和能量的比例，如果对于反刍动物还要考虑过瘤胃蛋白质的比例，因此，对于饲料蛋白质要进行综合评价，而不能简单地认为粗蛋白质含量越高越好。

影响配合饲料营养指标的原因？

答：（1）配方设计的不合理性，导致达不到营养指标。（2）各种营养的不平衡，导致达不到饲料的营养要求。（3）饲料原料的实际营养价值与配方设计时用的数据库中的营养价值不相符。（4）饲料加工过程中营养成分受高温制粒等的影响的损失与变化等。

鱼油和鱼肝油的区别？

答：鱼肝油是无毒海鱼肝脏中提出的一种脂肪油，在0℃左右脱去部分固体脂肪后，用精炼食用植物油、维生素A与维生素D3调节浓度，再加适量的稳定剂制成。鱼肝油可强壮骨骼，所以，常用于孩子补钙。而鱼油是鱼体内的全部油类物质的总称，它包括体油、肝油和脑油。鱼油是鱼粉加工的副产品，是鱼及其废弃物经蒸、压榨和分离而得到的。而鱼油的主要功效成分是欧咪伽—3脂肪酸，它是人体血管的清道夫，还能预防动脉硬化、中风和心脏病。

玉米皮的主要营养指标是什么？

答：玉米皮又称玉米纤维，占玉米籽粒重量的10%～14%。通常含淀粉25%～40%，粗蛋白质3%～6%，粗脂肪3%～9%，纤维素20%～25%，半纤维素35%～40%，木质素和果胶5%～7%，不属于蛋白质饲料，营养价值和麦麸相当，可以代替小麦麸做饲料用（表28）。

表28　玉米皮渣的主要营养成分（%）

水分	粗蛋白质	粗脂肪	粗灰分	粗纤维	无氮浸出物	钙	磷	消化能（mg/kg）	代谢能（mg/kg）
11.07	7.79	5.70	1.00	16.20	57.45	0.28	0.10	8.54	5.19

膨化玉米的定义和特点？

答：一种将生玉米粉碎后，经膨化加工过程而得到的一种利用率较高的饲料原料。在高温高压条件下，玉米粒所含水分不断吸收能量而汽化，并向玉米分子内部强行渗透、切割，在达到均化段之前，玉米粉从固态逐渐变成黏流态。黏流态的玉米蛋白分子在均化段中继续其蛋白质变性过程，并不断被连续挤出，当遇到骤然降温时，挤入蛋白质分子内部的水分子急速膨胀、汽化，并"炸"开包围它的物质，完成最后变性过程，同时使产品形成具有无数微孔的疏松物质，再经自然冷却和粉碎后即成为膨化玉米。膨化玉米为淡黄色、带晶状闪光的多微孔粉末，具有烤香味，饲料加工中膨化玉米所起到的效果之一是黏合。例如，鱼饲料或其他水产养殖所用的饲料中通常都加有膨化玉米，因膨化玉米有较好的黏合力度和在水中较耐泡的特性，质量好的膨化玉米在水产养殖中价格较高。

怎样判断鱼粉的等级、新鲜度及质量？

答：鱼粉一般分为白鱼粉和红鱼粉两类。白鱼粉一般由鳕鱼等冷水鱼加工得到。粗蛋白质含量可达68%～70%，价格昂贵，主要用于特种水产饲料。而畜禽饲料用的是红鱼粉。红鱼粉主要原料包括鲢鱼、沙丁鱼、凤尾鱼、青皮鱼以及其他各种小杂鱼、鱼虾食品加工后的下脚料等。红鱼粉的粗蛋白质含量一般在62%以上，有的可高达68%以上。国产鱼粉多用各种小杂鱼、鱼虾加工后的下脚料等制得，蛋白质含量有的在50%以下。鱼粉等级的划分：国标GB/T19164–2003《鱼粉》中按蛋白含量高低来作为划分鱼粉等级的主要依据。鱼粉等级分为4个级别（特级、一级、二级和三级）（表29）。

表29　鱼粉的理化指标（%）及等级

指标项目	特级品	一级品	二级品	三级品
粉碎粒度	至少98%能通过筛孔为2.8 mm的标准筛			
粗蛋白质	≥65	≥60	≥55	≥50
粗脂肪	≤11	≤12	≤13	≤14
水分	≤10	≤10	≤10	≤12
盐分	≤2	≤3	≤3	≤4
灰分	≤15	≤20	≤25	≤25
砂分	≤2	≤3	≤3	≤4

本表根据国标和高领等（2007）资料制作而成

鱼粉的新鲜度：从鱼捕捞上岸到加工成鱼粉的时间长短以及这一期间的保存方式直接影响鱼粉原料的新鲜度，新鲜度对鱼粉质量影响很大。放置时间太长，放置方式不合理，鱼的新鲜度下降。一般鱼在捕捞后应立即加工，从而保证鱼粉的新鲜度。岸上加工的新鲜度要比在船上加工差一些，而在船上加冰冷冻的鱼，新鲜度要比未加冰的鱼好。（1）挥发性盐基氮（VBN）和组胺是评价鱼粉蛋白质鲜度的主要指标。新鲜的原料制成的鱼粉，其VBN和组胺值都低，蛋白质含量高且质量好；

国标规定 VBN 特级品 ≤ 110 mg/100g，一级品 ≤ 130 mg/100g，二级品、三级品 ≤ 150 mg/100g。规定红鱼粉中组胺特级品 ≤ 300 mg/kg、一级品 ≤ 500 mg/kg、二级品 ≤ 1 000 mg/kg，三级品 ≤ 1 500 mg/kg；白鱼粉中组胺 ≤ 40 mg/kg。（2）酸价是评价脂肪鲜度的重要指标之一。鱼粉的新鲜程度与其所含粗脂肪的氧化程度有关，鱼粉的水分、粗脂肪含量高及保藏条件差等因素都将影响油脂氧化酸败，导致产生不良气味，酸价提高，影响鱼粉的质量。通过对检验结果综合评价，该标准中规定特级品的酸价 ≤ 3 mgKOH/g，一级品的酸价 ≤ 5 mgKOH/g，二级品和三级品的酸价 ≤ 7 mgKOH/g。

　　鱼粉质量的鉴别：（1）看：优质鱼粉应有新鲜的外观，色泽随鱼种而异，墨罕鱼粉呈淡黄色或淡褐色，沙丁鱼呈红褐色，加热过度或含脂高者，颜色变深；呈粉状，含鳞片、鱼骨等，处理良好的鱼粉均可见肉丝。如果鱼粉中有棕色微粒，可能掺有棉籽粕；白色、灰色及浅黄色的丝条，是制革工业的下脚料。进口鱼粉可检查包装袋上的缝线是否有被拆除改装过的痕迹。（2）摸：优质鱼粉较细，手捏松软，呈肉松状放下后手上无杂质劣质鱼粉较粗，手捻可发现掺进的黄沙，油性小或无油性。另外，抓取少量鱼粉，用手指头捻，黏性越大，鱼粉越新鲜。（3）闻：优质鱼粉气味纯正，无异味；而变质、劣质鱼粉常有怪味、臭味。新鲜的鱼粉有烤过的鱼香味，并稍带鱼油味，但不应有酸败、氨臭等腐败味及过熟的焦味。如掺有棉籽饼和菜籽饼则有棉籽饼和菜籽饼的气味，可知是假进口鱼粉。（4）尝：含盐量是判断鱼粉质量的一个重要标准。优质鱼粉含盐量低，口尝几乎感觉不到咸味；如果咸味较重，则说明鱼粉质量差。（5）测：纯鱼粉的容重一般为 450 ~ 660 g/L，如果容重明显变大或变小，则说明鱼粉中掺有杂物。

米糠油的特点是什么？

　　答：（1）毛油酸价高，放置后酸价更高，放置过程中还能腐蚀罐体，游离脂肪酸与铁产生反应加深色泽，而且这种颜色很难脱除。（2）米糠油含蜡质高。蜡质的存在影响脱色，脱蜡的时候却能降低色泽，未经脱蜡的米糠油经过高温物理处理后会产生更多的固脂。（3）高酸价状态下常规冷冻脱蜡，黏度会快速升高，过滤十分困难，影响了工艺的连续性。

玉米中生的虫子叫什么？如何防治？

　　答：叫玉米象，卵期 7 ~ 16天，6月中下旬至7月上中旬幼虫孵化，蛀入粒内，幼虫期约30天，7月中下旬化蛹，蛹期 7 ~ 10天，8月上旬成虫羽化，成虫有假死性，喜阴暗，趋温、趋湿，繁殖力强，怕光，雌虫可产卵约500粒，10月上旬气温低于15℃，成虫开始越冬。防治方法：（1）清洁仓库，改善储存条件，堵塞各种缝隙，改善贮粮条件，可减少危害。（2）改进储藏技术，如在粮堆表面覆盖一层 6 ~ 10 cm 厚的草木灰，用塑料膜或牛皮纸隔离；如已发生虫害，要先把表层粮取出去虫，使其与无虫粮分开，防止向深层扩展。必要时在入仓前暴晒也可达到防虫目的。（3）用药剂触杀和熏蒸，每 40 kg 粮食用粮虫净 4 ~ 5g。此外，用磷化铝 38 g/m³，熏空仓，如系实仓 10 g/m³。（4）农户或小型粮库也可使用粮食防虫包装袋。

饲料的颜色是不是越黄越好？

答： 由于原料本身大都是黄色的，如玉米、豆粕、玉米蛋白粉等，而杂粮多为黑褐色。有的企业则误导用户，认为饲料颜色越黄证明豆粕越多，饲料越好。但以氨基酸平衡理论为基础配制的添加杂粮的日粮，不但价格便宜，生产性能也不错，而且能充分利用我国现有的饲料资源。虽然颜色较深，并不能说饲料不好。同时，对于动物而言，草食动物爱绿色，肉食动物爱红色，猪对颜色不敏感，所以，并不是饲料颜色越黄越好。

宠物饲料的特点和质量要求有哪些？

答： 宠物饲料的特点：（1）主食营养要全面；（2）各类饲料花样要多变；（3）根据不同品种、不同年龄、不同生理阶段的营养需求和食性特点配制出不同种类的饲料；（4）卫生、无毒、适口性好。宠物饲料主要质量指标包括水分、粗蛋白质、粗灰分、粗脂肪、钙、磷和盐分等。图31为中国饲料企业家代表团在美国堪萨斯州立大学认真学习宠物粮的制作技术。图32和图33为美国宠物粮厂生产的花样多变的宠物粮。

图 31　中国饲料企业家代表团访问美国

图 32　美国生产的宠物粮

图 33　宠物粮样品

水产饲料的腥味是不是越重越好？

答：不是。通常认为水产饲料腥味重说明使用的鱼粉比例高，质量好，其实这种认识是不全面的。首先，优质鱼粉的腥味并不重，与原料混合后不会呈现出过重的腥味；相反，质量不好特别是有些变质的鱼粉腥味才会特别大。其次，饲料腥味过重一般都是添加了调味剂造成的，腥味很重会掩盖饲料中其他的不良气味，从而影响到养殖户对饲料的感官判断。因此，水产饲料的选购不应以腥味轻重为标准。

乳化剂的作用机理和目前乳化剂的分类？

答：乳化剂作用就是增加油脂跟脂肪酶的接触面积，从而提高饲料转化率，促进生长，提高饲料报酬。乳化剂是一类具有亲水基团（极性的、疏油的）和疏水基团（非极性的、亲油的）的表面活性剂，而且这两部分分别处于分子的两端，形成不对称的结构。乳化剂分子结构的两亲性特点，使乳化剂具有了油、水两相产生水乳交融效果的特殊功能。目前，饲料中普遍使用的乳化剂有：磷脂类、胆汁酸盐类、脂肪酸酯、糖苷脂类等，但是，现在市面上为增强乳化性能一般都是混合型乳化剂。

如何使用新玉米？

答：新上市的高水分的玉米，颜色鲜艳，适口性好，缺点是由于水分高干物质含量低，能量和蛋白等营养成分的含量降低。例如，一只蛋鸡原来一天 100 ~ 150 g 就够了，用高水分玉米后，感觉没有吃饱，会多吃一些，如果还是按每天 100 ~ 150 g 饲料限量喂料，就会影响到产蛋性能。对于饲料厂和大型养殖场，如阶段性的需要采购和使用高水分玉米，一定要根据玉米准确的含水量对配方进行调整；对于小型养殖场使用高水分玉米，有一个简单但粗糙的换算办法，如新玉米的水分比常规高了 10%，例如，水分从 14% 增加到了 24%，那么配方中的新玉米的添加量比常规的高 10%，即从 60% 提高到 70%，其他原料添加量不变，虽然这种换算不是很准确，但简单好操作。另外，要注意高水分玉米是否出现了霉变，霉变带来的风险和问题将非常严重，用微调配方没有办法解决。

【质量检测】

饲料中混合均匀度的测定方法如何操作？

　　答：本测定法是通过配合饲料中示踪物或某一组分含量差异的测定来反映该饲料中各组分布的均匀性。各配合饲料成品的混合均匀度可用甲基紫法或沉淀法进行测定。（1）甲基紫法：本法以甲基紫色素作为示踪物，将其与添加剂一道加入，预先混合于饲料中，然后以比色法测定样品中甲基紫含量，作为反映饲料混合均匀度的依据。①仪器与试剂：721 型分光光度计，150 目标准铜丝网筛，甲基紫，无水乙醇。②示踪物的制备与添加：将测定用的甲基紫混匀并充分研磨，使其全部通过 150 目标准筛。按照配合饲料成品量十万之一的用量，在加入添加剂的工段投入甲基紫。③样品的采集与制备：本法所需的样品系配合饲料成品，必须单独采制；每一批饲料至少抽取 10 个有代表性的原始样品。每个原始样品的数量应以畜禽的平均一日采食量为准，即肉用仔鸡前期饲料取样 50g；肉用仔鸡后期与产蛋鸡料取样 100 g；生长肥育猪饲料取样 500 g。该 10 个原始样品的布点必须考虑各方位深度、袋数或料流的代表性；但是，每一个原始样品必须由一点集中取。取样前不允许有任何翻动或混合；将上述每个原始样品在化验室充分混匀，以四分法从中分取 10g 化验样进行测定。④测定步骤：从原始样品中准确称取 10g 化验样，放在 100 ml 的小烧杯中，加入 30 ml 乙醇不时地加以搅动，烧杯上盖一表面玻璃，30 min 后用滤纸过滤（新华定性滤纸，中速），以乙醇液作空白调节零点，用分光光度计，以 5 mm 比色皿在 590 mm 的波长下测定滤液的光密度。以各次测定的光密度值为 X_1、X_2、X_3、$\cdots$、X_{10}，其平均值，计算标准差 S 与差异系数 C V。⑤注意事项：a. 由于出厂的各批甲基紫的甲基化程度的不同，色调可能有差别，因此，测定混合均匀度所用的甲基紫，必须用同一批次的并加以混匀后才能保持同一批饲料中各样品测定值的可比性。b. 配合饲料中若添加有苜蓿粉、槐叶粉等含有叶绿素的组分，则不能用甲基紫法测定。（2）沉淀法：本法是利用比重为 1.59 以上的四氯化碳液处理样品，使沉于底部的矿物质等与饲料的有机组分开，然后将沉淀的无机物回收、烘干、称重，以各样品中沉淀物含量的差异来反映饲料的混合均匀度。①仪器和试剂：500 ml 梨形分液漏斗，电吹风或电热板，烘箱，天平，四氯化碳；②样品的采集和制备：除了化验用的小样取 50g 以外，样品的采集与制备和沉淀法相同；③测定步骤：称取 50g 化验样小心地移入 500 ml 梨形分液漏斗中，加入四氯化碳 100 ml，搅混均匀，静置 10 min（中间摇动一次），慢慢将分液漏斗部的沉淀物放入 100 ml 的小烧杯中，静置 5 min 后将烧杯中的上层清倒回漏斗中，将分液漏斗摇动并静置 5 min，再将漏斗底部的残余沉淀物放入烧杯中静置 5 min。小心倒去烧杯中的上层清液后加入 25 ml 新鲜的四氯化碳，摇动后静置 5 min，再倒去上层清液（每个样品放出沉淀物及倾倒上层清液时其液体数量要大致相似）。用电热吹风或在电热板上烘干小烧杯中的沉淀物，待溶剂挥发后将沉淀物置 90℃烘箱中烘 2h 后称重，得各化验样品中沉淀物的重量或样品中沉淀物的重量百分比（X_1、X_2、X_3、…、X_{10}）。该批饲料 10 个样品沉淀物的平均值 X、标准差 S 与变异系数 C V 等均按甲基紫法计算。

用此法要注意：（1）同一批饲料的十个样品测定时应尽量保持操作的一致性，以保证测定值的稳定性和重复性。（2）小烧杯中的沉淀物干燥时应特别小心，严防因残余溶剂沸腾而使沉淀物溅出。（3）整个操作最好在通风橱内进行，以保证操作人员的健康。图 34 为编者在美国堪萨斯州立大学为中国饲料企业家代表团团员翻译如何快速测定饲料的混合均匀度。

图 34　中国饲料企业家代表团访问美国

如何对黄豆粉（豆粕）的品质进行判断？

答：豆粕是畜禽料使用最多的蛋白质来源，所以其品质对饲料来说非常重要，其品质判断可从以下几方面进行：（1）性状：①颜色：淡黄至淡褐色，色泽应均匀一致。颜色过深表示加热过度，太浅则表示加热不足；若黄豆新鲜度不良，色泽也会变深；②味道：具有烤大豆香味，不可有酸败、霉变、焦化等异味，也不可有生豆味；③容重：普通豆粕 0.55 ~ 0.65 kg/L，去皮豆粕 0.650 ~ 0.670 kg/L。（2）品质：质量受原料本身及加工过程影响，包括等级、成熟度、储存状况及加工中的烘培度。豆粕中蛋白质质量主要取决于加热程度是否适宜，烘烤不足不能破坏其生长抑制因子，利用率较差；加热过度，则导致豆粕赖氨酸、胱氨酸、蛋氨酸及其他必需氨基酸变性而降低使用价值。脱胶过程中磷脂是否回喷也影响质量，回喷者色亮油高，价值更好。尿酶测定只能判断是否加热足够，无法判断是否过热，故用蛋白溶解度测定判断是否过热，其中，以蛋白溶解度最易检测，标准是 72% ~ 85%。

新陈小麦鉴别方法？

答：（1）将愈创木酚 100 倍稀释，因愈创木酚为油剂，需要持续摇晃 2 ~ 3 min，至愈创木酚不再凝集为止。（2）取 30 ~ 50 粒小麦，放置于试管中，倒入愈创木酚混合液，数量以浸过小麦 2 ~ 3 cm 为宜，并摇晃 1 min 左右。（3）加 3 滴 30% 双氧水，摇晃试管，观察溶液的颜色。最后溶液颜色变显著粉红色的为新小麦，溶液颜色变化不显著的为陈小麦。

怎么对膨化大豆进行品质判断？

答： 膨化大豆是经粉碎、调质后进入膨化机揉搓、挤压，瞬间释放所制得的产品。（1）色泽要新鲜一致，无异味、酸味等，无结块、无发霉变质；（2）生产过程中如温度控制不当，会造成尿酶过高或过低，影响其品质，所以要控制尿酶指标；（3）严格控制入库水分，最好能控制在12%以内，特别是夏季，更应严把水分关，否则因粗脂肪含量高，而造成酸败、结块、品质变劣，宜在通风阴凉处保管（图35～36）。

图35　中国饲料企业家代表团在美国认真学习膨化大豆及其质检技术

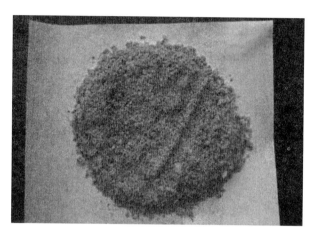

图36　膨化大豆产品，金光闪闪，动物吃后不长都难！

怎样快速、准确地鉴别其是否掺假？

答： 在采购豆粕时，首先检查豆粕的颜色，颜色太浅，表明豆粕加热不足，颜色太深，表明豆粕加热过度，这两种豆粕的质量均不佳。除颜色外，可以通过比较质量好豆粕容重与被采购豆粕容重差异鉴定其质量。如掺假石粉类原料，则单位容重增大，若掺假麦麸类容重则变轻。也可将豆粕放入装有水的玻璃烧杯中进行搅拌，观察其分层与漂浮情况并与质量好的比较鉴别其质量与掺假情况。沉淀物多表示掺杂矿物质可能性大，而上层漂浮物多则掺杂麸类物可能性大。当然，鉴别豆粕优劣还是以化学测定结果为准。常见测定内容为粗蛋白含量、真蛋白含量、蛋白质溶解度和脲酶活性等。

维生素及其他常规添加剂质量检测的快速实用方法？

答： （1）维生素A的鉴别方法：维生素A肉眼看为淡褐色或灰黄色颗粒。取样品0.1 g，用无水乙醇湿润研磨并将其溶解，加氯仿10 ml，再加三氯化锑的氯仿溶液0.5 ml，溶液若先显蓝色并立即褪色，证明是维生素A。（2）维生素B_1的鉴别方法：维生素B_1外观呈白色结晶或结晶性粉末，稍有臭味，微苦。取样品0.1 g，加少许水振摇，过滤，在滤液中加碘试剂3滴，有棕红色沉淀生成。（3）维生素B2的鉴别方法：外观为黄色至橙黄色结晶粉末，有苦臭味，取样品0.5 g，加水少许溶解，提取上清液，加入稀盐酸或氢氧化钠试液2滴，上清液中黄色荧光消失。（4）维生素E的鉴别方法：维生素E的外观呈白色或淡黄色粉末。取样品15 mg，加无水乙醇10 ml使其溶解后，加硝酸2 ml，摇匀加热15 min，溶解显橙红色为正品。（5）维生素K3的鉴别方法：维生素K3从表面看是外观呈白色或灰黄褐色的晶体粉末。取样品0.1 g，加水10 ml使其溶解，再加碳酸钠溶液 3 ml 有鲜黄色沉淀生成的为正品。（6）硫酸亚铁的鉴别方法：取 0.1 g 样品，溶于 10 ml 水中，取其溶液加入 2～3 滴 10% 铁氯化钾溶液，生成深蓝色沉淀，加入数滴稀盐酸，沉淀不易溶解为正品。（7）硫酸镁的鉴别方法：取 1 g 样品，溶于 10 ml 水，加入氨水有白色沉淀，加入适量氯化铵沉淀则溶解。加入 5% 磷酸氢二钠溶液，有白色沉淀生成，加入氨水后不溶解，则证明是正品。（8）碘化钾的鉴别方法：取样品 0.5 g 用 5 ml 水溶解，按 1：1 的比例加入 1 ml 盐酸溶液，然后加入 1 ml 淀粉溶液，溶液呈蓝色。（9）磺酸钾的鉴别方法：取 1 g 样品放在试管内，加入 2 ml 硫酸，过 10～15 min，可见有气体生成。

是否有测定豆粕、膨化大豆的蛋白溶解度的成套设备？

答：使用豆粕脲酶活性检测设备不够科学、完善，蛋白溶解度的测定，到现在为止，还没有什么整套的仪器设备，是在测定粗蛋白质含量之前，外加氢氧化钾溶解一步，本方法有国标可供参考。

大豆制品中尿素酶活性的测定方法？

答：（1）适用范围：本标准适用于由大豆制得的产品中尿素酶活性的测定。本法可确认大豆制品的湿热处理程度。（2）引用标准：GB8622-88。（3）本标准所指尿素酶活性定义为：在（30 ± 5）℃和 pH 值 7 的条件下，每分钟每克大豆制品分解尿素释放的氨态氮的毫克数。（4）原理：样品与中性尿素缓冲液混合，在（30 ± 0.5）℃下保持 30 min，样品中脲酶催化尿素水解产生氨，用过量的盐酸中和氨，再用氢氧化钠标准溶液回滴到溶液 pH 值为 4.7。脲酶活性用每克样品在（30 ± 0.5）℃下每分钟产生氨态氮的毫克数表示，单位为 NH 3 mg/（g·min）。（5）仪器和溶液：尿素、磷酸氢二钠、磷酸二氢钾均为分析纯。尿素缓冲溶液（pH 值 6.9～7.0）：称取 4.45g 磷酸氢二钠，3.40g 磷酸二氢钾溶于水并稀释至 1 000 ml，再将 30g 尿素溶在此缓冲液中，可保存一个月。0.05 mol/L 磷酸盐缓冲液：称取 4.45g 磷酸氢二钠，3.40g 磷酸二氢钾溶于水并稀释至 1 000 ml，其 pH 值应为 7.0，否则应在使用前用强酸或强碱调整为 7.0。5% 尿素水溶液：称取 5 g 尿素，加水溶解，并稀释至 100 ml。0.1 mol/L 盐酸标准溶液：按 GB601 标准溶液制备方法的规定配制。0.1 mol/L 氢氧化钠标准溶液：按 GB601 标准溶液制备方法的规定配制。（6）试样的制备：用粉碎机将 10g 试样粉碎，使之全部通过样品筛。对特殊试样（水分或挥发物含量较高而无法粉碎的产品）应先在实验室温度下进行预干燥，再进行粉碎，当计算结果时应将干燥失重计算在内。（7）测定步骤：称取 0.2g 已粉碎的试样，称准至 0.1 mg，转入试管中，移入 10 ml 尿素缓冲溶液，立即盖好试管并剧烈摇动，马上置于（30 ± 5）℃恒温水浴中，准确计时保持 30 min，即刻移入 10 ml 盐酸标准溶液，迅速冷却到 20℃，将试管内容物全部转入烧杯，用 5 ml 水冲洗试管两次，立即用氢氧化钠标准溶液滴定至 pH 值 4.70。另取试管作空白实验，移入 10 ml 尿素缓冲溶液，10 ml 盐酸标准溶液。称取与上述试样量相当的试样，也称准至 0.1 mg，迅速加入此试管中。立即盖好试管并剧烈摇动，将试管置于（30 ± 5）℃恒温水浴，同样准确保持 30 min，冷却至 20℃，将试管内容物全部转入烧杯，用 5 ml 水冲洗试管两次，并用氢氧化钠标准溶液滴定至 pH 值 4.70。计算：以每分钟每克大豆制品释放氮的毫克数表示的尿素酶活性 U，按下式计算：　　$U = [(V_0 - V) \times C]/[30 \times m]$

式中：C——氢氧化钠标准溶液浓度（mol/L），V_0——空白试验消耗氢氧化钠溶液体积（ml）

V——测定试样消耗氢氧化钠溶液的体积（ml），m——试样的质量（g）

重复性：同一分析人员用的方法相同，同时，或连续两次测定结果之差不超过平均值的10%，以其算数平均值报告结果。

酶联免疫吸附法和免疫亲和柱－荧光法对测试结果差异有多大？怎么确定两者测定结果的可靠性？

答：酶联免疫吸附法是一种固相免疫测定技术，先将抗体或抗原包被到某种固相载体表面，并保持其免疫活性。测定时，将待检样本和酶标抗原或抗体按不同步骤与固相载体表面吸附的抗体或抗原发生反应，后加入酶标抗体与免疫复合物结合，用洗涤的方法分离抗原抗体复合物和游离的未结合成分，最后加入酶反应底物，根据底物被酶催化产生的颜色及其吸光度的大小进行定性或定量分析的方法。（1）用酶联免疫吸附法测定试样中的黄曲霉毒素的步骤为：①提取：称取10g粉碎的样品于锥形瓶中，用50 ml乙腈：水（50+50，V/V，用2 mol/L碳酸盐缓冲液调pH值至8.0）进行提取，振摇30 min后，滤纸过滤，滤液用含0.1% BSA的洗液稀释后，供ELISA检测之用；②用包被抗原（包被缓冲液稀释至10 μg/ml）包被酶标微孔板，每孔100滋l。4℃过夜；③酶标微孔板用洗液洗3次，每次3 min后，每孔加50滋l系列标准黄曲霉毒素Bl溶液（制作标准曲线）或50滋l样品提取液（检测样品），然后再加入50滋l稀释抗体，37℃培养1.5 h；④酶标微孔板用洗液洗3次，每次3 min后，每孔加100滋l酶标二抗。37℃培养2 h；⑤酶标微孔板用上法洗后，每孔加100滋l底物溶液（配制方法：10 mg四甲基联苯胺溶于1 ml二甲基甲酰胺中。取75滋l四甲基联苯胺溶液，加入10 ml底物缓冲液，加10滋l 30%过氧化氢溶液），37℃培养30 min后，用1 mol/L硫酸中止反应；⑥测定，将酶标板置于酶标仪中测定各孔的吸光度值，然后进行计算。（2）黄曲霉毒素免疫亲和柱－荧光计法是以单克隆免疫亲和柱为分离手段，用荧光计作为检测工具的快速分析方法，其特点为：①是AOAC（美国职业分析家协会，编号为：991.31和2000.16）、IUPAC（国际纯粹与应用化学协会）、USDA－FGIS（美国农业部联邦谷物检测中心，证书编号为：FGIS91－103－13）、USDA－GIPSA（美国农业部谷物检测、包装、储存行政署）认证的官方方法，是中国国家标准方法（GBT18980－2003和GBT18979－2003）和出入境检验检疫新的行业标准（S/N：T1101－2002），其检测结果在世界各地均能得以认可。②分析速度快，一个样品只需10～15 min，而其他传统方法均需要几个小时至几天时间；③灵敏度高，测定范围宽（0.1～300 μg/L），用荧光计法检测可以测定0.1 μg/L的黄曲霉毒素，用HPLC检测可以测定10 μg/ml的黄曲霉毒素；④采用单克隆抗体免疫技术，可以特效性地将黄曲霉毒素或其他真菌毒素分离出来，分离效率和回收率高，正确性和可靠性强；⑤仪器设备轻便容易携带，自动化程度高，操作简单，直接读出测试结果，高中文化水平者即可胜任，可以在小型实验室或现场使用；⑥不需要剧毒的黄曲霉毒素及其他真菌毒素标准物来标定，所以整个试验操作过程中，绝对安全可靠；⑦利用同一台仪器和相似的分析方法，还可以检测赭曲毒素、伏马毒素、玉米赤霉烯酮、脱氧雪腐镰刀菌烯醇（DON或称呕吐毒素）和T-2毒素；⑧在2002年由国家认证认可监督管理委员会实验室部负责组织的黄曲霉毒素能力测试中，全部达到满意和合格。（3）免疫亲和柱－荧光法测定试样中黄曲霉毒素的步骤为：①提取样品：研磨、称重样品；用盐、甲醇/水混合物将样品混匀；过滤；②稀释、过滤：将提取的一部分样品用水稀释；过滤；③吸附、淋洗：将滤液通过黄曲霉毒素亲和柱；用水清洗亲合柱；用甲醇将黄曲霉毒素从亲和柱上淋洗下来，并收集于试管中；④测定：将显色剂加入淋洗液后，把试管放入已标定的荧光计内，以μg/L读数。酶联免疫吸附法和免疫亲和柱－荧光法测定黄曲霉毒素时两种方法比较如下。酶联免疫吸附法和免疫亲和柱－荧光法测定黄曲霉毒素时如果出现阳性结果，需要用高效液相色谱法进行确认。免疫亲和柱－荧光法与高效液相色谱法之间的相关系数为 0.94，所以免疫亲和柱－荧光法可以作为定量方法，而酶联免疫吸附法主要是作为筛选法。应该提到的是 1989 年作为 AOAC 官方方法（编号 989.06）"用酶联免疫吸附法测定棉籽和混合饲料中黄曲霉毒素 B_1"，由于重复性和可靠性比较差，2000 年已被 AOAC 取消。而 AOAC 2003 年又公布了最新的 AOAC 官方方法（编号 2003.02）"用免疫亲和柱－高效液相色谱－溴柱后衍生法测定牛饲料中黄曲霉毒素 B_1"这充分说明了，如果想得到一个比较可靠的测定结果，最好还是采用免疫亲和柱－荧光法或者免疫亲和柱－高效液相色谱法来测定饲料中的黄曲霉毒素。

饲料企业是否有简单易行的非蛋白氮检测方法？

答： 在对原料样品的检测中，一般有定性检测和定量检测。在定性检测中，使用的比较多的为显微镜检，包括直接镜检、分层镜检（用四氯化碳或三氯甲烷分层）、反应剂镜检（用化学物质和样品中的某些物质反应而在显微镜下区分）、染色镜检等。在使用的过程中，往往使用一项或多项镜检方法对样品中的物质进行判定。对于非蛋白氮的检验，显微镜检是一种比较有效的方法。在对样品的检测中，一般使用的是生物显微镜，其放大的倍数在 36 ~ 400 倍，为了获得更好的显微效果，可以根据实际情况作出具体的调整。以下是镜检使用过程中的一些技巧：（1）直接镜检：一般所用的倍数比较小，通过对样品不同的物理特征，如颜色、透明度、表面组织、形状等物理性状进行判定。特别的要与典型的样品进行比较，以便能够更好区分样品与杂质的不同。在直接镜检中，用不同的滤光片有时可以起到比较明显的效果。虽然直接镜检比较方便和直观，但有时对于样品中的物质很难区分时，可以用其他的检验方法。（2）分层镜检：将样品用四氯化碳进行脱脂和比重分离之后，样品与其他物质的区分会更加容易。对样品中的有机物和无机物分层之后，需在常温下干燥后再进行镜检。非蛋白氮一类的物质与原料的很多外观性质很不一样，通过两者的特异性之间的观察，可以对样品中是否掺有非蛋白氮一类的物质作出一个大概的判断。（3）反应剂镜检：用反应剂和样品进行反应，非蛋白氮一类的物质的化学性质和样品不一样，通过此种方法可以对样品中的非蛋白氮进行鉴别。经过四氯化碳分层之后，再与反应剂反应是比较好的一种方法。而镜检时在样品中加一滴或数滴浓硫酸，观察样品与浓硫酸反应的情况是一种比较直观的鉴别方法。因为无论动物蛋白还是植物蛋白，其与浓硫酸的反应速度和产生的现象比较明显。（4）染色镜检：用染色剂对样品进行染色，使样品中的植物或动物细胞染成不同的颜色，而非蛋白氮一类的物质则和样品的染色后的表现不同，通过此种方法使两者区分开来从而加以鉴别。

以下是比较常用的染色方法：（1）对植物细胞的染色方法：番红－固绿染色法。取适量脱胎（视样品脂肪多少而定，可以用四氯化碳，也可以用丙酮，对于脂肪少的也可以不用脱脂）样品于烧杯中，用 1% 的番红水溶液浸泡 1 ~ 3h 水洗（去多余的染料）。将样品涂在玻片上，稍晾干。滴加 0.1% 的固绿（溶剂用 95% 乙醇）。过 15 s 后滴加 95% 的乙醇，冲去多余固绿染料。待乙醇稍挥发后，加入一定的甘油液（甘油：水 = 1：1）浸润，加盖玻片。用生物显微镜检查。染色结果：细胞核、木质化细胞壁呈鲜红色，纤维素细胞壁、细胞质呈绿色。因为非蛋白氮没有细胞核、细胞质等结构，所以只要能够较好地掌握染色技巧，其对比效果比较明显。当然，不能从染色效果判断其一定为非蛋白氮。（2）对动物细胞的染色方法：苏木精－曙红对染法。取适量的脱脂样品于烧杯中，加入埃利希苏木精染色液浸泡 3 ~ 5 min，水洗数次（用 5 min 左右）。将样品涂在玻片上，滴加氨水。3 ~ 4 s 后立即满加水，洗 1 min，稍晾一下，加 0.2% 曙红水溶液浸润 3 min，滴加 95% 的乙醇，洗去多余曙红染料。再稍晾一下，加甘油浸润，加盖玻片，用生物显微镜观察。其染色的结果为：细胞核呈蓝色，细胞质呈淡红色。通过此种方法染色，一般能够很容易的区分样品和非蛋白氮一类的物质。为了能够更清晰的在显微镜下区分样品与杂质，也可采用以下方法（对于检验鱼粉一类的物质比较有效）：先用四氯化碳或三氯甲烷对样品分层，除去无机物，必要时再用丙酮进行脱脂，再取一定量的样品置入蒸馏水中，搅拌，除去溶于水的物质，再用 60 目或 80 目的样品筛过滤，将样品放入 50 ~ 60℃ 的烘箱中进行烘干（时间不能过长，以保持样品原来的状态），然后在显微镜下进行检验或再对其进行处理后镜检。在显微镜检中，只能对非蛋白氮作初步判断。若要进一步的分析判断，还需进行定量分析检验。

血浆蛋白粉的品质如何评定？

答：由于血浆蛋白粉的特殊效果，国内逐步在高档乳猪饲料中使用，它能够减少腹泻发生率，提高日增重和提高乳猪的机体抵抗力等。但是由于其价格昂贵，加工工艺复杂，而且目前市场货源紧缺，在中国，血浆蛋白粉原料厂家十几家，大大小小，鱼目混珠，但真正做得优秀的厂家屈指可数，因此，在产品上存在质量变异大，甚至有掺假的可能性：（1）水溶性分析：由于真正的高品质血浆蛋白粉是纯血浆喷雾干燥而成的，因此，它应该是 100% 可溶于水、水溶速度快且水溶后溶液外观呈淡黄色、完全澄清性溶液。低品质的血浆蛋白粉常见的有在其中添加大豆分离蛋白或蛋白精，或血浆中的血球分离不彻底等虽然可使血浆蛋白含量提高，可是水溶性变差、水溶速度非常慢，并可见水溶后有过多的不溶物漂浮上面或沉积在底部。（2）看外观：①好多厂家由于对血浆和血球分离不彻底（或是恶意降低血浆蛋白的成本），因此，表现血浆蛋白粉的颜色呈微红色，由于血球混在血浆蛋白粉之中，血浆蛋白粉的蛋白质含量增加，产量增加，但是其价值大大降低，不过生产厂家的回收率得以提升，因此成本下降；②使用水溶试验鉴别，混有血球蛋白的产品其溶液呈现红色，并且有不溶于水的物质存在。真正的高品质纯血浆蛋白粉水溶后外观应该是澄清的、淡黄色完全性溶液。③氨基酸分析：氨基酸贵在平衡性，要分析总氨基酸含量及是否平衡性来鉴别。④粗蛋白分析：进口的血浆蛋白粉，由于其生产工艺中添加了去灰分过程和逆渗透浓缩等特殊工艺，从而提高了蛋白质含量（含量达到 76% ~ 82%），因而回收率更低，相对品质更好、价值更高，属于高端品质的货。超过此蛋白含量的，应结合水溶性和外观加以判定，看是否添加了其他蛋白物质。低品质的血浆蛋白粉的蛋白含量多低于 72%。多表现在灰分过高，比如超过 14% 以上等。单纯的粗蛋白高并不能说明问题（血球蛋白有可能混入），应结合产品外观、灰分及水溶性来鉴别。⑤蛋白质的变性分析：蛋白质经过高温的瞬间喷雾干燥，是否变性一直是国内动物营养学家和专业乳猪料生产厂家关注的焦点，一般的高温不但会导致蛋白质变性，还会使特殊活性蛋白丧失如免疫球蛋白的活性。简易鉴别办法：取样品加适量的水放置在恒温箱中调制在 100℃ 等待 10 ~ 15 min 取出，品质高的血浆蛋白粉应该是凝固状态且凝固体颜色一直无任何杂质污点；品质低的血浆蛋白粉会出现颜色不一或颜色上有杂质点出现或颜色中带有褐色成分（混杂血球蛋白和杂质成分缘故）。⑥免疫球蛋白含量的测定：虽然国内免疫球蛋白含量的测定方法在饲料行业还没有统一的行业规定，但有眼光，相对对品质要求严格的生产厂家一般都会出具两份具有一定意义的检测报告。

如何对油脂的品质进行感官鉴定?

答:油脂品质的感官鉴定方法可从气味、滋味、色泽、透明度、沉淀物、水分和杂质方面进行检查。(1)气味检查:用鼻子接近容器口,直接闻气味。取1~2滴油样放在手掌或手背上,双手合拢快速摩擦至发热闻其气味。取20g左右油样,加热到50℃上下闻其气味。(2)滋味检查:取少量油样,点涂在已漱过口的舌头上,辨其滋味。各种油脂有其独特的滋味,通过滋味的鉴别可以知道油脂的种类,品质的好坏,酸败程度,能否使用等。不正常的变质油脂带有酸、苦、辛辣等滋味和焦苦味。(3)色泽检查:一般正常的油脂是无色、透明,常温下略带黏性的液体。一般色泽越浅越好。用直径1~1.5 m长的玻璃插油管抽取澄清无残渣的油品,油柱长25~30 cm(也可移入试管或比色管中)在白色背景前反射光线下观察。冬季气温低,油脂易凝固,可取油250g左右,加热至35~40℃,使之呈液态,并冷却至20℃左右,再进行鉴别。(4)透明度检查:正常的油脂应是完全透明的,但如果油脂中含有碱脂、类脂、蜡质和含水量较大时,会出现浑浊,透明度降低。用插油管将油吸出,用肉眼即可判断透明度,分析出清晰透明、微浊、混浊、有无悬浮物、悬浮物多少等。(5)沉淀物检查:非油脂的物质,在一定条件下会形成沉淀物。品质优良的油脂是没有沉淀物的。用玻璃扦油管插入底部把油吸出,即可看出有无沉淀或沉淀物的多少。(6)水分和杂质检查:油脂是疏水性物质,一般不易和水混合。但碱脂、固醇和其他杂质等能吸收水分,形成胶体物质悬浮于油脂中。油脂中杂质过多时,会降低其品质,加快油脂水解和酸败,影响油品储存的稳定性(图37)。

图37 中国饲料企业家代表团团员们在美国认真学习油脂的吸收
原理

如何估计植物油脂中水分和杂质含量?

答:(1)烧纸法验水法:取干燥、洁净的扦油管,用食指按住油管上口,插入静止的油容器里,直至底部,放开上口,扦取底部沉淀物少许,涂在易燃烧的纸片上点燃,听其发出的声音,观察其燃烧现象。燃烧时纸面出现气泡,并发出"吱吱"的响声,水分约在0.2%~0.25%;如果燃烧时发生油星四溅现象,并发出"叭叭"的爆炸声,水分约在0.4%以上;如果纸片燃烧正常,水分约在0.2%以内。此方法主要用于检查明水(如装油的容器口封闭不严,漏进雨水或容器原来带水所引起)。(2)钢精勺加热法:用普通的钢精勺一个,取有代表性的油样约250g,在炉火或酒精灯上加热到150~160℃,看其泡沫,听其声音和观察沉淀情况(霉坏、冻伤的油料榨得的油例外)。如出现大量泡沫,又发出"吱吱"响声,说明水分较大,约在0.5%以上;如有泡沫,但很稳定，也不发生任何声音，表示水分较少，一般在 0.25% 左右。加热后，撇去油沫，观察油的颜色，若油色没有变化，也没有沉淀，说明杂质约在 0.49% 左右；如勺底有沉淀，说明杂质多，约在 1% 以上。注意加热温度不能超过 160℃。

如何识别豆粕中掺豆饼碎片？

答： 进行显微镜检查，豆粕镜下形状不规则，一般硬而脆，子叶颗粒无光泽，不透明，奶油色或黄褐色，豆饼碎子叶因挤压成团，这种颗粒状团块质地粗糙，颜色外深内浅。两者感观也可以大致区分，豆粕一般为碎片状，而豆饼碎成团块，颜色比豆粕深。

如何检查豆粕中掺玉米胚芽粕？

答： 在镜下观察豆粕可见豆粕皮，且豆粕皮外表面光滑，有光泽，并可见明显凹痕和针状小孔，内表面为白色多孔海绵状组织，并可观察到种脐，豆粕颗粒形状不规则，一般硬而脆，不透明，奶油色或黄褐色。而玉米胚芽粕镜下观察具油腻感，黄棕色，同时可见玉米皮特征，玉米皮镜下薄并且半透明。

如何鉴别血粉的掺假？

答： 血粉的掺假一般掺有屠宰下脚料、胃内容物等。利用显微镜镜检进行检查，如果在镜下可见毛、骨、肉等杂物，证明掺有上述物质。正常血粉像干硬的沥青块样，黑中透暗红或为紫红色的小珠状，很易与之区别。

如何鉴别玉米掺假？

答： 一般玉米掺假是添加贝粉、沙土、花生皮、麦麸等。（1）显微镜法：将待检样品均匀放在玻片上，在 15 倍的实体显微镜下观察，如果视野里看小麦麸两面发白发亮，动多个视野都可看到，则认为掺有石粉。若视野中看到有长而硬没有白面的皮，有井字条纹，则认为有稻壳粉掺入。掺入贝粉、沙土、花生皮均可通过显微镜观察。依此鉴别这几种原料的显微特征。（2）水浸法：此法对掺有贝粉、沙土、花生皮者较明显。取 5～10g 麸皮于小烧杯中，加入 10 倍的水搅拌均匀，静置 10 min，将烧杯倾斜，若掺假则看到底面有贝粉、沙土，上面浮有花生壳。（3）盐酸法：取试样少量于烧杯中，加入 10% 的盐酸，若出现发泡，则说明掺有贝粉，石粉。（4）成分分析法：麦麸粗蛋白一般在 13%～17%，粗灰分在 6% 以下，粗纤维低于 10%，可依据此标准进行验证。

如何通过感观检查对鱼粉的掺假？

答： 感观检查可从视觉、嗅觉、触觉 3 方面进行检查。（1）视觉：优质鱼粉颜色一致，呈红棕色、黄棕色或黄褐色等。细度均匀。劣质鱼粉为浅黄色、青白色或黑褐色，细度和均匀较差。掺假鱼粉为黄白色或红黄色，细度和均匀度差。掺入风化土鱼粉色泽偏黄。（2）嗅觉：优质鱼粉是咸腥味；劣质鱼粉为腥臭或腐臭味；掺假鱼粉有淡腥味、油脂味或氨味等异味。掺有棉籽粕的鱼粉，有棉籽粕和菜籽粕味，掺有尿素的鱼粉，略有氨味，掺入油渣的鱼粉，有油脂味。（3）触觉：优质鱼粉手捻质地柔软呈鱼松状，无沙粒感；劣质鱼粉和掺假鱼粉手捻有砂粒感，手感较硬，质地粗糙磨手。如结块发黏，说明已酸败，强捻散后呈灰白色说明已发霉。

如何鉴别水解羽毛粉掺假？

答：水解羽毛粉是家禽羽毛清洗、高压水解处理、干燥、粉碎而成。（1）掺石灰的检查：可用盐酸法取样，放入烧杯中，加入 2 ml 盐酸，立即产生大量气泡，即掺有石灰。（2）掺玉米芯的检查：利用显微镜检查，如果在镜下可见浅色海绵状物，证明掺有玉米芯粉。（3）掺生羽毛、禽内脏及头和脚的检查：利用显微镜，掺生羽毛可见羽毛、羽干和羽片片段，羽干片段有锯齿边，中心呈沟槽。掺禽内脏、头和脚在镜下可见禽内脏粉、头骨、脚骨和皮等，正常的水解羽毛粉为羽干长短不一，厚而硬，表面光滑，透明，呈黄色至褐色。（4）掺淀粉类、饼粕类原料的检查：掺淀粉类可采用碘蓝瓜来鉴别，方法同鱼粉掺淀粉类原料的检查。掺饼粕类可利用显微镜镜检进行检查。

大豆油的掺假如何识别？

答：（1）浓硫酸反应法：取浓硫酸数滴于白瓷反应板上，加入待检油样 2 滴，反应后看表面的颜色变化，显棕褐色的为大豆油。（2）显色反应：取油样 5 ml 于试管中，加入 2 ml 三氯甲及 3 ml 2% 硝酸钾溶液，剧烈振摇，使之完全呈乳浊液呈柠檬黄色，即表明是豆油。（3）冬季掺米汤的检验：将油熔化，油与米汤处自然分层，或用碘－碘化钾试剂检查，如加米汤则呈蓝色。

检测饲料中三聚氰胺的方法？

答：农业部于 2007 年在全国率先制定发布了农业行业标准 NY/T1372–2007《饲料中三聚氰胺的测定》，规定了液相色谱法和气相色谱－质谱法两种检测方法。液相色谱法作为筛选方法，当三聚氰胺含量低于检出限（2 mg/kg）时，可以"未检出"报告检验结果，而当三聚氰胺含量高于检出限（2 mg/kg）时，就需要再用气相色谱－质谱法进行确证，以作为饲料中是否含有三聚氰胺的判定依据。饲料厂生产现场可采用快速检测方法——金标试纸法快速判定是否超标。

如何快速测定尿酶活性？

答：（1）目的：在有指示剂酚红存在的条件下，豆粕中的尿酶可按尿素转变成氨的方法定性测定。（2）设备和方法：稀硫酸 0.2N（1 ml+200 ml 蒸馏水）或更稀些，带滴管；尿素 – 酚红试剂；将 1.2 g 酚红溶解于 30 ml 0.2N 的 NaOH 中；用蒸馏水将之稀释至约 300 ml；加入 90g 尿素并溶解之；用蒸馏水稀释至 2 L；加入 14 ml 1.0 的硫酸或 70 ml 0.2N 的硫酸；用蒸馏水稀释至最后体积 3 L；溶液应具备明亮的琥珀色。（3）测定步骤：在一个 150 ml 的烧杯中倒入少量试剂，注意溶液必须呈明亮的琥珀色，若溶液已转变为深橘红色，滴入硫酸溶液并搅拌，直至溶液再度呈琥珀色；量一匙粉碎很好的豆粕，放置于陪替氏培养皿中；在样品上加入 2 汤匙试剂，轻轻搅拌，将样品平铺于培养皿中。若仍有豆粕斑点，则再加入试剂，直至将豆粕浸湿；放置 5 min 后观察：①没有任何红点出现，再任其放置 25 min，若仍无红点出现，说明豆粕过熟；②有少量红点，少量尿酶活性，豆粕可用；③豆粕表面约有 20% 红点覆盖：少量尿酶活性，豆粕可用；④豆粕表面约有 50% 红点覆盖：有尿酶活性；⑤豆粕表面 75% ~ 100% 为红点覆盖：尿酶活性很高，不应接受这种原料，因为豆粕过生。另外，图 38 中左边的样品过生，也不能用。

图 38　尿酶快速测定

如何识别菜籽油的掺假？

答：1.浓硫酸反应法：取浓硫酸数滴于白瓷反应板上，加入待检油样 2 滴，然后看颜色变化，菜籽油显棕色。2.冷冻试验法：将待检试样倒入试管至其高度 2/3 处，放置于 10℃冰箱中 4 h 后，取出观察，油样澄清为菜籽油，如与豆油等区分不开，可嗅其气味以区别。3.掺入棕榈油的检查：（1）菜籽油本身固点低（–10 ~ 20℃），而棕榈本身凝固点高（27 ~ 30℃），特性明显，当菜籽油中掺入 15% 的棕榈油，在冰箱中 3℃条件下，3 h 后，混合油开始变混浊，30 h 后将凝固成糊状物，并伴有白色颗粒析出，掺杂比例越大，凝固时间越短越明显。（2）在冰箱中低温条件下，由于菜籽油掺入棕榈油比例不同，均有不同程度白色颗粒析出，但从冰箱中拿出来溶化时，这些白色颗粒很快地转化为大小不同气泡，随着温度的升高而逐渐消失，这种现象是掺入棕榈油的特有现象。

如何识别花生油的掺假？

答：（1）浓硫酸反应法：取浓硫酸数滴于白瓷反应板上，加入待检油样 2 滴，反应后看表面的颜色变化，显棕褐色的为花生油。（2）冷冻试验法：将待检油样倒入试管至其高度的 2/3 处，干冰箱 10℃放置 4 h 后，取出观察，如凝固并稍有流动为花生油。（3）沉淀反应：取油样 1 ml，置 50 ml 具塞试管中，加入 1.5 mol/L 氢氧化钾乙醇液 5 ml，在 90 ~ 95℃水浴上加热 5 min，加入 70% 乙醇 50 ml 及盐酸 1.5 ml，摇匀，溶解所有沉淀物（必要时加热），试管置于 11 ~ 12℃水中冷却 20 min，应发生大量浑浊或沉淀。（4）花生油中掺入棕油、猪油的检查：①纯花生油具有正常花生油的色香味，280℃加热结果正常，3℃冷却 8 min 成糊状，酸价 5 mg KOH/g。②纯棕榈油具有正常棕榈油色泽和气味，在白色容器中外观为黄橙色，无黏性，用手摩擦后有轻微香味。280℃加热，色素明显褪去，无香味，成液体，酸价为 3 mg/KOH/g。3℃冷冻 8 min 成固体，常温下 15 ~ 22℃成固体，23 ~ 30℃下层呈固体。③猪油加热至 150 ~ 180℃时产生刺激性味，3℃冷冻 8 min 成固体。

如何有效改善饲料厂粗蛋白测定的精确度？

答：蛋白质是鉴定饲料质量时必测的常规营养指标。目前，饲料厂普遍采用的标准方法其实质仍是凯氏定氮法，但是由于粗蛋白质测定过程相对较复杂（测定需 3 ~ 5 h），很多饲料企业在实际检测过程中当出现结果异常时不知道如何去分析，有些操作过程不严密，导致检测结果不准确。注意事项：（1）凯氏定氮法的基本原理：样品在催化剂的存在下，用硫酸消煮分解，使蛋白质及其他化合物中的氮转化为硫酸铵，硫酸铵在浓碱的作用下放出氨气，通过蒸馏，氨气随汽水顺着冷凝管流入硼酸溶液，与之结合成为四硼酸铵，用盐酸标准溶液滴定，即可测定放出的氨氮量。根据氮量，乘以特定系数，一般为 6.25（饲料中蛋白质平均含氮量为 16%），即可得出样品中粗蛋白质含量。（2）操作过程中应注意的事项：①消化时应在凯氏瓶中加几粒玻璃珠，以防消化时硫酸暴沸液体溅失，并在凯氏瓶口上盖一小漏斗使蒸汽凝结回流，这样会使消化完全。②开始消化要用小火，待样品焦化，泡沫消失后，逐步缓慢加强火力，消化过程中经常转动凯氏瓶，将溅到瓶壁上的黑渣全部浸入凯氏烧瓶底部的硫酸溶液内，以避免消化不完全。消化时要控制好温度，380℃较好，过低消化时间长，且不完全；过高会引起氮的损失。由于电炉不好控制温度，最好使用可调电炉或功率为 800 W 的电炉。③消化液达到透明并非表明样品已经消化完全，为防止测定结果偏低，需要进一步加热补充消化至少 2 h。④在样品停止加热后，如冷却时间过长易引起硫酸样液凝结不易溶解（尤其冬天季节），故应冷却至不烫手时加入少量蒸馏水（约 20 ml），摇动凯氏瓶，转移到容量瓶中，冷却，定容。但要注意水与热硫酸的剧烈反应，以免凯氏瓶破裂。⑤样液加入蒸馏装置后，应先用棒状玻璃塞封口，并加水密封，防止漏气。然后再加入碱液，这个顺序不能弄错，否则会造成测定结果偏低。同时，要注意碱液要缓慢加入，不可太快。⑥滴定用的盐酸标准滴定溶液必须准确，使用前应将溶剂瓶上下摇动几次，保证溶液浓度均匀一致。滴定时注意排空滴定管底部的气泡，确保滴定结果准确。

在用半微量凯氏定氮检测粗蛋白的过程中，硼酸吸收液的颜色呈蓝紫色，而非酒红色，造成检测结果偏低，什么原因呢？

答：药品指示剂甲基红和溴甲酚绿及硼酸如果确定没有问题，那就是水的问题，制作蒸馏水用的水源有时直接影响制作的蒸馏水的酸碱度。解决方法有二：（1）提高硼酸的浓度到 3%，如果滴加指示剂后颜色偏红即可以进行硫酸铵校正，如果硫酸铵校正在范围内可以使用该浓度硼酸。（2）制作蒸馏水的水源可以改为购买桶状矿泉水来制作，这样做的蒸馏水相对稳定。

使用半微量凯氏定氮仪检测粗蛋白结果偏高且不稳定的原因是什么，怎么解决？

答：半微量凯氏定氮仪检测粗蛋白在定氮过程中要注意以下几个细节：（1）蒸汽发生器中的水温度不能过高；（2）要保证吸收管末端是常温，不能发热；（3）冲洗碱液的水不能过多。

采用索氏提取法测定样品脂肪含量时是否可以用石油醚代替乙醚？

答：有些样品是不可用石油醚代替乙醚的，常用饲料中包括 DDGS、代乳粉等。有些样品则可以代替，但要选用沸点在 30 ~ 60℃的石油醚。也可以使用石油醚与无水乙醚的混合液代替乙醚测定常用饲料的粗脂肪。

使用国标法检测原料硫酸锌时滴定终点判定不明显，测定结果偏差较大的原因何在？

答：使用的药品中指示剂（二甲酚橙）一定要现用现配，其他药品必须是短期使用的。

检测饲料及原料中总磷使用分光光度计 400nm 和 420nm 两个不同波长对检测结果有影响吗？

答：没有影响，只要药品和操作都是同时期的，标准曲线绘制正常，结果差异不大。

在检测油脂过氧化值的时候，反应时间超过规定的 3 min 可以吗？影响测定的结果吗？

答：必须严格按照试验过程进行，反应的时间过长会对检测结果造成影响。

检测鱼粉挥发性盐基氮的方法是否适用于血粉？

答：根据反应的机理及实践证明可以使用检测鱼粉挥发性盐基氮的检测方法检测血粉的挥发性盐基氮，该方法原理是指动物性食物由于酶和细菌的作用，在腐败过程中，蛋白质分解产生氨及含氮胺类物质，经过实际检测适用于血粉。

配合饲料混合均匀度该如何取样？

答：配合饲料混合均匀度取样要保持一致，分别在每个包装袋的同一处，不能事先混合物料，每袋一次性取出约500 g样品，料头、料尾不取。

棉粕粉碎后结块，蛋白极不均匀，平行样蛋白相差较大，怎么才能使取样均匀，蛋白最准确呢？

答：棉粕因其中棉絮的影响一般都会使检测结果偏差较大，粉碎粒度也对测定结果有影响，棉粕粉碎过细反而会使棉絮更容易结团。在棉壳棉絮较多的情况下可以采用增大称样量的方法解决，称量5g的样品催化剂及浓硫酸均加倍，使用500 ml的凯氏烧瓶进行消煮后进一步测定。

目前掺假鱼粉较多，在没有显微镜等掺假识别仪器的实验室里，如何能用简单的方法鉴别鱼粉的掺假呢？

答：除了感官检测外，用一些简单的化学方法可鉴别其是否掺假。（1）加入盐酸以后如发出剧烈吱吱声，同时，有细小白色泡沫，可证明其中掺有石粉。（2）加入盐酸后如颜色变紫红色也有掺假。（3）鱼粉灰分的正常颜色为灰白色，如灰分颜色发黄、发蓝、发黑或带有绿点，都可以初步判定为质量恶劣或者掺假。

测定豆粕蛋白溶解度的方法是否适合于膨化大豆？

答：结果可以作为参考，但是，在检测过程中膨化大豆因油脂含量高会对结果有影响。

怎么能保证实验室检测长期稳定的准确数据？

答：（1）要保证检验人员的稳定，检验工作才能稳定。（2）经常做检验校准，自校和实验室之间进行对比。（3）经常检查仪器设备是否运转正常。

预混料产品中出现结团小球的现象正常吗？

答：结团小球主要是由于氯化胆碱吸潮引起的。如果将氯化胆碱与磷酸氢钙按比例作预混合处理，就能防止因氯化胆碱吸收水分和二氧化碳而导致饲料中碳酸钙的溶解所产生的碱性，避免结团。磷酸氢钙在此具有缓冲作用。

饲料中重金属铅的检测使用火焰法和石墨炉法两种方法检测有什么区别?

答:目前国标中规定的是火焰法测定饲料中铅的含量,火焰法检测可以达到 mg/L 级(106),而石墨炉法可以达到 μg/L 级(109)。经过实际检测,石墨炉法检测在准确程度上的确优于火焰法。

如何判断玉米酒糟的品质?

答:玉米经酵母发酵,再以蒸馏法萃取酒精后之副产品。其品质判断如下:(1)霉菌毒素高的玉米制成酒精后,其毒素均残留于副产品中,霉菌毒素大约是原料的3倍。所以使用玉米酒糟,更应注意原料的品质;(2)制造方式而言,新式比旧式好、干式比湿式好,玉米酒糟干燥时间越长,色泽越深,氨基酸变低,消化率越差;(3)原料的成分与质量,发酵程度及可溶物比例均影响成分。

如何更有效地利用蛋白饲料?

答:首先,原料的消化率是一个重要的指标,只有消化率高的原料,动物才能充分利用;其次,全价料中能量和氨基酸的平衡很重要,当能量与氨基酸相比显得高时,动物采食量下降,动物生产性能不好,相反,蛋白质利用率降低。另外,当蛋白质原料的氨基酸含量不平衡时,蛋白饲料利用率变低;除上述因素外,还应当考虑一些与蛋白质代谢有关的微量的营养元素,如维生素泛酸、维生素 B_6、生物素等,这些成分含量不够,则蛋白质饲料利用率降低,解决上述问题的办法是采用电脑软件和质量可靠的维生素、微量元素。

棉粕色泽发红的原因及处理方法?

答:棉粕中蛋白质的含量高于 42%,是一种高质量的蛋白原料,故在饲料行业占有非常重要的地位。随着市场需求的不断变化,用户不仅对棉粕的各项指标要求越来越高,而且对棉粕的色泽也有了较高的要求。棉粕颜色发红的原因主要是由于棉籽中棉酚变性所致。棉酚是棉籽中所特有的一种色素,主要存在于棉仁的色腺体中,常以游离状态和结合状态两种形式存在。棉酚为黄色晶体物质,棉子储存发热过久、高水分、高温度以及长时间的蒸炒,均能产生变性棉酚。变性棉酚色泽呈棕红色或棕黑色,棉粕中含有变性棉酚其色泽就呈红色。棉酚变性降低了棉粕的毒性,但颜色加深,影响了其外观质量。处理方法:棉酚为弱酸性有毒物质,存在于棉仁的色腺体中,而色腺体是坚韧的半固体,机械处理很难将其破坏,然而当有水分存在时进行加热,即能很快将其破坏,使游离棉酚弥散开,然后游离棉酚在水、热、空气和日光等的作用下很快变性,毒性降低。所以制油过程中棉胚蒸炒和湿粕蒸烘这两个工序是影响棉粕色泽的关键工序。棉胚蒸炒工序棉胚蒸炒的效果直接决定了毛棉油的质量、饼粕质量以及出油效率的高低。为了使棉籽中的棉酚尽量少变性,他们采用了降低蒸炒时间来解决。将五层蒸锅和榨油机上炒锅的料层降低,蒸胚层由锅体容积的 80% 降为 60%,炒胚层由 40% 降为 25%,这样调整后蒸炒全过程的时间由原来 2 h 降为

1.5 h。蒸炒时间缩短了，为了达到合适的入榨温度和入榨水分，利用提高导热油温度来加热料胚，控制导热油的温度由原来 150 ~ 160℃提高到 180 ~ 190℃。另外，再根据棉子生胚的水分适当加水湿润料胚，甚至不加水。炒胚时为了尽快排去水分，将蒸炒锅的排汽总管高度由 4.5 m 增加到 7.5 m，并且要求工人经常清理黏附在排汽口的料胚，保持排汽口通畅。最终将入榨水分控制在 5% 左右，入榨温度控制在 110℃左右。这样在较短的时间内达到料胚的蒸炒要求，减少棉酚的变性。浸出车间的湿粕烘干工序湿粕烘干工序对棉粕颜色的影响也非常大。棉粕生产大都使用高料层烘干机烘干湿粕，高料层烘干机由于料层高，自蒸作用强，热能利用好，因此，脱溶效果也很好，但是湿粕直接汽喷入层，蒸烘时间越长得到的棉粕颜色越红。为了使湿粕在直接汽层短时间内脱除溶剂，他们就将高料层烘干机作了如下改进：在直接汽喷入层上面增加了一层预脱层，并将直接蒸汽喷入层的料位由 0.8 m 降为 0.3 m 左右，从而使蒸烘时间由 30 min 降低到 10 min 左右。为了减少直接蒸汽的喷入量，还将直接蒸汽通过的汽水分离器改为蒸汽加热器，使直接蒸汽变为过热蒸汽，再通入蒸烘机，这样的脱溶效果好，在正常情况下，干粕残留溶剂量可达到规定的要求。在操作上要求工人认真负责，勤观察、勤调整，新溶剂不得含油带水，尽量降低湿粕含油量，减少烘干机的负担。

饼粕类原料质量控制的常用指标及注意事项？

答： 饼粕类原料的营养价值与原料本身的特性及加工条件密切相关。通常评价这些原料的常用指标包括有粗纤维、粗蛋白质、蛋白质溶解度、尿酶活性、粗脂肪、粒度均匀性、掺假、体外消化率、有害物质含量等。应根据不同原料的不同特点确定不同的质量控制指标，寻求具有高营养价值的原料。（1）豆粕：去皮豆粕的蛋白质含量高（48%），蛋白质溶解度好，有较高的氨基酸消化率、低尿酶活性、高消化能、高代谢能，是豆粕中的首选。带皮豆粕应控制其蛋白质溶解度，粗蛋白和脲酶活性。有条件时也可检测其蛋白质或赖氨酸的体外消化率。对于热处理全脂大豆，膨胀豆粕的质量控制指标同上，但作为饲料企业还应注意这些产品的新鲜度，检测其酸价、过氧化值。（2）菜籽粕：主要的质量控制指标是粗纤维、中性洗涤纤维、粗蛋白质、硫苷等。菜籽粕中应首选双低菜籽粕。因为该种菜籽粕硫苷含量低，即毒素含量低，使菜籽粕的安全使用量加大。粗纤维含量也是限制菜籽粕用量的重要因素。脱皮菜籽粕的营养价值会大大提高。中性洗涤纤维含量能较好地反映菜籽提油过程加工是否适当。进而反映菜籽粕的蛋白质的可利用率，它与豆粕蛋白质的溶解度指标有类似的功效。有条件时用蛋白质体外消化法测定其蛋白质消化率也是很好的方法。（3）棉籽粕：主要的质量控制指标是粗纤维、粗蛋白质、蛋白质溶解度、棉酚含量等。棉籽粕中应首选去皮棉籽粕或部分去皮棉籽粕，即棉仁粕，它具有高蛋白、高消化率、高能量、适口性好的特点。蛋白质溶解度可以在一定程度上反映其加工方法是否适当。低棉酚棉籽粕具有安全、用量大的特点。将几项指标结合在一起进行原料筛选，可以找出具有较高价值和竞争优势的棉籽粕。其他植物饼粕的质量控制方法与上述方法相似。当然，在饼粕的筛选过程中，限制性氨基酸含量也是应考虑的重要因素。

豆粕掺假的鉴别方法有哪些?

答：豆粕是以浸提法制油得到的残余物。一般豆粕的蛋白质含量高于饼。近来在原料的交易、饲料加工中均发现有掺假豆粕，这类豆粕由于经过特殊加工，外观与纯豆粕十分相近，如不仔细鉴别，很容易上当。（1）豆粕的主要掺杂物：沸石粉或其他盐酸不溶物，玉米粒、玉米秸等，其中，玉米粒占掺杂量的大多数。玉米破碎后颜色与豆粕十分接近，沸石粉本身呈灰白色，容重大。不法商人把这些物质与纯豆粕混合后，用机器压制成片，再破碎，真假难分。（2）鉴别假豆粕的方法：①感观检查法指用人的感觉器官对饲料的形状、颗粒大小、颜色、气味、质地等指标进行鉴定。纯豆粕呈不规则碎片状，浅黄色到淡褐色，色泽一致，偶有少量结块，闻有豆粕固有豆香味。而掺入了沸石粉、玉米等杂质后，颜色浅淡，色泽不一，结块多，剥开后用手指捻，可见白色粉末状物，闻之稍有豆香味，掺杂量大的则无豆香味。如果将样品粉碎后，再与豆粕比较，色差更是明显，真品为浅黄褐色。在粉碎过程中，假豆粕粉尘大，装入玻璃容器中粉尘会黏附于瓶壁，而纯豆粕则无此现象。用牙咬豆粕发粘，而玉米脆而有粉末。②外包装检查法：颗粒细、容量大、价格廉，这是绝大多数掺杂物所共同的特点。饲料中掺杂了这类物质后，必定是包装体积变小，而重量增加。豆粕通常以 60 kg 包装，而掺杂了大量沸石之类物质后，包装体积比正常小，则很可能是掺假豆粕。③显微镜检查法：取待检样品和纯豆粕样品各一份，置于培养皿中，并使之分散均匀，分别放于体视显微镜下观察。在显微镜下可观察到：纯豆粕外壳的外表面光滑，有光泽，并有被针刺时的印迹，而豆仁颗粒无光泽，不透明，呈奶油色；玉米粒皮层光滑，半透明，并带有似指甲纹路和条纹，这是玉米粒区别于豆仁的显著特点，另外玉米粒的颜色也比豆仁深，呈橘红色。如掺有棉籽饼可见样品中散布有细短绒棉纤维，卷曲、半透明、有光泽、白色；混有少量深褐色或黑色的棉籽外壳碎片，壳厚且有韧性，在碎片断面有浅色和深褐色相交叠的色层。反之，没有掺入棉籽饼。④容重测量法：饲料原料都有一定的容重，如果掺杂物，容重就会发生改变，因此，测定容重也是判断豆粕是否掺假的方法之一。具体方法为：用四分法取样，然后将样品非常轻缓而仔细地放入 1 000 ml（1 L）的量筒内，直到正好到 1 000 ml 处，用匙子调整好容积，然后将样品从量筒内倒出，并称重。每一样品重复做 3 次，取其平均值为容重。⑤掺入沙土的鉴别：取被检大豆粕 5 ~ 10 g 于烧杯中，加入 100 ml 四氯化碳，搅拌后放置 10 ~ 20 min，大豆粕漂浮在四氯化碳表面，而沙土沉于底部。将沉淀部分灰化，以稀盐酸（1:3）煮沸，如有不溶物即为沙土。⑥取被检大豆粕（饼）3 g 于烧杯中，加 10% 盐酸 20 ml，如有大量气泡产生，则样品中掺有石粉、贝壳粉。⑦国标分析方法：国标分析方法是在进行上述一种或几种鉴别之后，有选择地进行的。在国标中，豆粕主要测定粗蛋白、粗纤维、粗灰分 3 个指标，正常豆粕粗蛋白质不低于 40%、粗纤维不高于 7.0%，粗灰分不高于 8.0%，掺入大量沸石粉类物质后，粗灰分含量就会大大提高。粗灰分是饲料高温灼烧后剩余的残渣。根据灼烧后残渣的多少，可初步判定该豆粕有无掺假。图 39 为不同油厂生产的豆粕不仅形状不一，质量也有差别，有的甚至掺假。

图39 形状不一的豆粕

玉米蛋白粉的质量如何控制?

答:玉米蛋白粉是食品工业中用玉米加工淀粉的副产物,其粗蛋白质含量达到50%以上,富含蛋氨酸、胱氨酸等氨基酸,并且富含叶黄素。对蛋黄及肉鸡肤色着色效果非常好。目前,市场上玉米蛋白粉常常掺入皮革粉、染料、尿素等,不仅影响内在品质,而且影响畜禽生产性能。因此,除常规成分分析外,选择适宜指标判定玉米蛋白粉质量非常重要。(1)铅:纯正的玉米蛋白粉含铅量很低,正常情况下,几乎检测不出。(2)灰分:灰分也是衡量玉米蛋白粉质量的重要指标,我国NY/T685-2003规定,玉米蛋白粉灰分含量在2%~4%。若超过4%就要引起注意。灰分高的玉米蛋白粉,其灰化产物为灰色,正常颜色为黑色粉状。灰化产物加硝酸滴定发生剧烈的反应,表明有石粉的存在。(3)溶解水溶液颜色:玉米蛋白粉是黄色粉状物质,纯的玉米蛋白粉在热水中不溶解,蛋白质受热变性,成絮状下沉,其水溶液是无色澄清透明的(叶黄素不溶于水),伪劣的玉米蛋白粉在水中悬浮,沉淀很慢,其水溶液呈浑浊状,甚至呈黄色(掺水溶性色素或黄色染料)。因此,通过溶解水溶液颜色可以判定玉米蛋白粉中是否掺有色素或者黄色染料。

玉米酒精糟的质量控制指标都有哪些?该如何控制?

答:玉米酒糟DDGS是玉米等谷物生产酒精中的一种副产物。根据干燥浓缩蒸馏废液的不同可分为干酒精糟(DDG)、可溶干酒精糟(DDS)和干酒精糟液(DDGS)。DDGS质量受酒精的生产工艺流程、谷物的发酵方法及副产品干燥方法等因素的影响。用粗蛋白质、灰分、粗脂肪和粗纤维等常规指标来检测DDGS的质量,并不能真实反映DDGS质量情况,尚需考虑到以下几点:(1)外观颜色:DDGS的颜色有金黄色和暗褐色,金黄色最好,不应含黑色小颗粒,应有发酵的气味,尝之微酸。DDGS颜色和气味与其营养成分密切相关,深颜色的DDGS营养价值低于浅颜色的DDGS,并且发现深颜色的DDGS通常伴有糊焦味或者烟熏味,会影响饲料的适口性。这可能是由于在干燥过程中加热过度引起的。加热过度容易发生美拉德发应,降低赖氨酸的利用率。高质量金黄色玉米DDGS的赖氨酸回肠消化率为53.6%,而深颜色赖氨酸消化率为0。(2)热变性指标－中性洗涤纤维（NDF）：国内众多酒精厂采用110℃进行烘干，加热过度时，DDGS中的赖氨酸、糖分含量明显降低。吕明斌等研究表明，加热过度，赖氨酸含量由烘干前的0.82%降低到0.3%左右，并且发现NDF与赖氨酸有很好的相关性。因此，NDF可以作为饲料厂日常检测DDGS热过度的指标。一般要求NDF≤32%为合格，NDF≤35%为最低质量要求。

影响饲料原料质量的常见因素都有哪些？应该如何应对？

答：（1）自然因素：来自同一产地的一种原料会出现变异，来自不同产地的一种原料变异会更大。年份不同，采样、品种、土壤肥力、气候、收割时成熟程度也不一样；谷类以及副产品的养分含量会有所差异。普通（8%）和新玉米（10%）蛋白质含量不同。但作为蛋白质补充饲料的大豆粕养分含量变异较小。来源于不同省、地区，特别是南方大部分原料都是外地购进的，自然变异比较大。饲料原料养分含量变异系数平均为±10%。（2）加工过程的影响：农产品和饲料加工的工艺、技术、机械不同生产出的产品会有所差异。机械化（饲料和原料）加工设备所生产出的产品质量不同于非机械化的。高标准、低标准的碾米机所生产的米糠质量是不同的；机榨或浸提的豆粕对营养成分的含量有不同的影响；在大豆加工过程中，热处理温度过高、过低都会影响豆粕的质量；也就是说不同温度加工处理的大豆饼粕营养价值是不同的；混合机生产性能不一致，也会导致饲料混合不均匀。（3）掺假：颗粒细小的饲料原料易于掺假。如：鱼粉会掺入贝壳、羽毛粉、皮革粉、菜粕、非蛋白氮的物质（尿素）、微量元素也会有假；米糠会掺入稻壳等；豆粕会掺入稻壳、玉米面等。掺假不仅改变了饲料原料的化学成分，而且降低了其营养价值，从而使饲料质量达不到标准要求。所以要注意，原料采购的渠道应相对稳定，定点采购。（4）损坏和变质：不适当的运输装卸、储藏和加工过程中饲料原料会因损坏和变质（发霉）失去原有的质量。例如：高水分玉米、米糠、鱼粉、豆粕易酸败（包括饲料产品）；酸败后很多营养物质会损失（脂溶维生素）；畜禽食用后会引起腹泻或霉菌中毒死亡。谷物类饲料储存不当容易生虫，损坏原有的质量。劣质饲料原料不可能生产出优质的饲料，所以，选择优质饲料原料是保证生产优质饲料的关键环节。（5）实验室分析结果的差异：实验室分析技术不熟练；采集的样品代表性不强，分析结果也有差异；要求实验室分析人员认真掌握分析技术，准确的操作技能，做到实际分析值准确无误。

新旧玉米该如何鉴定？

答：形态区别法：与新种子相比，陈种子经过长时间的储存干燥，种子自身呼吸养分消耗，往往颜色较暗，没有光泽。再看种子胚部，新种子胚部软，用手掐其胚部角质较多，粉质较少，而陈种子胚部硬，胚部角质少，粉质较多。观察有无虫口、虫卵。用手搅拌种子，看手上是否沾有粉末，如沾有粉末或有虫口、虫卵证明是陈种子，反之是新种子。生理区别法：将种子进行发芽试验，察看种子的发芽率和发芽势，新种子发芽率高，胚芽粗壮，而陈种子发芽率低，胚芽纤细。化学法：用1∶60倍红墨水溶液浸泡种子15 min，观察种胚的染色程度，未被染色或染色较浅的是新种子，染色较深的是陈种子。

如何快速鉴别常用维生素和矿物质？

答：维生素 A：肉眼看为淡褐色或灰黄色颗粒。取样为 0.1 g，用无水乙醇湿润研磨使其溶解，加氯仿 10 ml，再加三氯化锑的氯仿溶液 0.5 ml，溶液先显蓝色并立即褪色，才是真品。维生素 E 粉：外观呈白色或淡黄色粉末。取样品 15 mg，加无水乙醇 10 ml 使其溶解后，加硝酸 2 ml，摇匀加热 15 min，溶液显橙红色为正品。亚硒酸钠维生素 E 粉：外观呈白色或类白色粉末，取样品 0.5 g，加乙醇 30 滴振摇过滤，过滤中加硝酸 5 滴，加热变成红色方为正品。维生素 K_3：外观呈白色或灰黄褐色晶体粉末。取样品 0.1 g，加水 10 ml 溶解，加碳酸钠溶液 3 ml，有鲜黄色沉淀生成的为正品。维生素 B_1：外观呈白色结晶或结晶性粉末，稍有臭味，微苦。取样品 0.1 g，加水少许振摇，过滤，在滤液中加碘试剂 3 滴，有棕红色沉淀生成。维生素 B2：外观为黄色至橙黄色结晶粉末，有苦臭味，取样品 0.5 g，加水少许溶解，提取上清液，加入稀盐酸或氢氧化钠试液 2 g，上清液中黄色荧光消失。硫酸亚铁：取 0.1 g 样品，溶于 10 ml 水中，取其溶液加入 2 ~ 3 滴 10% 铁氯化钾溶液，生成深蓝色沉淀，加入数滴稀盐酸，沉淀不易溶解为正品。硫酸镁：取 1 g 样品，溶于 10 ml 水，加入氨水有白色沉淀，加入适量氯化铵沉淀则溶解。加入 5% 磷酸氢二钠溶液，有白色沉淀生成，加入氨水后不溶解。

畜禽常用五种饼粕类饲料的处理方法是怎样的？

答：（1）大豆饼粕：大豆饼粕含有抗胰蛋白酶、尿素酶、血球凝集素、皂角苷、甲状腺肿诱发因子、抗凝固因子等有害物质。这些物质大都不耐热，一般在畜禽饲用前，经 100 ~ 110℃ 的加热处理 3 ~ 5 min，即可去除这些不良物质。（2）亚麻籽饼：亚麻籽饼含有氰苷，当氰苷进入机体后，会在脂解酶的作用下水解产生氢氰酸，引起畜禽中毒。亚麻籽饼作饲料时，应进行减毒处理。一般常用的方法是将亚麻籽饼粉碎后，加入 4 ~ 5 倍温水，浸泡 8 ~ 12 h 后沥去水，再加适量清水煮沸 1 h，在煮时不断搅拌，敞开锅盖，同时加入食醋，使氢氰酸尽量挥发。（3）菜籽饼：菜籽饼含有芥子苷，在芥子酶催化作用下可水解成有毒物质。菜籽饼的去毒方法：将菜籽饼粉碎，然后加水煮沸或通过蒸汽，用 100 ~ 110℃ 的温度处理 1 h，使芥子酶失去活性。使用此种方法时要注意加热时间不宜过久，以防降低蛋白质的饲用价值；严格控制饲喂量，因为芥子苷仍存在于菜籽饼中，它可能因受到其他来源的芥子酶以及肠道或饲料中的微生物所产生酶的催化分解而继续产生有毒成分。由于芥子苷是水溶性的，因此可用冷水或温水（40℃ 左右）浸泡 2 ~ 4 天，每天换水 1 次，这样可除去部分芥子苷，但此法养分流失很大。每 100 份菜籽饼用浓氨水 4.7 ~ 5 份，或用纯碱粉 3.5 份，用水稀释后，均匀喷洒到饼粕中，将其覆盖、堆放 3 ~ 5 h，然后放置蒸笼中蒸 40 ~ 50 min；也可在阳光下晒干或炒干后储备使用。（4）棉籽饼：棉籽饼因含有游离棉酚，易引起畜禽中毒。棉籽饼的常用去毒方法：在每 100 kg 土榨棉籽饼中加硫酸亚铁 1.2 ~ 1.5 kg，机榨粕只需加 0.15 ~ 0.2 kg，再以适量清水浸泡 4 ~ 6 h，即可饲喂。用 2% 的碳酸氢铵或 1% 的尿素溶液均匀喷洒在棉籽饼粉中，充分搅拌均匀，饼粉中含水量达 15% 时为宜，然后用塑料薄膜密封 24 h，即可饲用。（5）花生饼：花生饼本身并无毒素，但储藏不当极易感染黄曲霉毒素而引起畜禽中毒。若花生饼感染了黄曲霉菌，一定要经过去毒处理方可饲喂畜禽。常用的去毒方法：将污染的花生饼粉碎后置于缸内，加 5 ~ 8 倍的清水搅拌、静置，待沉淀后再换水多次，直至浸泡的水呈无色为宜，此法只适用于轻度霉败的饲料。为安全起见，去毒后的饲料应与其他饲料配合利用，喂量应加以限制。

如何鉴别真假浓缩饲料？

答：（1）看其外包装，包装上是否字迹清楚，是否有产品名称、厂址、生产厂家联系电话。（2）看标签内容，是否有"本产品符合饲料卫生标准"的字样，内容是否齐全，主要包括产品名称，饲用对象及阶段，批准文号、生产许可证号，主要饲料原料类别，营养成分保证值，用法、用量、净重，生产日期、保质期及产品标准编号、厂址、生产厂家、联系电话与外包装是否一致。特别注意看批准文号、生产许可证是否在有效期内（一般这两种的有效期为 5 年）。含有药物的浓缩饲料要看是否有"含有药物饲料添加剂"字样及药物的名称、含量、配伍禁忌、停药期、使用方法及注意事项。（3）看说明书，内有浓缩饲料的特点、营养成分、使用方法及注意事项等。（4）看是否有产品合格证，并加盖检验日期、检验结果、检验员编号等。（5）看是否有注册商标。应标在说明书、产品标签和外包装上。（6）闻该产品是否有异味和霉味。只有掌握了这些基本知识，才能购到相对合格的浓缩饲料，才不会上当受骗。

如何鉴别蛋氨酸饲料原料的真伪？

答：市售"进口"蛋氨酸有些被掺入淀粉、葡萄糖粉、石粉等，而使氨基酸含量仅达 50%，大大低于国家标准。（1）感官检查法：真蛋氨酸为纯白或微带黄色，有光泽结晶，尝有甜味；假的为黄色或灰色，闪光结晶极少，有怪味、涩感。（2）灼烧法：取瓷质坩埚 1 个加入 1 g 蛋氨酸，在电炉上炭化，然后在 550℃茂福炉上灼烧 1 h，真蛋氨酸残渣在 0.5% 以下，假蛋氨酸残渣则较多。（3）溶解法：取 1 个 250 ml 烧杯，加入 50 ml 蒸馏水，再加入 1 g 蛋氨酸，轻轻搅拌，假蛋氨酸不溶于水，而真蛋氨酸几乎全溶于水。

饲料的氧化有哪些危害？如何降低饲料的氧化程度？

答：饲料自身氧化会降低其营养价值，产生有毒代谢产物，使饲料的适口性下降。可以采取以下措施降低饲料氧化程度：尽量缩短饲料的储存时间，而且储存在干燥、阴凉、通风良好的仓库内；在饲料中添加抗氧化剂可以有效防止饲料自身氧化作用的发生，保证饲料质量。

影响饲料消化率的主要因素有哪些？

答：影响消化率的因素很多，凡是影响动物消化生理、消化道结构机能和饲料性质的因素，都会影响饲料消化率，主要是动物、饲料、饲料的加工调制、饲养水平等几个方面。（1）动物：

不同种类的动物，由于消化道的结构、功能、长度和容积不同，其消化能力也不一样。不同年龄的个体其消化率存在差异，同年龄、同品种的个体，因培育条件、体况、神经类型等的不同，对同一种饲料的消化率仍有差异；（2）饲料：不同种类和来源的饲料因养分含量及性质不同，饲养水平的差异，饲料的消化率不同；（3）环境：环境的温度、湿度等也影响饲料的消化率。

饲料与动物产品（肉、蛋、奶）的品质有什么关系？

答：动物产品的品质与动物的品种、饲料营养、饲养方式、饲养时间等多种因素有关，饲料是影响动物产品品质的一个重要因素。饲料是动物摄取营养物质在体内代谢转化成动物产品的基础，对动物产品品质能够产生正负两方面的影响，有些饲料原料和饲料添加剂具有改善动物产品营养和商品价值的功能，但也有一些饲料成分和添加剂会给动物产品品质带来负面甚至是安全上的影响。因此，优质的动物产品需要优质的饲料。特别是保证饲料安全质量以提高动物产品的安全。

判断鱼粉是否掺假的质量控制指标都有哪些？

答：鱼粉因原料的来源、加工方法的不同而在质量上存在很大的差异。市场上掺假物的存在、以劣充好也影响了鱼粉的质量。因此，除常规成分分析外，选用适宜指标判定鱼粉质量具有重要的意义：（1）蛋白质新鲜度指标：组胺和挥发性氨基氮：组胺是鱼粉中组氨酸经微生物脱羧反应转变而成的一种胺类物质。鱼粉中组胺含量越高，表明受微生物污染越严重。挥发性氨基氮是指鱼粉由于细菌的作用，在腐败的过程中，使蛋白质分解产生氨及胺类含氮物质。鱼粉中组胺与挥发性氨基氮含量之间有相应的对应关系：即组胺含量越高，则挥发性氨基氮的含量就越高。我国GB/T19164 – 2003鱼粉国家标准规定特级鱼粉组胺含量 ≤ 300 mg/kg，挥发性氨基氮含量 ≤ 110 mg/kg；一级鱼粉组胺含量 ≤ 500 mg/kg；挥发性氨基氮含量 ≤ 130 mg/kg。（2）脂肪新鲜度指标：酸价是评价鱼粉脂肪新鲜度的重要指标之一。鱼粉的水分、脂肪含量高及保存条件差等因素都将加快脂肪氧化酸败，导致产生不良气味，酸价升高，影响鱼粉质量。酸价越高，表明鱼粉脂肪水解程度越严重。我国GB/T19164 – 2003鱼粉国家标准规定特级鱼粉酸价 ≤ 3 mg/g，一级鱼粉酸价 ≤ 5 mg/g。（3）胃蛋白酶消化率：胃蛋白酶消化率是评价鱼粉质量的重要指标，它表示可被胃蛋白酶分解的蛋白质与粗蛋白的比例。测定这项指标能鉴别鱼粉中是否掺入其他高蛋白而不容易被动物吸收的原料如羽毛粉、皮革粉等。掺入这些原料的鱼粉，其粗蛋白质、真蛋白质含量比较高，但胃蛋白酶的消化率往往较低。我国GB/T19164 – 2003鱼粉国家标准规定特级鱼粉胃蛋白酶消化率88% ~ 90%，一级鱼粉为86% ~ 88%；秘鲁鱼粉标准中规定优质鱼粉的胃蛋白酶消化率应为94% ~ 95%。（4）氨基酸含量：在实际生产中，由于掺假物的存在，粗蛋白质含量高的鱼粉品质不一定好。使用氨基酸分析仪可以准确分析鱼粉各种氨基酸含量，从而判定其质量。优质鱼粉氨基酸总量在60% ~ 68%，所含的11种必需氨基酸占总氨基酸（17种）的51% ~ 55%，且氨基酸组成相对稳定。掺入水解羽毛粉，丝氨酸含量明显提高，可由正常的1.6%提高到3%，而蛋氨酸和赖氨酸的含量明显降低；掺入皮粉，甘氨酸、精氨酸、脯氨酸含量明显增加；掺入血粉后，变化最明显的是亮氨酸，其次为组氨酸。

怎样科学鉴定豆粕、膨化大豆的质量？

答：豆粕、膨化大豆的质量，不只是要看粗蛋白含量，还要看尿酶活性和氢氧化钾溶解度，这两个指标，直接反映产品的生熟度。

如何判断啤酒糟的品质？

答：制造啤酒所用原料以大麦麦芽为主，另有米、玉米淀粉等副原料，制造过程中过滤啤酒后可产生大量啤酒酒粕，加以干燥即得啤酒酒糟；制程中另有麦芽根、酒花粕、啤酒酵母等副产品。其品质判断较复杂，方法大致如下：（1）在高温、高湿状况下，超过 12% 水分之产品不耐储存，易生霉变质；（2）干燥方法及干燥程度影响质量最大，过热产品影响利用率，日晒者又有变质的顾虑；（3）干燥前榨汁与否及榨汁程度对成分影响很大，可溶物流失愈多，成品蛋白质含量愈低，粗纤维含量愈高，但对生产者而言，所耗燃料费较低。

豆渣颜色是否与品质有关？

答：如果原料没变，而豆渣颜色改变，则说明豆渣成分也发生了改变。干燥豆渣呈淡褐色，豆渣颜色太深或有焦味可能加热过度所致。

如何判断大豆油的品质？

答：见表30。

表30 优、良、次和劣质大豆油的判断方法

分类	颜色	气味、滋味	静置后有无沉淀	加热280℃
优	澄黄，清澈透明	正常	无	色不变，无沉淀物析出
良	橙黄至棕黄，稍混浊	正常	有微量沉淀物	色变深，无沉淀析出
次	橙黄至棕褐色，稍混浊，少量悬浮物	正常	少量沉淀物	有沉淀物析出，产生泡沫少
劣质	异常，混浊，有明显悬浮物存在			

玉米品质的判断指标有哪些？

答：玉米作为饲料的主要原料，其品质基本决定了饲料的品质。玉米品质的判断指标如下：（1）储存：质量随储存期变长及储存条件限制而逐渐变劣。储存中质量的降低大致可分3种：即玉米本身成分的变化；霉菌、虫、鼠等污染产生的毒素；动物利用率的降低；（2）水分含量：温差会造成水分的移动，高水分之玉米极易成为发霉之源；（3）霉变及霉毒：发霉的第一个征兆就是端部变黑，然后胚变色，最后整粒玉米成烧焦状，霉菌之代谢产物就是霉菌毒素，对禽畜危害甚大；（4）破碎性：玉米一经破碎即失去天然保护作用，很容易变质；（5）容重：成熟不足，杂质多，

均会降低容重，容重愈低表示能量也低；（6）其他：发芽、热损失、烘干方式、病斑、掺杂均影响质量好坏。

如何区别全脂米糠和脱脂米糠？

答： 全脂米糠：糙米精加工中所脱除之果皮层、种皮层及胚芽等混合物称之为全脂米糠，其内亦不可避免混合有少量的粗糠、碎米，粗纤维含量应在13%以下。新鲜米糠中含有大量不饱和脂肪酸，而且其中的脂肪氧化酶和脂肪水解酶活力很高，能很快使米糠中的不饱和脂肪酸水解、氧化，导致脂肪的酸败，并使酸价和过氧化值升高，畜禽摄入后会损害动物的消化器官，发生吐泻，因此，米糠用作饲料时应尽量保持新鲜，缩短存放时间，特别是在高温季节，陈旧米糠不能配制配合饲料。目前通常的做法是将米糠进行热榨和脱脂，加工成脱脂米糠产品，主要有米糠饼和米糠粕，能有效杀灭高活性的脂肪氧化酶和脂肪水解酶，同时能减少不饱和脂肪的含量，大大延长了米糠的存放时间。全脂米糠和脱脂米糠的区别见表31。

表31 全脂米糠和脱脂米糠的规格与成分（%）

	规格		分析值		范围	
	全脂米糠	脱脂米糠	全脂米糠	脱脂米糠	全脂米糠	脱脂米糠
水分	< 12	< 12	12	12	10.0 ~ 13.5	10.0 ~ 12.5
粗蛋白	> 14	> 15	13	15	11.5 ~ 14.5	14.5 ~ 16.5
粗脂肪	> 12		14	1	10.0 ~ 15.0	0.4 ~ 1.4
粗纤维	< 8	< 10	7	10	6.0 ~ 9.0	7.0 ~ 10.0
粗灰分	< 15	< 16	4	4	10.5 ~ 14.5	7.0 ~ 10.0
钙			0.3	0.3	0.05 ~ 0.15	0.1 ~ 0.2
磷			1.4	1.7	1.0 ~ 1.80	1.1 ~ 1.6

鱼粉的品质判断方法有哪些？

答： 鱼粉作为主要的动物蛋白来源，各鱼粉品质有很大区别，所以对其进行品质判断是必不可少的。大致方法如下：（1）测试鱼粉的新鲜度有两个指标，一个是蛋白质是否腐败生氨，由风味及无机氮可测出；另一项指标是氧化，由油垢味及酸价、过氧化价可判读出；（2）干燥温度及蒸煮时间是质量关键，间接热风干燥优于直接加热，低温干燥优于间接干燥；（3）鱼粉很容易掺假，掺假原料有血粉、羽毛粉、皮革粉、肉骨粉、虾粉、下杂鱼、锯木屑、粗糠、尿素、蹄角，鸡肉粉等；（4）由成分看质量：①水分：越低越好，但低于7%则可能是干燥温度过高，利用率差。②粗脂肪：越低越好，超过12%表示加工不良、原料不新鲜，不易储存。③粗蛋白质：63% ~ 70%，太低属下杂鱼。④灰分、钙、磷：灰分高表明骨多肉少；钙磷比应一定，太多的钙可能加入廉价之钙源；灰分20%以上表明非全鱼所制，小鱼或头、尾及下杂鱼等残杂含量较高的原料所制之鱼粉，灰分含量都较高而蛋白质较少。⑤粗纤维：含量几乎为零，否则是掺假。⑥盐酸不溶物： 太多表示含沙石、粗糠等物质。以上指标一般配以显微镜镜检更准确。

显微镜检技术方法要点?

答: 饲料显微镜检测的主要目的是借外表特征（体视显微镜检测）或细胞特点（复式显微镜检测），对单独的或者混合的饲料原料和杂质进行鉴别和评价。如果将饲料原料和掺杂物或污染物分离开来以后再作比例测量，则可借显微镜检测方法对饲料原料作定量鉴定。借助饲料显微镜检测能告诉饲料原料的纯度，若有一些经验者还能对质量作出令人满意的鉴定。用显微镜检查饲料质量，在美国已有 40 多年的历史，目前已经普及。这种方法具有快速准确、分辨率高等优点。此外，还可以检查用化学方法不易检出的项目如某些掺假物等，与化学分析相比，这种方法不仅设备简单（用 50 ～ 100 倍立体显微镜和 100 ～ 400 倍的生物显微镜）、耐用、容易购得，而且在每个样品的分析费用方面要求都少得多。商品化饲料加工企业和自己生产饲料的大型饲养场都可以采用这种方法（图 40）。

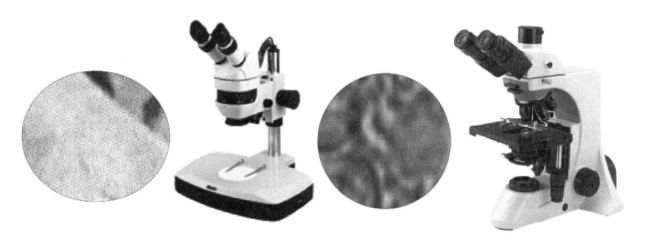

图 40　50 ～ 100 倍立体显微镜和 100 ～ 400 倍生物显微镜

饲料中的氧化危害有哪些，如何降低饲料的氧化程度?

答: 饲料自身氧化会降低饲料的营养价值，产生有毒代谢产物，使饲料的适口性下降。其主要的氧化是来自脂肪的氧化，由于饲料中脂肪多为不饱和脂肪，其容易在双键位置产生氧化，同时其氧化是一种链式反应，如果不阻止其氧化程度会越来越重，同时，长链脂肪酸由于氧化在双键位置断裂而产生低级的酮、醛、酸等，这些低级产物具有较强的挥发性，并对动物具有一定的危害性，如适口性下降，毒害作用等。可以采用如下措施降低饲料的氧化程度：尽量缩短饲料的储存时间，而且要储存于干燥、阴凉、通风良好的仓库内；在饲料中添加抗氧化剂可以有效防止饲料自身氧化作用的发生，保障饲料质量。

蛋白饲料原料腐败变质的危害是什么?

答: 蛋白饲料原料由于营养丰富,易受到生物、化学、物理等特殊因素作用而产生腐败变质,特别是动物性饲料在生产前原料高水分条件下,如保存、处理、生产不当,更易受内源性微生物与外源污染微生物的影响而发生腐败变质,其结果除降低营养价值外,还产生大量有害微生物与分解产物,造成对饲料产品的污染,影响饲料适口性,严重时对动物与人类造成较大的危害。蛋白质腐败不仅产生了大量细菌与霉菌等有害微生物,还可产生细菌内毒素与外毒素及霉菌毒素等微生物毒素,如加工处理不当会污染饲料产品,造成有害微生物与毒素的交叉污染风险增加;同时蛋白质在微生物分泌酶的作用下,水解形成的氨基酸,再进一步分解,其中脱氨反应后可生成低级羧酸、α-酮酸、不饱和脂肪酸、有机酸等具有不愉快气味的强挥发性有害物质,从而导致适口性下降;特别是脱羧反应后可生成组胺、腐胺、尸胺等对动物与人类有毒物质,可引起动物血压下降甚至休克、抑制房室传导、支气管痉挛、胃肠绞痛、肌胃糜烂等;所以为保证蛋白饲料原料的质量,原料生产厂家应对原材料进行质量监控,以确保原料的新鲜,同时,对生产工艺与条件进行监控,保证为饲料企业提供安全合格产品;对于饲料生产企业,除检测蛋白饲料主要感官指标与营养成分指标外,还应对其相关腐败产物进行定性或定量检测,以确保原料的新鲜度;另外要从源头控制产品质量,对原料厂进行考察与评估,建立蛋白饲料供应商的质量安全评估体系。

饲料油脂变质的危害是什么?

答: 脂肪酸败反应是油脂在特定条件下水解成脂肪酸,并使其中不饱和脂肪酸的双键部分被氧化产生自由基、过氧化自由基与过氧化物等,过氧化物极不稳定再进一步氧化分解而产生低级挥发性酮、醛、酸等分解产物的过程。其中,如在饲料原料中含有高活性脂肪水解酶(饲料内源酶、微生物酶等)存在下,脂肪会加速水解成甘油酸酯、甘油与游离脂肪酸,不饱和脂肪酸具有自动氧化的特征,光、热、酸、碱、金属离子、脂肪氧化酶等均是很好的催化剂,特别是高活性脂肪氧化酶(饲料内源酶、微生物酶等)、高含量 Cu^{2+}、Mn^{2+}、Fe^{2+}、Zn^{2+}(高铜高锌饲料)等金属离子易促进脂肪氧化变质。脂肪酸败后除影响饲料适口性、动物拒食外,还降低饲料营养价值,还会对动物产生引起一系列影响:降低免疫力、影响生物膜、阻碍脂溶性物质吸收、引起维生素缺乏症、生产力降低等,严重者出现中毒或死亡,有些酸败产物还具有一定的致癌作用。饲料中除饲料原料中固有的脂肪外,有些产品还外加油脂,所以为防止饲料脂肪的酸败,一是对饲料原料中脂肪的质量控制,如玉米与全脂大豆等粉碎后由于脂肪暴露而易氧化的控制、大豆与米糠等内源性脂肪水解酶与氧化酶的热处理控制、动物性等高脂原料的储存与质量控制、高铜高锌饲料使用的控制等;二是对外加油脂的质量控制,对油脂供应商的评估、油脂质量的评估、油脂储存的控制、劣质油脂的控制等;三是饲料产品的质量控制,如抑制微生物与脂肪酸败的储存环境与温度控制、阻断氧化反应链的抗氧化剂适量添加等。

餐饮下脚油对饲料和人类的安全有哪些影响？

答：由于目前我国饲用油脂价格较高，导致饲料中添加油脂后原料成本大幅增加，从而很多饲料生产企业寻求低价格的油脂产品，导致目前劣质低价油脂泛滥，特别是煎炸下脚油、潲水油与地沟油等餐饮下脚油脂被非法使用，对人畜安全带来严重的影响。目前，虽然食品专用煎炸油脂一般为减少油脂在高温时的氧化酸败而采用饱和程度较高的油脂，例如，棕榈油、动物油、氢化油等，但毕竟还含有较大量不饱和脂肪酸，故其在高温煎炸时会加剧这些脂肪酸的氧化酸败，产生大量的低级挥发性酮、醛、酸，对动物与人类产生严重的毒性作用。潲水油（亦称泔水油）是指从收集餐饮的剩饭剩菜和汤水等的泔水中提炼的油脂，由于泔水中含量有大量蛋白质、脂肪、微生物等，运输和储存过程也不会考虑任何卫生要求，故极易发酵腐败变馊，产生大量的蛋白腐败产物与脂肪酸败产物，如直接饲喂动物会产生较严重的卫生安全问题。另外，非法加工点在加工潲水油时，往往对其进行长时间高温处理并简单提炼，故除加剧脂肪的酸败外，还产生大量强毒性的多环芳烃类与杂环胺类等物质。地沟油则是指宾馆、饭店附近的地沟里，污水上方的灰白色油腻漂浮物，捞取收集后经过简单加工而成的油脂，除具有和潲水油一样的危害物质以外，由于混有大量人类生活垃圾、废弃有机物及其他化学物质等，在热解、腐烂过程中极易产生多环芳烃类、二噁英等脂溶性的强致癌物，从而造成污染，对人、畜产生严重毒害作用。

如何判断乳清粉的品质？

答：乳清粉的品质判断从以下几方面进行：（1）对代用乳原料而言，溶水性是一项重要的质量指标，溶水性不好表示有变性之可能，利用率也差；（2）色泽深浅可显示加热干燥程度，加热过度即呈褐色，表示乳糖已焦化，其氨基酸，尤其赖氨酸利用率会降低很多；（3）乳清粉于高温高湿环境下，储存太久会产生美拉德反应，使乳糖与氨基酸产生反应而变性，颜色也会变褐色，嗜口性、利用率均降低；（4）酸度及灰分含量亦为重要之质量指针，酸度高者质量较差，嗜口性不好。乳清液若未马上干燥处理，中和时会产生乳酸，增加灰分含量并减低嗜口性，正常产品之灰分含量约在 7.5% ~ 9.0%，经过中和处理者则在 11% 左右，此类产品质量不易掌握；（5）有些乳清粉吸湿性很强，不利储存，混合饲料中亦影响饲料之储存性，若经处理而减低潮解性之制品则无此项顾虑；（6）以嗜口性而言，甜乳清最佳，酪蛋白乳清次之。

如何判断酵母粉品质？

答：判断酵母粉的品质方法如下：（1）酵母粉属高价值原料，掺假可能性高，质量好坏差异亦大，使用显微镜检查酵母菌体数量，是判断掺假与否及酵母浓度的简易方法；（2）很多酵母粉产品是利用豆粉发酵或于酵母液中掺入豆粉，然后细碎之即得产品。由于酵母具溶水性，若掺有杂质，尝之即可轻易分辨出；（3）酵母粉易吸湿结块，包装不良者甚易结块变质，应小心储存与使用。

如何判断油粉的品质？使用时应注意什么？

答：油粉的品质判断方法如下：（1）乳化性及溶解性对人工乳饲料而言是很重要的质量因素。不可有吸湿、酸败及结块现象；（2）所有油脂原料，赋形剂成分及制造方法对质量影响很大，各厂均有其独到之配方及生产技术，质量自然有优劣之分。

使用油粉时应注意以下几点：（1）油粉对没有加油设备的自配农场而言，使用方便，不必加热，也不必有液体储存槽；（2）乳化油脂若乳化处理良好，本品混合于幼畜及泌乳期母猪饲料，可提高脂肪吸收，因而改善仔猪存活率及增重；（3）氢化油脂若熔点太高（60℃以上），则进入体内不易被胆汁乳化，利用率很差；（4）皂化油脂在反刍动物具过瘤胃功能，可提升能量，但本品适口性不好，调配反刍动物配方时要增加高嗜性原料或添加剂。

如何区别全脂奶粉与脱脂奶粉？

答：全乳原料经喷雾干燥后，即得全脂奶粉。全乳加热，以离心分离将轻的乳油分离后即得脱脂乳，脱脂乳以真空浓缩成半固态后，再喷雾干燥或薄膜干燥成粉状即为脱脂奶粉。脱脂乳再脱乳蛋白（用于生产奶酪）后生产的则为乳清粉。

玉米霉变的商业脱霉处理方法有哪些？

答：谷物霉变是世界各地普遍存在的问题，造成很大的经济损失。霉菌毒素有几百种，污染动物饲料的主要是黄曲霉毒素、玉米赤霉烯酮、赭毒素和毛菌素，其中，以黄曲霉毒素最为普遍。饲喂被霉菌毒素污染的饲料会降低动物的生产性能、危害健康，甚至造成死亡。20世纪80年代后期有人报道用对毒素有很强亲和力的矿物质作为吸附剂来处理被霉菌毒素污染的饲料。这种矿物质属黏土一类，统称水合铝硅酸钠钙。后来有人研究了世界上销售的21种霉菌毒素吸附剂，发现其中2/3属于蒙脱石。这些产品有时也叫膨润土和沸石。它们的霉菌毒素吸附作用并非取决于单个的物理或化学性状，而是由多孔性、表面酸性和可交换阳离子的分布等特性综合而形成的复杂的毒素吸附方式。除这些产品外，还有其他的黏土矿物质也在作为霉菌毒素吸附剂出售。但是，研究表明，并不是一切黏土矿物质都具有好的霉菌毒素吸附能力，即使是膨润土和沸石，其霉菌毒素吸附能力的强弱也很不一致。良好的霉菌毒素吸附剂以0.25%～0.5%的用量加入被霉菌毒素污染的谷物可以显著缓减霉菌毒素的负面作用，使动物的采食量、增重和饲料效率基本正常。良好的霉菌毒素吸附剂应该对动物无害（以同样的用量加入未被霉菌毒素污染的饲料后不会影响动物的生产性能）。由于霉菌毒素吸附剂的优劣不能根据基本的理化特性或矿物类型来预测，因此，选择产品时必须要求厂商提供试验数据。不仅要有体外测定数据，而且应该有动物试验数据，因为这两种结果不总是一致的。例如，活性炭和膨润土在体外试验中都能够吸附黄曲霉毒素，但是在动物试验中活性炭不能保护动物免受黄曲霉毒素的毒害。在进行动物试验时，应该设立阴性对照（有霉菌毒素污染）和阳性对照（无霉菌毒素污染），这样，既能测出产品的霉菌毒素吸附能力，又能测出产品的安全性。

如何做好玉米防霉的保管工作？

答：由于玉米胚部较大，营养丰富，呼吸旺盛，微生物附着量大，加上北方地区玉米原始水分高，在较低的温度下，霉菌也可大量繁殖，造成霉变。为此玉米收获后在保管过程中一定要注意做好防霉工作，从以下几方面入手：（1）做好脱粒前保管：由于玉米未脱粒时籽粒胚部埋藏在果穗穗轴内，对虫霉侵害有一定的保护作用，因此，在收获后应采取玉米穗藏的方式为宜。玉米穗院落存放，应避免大堆堆放，在秋雨、暖冬季节，切不可用塑料薄膜封闭苦盖，雨、雪时用玉米秸、草莲等物品苦盖最佳，并应做到勤翻晾，防止湿度温度内积，出现大量的霉变。有条件的最好采取上栈子、码趟子的方法保管。对玉米数量不大，又不急于出售的，要采取上栈子的方法妥善保管，将玉米穗装入特制的栈子内储藏。栈子形状分为长方形和圆形两种，因地形而定，用木杆或高粱秸等制成，底部垫起 0.5 m 左右，直径 2 ~ 4 m，高 3 ~ 4 m。对玉米数量大或农户不具备上栈子条件的，要采取码趟子的方法临时保管。玉米码趟子，要垫底 20 cm 以上，并根据玉米水分的高低，确定上下翻倒的时间、次数，避免因通风不畅发生玉米棒出现低温生霉、降质等问题。对不同地块、不同品种、不同成熟度不同质量、不同水分的新玉米，有针对性的采取不同措施，采取上栈子或码趟子储藏，以避免引起质量混淆、影响增收。（2）适时选棒脱粒：要视玉米水分状况，合理确定脱粒时间。在脱粒前做好场地等各项准备。如果没有固定、整洁宽敞的场地，可以将较平整的地面浇水冻实后再脱粒，以减少土粮损失。同时，要将生霉棒、未熟棒甩出，把瞎尖子掰掉，单独脱粒，单独储存，以免好次互混脱粒，影响玉米整体质量。（3）做好玉米脱粒后的保管：玉米脱粒后，要避免散积大堆存放，如果在 4 月中旬之前不能出售，要根据实际情况，提前选择码风垛、晾晒或烘干等方法降水；农户自留玉米如需过夏保管，要先把玉米水分降到 14.0% 以内。晾晒要根据量大小确定铺晒时间，一般在 3 月中旬进行，厚度约 8 ~ 10 cm 为佳，头两天霜大每天翻 3 ~ 4 遍，当翻粮地面见不到霜时每天随太阳光照射角度每小时用木铣翻一遍，隔一天全部翻一遍（防止夹生），达到安全水分时需过两层趟筛除去大小杂质和碎面即可入仓，并保证粮食的阴凉、干燥、通风。

使用磷化铝的注意事项及人员中毒后如何处理？

答：磷化铝熏蒸时：（1）一定要戴防毒面具，操作完毕要立即更衣和洗涤；（2）熏蒸的粮仓和容器一定要远离住房；（3）磷化铝熏蒸最好在 150 度以上进行。接触毒气的人员，必须做好安全防护措施，施药人员应佩戴完好的防毒面具，在熏蒸操作的前后，不宜喝牛奶、鸡蛋及其他油腻食物，预防中毒。磷化氢的中毒症状为：轻微中毒时感觉疲劳、耳鸣、恶心、胸部有压力感、腹痛、腹泻和呕吐；中度到严重中毒时，继早期症状之后，可以出现干咳、气哽发作、强烈口渴、步态摇晃、严重的四肢疼痛、瞳孔扩大和急性昏迷。

出现中毒后应该：（1）立即将患者由污染的空气中转移到新鲜空气中；（2）使患者坐下或躺下，盖上毯子，保持温暖；（3）立即送往就近的医院。

如何对油脂的品质进行感官鉴定？

答：油脂品质的感官鉴定方法可从气味、滋味、色泽、透明度、沉淀物、水分和杂质方面进行检查。（1）气味检查：用鼻子接近容器口，直接闻气味。取 1 ~ 2 滴油样放在手掌或手背上，双手合拢快速摩擦至发热闻其气味。取 20g 左右油样，加热到 50℃上下闻其气味。（2）滋味检查：取少量油样，点涂在已漱过口的舌头上，辨其滋味。各种油脂有其独特的滋味，通过滋味的鉴别可以知道油脂的种类，品质的好坏，酸败程度，能否使用等。不正常的变质油脂带有酸、苦、辛辣等滋味和焦苦味。（3）色泽检查：一般正常的油脂是无色、透明，常温下略带黏性的液体。一般色泽越浅越好。用直径 1 ~ 1.5 m 长的玻璃插油管抽取澄清无残渣的油品，油柱长 25 ~ 30 cm（也可移入试管或比色管中）在白色背景前反射光线下观察。冬季气温低，油脂易凝固，可取油 250 g 左右，加热至 35 ~ 40℃，使之呈液态，并冷却至 20℃左右，再进行鉴别。（4）透明度检查：正常的油脂应是完全透明的，但如果油脂中含有碱脂、类脂、蜡质和含水量较大时，会出现浑浊，透明度降低。用插油管将油吸出，用肉眼即可判断透明度，分析出清晰透明、微浊、混浊、有无悬浮物、悬浮物多少等。（5）沉淀物检查：非油脂的物质，在一定条件下会形成沉淀物。品质优良的油脂是没有沉淀物的。用玻璃扦油管插入底部把油吸出，即可看出有无沉淀或沉淀物的多少。（6）水分和杂质检查：油脂是疏水性物质，一般不易和水混合。但碱脂、固醇和其他杂质等能吸收水分，形成胶体物质悬浮于油脂中。油脂中杂质过多时，会降低其品质，加快油脂水解和酸败，影响油品储存的稳定性。

如何测定颗粒饲料质量？颗粒质量与动物生产性能有何关系？

答： 在美国饲料行业，颗粒质量用颗粒稳定性指标（Pellet durability index，简写 PDI）来表示。它是用来衡量颗粒饲料（或粗屑饲料）在散运中（如货车）抗御破碎的相对能力。PDI 这项操作规程由美国堪萨斯州立大学（Kansas State University）谷物科学技术系首创，后被美国农业工程协会采纳（美国农业工程协会标准方法：ASAE 5269-3）。PDI 测试装置见图 41。

图 41　颗粒饲料持久力指标的测试装置

该操作规程如下：1. 设备：测定颗粒或粗屑的稳定性，是将试样放进一个防尘筒中以 50rpm 转速翻滚 10 min。这装置沿着一根轴旋转，轴垂直于 30.5 cm 的一侧，固定在其中心点。一个 5.1 cm×22.9 cm 的平板对称地固定在从 22.9 cm 的一侧到 30.5 cm×30.5 cm 一侧的对角线上。在其一侧设一个防尘的门。尽量减少凸物（如铆钉、螺钉），凸物外形要圆润。2. 筛理：将样品放在金属丝筛布上过筛测定细粉，筛孔刚小于标定的颗粒径。3. 测试规程：将待测的颗粒或粗屑样品用适合的筛子清理除去细粉。如测试的颗粒直径为 1.27 cm 或更大，选出长度在 3.2 ~ 3.8 cm 范围的颗粒。

将 500 g 这种样品放进翻滚着的装置中翻滚 10 min，取出样品，过筛，计算完整颗粒或粗屑百分率。颗粒测试通常在冷却后立即进行，颗粒温度降到室温 ±5.6℃ 即视为冷却。如果测试时间推迟，稳定性测试结果应标注冷却后推迟的小时数。例如，在冷却后 4h 测得 PDI 为 95，则测试结果写为（95）4。如在冷却之前进行测试，水分蒸发会明显丢失重量，使得表观 PDI 偏低。这就必须在试样翻滚前后做水分测定，从而确定水分蒸发丢失的重量，对最后重量作相应补偿。这种情况下 PDI 结果写为（95）1。该操作规程可以修改变通，在试样翻滚前加进 5 个 1.27 cm 六角形螺帽。PDI 与动物生产性能密切相关。Stark 等（1993）报道，用颗粒饲料饲喂仔猪（5.6 kg，断奶后 7 ~ 35d）与饲喂粉状饲料的猪相比，其平均日增重（ADG）高 3.9%，增重/饲料改善 11.3%；与饲喂含 25% 细粉的颗粒饲料的仔猪相比，增重相近，增重/饲料改善 2.6%（图 42）。Stark 等（1993）的另一个试验发现，用粉状饲料或含 60% 细粉的饲料饲喂肥育的初产母猪（53.1 kg），其 ADG 一般低于用颗粒饲料饲养的猪。用过筛颗粒养猪，其增重/饲料比用粉状饲料养猪高 4.7%；增加过筛颗粒饲料中的细粉含量会使增重/饲料直线下降（图 43）。这些试验结果证明，降低颗粒饲料的 PDI 会削弱颗粒饲料的优点。

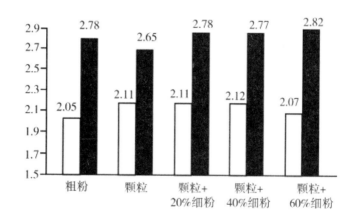

图 42　颗粒质量对哺乳仔猪生长的影响（Stark 等，1993）

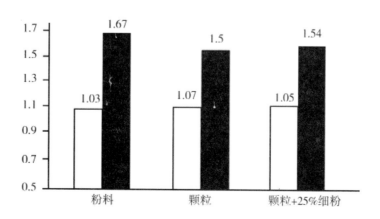

图 43　颗粒质量对肥育猪生长的影响（Stark 等，1993）

何为淀粉糊化度？其简单、经济的测定方法有哪些？它与颗粒质量和动物生产性能有何关系？

答：淀粉糊化度或熟化度是指饲料原料或全价饲料中淀粉糊化的百分率。淀粉糊化后，其结晶态和折射消失，淀粉粒膨胀，溶剂和反应物因而得以进入淀粉分子。淀粉颗粒不溶于水，但在水中能吸收少量水分，颗粒稍膨胀。普通玉米淀粉和马铃薯淀粉在水中所含平衡水分大约28%和33%。这种吸水和膨胀现象是可逆的，水分被干燥后仍恢复原来的颗粒结构大小。混淀粉于水中，不停地搅拌。加热淀粉，颗粒随温度的升高，吸水更多，膨胀更大，达到一定的温度，原淀粉结构被破坏，吸水膨胀成黏稠胶体糊。这种现象称为糊化，其温度称为糊化温度，形成的胶体称为淀粉糊。淀粉的糊化温度在不同品种间存在差别，同一种淀粉在大小不同的颗粒间也存在差别。大颗粒糊化温度低，小颗粒难糊化，糊化温度高。糊化温度是一个范围，相差约10℃，并不是一个固定的温度值。玉米淀粉糊化温度为62～72℃，马铃薯淀粉糊化温度为56～68℃。淀粉的糊化是吸热反应，热破坏淀粉分子间氢键，颗粒膨胀、吸水，结晶结构被破坏，偏光十字消失。偏光十字消失温度为糊化温度。此方法应用偏光显微镜和电加热台，操作简单，结果可靠。混少量淀粉样品入水中，浓度约0.1%～0.2%，取样滴于玻片上，100～200个淀粉颗粒，四周围滴以甘油或矿物油，盖上玻片，置于电加热台上，约2℃/min速度加热，经偏光显微镜观察，有颗粒偏光十字消失为糊化开始温度，随温度上升，更多颗粒糊化，约98%颗粒糊化，便为糊化完成温度。

下面这个方法可用来测定淀粉糊化度（Chiang和Johnson，1977）。试剂：1.联甲苯胺（o–Toluidine）试剂：溶解1.5g硫脲于940 ml冰醋酸，加60 ml联甲苯胺，存于有色玻瓶中。2.乙酸钠缓冲液：溶解4.1g无水乙酸钠于1L蒸馏水，用乙酸调pH值至4.5。3.葡糖淀粉酶溶液：将2g根霉葡糖淀粉酶（目录号No.A–7255，Sigma Chemical Co.供货）分散于250 ml乙酸缓冲液，用玻璃棉滤纸（Whatman No. GF/A）迅速过滤，限2h内使用。葡糖淀粉酶的特异活性是在pH值4.5温度40℃下生成28.4 mmoL葡萄糖/min/mg蛋白。操作规程：（1）制备淀粉部分糊化的样品。将20 mg样品分散于50 ml离心管内的5 ml蒸馏水中。（2）制备淀粉完全糊化的样品。将20 mg样品分散于50 ml离心管内的3 ml蒸馏水和1 ml 1N NaOH中，5 min后加1 ml 1N HCl。（3）葡糖淀粉酶水解和测定葡糖。每个离心管加25 ml葡糖淀粉酶溶液，40℃保温30 min。加2 ml 25%的三氯乙酸钝化葡糖淀粉酶（并使该酶和其化蛋白沉淀），以16 000×g离心5 min。（4）取0.5 ml上清液于试管中，加入4.5 ml联甲苯胺（o–toluidine）试剂，将试管置沸水中10 min，用冷水冷却，加5 ml冰醋酸，测定在630 nm的吸收率。按下式计算淀粉糊化度（Y）：

$$Y = 100 \times (B-K) / (A-K)；K = A \times (C-B) / (A-2B+C)$$

其中，A为全糊化淀粉的吸收率；B为部分糊化淀粉和经过30 min酶水解的完整淀粉混合物的吸收率；C为部分糊化淀粉和经过60 min酶水解的完整淀粉混合物的吸收率；K为1%完整淀粉经30 min水解后的吸收率。这对每种淀粉或特定处理的淀粉是一个常数，常规分析中只需测定1次。该规程也可用来计算总淀粉含量：用葡萄糖溶液（720 μg/ml）制定标准曲线。按前法第2和第3步骤处理样品，根据标准曲线读取葡萄糖浓度。按下式计算淀粉含量：总淀粉含量（%）＝葡萄糖浓度×0.9/样品重（干基）×100。破损淀粉，借用于制粉工业，原指碾磨后全麦粉中"糊化"的淀粉，饲料工业中，破损淀粉指粉碎后原料中"糊化"的淀粉。但在粉碎过程中并不给物料加水，所以，淀粉只能破碎而不能"糊化"。在通过制粒机、膨胀机或挤压机加工饲料时，蒸汽（热和水）注入物料，物料中的淀粉才会糊化。淀粉糊化度与颗粒持久力和动物生长有相关关系。Traylor 等（1998）发现，提高玉米为主的饲料中的淀粉糊化度，使肥育猪饲料的颗粒持久力加大（图44）。Hongtrakul 等（1997）报道了一个 18 天试验的结果，断奶仔猪（6.8 kg，21 日龄）的日粮分别含糊化玉米 14.5%、38.7%、52.7%、64.4%、89.3%，其平均日增重（ADG）和料肉比（FCR）分别为（0.35、0.32、0.31、0.30、0.34）kg 和（1.35、1.37、1.41、1.35、1.37）kg。这说明淀粉糊化度对断奶仔猪生长的影响是不规则的，但干物质、氮和总能的表观消化率在淀粉糊化度为 64.4% 时最佳（图45）。

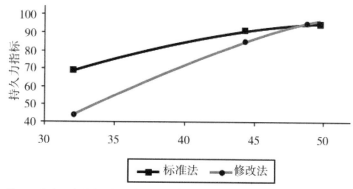

图 44　膨胀玉米的淀粉糊化度对颗粒持久力指标的影响（Traylor 等，1998）

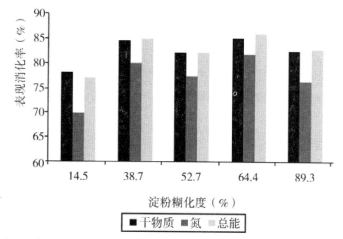

图 45　膨化玉米的淀粉糊化度对哺乳仔猪生长的影响（Hongtrakul 等，1997）

　　关于淀粉糊化度与 PDI 的关系存在一些误解。许多人认为，PDI 上升的原因在于淀粉糊化度的提高。这只是部分原因，事实上，许多因素都影响颗粒的 PDI，例如，蛋白类型就对 PDI 和水稳定度起重要作用。小麦面筋是一种天然的黏合剂，含有面筋的饲料，PDI 明显提高。图 46 显示一种用玉米、高粱、小麦和小麦次粉制作的猪饲料的颗粒持久力，它清楚地表明，原料（蛋白）类型也会影响 PDI；以小麦为主的猪饲料所含的面筋黏合性最强。本编者（2000）比较过几种含不同原料的虾颗粒饲料的水稳定度指标，即分别含有全麦粉、面粉、小麦淀粉加小麦面筋、小麦淀粉、小麦面筋、麦麸、麦胚，发现含小麦面筋的虾饲料水稳定性最强（图47）。

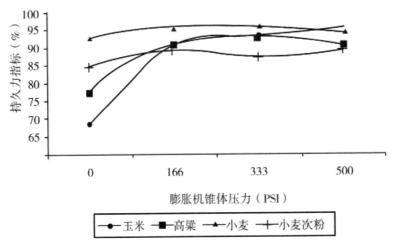

图46　膨胀机锥体压力对用玉米、高粱、小麦和小麦次粉制作的肥育猪颗粒饲料持久力指标的影响（Traylor等，1998）

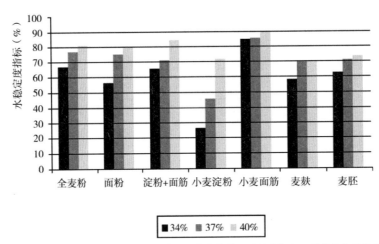

图47　用小麦及小麦产品制作的虾饲料在42℃和3种不同水分条件下用绞肉机加工所得的水稳定度指标（浸水1h）

水产颗粒饲料水稳定度的测定方法和意义？

答： 水产饲料颗粒的水稳定度指标（Water Stability Index，WSI）现已用于虾饲料的质量管理。因为虾是缓慢而间歇取食的，所以要求虾饲料物理性质稳定，黏合牢固，能在水中停留不散的时间比大多数鱼饲料更长。高度耐水饲料能减少养分流失并使颗粒保持合格的物理状态，从而减少水污染并改进饲料转化率。为使虾饲料能在水中停留数小时，必须让饲料原料牢固黏合。通常使用的黏合剂诸如膨润土、羧甲基纤维、纤维素衍生物、二十四磺酸盐，以改善用于家畜和鱼的颗粒饲料质量，但都不足以获得WSI合格的虾颗粒饲料，而且对于虾都没有营养价值。全麦粉、小麦粉和小麦面筋是良好的黏合剂，而且确能给虾提供养分。除了黏合剂，另外还有一些因素能影响虾饲料的WSI，包括原料特性如粒度和淀粉、脂类及液体含量，加工条件如在搅拌机内的物料水分、搅拌时间、搅拌均匀度、加工水温和时间、制粒和烘干的温度和时间，制粒机配置如模孔尺寸和环模厚度，供水情况如水流速度、水温、水中气流速度以及水的卫生状况，虾的数量以及饲料浸水的时间长短等。编者在美国工作期间曾用下列方法测定WSI：1. 将2g颗粒饲料放进U.S.#12不锈钢圆筒测试篮（直径5 cm，高1.5 cm）中，加盖以防滤浸时试样外溢。2. 将3份颗粒饲料重复样品分别放进 52L 养鱼缸中，在下列水质参数和近似养殖水流的条件下分别滤浸 1h、2h、4h [水含盐度 34 μg/ml（万亿分之 34），水温 26° C，气流 180L/h，水流 52L/h]。3. 滤浸后，将测试篮仔细地浸到蒸馏水中 3 次以除盐，去掉盖子，将滤浸后的颗粒放烘箱内按预定温度和时间（135° C，4h）烘干。最初的颗粒（未滤浸）按 AOAC 标准方法（AOAC，1990）在 135℃烘干 2h。4. 计算滤浸颗粒和最初颗粒的干物重。WSI 为滤浸颗粒干物重与最初颗粒干物重之比乘 100。本编者应用这个方法研究得出制作虾颗粒饲料的最佳水分、加工水温和浸水时间对 WSI 的影响。我们还用实验室绞肉机制作了用于研究的最佳 WSI 虾颗粒饲料。颗粒的 WSI 与下列指标呈正相关，即 FCR（$r = 0.88$），淀粉糊化度（$r = 0.88$），白对虾（Penaeus vannamci）的增重（$r = 0.82$）。Bortone 等（1995b）进一步得出，颗粒 WSI 与 FCR 呈正相关（$r = 0.74$），与淀粉糊化度呈正相关（$r = 0.86$）。美国夏威夷海洋研究所建立了一个测定虾颗粒饲料的 WSI 的修订方法。用该方法测定虾颗粒饲料的 WSI 的装置见图 48。

图 48　测试虾饲料颗粒水稳定度的装置

饲料及原料中磷的测定方法和实际意义？

答：动物体的灰分 70% 以上是由钙和磷组成，磷在骨骼形成和营养代谢中起着重要作用。磷缺乏可导致幼畜的佝偻病，甚至死亡。因此，制定动物饲料配方必须考虑有适量的磷以满足动物生长需要，此外，还必须进行磷的实验室分析，以保证饲料的含磷量与饲料包装袋上标明的规格相符。磷的测定不仅对畜禽饲料重要，对水产饲料也同样重要。水产养殖是世界上增长最快的产业之一。不过，由于体系的强化，水产养殖也受到更多的环境保护方面的关注和节制。磷是一种危险的水域污染物，过量的磷排放到清洁水域中会促使藻类和浮游生物生长，从而降低水溶的氧导致水污染。因此，减少磷向水域的排放对水产养殖业的持续发展至关重要。用鳟鱼和鲑鱼做试验得出的数据表明，在典型的商业饲养中，日粮中的磷只有 20% 左右留在鱼体中，这意味着大约 80% 的日粮磷未被利用，而是以可溶态和粪便形式排放到水域中。现已了解，鱼排放磷的数量取决于鱼饲料中磷的含量和磷源的生物利用率。鱼粉是水产饲料的一种主要原料。鱼粉含有相当多的磷和其他矿物质，而很多种鱼，包括鳟鱼和鲑鱼，对磷的利用率是较低的（NRC 1993）。再者，鱼粉往往比大多数油粕如豆粕、谷物及其副产品，价格更高。因此，使用豆粕或谷物及其副产品替代鱼粉对于生产经济而有利于环保的水产饲料就更加重要了。但是，豆粕或谷物及其副产品中的总磷，大约2/3以植酸磷存在，而鱼对植酸磷的生物利用率是非常有限的。Sugiura等（1998）报道，虹鳟鱼对豆粕中磷的利用率是22%；而 Riche 和 Brown（1996）得出，虹鳟鱼对豆粕中的磷根本不能利用。由此可见测磷的重要性了。测定总磷和植酸磷的简化法如下：总磷的测定方法（钒钼磷酸法：标准方法15版，1981。APHA 等）：将0.5 g 饲料（0.1g粪便）在550℃过夜灰化，称取灰分量；加1 ml浓缩 HCl 和1 ml浓缩 HNO_3，室温放置6 h；以酚酞作指示剂，用 NaOH 中和样品溶液，定容至100 ml，加 HCl 使溶液呈弱酸性。试剂：溶液 A：1.25g 钼酸铵 [（NH_4）$_6$ MO_7O_{24}•$4H_2O$]/15 ml 蒸馏水；溶液 B：0.0625 g 偏钒酸铵（NH_4）VO_3，加16.5 ml 浓缩 HCl，冷却至室温；将溶液 A 注入溶液 B，混合，稀释至50 ml。操作规程：1 ml 样品溶液（0.05 ~ 1.0 mgP）+ 1 ml 钒酸盐钼酸盐试剂；混合；读取在400 ~ 490 nm 的吸收率（10 min 至几天都稳定）（表32）。

表32

P 浓度（mg/kg）	读吸收率所在分光度（nm）
1 ~ 5	400
2 ~ 10	420
4 ~ 18	470

总 P（%）= 溶液 P 浓度 × 稀释系数 / 所用样品量。

植酸磷的测定方法（Latta and Eskin，1980）：提取：在50 ml 离心管中置入植物材料（1g），加入20 ml 2.4%HCl（0.65N）（54 ml HCl / L 蒸馏水），室温下摇动3h；离心，稀释，洗脱，显色：取1.5 ml 样品溶液上层清液 +0.2 ml $CHCl_3$ 置 MC 管中，摇动5 min，以12 000rp m 离心5 min；取0.5 ml 上清液（单一原料样品取0.5 ml，混合饲料样品取1.0 ml），用蒸馏水稀释至10 ml；先用15 ml 0.7 m NaCl 淋洗阴离子交换柱；后用大约15 ml 蒸馏水再淋洗一遍，废弃洗脱液；让10 ml 样品溶液通过0.5g（6 cm 柱内）阴离子交换柱（淋洗3份样品后应废弃离子交换树脂）；用15 ml 0.1 m NaCl（5.85g NaCl/L 蒸馏水）洗脱，回收洗脱液共25 ml（此洗脱液含有酸溶 P，非植酸磷，可用其他测磷方法分析）；换管，加15 ml 0.7 m NaCl （40.95g NaCl/L 蒸馏水）洗脱，收集洗脱液（这一洗脱液中含植酸盐，采用以下方法分析）；取3 ml 洗脱液 +1 ml 威德试剂（0.03% $FeCl_3$•$6H_2O$ + 0.3% 磺基水杨酸）；混合（溶液混浊时离心10 min）；读取在500n m 的吸收率。标准溶液：将标准试剂十二烷基植酸钠 $C_6H_6O_{24}P_6Na_{12}$（FW 923.8，纯度99%，含水12%）溶于0.7 mNaCl 溶液中制成浓度为5 ~ 40μg 植酸盐 /ml 0.7 mNaCl 的标准溶液；1 ml 标准液 +0.333 ml 威德试剂；混合，离心，读取在500 nm 的吸收率。根据标准曲线得出洗脱液中植酸盐浓度，采用以下公式计算出样品中植酸磷含量：

植酸 P（%）= 溶液的植酸盐浓度 × 稀释系数 × 植酸盐含 P 量 / 样品重量

虹鳟鱼对豆粕中的磷的利用率实际上取决于豆粕来源和鱼的大小。编者在实验中发现，虹鳟鱼（体重223.4 g）对豆粕中磷的利用率为63.2%。后来进一步发现，挤压加工对豆粕中氨基酸的利用率无明显影响，但降低了磷的利用率（表33）。

表33 虹鳟鱼对大豆日粮中干物质、粗蛋白和矿物质的表观消化率

项目	未加工大豆日粮	添加植酸酶（FTU/kg）的大豆日粮						压榨大豆日粮	P 值
		0	200	400	600	800	1 000		
干物质	74.5±1.6ª	73.8±8.2ª	73.6±3.6ª	75.7±3.7ª	70.2±3.5ª	82.0±1.5ª	74.2±4.3ª	75.9±3.3ª	0.3829
粗蛋白	88.0±0.4ª	97.2±1.1ᵇ	96.8±0.6ᵇ	96.0±2.3ᵇ	95.4±1.8ᵇ	97.8±0.4ᵇ	96.6±0.2ᵇ	97.9±0.2ᵇ	0.0005
镁	68.5±0.4ª	59.6±2.7ᵇ	74.7±1.2ᶜ	80.0±0.3ᵈ	79.5±1.5ᵈ	83.4±0.5ᵈ	81.7±0.0ᵈ	68.0±3.3ª	< 0.0001
硫	93.1±0.4ª	97.0±0.7ᵇ	96.2±0.1ᵇ	96.8±0.0ᵇ	93.2±0.2ᵈ	97.2±0.0ᵇ	96.0±0.3ᵇ	97.3±0.2ᵇ	< 0.0001
总磷	21.2±0.1ª	12.5±4.8ᵇ	81.3±3.4ᶜ	92.2±0.0ᵈ	89.7±0.3ᵈ	95.2±0.6ᵈ	93.9±0.3ᵈ	31.7±6.5ᵉ	< 0.0001
值酸磷	29.9±1.2ª	19.6±6.1ª	60.9±1.9ᵇ	87.2±1.3ᶜ	93.8±1.2ᶜ	93.7±4.7ᶜ	93.8±1.4ᶜ	60.6±0.2ᵇ	< 0.0001
铜	89.9±0.2ª	93.3±1.2ª	92.1±1.6ª	93.2±0.1ª	92.1±0.4ª	93.6±0.1ª	93.4±0.2ª	92.7±2.7ª	0.1767a
锰	20.3±0.4ª	13.5±1.2ª	46.2±2.9ᵇ	76.3±6.1ᶜ	78.1±0.4ᶜ	81.2±0.8ᶜ	81.4±1.2ᶜ	16.8±0.9ª	< 0.0001
锌	14.6±5.7ª	7.2±0.3ᵇ	48.4±3.3ᵇ	85.1±13.0ᶜ	73.7±2.1ᶜ	78.8±0.5ᶜ	80.9±3.3ᶜ	15.7±5.6ª	< 0.0001

来源：程宗佳等，2002　表中数据为平均值 ± 标准差，带不同字母的同行平均值之间差异显著（P < 0.05），以下同

　　提高豆粕中磷利用率的另一途经是在豆粕配制的动物饲料中使用植酸酶。植酸酶是专一水解植酸的酶。许多动物的消化道都有这种酶，但数量很少，不足以将饲料中的植酸明显分解。在含有豆粕或谷物及其加工副产品的鱼饲料中使用植酸酶，不仅可降低鱼饲料的含磷量，还能减少向水域排放磷的数量。现在已有可添加到鱼和其他动物饲料中的商品植酸酶出售。不过植酸酶的效力可能各有不同，这取决于酶的来源和饲料配方。本编者在用干挤压全脂大豆制作的虹鳟鱼饲料中使用植酸酶，得出植酸酶的最佳剂量大致是 400 FTU/kg 饲料（表34）。

表34 虹鳟鱼对大豆日粮中氨基酸的表现消化率（%）

氨基酸	未加工大豆日粮	添加植酸酶（FTU/kg）的挤压大豆日粮						压榨大豆日粮	P 值
		0	200	400	600	800	1 000		
精氨酸	88.9±1.0ª	98.9±0.2ᵇ	98.8±0.0ᵇ	99.1±0.2ᵇ	96.5±0.5ᵇ	99.5±0.0ᵇ	98.2±0.1ᵇ	99.5±0.0ᵇ	< 0.0001
组氨酸	91.3±0.3ª	97.8±0.2ᵇ	98.0±0.1ᵇ	98.1±0.3ᵇ	93.3±0.6ᶜ	98.6±0.1ᵇ	96.7±0.3ᵇ	98.4±0.2ᵇ	< 0.0001
异亮氨酸	84.4±0.9ª	96.3±0.3ᵇ	96.2±0.6ᵇ	97.3±0.5ᵇ	91.6±0.4ᶜ	97.0±1.1ᵇ	94.6±0.5ᵇ	97.1±0.2ᵇ	< 0.0001
亮氨酸	85.4±1.1ª	97.7±0.3ᵇ	97.6±0.0ᵇ	98.3±0.1ᵇ	92.6±0.7ᶜ	98.5±0.1ᵇ	96.0±0.1ᵈ	98.5±0.1ᵇ	< 0.0001
赖氨酸	93.4v0.5ª	98.0±0.2ᵇ	98.4±0.2ᵇ	98.7±0.0ᵇ	94.3±0.7ᶜ	99.1±0.1ᵇ	7.5±0.1ᵇ	98.9±0.1ᵇ	< 0.0001
蛋氨酸	95.9±0.1ª	98.5±0.0ᵇ	99.1±0.0ᵇ	99.1±0.3ᵇ	95.2±0.3ª	99.4±0.2ᵇ	97.9±0.1ᵇ	99.4±0.1ᵇ	< 0.0001
苯丙氨酸	84.4±1.2ª	97.7±0.3ᵇ	97.7±0.1ᵇ	98.1±0.2ᵇ	93.1±0.8ᶜ	98.7±0.0ᵇ	96.5±0.2ᵇ	98.7±0.1ᵇ	< 0.0001
苏氨酸	86.5±1.2ª	96.1±1.0ᵇ	96.4±0.4ᵇ	96.6±0.4ᵇ	91.6±1.3ᶜ	98.0±0.3ᵈ	94.6±0.3ᵇ	97.4±0.4ᵈ	< 0.0001
色氨酸	93.3±0.2ª	96.7±0.8ᵇ	98.1±0.6ᵇ	97.8±0.1ᵇ	93.8±0.3ᵇ	97.8±0.0ᵇ	96.7±0.7ᵇ	98.7±0.4ᵇ	< 0.0001
缬氨酸	87.3±0.6ª	97.6±0.0ᵇ	97.8±0.7ᵇ	98.4±0.1ᵇ	92.6±0.7ᶜ	98.4±0.2ᵇ	96.1±0.2ᵈ	98.6±0.0ᵇ	< 0.0001
丙氨酸	86.7±1.2ª	97.3±0.5ᵇ	97.4±0.1ᵇ	98.2±0.2ᵇ	94.0±1.1ᶜ	98.6±0.0ᵈ	96.5±0.4ᵇ	98.7±0.2ᵈ	< 0.0001
天冬氨酸	81.9±1.4ª	97.6±0.4ᵇ	97.4±0.0ᵇ	98.2±0.3ᶜ	93.3±0.9ᵈ	98.9±0.1ᶜ	96.2±0.2ᵇ	98.9±0.1ᶜ	< 0.0001
胱氨酸	77.2±3.1ª	96.0±3.1ᵇ	97.4±2.8ᵇ	95.1±3.5ᵇ	90.1±2.4ᵇ	98.1±2.1ᵇ	95.4±3.1ᵇ	97.8±3.2ᵇ	< 0.0012
谷氨酸	89.8±0.5ª	98.2±0.1ᵇ	98.3±0.1ᵇ	98.8±0.0ᵇ	93.8±0.6ᶜ	99.2±0.0ᵇ	96.8±0.0ª	99.1±0.0ᵇ	< 0.0001

（续表）

氨基酸	未加工大豆日粮	添加植酸酶（FTU/kg）的挤压大豆日粮						压榨大豆日粮	P 值
		0	200	400	600	800	1 000		
甘氨酸	91.4 ± 0.7^a	98.3 ± 0.2^b	98.4 ± 0.0^b	98.6 ± 0.1^b	96.5 ± 0.5^c	99.0 ± 0.0^d	97.7 ± 0.1^c	98.9 ± 0.1^d	< 0.0001
脯氨酸	92.7 ± 0.5^a	98.1 ± 0.2^b	98.3 ± 0.0^b	$98.5v0.1^b$	93.4 ± 0.8^a	98.9 ± 0.0^b	$96.4v0.2^c$	98.5 ± 0.1^b	< 0.0001
丝氨酸	85.9 ± 1.7^a	97.2 ± 0.8^b	97.6 ± 0.6^b	97.6 ± 0.5^b	91.8 ± 1.4^c	98.5 ± 0.5^b	95.4 ± 0.2^b	98.2 ± 0.3^b	< 0.0001
酪氨酸	90.1 ± 0.9^a	95.0 ± 0.6^b	95.9 ± 2.9^b	96.0 ± 1.3^b	91.0 ± 0.6^a	96.1 ± 0.9^b	93.4 ± 0.6^a	95.6 ± 0.1^b	0.0064

饲料生产中为什么要进行超量添加，超量值如何确定？

答：超量添加是一个十分复杂的问题，在实际饲料生产中一直应用，与产品的品质保证和生产成本十分相关，是饲料生产技术水平的体现。饲料生产中为保证混合过程因混合不匀的原因而造成组分达不到规定的要求，需要超量添加；为考虑后续加工与储存过程损失，亦需要超量添加。超量添加值为多大，目前对此研究较少。一般在配方设计时应着重考虑，设计时应综合考虑预混合的各种因素。主要因素有预混合后续应用方法，原料的稳定性，原料生产到应用的时间，销售时间的长短，加工设备的性能等。在加药预混合料生产时，尤其应注意药物超量添加，应严防产生药物中毒问题。另外农业部颁布了公告，对各种添加物有上限控制，如超出了上限规定，属于违法行为。

【牧草与青贮】

苜蓿既然有"牧草之王"之称，但农民为什么对苜蓿的咨询少呢？

答：不少呀！您就是其中之一。苜蓿从营养价值和饲用价值看，蛋白质含量高，而且含有未知的促生长因子，并且能够晒制干草，制成草捆、草块、草粉，广泛用于牛、羊、猪、兔等配合饲料中。但其鲜草的产量与墨西哥玉米、串叶松香草、鲁梅克斯相比则低，特别是其种植当年生长比较缓慢。

苜蓿适合喂哪些畜禽？

答：苜蓿鲜草喂兔、鹅、鸭等都比较适合；鲜草喂牛、羊或放牧牛、羊等反刍家畜时，应注意预防瘤胃鼓胀病的发生。苜蓿的草粉添加到饲料中，可以喂猪、牛、羊、鹅、兔等。

怎样利用苜蓿才能发挥它的价值？

答：（1）选择好的苜蓿品种，利用好的土地，采取科学的田间管理，提高苜蓿的产量。（2）在利用上，做好科学加工，如打成草捆，压成草块和制成草粉，解决畜禽冬春饲草供应不足的问题，宜在配合饲料中添加，以降低养殖上的饲料成本。

建放牧地可选择哪些牧草？

答：可选多年生耐践踏的牧草，如苜蓿、黑麦草、白三叶、苇状羊茅、红三叶、无芒雀麦等。

如何做好牧草种植？

答：种草养畜已成为近年来农村产业结构调整的重要内容和热门话题。种草养畜应注意五个方面的问题：（1）选择优良牧草：要种植那些有较强的适应性，营养价值高，产草量高，且经过人工培育的优质饲用牧草。要选择合格的种子，在专业供应草种的地方购买；要详细了解牧草品种介绍、栽培技术以及病虫害防治等知识；要先试种后再大面积种植。（2）因地制宜选择品种：适合种植的优良牧草有：苜蓿、多花黑麦草，籽粒苋、苏丹草、菊苣、多年生黑麦草、鸭茅等。坡耕地和退耕还草地主要种植多年生黑麦草、鸭茅、苇状羊茅等牧草，用于植被恢复，防止水土流失，改善生态环境。同时，农区种草要注意春季、秋季牧草轮作，保证饲草的均衡供应。养羊、养兔可在春季种植苏丹草，养猪可在春季种籽粒苋，养牛可在春季种墨西哥玉米，秋季种植一年生黑麦草，这样可基本满足饲草的供应。（3）精细整地，适时播种：种植牧草与种植小麦、玉米、水稻等农作物一样，有适宜的播种季节。除籽粒苋、苏丹草、墨西哥玉米为春播外，大多数牧草适宜秋播。播种前一定要精心整地，施足氮素农家底肥，以利于种子快速均匀出苗。（4）加强管理，优质牧草喜湿又怕水浸，所以，一定要及时排灌水。牧草出苗后，及时进行除草。此外，牧草对氮肥反应敏感，施肥并结合灌水，可以大大提高牧草的产量和质量。出苗后，要追一次猪粪水肥。当牧草草从高 30 ~ 40 cm 时，可开始割第一次草，以后每隔 20 ~ 30 天收割一次，牧草以鲜草利用营养价值最高。当使用不完时，可以进行青贮、晒干。（5）种养结合，提高效益：养殖户一定要根据畜禽的饲养量多少来确定种植牧草的面积。一般情况下，种一亩（667 m² 。全书同）一年生黑麦草，年产鲜草 5 000 ~ 6 000 kg，养鹅、养兔 80 ~ 100 只；养羊 8 ~ 10 只。春季种一亩籽粒苋，可养猪 6 ~ 8 头。图 49，中国奶牛企业家代表团团员在美国威斯康星州苜蓿草场参观，据介绍苜蓿草开割的高度应齐男士的膝盖为好。

图 49　中国奶牛企业家代表团团员参观苜蓿草场

什么是青贮饲料？青贮饲料有哪些主要好处？

答：青贮饲料就是把作物秸秆（玉米秸秆等）在新鲜青绿时割下、切碎填入密闭的青贮窖里，经微生物发酵作用而制成的一种耐储存的饲料。青贮饲料的实质是在厌氧条件下，利用乳酸菌发酵产生的乳酸，使青贮物中的 pH 值下降到 4.0 左右，从而使青贮物中所有的微生物都处于被抑制状态，以达到保持青贮物营养价值的目的。这种饲料基本上保留了青绿饲料原有的青绿、多汁、营养丰富等特点。青贮饲料的主要优点：来源丰富，作物秸秆、各种野草、牧草、树叶等，都可以青贮，青贮饲料营养丰富，在制作时，整株秸秆都可用于青贮，能保存作物秸秆中大部分的养分，粗蛋白质及胡萝卜素损失量也较小（一般青饲料晒干后养分损失 30% ~ 40%，维生素几乎全部损失），青贮饲料柔软多汁、气味酸甜芳香，适口性好，十分适于饲喂牛，牛也很喜欢采食，并能促进消化腺的分泌，对提高饲料的消化率有良好作用，青贮饲料的制作方法简便、成本小，不受气候和季节限制，饲草的营养价值可保存多年时间不变，充分利用当地丰富的饲草资源，特别是利用大量的玉米秸秆青贮饲喂牛，减少玉米秸秆的浪费。

为何要将牧草深加工？目前牧草深加工的方式有哪些？

答： 原先的牧草收后一般采用晾晒、打捆后储藏，这样会导致许多问题：（1）运输成本居高不下；（2）堆放场地受到限制；（3）长期储藏易变质；（4）营养物质不均衡；（5）饲料不保鲜；（6）饲喂不太方便；（7）易发生火灾等。牧草的深加工能够很好的解决上述问题。目前牧草的深加工主要有2种方法，一种是将牧草压块；另一种是将牧草压制成颗粒。而压块是一种能耗相对较低，产品适合反刍动物生理习性的最有效的加工办法。其工艺流程主要包括粉碎、输送、匀质、压块、冷却、包装。图50为国内某著名饲料机械企业生产的牧草压块机，图51为国内某著名饲料机械企业生产的牧草制粒机。

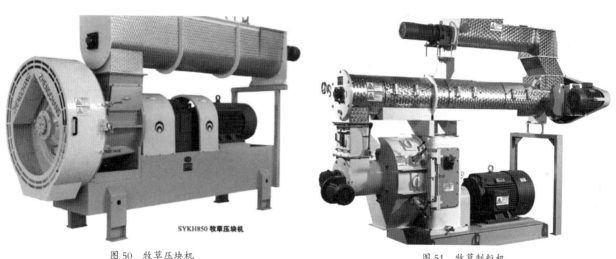

图50　牧草压块机　　　　　　　　　　图51　牧草制粒机

制作青贮饲料的原理是什么？

答： 青贮是将含有适量水分的青绿作物秸秆或青草等，经切碎后储存在没有空气进入的青贮窖内，在装贮时一同撒入青贮添加剂（主要有厌氧菌，如乳酸菌类；和好氧菌，如酵母菌等）。在装贮结束密封后，首先由好氧菌（主要是添加的酵母菌与原有的有害菌，但酵母菌是优势菌种，故其作用强烈）作用，并产酶与糖等物质，待耗尽氧气后，乳酸菌开始作用，并产生乳酸，在乳酸达到一定程度时，便能抑制霉菌和腐败菌的生长，当乳酸浓度进一步升高后，乳酸菌本身也被抑制而停止活动，此时整个系统处理稳定平衡态，也就可以长期保存了，而使饲草中的大部分营养物质长期保存下来，青贮添加剂不同，其产酸量与产糖量不同，酸度太高糖度太低会影响动物的采食，故较好的添加剂经青贮后物料中具有一定的糖度，这和酵母菌品种有关。

如何做好青贮饲料的管护？如何进行安全饲喂？

答：青贮饲料营养丰富，乳酸和维生素含量高，饲喂青贮饲料可以提高其他饲料的消化率。饲喂青贮饲料的牲畜，消化道疾病较少。饲料经发酵后，寄生虫及其虫卵被杀死，故还可减少体内寄生虫病的发生。做好青贮饲料的措施如下：（1）未开窖前常查看：青贮原料装封之后，并非万事大吉。一定要经常到窖边查看密封情况是否受损。如果发现覆盖的塑料薄膜被老鼠咬或被异物扎破，要立即给予补封；如果遇雨天，要将窖周的排水沟清理疏通，以免雨水漫入窖内，使草质受损；（2）开窖之后观质量：青贮饲料经30～40天发酵，即可开窖取用。开窖后要先从气味、颜色、质地上给予综合断定，确定质量好坏再行使用。具体判断标准是：①看颜色：如果青贮前的秸秆为绿色，那么贮后颜色呈青绿或黄绿色，近于原色者为优良；呈暗棕色者为中等；呈黑色或褐色、墨绿色者为最差；②闻气味：优质的青贮料具有轻微的酸香味或水果香味，味酸而不刺鼻，给人以舒适之感；如果酸味刺鼻，香味极淡，则为中等；苦有令人作呕的、刺鼻的腐臭味或霉味，则表明饲料变质，青贮失败。有霉味是青贮过程中饲料踩压不实所致；有类似猪粪臭味的，说明蛋白质变性分解；③查质地：良好的青贮饲料在窖里压得很实，但抓到手中又很松散，没有发黏的感觉，质地柔和而略显湿润，茎叶仍保持原状；反之，如果手握青贮料有发黏的感觉，严重时茎叶黏成一团好像一块污泥，则表明水分过多，是品质不佳的表现。经过上述综合判定，质量上乘的青贮饲料可以放心饲喂家畜，但中等品质的青贮饲料不宜喂妊娠家畜，而质量低劣的青贮料已失去利用价值，不宜再用来饲喂家畜。（3）取用：进窖时，先清除窖口边封盖的泥土杂物；方形窖应从逆风一端开口，在一个横断面上分段取料，每天至少取6～7 cm厚。取后的横断面要保持水平垂直，以免其表面暴露，气温较高时引起二次发酵。圆形窖应自表面向下一层一层地取用，使青贮料始终保持在一个平面上。不管哪种形式的窖，每次取料后都要用塑料布将暴露层面盖严封好，使之不透气。取用量以当天用完的原则，天气炎热时要随喂随取，保证饲料顿顿新鲜。青贮饲料优质多汁，营养丰富，适口性强，家畜喜食。

饲喂时要注意：（1）耐心驯饲，逐渐过渡。初喂青贮料时，部分家畜会不习惯而拒食。这就需要进行驯饲。方法有四：①在家畜饥饿空腹时先喂少量青贮料，再喂其他饲料；②将少量青贮抖与精饲料混合后先饲喂，再喂其他饲料；③将青贮料放在饲槽的底层，上层放常喂的草料，让家畜逐渐适应气味；④将青贮料与其他常用草料搅拌均匀后喂给。在驯饲的基础上，青贮料的用量可由少到多，逐渐增加；（2）以质定量：品质好的青贮料可以多喂一些，反之则应少喂；铡得过细的青贮料对牛、羊反刍不利，要与优质干草结合起来饲喂；（3）注意饲喂卫生：每次饲喂前都要将槽内剩料清理干净，以免陈饲料污染新饲料，影响家畜食欲。冬季如果青贮料上冻结冰，应融化后再喂，冰冻的青贮料易造成母畜流产。奶牛应在挤奶后再喂青贮，挤奶间忌堆放青贮料，以防影响鲜奶的气味；（4）视畜种饲喂：饲喂青贮料可提高奶畜的产奶量，奶牛、奶羊可适当多喂；青贮料含有大量的有机酸，有轻泻作用，为防止流产，妊娠后期的母畜应少喂为宜。同样因青贮料酸度过大会影响种畜精液品质，因此，种公畜也以少喂为宜。各类家畜每日青贮料的参考喂量为：奶牛15～20 kg，肉牛10～17 kg，犊牛3～5 kg，马8～10 kg，驴5～8 kg，猪1.5～2.5 kg，羊1～3 kg；（5）四季均衡供给：青贮料保存不受季节限制，可长年供给。对于一些无条件放牧的大型牛、羊育肥场，要备足青贮料，四季均衡供应。

饲料青贮的技巧有哪些?

答：（1）加尿素青贮：为了提高青贮料中粗蛋白的含量，可在每吨青贮料中添加 5 kg 尿素。添加的方法是：将尿素充分溶于水，制成水溶液，在入窖装填时均匀将其喷洒在青贮料上。除喷洒尿素外，还可在每吨青贮料中加入 3 ～ 4 kg 的磷酸脲，从而有效地减少青贮料中的营养损失。（2）加微量元素青贮：为提高青贮饲料的营养价值，可在每吨青贮料中添加硫酸铜 0.5 g、硫酸锰 5 g、硫酸锌 2 g、氯化钴 1 g、碘化钾 0.1 g、硫酸钠 500 g。添加方法是：将适量的上述几种物质充分混合溶于水后均匀喷洒在原料上，然后密闭青贮。（3）添加乳酸菌青贮：接种乳酸菌能增加青贮饲料中的乳酸含量，提高其营养价值和利用率。目前，饲料青贮时使用的乳酸菌种主要是德氏乳酸杆菌，其添加量为每吨青贮料中加乳酸菌培养物 0.5 L 或者乳酸菌剂 450 g。（4）添加甲醛青贮：在青贮料中添加甲醛可防止饲料在青贮过程中发生霉变。每吨青贮料中添加浓度为 85% 的甲醛 3 ～ 5 kg 能保证青贮过程中无腐败菌活动，从而使饲料中的干物质损失减少 50% 以上，饲料的消化率提高 20%。（5）加酸青贮：加酸青贮可抑制饲料腐败。加酸青贮常用的添加剂为甲酸，其用量为每吨禾本科牧草加 3 kg，每吨豆科牧草加 5 kg，但玉米茎秆青贮时一般不用加甲酸。使用甲酸青贮时工作人员要注意避免手脚直接接触，以免灼伤皮肤。（6）半干青贮：半干青贮就是把青贮原料晾晒至半干（水分含量为 45% ～ 55%）后再铡碎、密闭青贮。采用半干青贮方法获得的饲料的干物质含量比一般青贮饲料高出 1 倍左右，且营养丰富、适口性好。图 52 为美国一奶牛场的青贮窖，青贮窖的上面用塑料薄膜覆盖，再压上一层旧轮胎。

图 52　青贮窖

如何有效改善青贮饲料的营养水平?

答：添加非蛋白态氮，即添加尿素和氨水，制备反刍动物用青贮料时，常用蛋白质含量低的禾本科牧草，用量为每天 2 ～ 5 kg，如果加入的是氨水，容器必须密封。青贮原料中添加尿素通过青贮微生物的作用，形成菌体蛋白，以提高青贮饲料中的蛋白质含量。尿素的添加量为原料重量的 0.5%，青贮后每千克青贮饲料中增加消化蛋白质 8 ～ 11 g。添加尿素后的青贮原料可使 pH 值、乳酸和乙酸含量以及粗蛋白质、真蛋白、游离氨基酸的含量提高。针对原料矿物质含量不足，适当补加碳酸钙、石灰石、磷酸钙、碳酸镁等，也可以有机酸钙盐的形式加入，这类物质除了补充钙、磷、镁外，还有使青贮发酵持续、酸生成量增加的效果。

怎样合理使用青贮饲料?

答: 反刍动物养殖过程中都会用到青贮饲料,合理使用时要注意以下几点:(1)不能过早开窖使用:调制良好的青贮饲料可以保存 10 年而品质不变。但青贮时间却不能过短,普通饲料应在 40 天以上才可以取用,豆科植物应在 90 天以上。(2)低劣青贮不能使用:良好的青贮饲料颜色青绿或黄绿色,有光泽,近于原色,茎、叶、花基本保持原状,容易分离,有芳香酒气味,酸味浓郁。低劣的青贮饲料一般呈现黑色、褐色或暗黑褐色,腐烂成为污泥状,或者黏滑,或者干燥黏结成块,有特殊的刺鼻腐臭味或霉烂气味。低劣的青贮饲料容易损害消化道,引起胃肠道炎症,不能使用。(3)表层腐败不能使用:青贮饲料的表层部分,大多因为有霉菌寄生过而有腐臭气味,或长有"白毛",采食后容易引起病害,应剔除出去。(4)快速取用防止变质:取料时防止混入泥土,不要掏洞采挖,每次取用的厚度不应少于 10 cm,每次只取出足够一天使用的青贮料即可。取完后应立即封闭窖口,防止青贮料与空气直接接触。如果中途停喂青贮料,必须按原来的封窖方法将青贮窖盖好封严,保证其不透气、不漏水。(5)用量过大容易致病:第一次使用青贮料喂量宜少,要多掺加些精料,以便于动物有个适应过程。青贮饲料中含有大量的有机酸,具有轻泻性,喂量过大可导致腹泻,犊牛每天可喂 5 ~ 10 kg,成年育肥牛 8 ~ 15 kg,羊每天可喂 5 kg 左右,育成猪每天用量以 2 ~ 3 kg 为宜。为防止引起流产,妊娠母畜应尽量少喂青贮饲料,产前 15 天应停止饲喂。(6)使用石灰中和酸度:如果青贮饲料酸度过大,就会影响其适口性,可使用 5% ~ 10% 的石灰乳进行浸泡,待酸性产物被中和后,再进行饲喂。

制作青贮窖需达到哪些要求?

答: 制作青贮饲料时,对青贮窖的要求是不论其类型和形式如何,都必须达到下列要求:(1)选址:一般要在地势较高、地下水位较低、土质坚实、离牛舍较近、制作和取用青贮料方便的地方;(2)窖的形状与大小:窖的形状一般为长方形,可建成地下、地上或半地下式;窖的深浅、大小可根据所养牛的头数、饲喂期的长短和需要储存饲草的数量进行设计。一般每立方米窖可贮玉米秸秆 500 kg 左右、贮地瓜秧 700 kg 左右;(3)窖要密封:青贮窖要能够密封,防止空气的进入,四壁要平直光滑,以防止空气的积聚,并有利于饲草的装填压实;(4)窖底要有坡度。窖底部从一端到另一端须形成一定的斜坡,或一端建成锅底形,以便使过多的汁液能够排除。

青贮窖的类型有哪几种?

答: 随着饲料青贮方法的不断改进,目前已有许多种青贮窖的类型。(1)青贮地窖:可建成土窖和水泥窖两种,是一种地壕样的结构,土窖建造成本低,在雨水较少和排水良好的山区较为适用,水泥窖壁用砖或石块砌成,高出地面 20 ~ 30 cm,内壁用水泥抹面,成本较高。地窖的四壁要光滑平直,窖的上端必须比底部宽,以免四周塌土;窖底须形成斜坡,以利排除饲草中过多的汁液。把塑料薄膜铺在挖好的地窖内,使所贮的饲草全部用塑料薄膜包裹起来;(2)地面青贮窖:在雨水较多和地下水位较高的地区较为适用,其他有条件的地区,也可建地面永久窖。青贮窖底部在地面以上或稍低于地面,整个窖壁和窖底都用石块或砖砌成,内壁用水泥抹面,使之平直光滑。窖壁一般高 2.5 ~ 3 m，长 10 ~ 50 m。窖底部不能渗水，除有一定坡度外，窖的四周应有较好的排水道，特别要防止地面水从一端的入口处灌入。图 53 为中国奶牛企业家代表团参观美国某奶牛场的青贮技术，该农场已不使用青贮塔，而用香肠袋取而代之（图 55），简单而又实用，团员们忍不住青贮料芳香味的诱惑，一把又一把地闻（图 54）。

图 53　过时的青贮塔

图 54　中国奶牛企业家代表团团员访问美国奶牛场

图 55　青贮袋

制作青贮饲料的技术要点有哪些？

答：（1）建舍：窖址地势要高燥、向阳、土质坚实、交通方便，离畜舍较近。窖底距地下水位 0.5 m 以上，根据土质与地下水情况，可建造半地上半地下永久窖，形状为长方形，便于管理。窖深 2 ~ 2.5 m，宽 1.5 m，高 2 m，拐角用水泥抹成圆状，地面最好是较硬土质；（2）青贮饲料的制作：青贮饲料的原料主要有青玉米秸、青草及紫花苜蓿等牧草。要注意的几点是：①适时收割。过早会影响粮食生产，过晚会影响青贮质量。利用农作物秸秆青贮，要掌握好收割时机，玉米秸的收割时间一是看籽实成熟程度，乳熟早，完熟迟，蜡熟正当时。二是看青黄叶比例，黄叶差，青叶好，各占一半就嫌老；利用农作物秸秆青贮，要掌握好时机。三是看玉米生长天数，一般中熟品种 110 天就基本成熟，就是说套播玉米 9 月 10 日左右，麦后直播的玉米 9 月 20 日左右，就应该收割青贮；②适当晾晒：收割后的青贮原料水分含量较高，可在田间适当摊晒 2 ~ 6 h，使水分含量降低到 65% ~ 75%；③运输：晾晒后，及时运到铡草地点，若相隔时间太久，易使养分损失较多；④切短：原料要及时用铡草机切短，青玉米秸切短为 1 ~ 2 cm，鲜苜蓿草切短为 2 ~ 4 cm；切的越短，装填时可压的越结实，有利于排除其中的空气，缩短青贮过程中微生物有氧活动的时间；⑤装窖：切短后的青贮原料要及时装入青贮窖内。可采取边切短边装窖边压实的方法，装窖时每装 20 ~ 40 cm 就要踩实一次，特别要注意青贮窖的四周和边角要踩实防止通气。如果两种以上的原料混合青贮，应把切短的原料混合均匀装入窖内，同时，检查原料的含水量，水分适当时，用手紧握原料，指缝露出水珠而不下滴，如果当天或者一次不能装满全窖，可在已装窖的原料上立即盖上一层塑料薄膜，次日继续装窖；最好装垛时边装边加入一定量的专用青贮添加剂，如不添加仅依靠原有的菌群进行发酵效果会大大降低；⑥封顶：尽管青贮原料在装窖时进行了踩压，但经数天后仍会发生下沉，这主要是受重力的影响和原料间空隙减少的原因。因此，在青贮原料装满后，还需继续装至原料至出窖的边沿 40 ~ 60 cm，然后用整块塑料薄膜封盖，在上面盖上 5 ~ 10 cm 厚铡短的湿稻草，最后用泥土压实，泥土厚度 30 ~ 40 cm，并把表面拍打光滑，窖顶隆起成馒头状，窖口周围有排水沟。（3）饲喂：封窖后，1.5 ~ 2 月即可开窖饲喂。每次取料后一定要盖好，防止日晒雨淋和二次发酵。取料从窖口一侧垂直取料，随取随用，数量以当日喂完为准，喂量由少到多，逐渐增加。

怎样提高青贮饲料的质量？

答：（1）控制青贮原料的水分：青贮时作物的水分含量是决定青贮饲料质量的关键环节之一。青贮原料的水分含量在 65% ~ 70% 时，对大多数青贮作物的青贮最为理想。如果原料含水量过低，装窖时不易踩紧，存留大量空气，有利于霉菌、腐生菌等的繁殖，而使青贮料霉烂变质；如果原料含水量过高，降低了含糖量的浓度，则使青贮料发臭发黏，而且可以产生较高的酸度，牛不喜欢吃，对其采食量减少。要使青贮原料的含水量达到规定的要求（即含水量在 65% ~ 70%），首先，青贮作物应在适期内收割，其次，如果原料水分含量过多，可适当晾晒后再贮或适当掺入粗糠、粉碎的干草等，来调节含水量；如果原料含水量过少，可适当均匀的洒水或适当掺入含水分多的青绿多汁饲料。合适的含水量应是用手用力握紧原料，手指缝露出水珠而不往下滴为宜；（2）青贮原料要含有一定量的糖分：含糖量的高低是影响青贮质量的主要条件，原料中含糖分少，含蛋白质多时，不宜单独青贮，可与含糖分多的原料混合青贮为好；（3）快速装窖和封顶：饲料青贮一旦开始，就要集中人力、物力，割的割、运的运、切碎和装窖同时进行。快速装窖和封顶，有利于缩短青贮过程中需氧发酵的时间，提高青贮饲料的质量。并且要装窖均匀，注意压实；封顶要严密，严防漏水、透气（图 56 ~ 57）。

图 56　中国奶牛企业家代表团团员在美国参观青贮窖　　图 57　青贮窖边有些积水，会影响饲料质量吗？

怎样知道青贮饲料的质量是好是坏呢？

　　答：对青贮饲料的品质好坏可作感官检查后进行判定。（1）取样方法：开窖后，深入青贮窖20 cm深处，按三点取样法，各抓一把进行检查；（2）判定标准：①较好。其颜色青绿色或黄绿色，近于原色，有光泽。其气味芳香、酒酸味给人舒适感。其质地结构湿润、紧密，但容易分离，茎、花、叶保持原状；②一般。其颜色黄褐色或暗色，其气味有刺鼻酸味，香味淡。其质地结构水分稍多、柔软，茎、花、叶能分清；③不合格。其颜色黑色或褐色，气味有刺鼻腐败味或霉味，质地结构腐烂、发黏、结块或过干、不成结构。

饲料青贮为何会发生腐烂现象？如何防止？

　　答：（1）含水量不适当：青贮原料中要有一定的水分，适宜的量为65%～70%，最低不得低于55%。青贮原料含水量高低，对青贮的成败具有决定意义。当原料含水量过多时，会导致青贮饲料的腐败和变质，使青贮失败。原料含水量过少时，不易踏实、压紧，残留空气过多，青贮饲料也有燃烧的危险；（2）压得不实不紧：原料应切短，逐层装入，压实、压紧，特别要注意窖四周靠壁处踏紧，制造厌氧环境。压得不实不紧易发生腐烂；（3）贮程过长：青贮原料入窖时，从装窖开始至结束，要减少中间停顿的时间，速度要快，一次完成。青贮料暴露在空气中的时间越长越容易引起青贮变质；（4）取用时暴露面积大：取用口要小，切勿全面打开，防止暴晒、雨淋、结冻。取后封严，防止二次发酵。

如何提高青贮玉米秸的质量和成功率？

　　答：由于玉米秸含糖量较高，青贮成功率也高。要提高青贮玉米秸的质量和成功率，必须把好五个关键环节：（1）把好选料关：最适宜乳酸菌繁殖的水分条件是含水65%～75%的玉米秸秆，新鲜、青绿的玉米秸秆含水量正好在这一范围内。如果玉米秸秆发黄，叶子发干，糖分、水分就会降低，适口性降低，青贮难度加大。因此，青贮玉米秸最好选用新鲜、青绿的秸秆。有条件的地方最好将乳熟期至蜡熟期的玉米带棒青贮，青贮效果较好，营养好，消化率高。（2）把好青贮设备选择关：青贮的形式，一般有青贮塔、青贮池、青贮窖、青贮壕等，但选择青贮设备要掌握一个原则，保证密封，绝不漏气。一般青贮窖或青贮壕每立方米可装青贮料500～600 kg，青贮塔可装650～750 m³。（3）把好装填关：青贮是一项突击性的工作，要做到随割、随运、随铡、随装、随压、随封，尽量在较短时间内完成装填。玉米秸秆较粗硬，必须用铡草机将其轧扁后切碎方能装实压紧排净空气。铡得越碎压得越结实，空气排得越净，青贮料质量越好。青贮料要一层一层地装，每装填15～20 cm厚要踩压一次，装一层踩压一层，直到装满并超出窖口20 cm位置。（4）把好填压密封关：装满池的青贮料踏压到没有弹力时，可立即盖上塑料薄膜封闭，要从一边向另一边，一头向另一头加盖30～50 cm厚土，使其进一步压实、排净空气，防止漏气漏水。（5）把好管理使用关。密闭后的青贮窖要注意防止进水漏气，可在青贮窖周围挖出排水沟。青贮料经40天青贮发酵后，即可从一头开始取喂。开始要少喂，用青贮玉米秸秆每3天更换1/3的饲草，至第 10 天可完全饲喂青贮玉米秸秆。每头牛一天可喂 15 kg 左右，在青贮玉米秸秆接近喂完时采用同样的方法更换饲草。取青贮料饲喂时，要随取随喂，以当日喂完为准。每次取青贮料后，要将窖内剩余的青贮料盖好，尽量减少与空气的接触，防止二次发酵，降低青贮料质量。

春夏季畜禽为何应补饲发芽饲料？

答： 由于冬春长时间舍饲，青饲料紧缺，光照不足，畜禽体内大多缺乏维生素，会引起畜禽代谢机能紊乱、生长发育停滞、抗病力减退，甚至诱发疾病和死亡。为防止畜禽缺乏维生素，可用自制的维生素补品：发芽饲料。发芽饲料的制作技术：一般禾谷类作物的子实，如大麦、燕麦、玉米、稻谷等均可用作原料，其中，以大麦最为常用。其操作方法大体与生豆芽相似，即先将原料子实筛选去杂，放入温水中淘洗，晾干备用。制作时先将干净的原料放入 20 ~ 25℃水中浸泡，然后用纱布、麻袋片等包好，每昼夜喷洒 30℃左右的温水 4 ~ 6 次，同时略加翻动。2 ~ 3 天后生出毛根和胚芽，此时可揭去纱布、麻袋片，每天早晚各淋以清洁的温水。一般经过 3 ~ 5 天，嫩芽长出，透绿，即可按需要取出使用。发芽饲料的营养特点：谷物子实在发芽过程中，部分淀粉转化为麦芽糖，而蛋白质亦被分解为容易消化的可溶性氨化合物。与此同时，大大提高了胡萝卜素、核黄素以及维生素 E 等重要营养物质的含量。谷物的发芽过程大大改善和提高了原谷类子实的营养结构与价值，使其成为维生素补充饲料。发芽饲料的利用时机：在一般情况下，如以补充 B 族维生素和改善适口性为主要目的，芽长至 2 ~ 3 cm 时即可取出饲喂。如果以补充胡萝卜素为主要目的，则应待芽长至 8 ~ 10 cm 时饲喂为宜。发芽饲料的作用及使用方法：用发芽饲料喂母畜，一般每日每头补给 150 ~ 250 g，可促使其发情、受孕和增加泌乳量。用发芽饲料补喂种公畜，每日每头 100 ~ 200 g，可增强其性欲，改善精液品质和提高配种准胎率。

青绿饲料水泡发酵法是怎样进行的？

答： 盛夏季节，各种青绿饲料和野生植物生长旺盛。除了用鲜青饲料喂猪外，还可把青绿饲料进行水泡发酵后再喂猪，其效果会很好。现将青绿多汁饲料水泡发酵的方法：将采集的青草和野菜或树叶等切碎，填入缸内或水泥池中，层层压紧，上压石头，然后灌上清水。水要保持浸过饲料 6.7 ~ 9.9 cm，不使饲料露出水面。经过 4 ~ 5 天浸泡，由于水、草中乳酸菌的生长繁殖，即成为稍带酸味的发酵饲料。这种水泡的发酵饲料具有甜酸味道，猪很喜欢吃。

畜禽需要哪些粗饲料？

答： 粗饲料包括干草和秸秆饲料，其共同特点是营养物质含量较低，而纤维素含量较高。由于各种畜禽的消化生理特点不同，因而对粗饲料的需求差异也很大。（1）反刍家畜对粗饲料的需求：反刍家畜的牛和羊，由于具有瘤胃、网胃、皱胃和瓣胃 4 个功能不同的胃，对粗饲料的消化利用率高。在放牧条件下，天然草地或人工草场就可以基本满足其营养需求。在舍饲的条件下，粗饲料占日粮的 70% ~ 80%。反刍家畜对秸秆饲料有良好的利用效果。玉米秸铡碎饲喂，育肥公牛的日食量为 9 ~ 10 kg，配合 3 kg 精饲料。玉米秸的消化利用率为 40% ~ 45%。粗饲料纤维素含量均在 30% 以上，在消化道中起填充作用，并有促进胃肠蠕动和提高消化功能。所以，在反刍家畜日粮中，必须有足够的粗饲料，才能充分发挥其他饲料的作用；（2）非反刍家畜对粗饲料的需求：非反刍家畜是指草食动物中的马、驴、骡和杂食动物中的猪。马、驴、骡具有较发达的盲肠，也能大量的利用粗饲料。但在一般情况下，对粗饲料要经过加工调制或混拌适量的精饲料，才能达到较好的饲养效果。猪对粗饲料的消化吸收能力弱，需将粗饲料加工成粉状，用量一般不超过 10%。优质的草粉可稍多些，秸秆粉一般为 5%～6% 即可；（3）家禽对粗饲料的需求：家禽中的鹅、鸭喜欢采食鲜嫩的青草和野菜，日粮中的粗饲料比例为 5% 左右，肉鸡或蛋鸡粗饲料在日粮中仅占 2%～3%。家禽对粗饲料的消化利用率低，而且要求是优质的草粉，如苜蓿、三叶草等。粗饲料在家禽饲养中主要起促进肠胃食物蠕动的作用，主要营养物质由精饲料提供。

冬季饲料怎样做好存储工作？

答：畜牧业的发展离不开饲料饲草的存储。建议用如下办法：（1）控制水分，低温储存。在储存过程中遭受高温、高湿是导致饲料发生霉变的主要原因。因为高温、高湿不仅可以激发脂肪酶、淀粉酶、蛋白酶等水解酶的活性，加快饲料中营养成分的分解速度，而且还能促进微生物、储粮害虫等有害生物的繁殖和生长，产生大量的湿热，导致饲料发热霉变。因此，储存饲料时要求空气的相对湿度在 70% 以下，饲料的水分含量不应超过 12.5%；（2）防霉除菌，避免变质。饲料在储存、运输、销售和使用过程中极易发生霉变。大量的霉菌不仅消耗、分解饲料中的营养物质，使饲料质量下降，而且还会引起采食这种饲料的畜禽发生腹泻、肠炎等，严重的可致其死亡。除了改善储存环境之外，延长饲料保质期的最有效的方法就是采取物理或化学的手段防霉除菌，如在饲料中添加脱霉剂等。总之，应该将配合饲料存放在低温、干燥、避光和清洁的地方。

草粉喂牲畜有哪些好处？

答：过去，人们常习惯把草或作物秸秆铡碎喂牲畜。近几年来，人们逐渐发现把草料加工成粉末喂牲畜好处更多。草粉喂牲畜有如下好处：（1）提高饲料利用率：切碎的玉米秸秆利用率为 40%～60%，而粉碎后的利用率可达 95% 以上；（2）缩小饲草体积：饲草粉碎比不粉碎的体积缩小 1/2～1/3，这样，既容易储藏、运输，又能减少饲喂次数，一般夜间添两次，就可以喂饱；（3）缩短采食时间：一般情况下，牲畜吃短草需要 1～1.5 h 才能吃饱，而吃草粉只需半个小时左右，可使牲畜得到充分的休息；（4）降低牲畜的发病率：牲畜喂草粉后很容易消化，因此，消化系统的疾病很少发生。

如何巧用粗饲料？

答：粗饲料通常是指粗纤维含量高、营养价值较低的植物性饲料，如作物秸秆、树叶、干草、谷糠、豆荚等。这类饲料质地粗、体积大、适口性差、不易消化，但一般都含有较多的矿物质，对促进畜禽骨骼发育有良好作用，将粗饲料适当加工、调制后饲喂畜禽，既耐饥又防泻，是促进养殖业节粮、增效的有效途径。用如下方法巧用粗饲料：（1）长草短喂。俗话说：寸草铡 3 刀，没料也上膘。饲草铡短后饲喂，一般可节省 20% 左右，利用率提高 15% 左右，许多在饲喂时家畜采食较少或很难采食的茎秆铡短后却能被有效利用，而且消化率也有所提高。一般喂牛的茎秆可铡成 4 ~ 6 cm，喂羊则要铡得更短些；（2）粗草细喂：将籽实或秸秆用机械粉碎，便于家畜的采食和消化，有利于消化液与食物混合，从而减少胃肠消化过程中的能量消耗，提高饲料的利用率；（3）硬草软喂：用作饲草的作物茎叶、籽实等，经过盐化、糖化、氨化或利用微生物发酵处理后，可大大改善其适口性，有利于消化、吸收；（4）粗精搭配：先喂粗饲草，家畜饥不择食，能较多地采食粗饲料，然后再按其营养需求饲喂精料或优质牧草。这样，不但能节省饲草，而且可以充分发挥反刍家畜对粗饲料的利用；（5）粗粗搭配：用粗饲料饲喂畜禽，要注意合理调剂使用，力求多样化，不要长期单一饲喂一种。否则，不但不能满足畜禽的营养需要，而且容易引发疾病。

如何用甘蔗梢加工饲料？

答：产甘蔗地区，收割甘蔗季节，可以将甘蔗梢充分利用。甘蔗梢粗蛋白含量高达 12% ~ 13%，含有 16 种氨基酸和多糖，在冬贮状态下，通过乳酸菌等厌氧发酵，甘蔗梢中的糖分会逐步转化为有机酸（乳酸），当乳酸达到一定浓度，就会抑制甘蔗梢的营养成分被其他微生物破坏，从而使甘蔗梢长期保持青绿、多汁、营养价值不变。因此，冬贮甘蔗梢是解决冬春家畜缺乏青饲料的好办法。注意事项如下：（1）适时冬贮：只有鲜嫩的甘蔗梢才营养丰富，含大量叶绿素、氨基酸、粗蛋白和糖分。因此，应选择冰冻前，最好是严霜前，甘蔗梢尚为青绿色时冬贮；（2）准备容器：由于冬贮是创造无氧环境保证厌氧菌发酵，因此，对冬贮容器总的要求是不透气，不进水，便于逐步取用。通常采用三种容器：一是挖窖。二是用混凝土和红砖建池。三是利用废弃的房屋、地面和墙壁用农膜覆盖即可。此外，还可以采用塑料袋、大缸、大坛等容器；（3）切碎压紧密封：要把甘蔗梢切为约 1 cm 长的碎片。切碎后放入容器，用力压紧。最后用农膜覆盖，用泥土密封；（4）科学取用：冬贮 50 ~ 60 天后便可开封启用，用时只能打开一处，分段分层逐步取用。启封后如发现霉变，则应把霉变部分剔除。如果发现为颜色黄绿、柔软多汁、有酒香味，则为上等货。可直接饲喂牛、羊、兔、鹅等草食家畜，也可以添加一些精料。开始饲喂时要由少到多，逐渐增加；停喂时也要由多到少，逐渐停喂。

秸秆微贮饲料调制方法是怎样的？

答：（1）菌种复活：秸秆发酵活干菌每袋 3 g，可调制干秸秆 1 t，或青秸秆 2 t。在处理秸秆前，先将菌剂倒入 200 ml 水中充分溶解，然后在常温下放置 1 ~ 2 h，使菌复活；（2）菌液的配制：将复活好的菌剂倒入充分溶解的 0.8% ~ 1.0% 食盐水中拌匀；（3）秸秆铡碎：麦秸、稻草比较柔软，可用铡草机铡碎成 2 ~ 3 cm 的长度。玉米较粗硬，可用揉碎机加工成丝条状，以提高利用率及适口性；（4）秸秆入窖：在窖底铺放 20 ~ 30 cm 厚的粉碎秸秆，均匀喷洒菌液水，使秸秆含水率达 60% ~ 70%。喷洒后及时踩实，再铺放 20 ~ 30 cm 厚秸秆，喷洒菌液、踩实等。如此一层层装填原料，直到高出窖口 40 cm 时再封口；（5）封窖：在秸秆分层压实到高出窖口 30 ~ 40 cm，在最上层均匀撒上食盐，盖塑料薄膜。食盐用量每米 3 200 g，其目的是确保微贮饲料上部不发生霉烂变质。盖塑料薄膜后，在上面铺 20 ~ 30 cm 厚的稻草或麦秸，覆土 15 ~ 20 cm，密封。

【饲料添加剂】

什么是饲料添加剂？为什么要添加？

答：饲料添加剂是指在饲料的生产、加工、制作、使用过程中添加的少量或者微量物质，包括营养性和功能性添加剂。饲料中应用添加剂的目的是：完善日粮的完整性，改善饲料品质，提高饲料的利用率，促进动物生长，防治动物疾病，改进畜禽产品品质，节约饲料及增加经济效益。

饲料添加剂是如何分类的？

答：（1）营养性饲料添加剂：主要有氨基酸、维生素、矿物质添加剂等。这类添加剂的用途是补充基础日粮营养成分不足，以使日粮达到营养成分平衡。（2）生长促进剂：主要有抗生素、激素、驱虫剂、抗菌促长剂、生菌剂、中草药、酶制剂、酸化剂等。这类饲料添加剂的功效，主要在于增强机体免疫力，促进生长，提高经济效益。欧盟对抗生素的使用有严格的规定，我国也禁止滥用，须严格按《饲料和饲料添加剂管理条例》执行。国内禁止使用激素类、镇静剂类等用作饲料添加剂，绝不允许使用以提高肉猪瘦肉率为目的的 β-兴奋剂类。同时，为提高动物对饲料的利用与减少排泄对环境的影响，应大力推广使用酶制剂、酸化剂等绿色无公害添加剂。（3）饲料保藏剂：主要有抗氧化剂、防霉剂等。其主要作用为降低饲料在生产、储藏、使用过程中氧化与霉变的影响，保证饲料储藏品质。（4）其他类添加剂：主要有食欲增进剂、着色剂、黏结剂、乳化剂等，其主要作用为提高动物采食、增加产品色泽、改进生产产品等。

如何科学合理使用饲料添加剂？

答：饲料添加剂是饲料的重要组成部分，而向饲料中添加的添加剂种类、质量、数量直接影响着饲料质量安全水平。正确使用饲料添加剂，使其在畜牧业生产中充分发挥作用时，应注意以下几个方面问题：（1）防止滥用：目前，市场上饲料添加剂种类很多，作用各异，例如，营养添加剂、保健助长剂、保鲜剂等等，因此，要正确选用饲料添加剂，选择的关键还是饲喂效果的好坏，切忌滥用。不要认为价格越贵越好，一般价格较贵的饲料添加剂的治疗和效果确实较好，但也不能一味盲从价格，饲料添加剂生产厂家众多，品牌繁杂，不要选择杂牌，要选择比较有知名度的生产厂家；（2）防止品种单一：添加饲料添加剂的目的是为了平衡饲料中的各种营养水平，只有各类营养平衡的饲料才能获得最大限度的利用率。动物生长的不同阶段所需要的饲料不同，不同类型添加剂所起作用不同，如蛋鸡用添加剂分为育雏期、育成期和产蛋期等；生猪用添加剂分仔猪及育肥猪用等；奶牛分干乳期和泌乳高峰期等。如果在整个饲养期只使用一种添加剂，则难以达到预期效果。（3）不要盲目混用：盲目的多种混合使用添加剂，不但会使得一些营养素重复添加，造成严重超标和过量，而且由于拮抗作用，致使一些营养素遭到破坏。因此，在使用时，多品种应用要合理搭配，注意配伍禁忌，不能盲目滥用。如镁与磷，铁与磷皆有拮抗作用，镁铁过多影响磷的吸收利用。锌过量引起机体钙不足等。使用过程中要注意细心观察畜禽，一旦发现异常，立即停用；（4）要防止中毒：常用的饲料添加剂主要有氨基酸，维生素，微量元素等，如果添加量过多，既造成浪费，还影响畜禽的生产性能，严重的还可能中毒，因此，生产中要严格按规定用量使用，确保安全。为预防中毒，要将添加剂与饲料充分混匀；（5）要防止失效：饲料添加剂有一定的使用期限，购买时，要选择出厂时间短，包装合格的产品，最好现用现买。储存时应选择干燥，低温，避光的地方，维生素和矿物质元素不能混合存放。添加剂在使用中不能进行加热、蒸煮或者发酵处理；（6）不要用有害添加剂：饲料中使用的添加剂应是农业部公布的允许使用的品种。要有产品批准文号，遵照产品饲料标签锁规定的用法、用量使用。不允许添加农业部公告的禁用药物，蛋禽，乳用牲畜不应使用药物添加剂，肉用畜禽使用药物添加剂要严格执行停药期。更不能使用有害添加剂，如瘦肉精，苏丹红等，因这些添加剂对畜禽机体和人体都有害；（7）推广使用"绿色饲料添加剂"生产安全无公害产品：饲用酸制剂，植酸酶，微生态制剂，酸化剂，低聚糖，糖萜素，防霉剂，中草药，大蒜素等。只有合理使用饲料添加剂，保证畜禽产品的品质和安全，才能获得较好的经济效益。

纯天然绿色饲料添加剂有什么优点？

答：所谓绿色饲料添加剂，是指向配合（混合）饲料中加入能提高畜禽对饲料的适口性和营养利用率；能提高畜禽生产性能和产品品质、抑制胃肠道有害菌污染、增强机体抗病力和免疫力，无毒副、无残留、无污染的物质总称。从广义上讲，绿色饲料添加剂包括3层意思：一是对畜禽无毒害作用；二是在畜禽产品中无残留，对人类健康无危害作用；三是畜禽排泄物对环境无污染作用。例如：福乐兴通过运用国际先进的定向浸提技术、均匀设计法、超浓缩干燥技术相结合而成的一种新型绿色饲料添加剂，解决了传统的中草药用量大、成本高、药效慢、效果不稳定等难题，同时毒理学试验表明，该产品使用安全、无药物残留、不产生抗药性，有利于乳酸菌的增殖，并降低肠道 pH 值，同时降低致病性大肠杆菌的数量。能明显提高动物生产性能及成活率。日增重及饲料报酬等优于抗生素类饲料添加剂，有显著的经济效益。通过在乳猪、仔猪、蛋鸡、罗非鱼、凡纳滨对虾等动物中使用福乐兴添加剂的试验效果显示，明显提高动物体的机体免疫能力，促进生长，改善动物体外观。

饲料中为什么要添加抗生素？

答：饲料中添加抗生素的作用：（1）对动物某些疾病的治疗作用，这是抗生素的正常药理作用。（2）对某些动物疫病的预防作用，尤其是对那些传染性疾病的预防，保证畜禽的健康生长。（3）促生长作用，使畜禽生长速度加快，可使某些饲养动物缩短喂养周期，提前出栏。（4）提高饲料转化率，使之在相同饲喂条件下，利用较少的饲料达到相同饲喂效果，从而节省饲料，提高效益。（5）提高动物产品质量，这其中主要是某些添加剂的使用可提高肉蛋奶的产品质量。（6）改善动物饲养环境，包括使环境中各种致病菌减少，减少动物粪便排泄量及使粪便性质发生变化等。（7）改善动物体的技能状态，即提高动物机能的抵抗力，从而增强动物应付外界不良环境的能力，以及减少动物因各种应激反应所造成的损失。

饲料中滥用抗生素对人类健康有何危害？

答：滥用抗生素可能带来如下危害：长期加入人畜共用的抗生素会使一些细菌产生耐药性，而这些细菌可把耐药性传给病原微生物，从而影响人用抗生素的疗效；抗生素若超量添加或没有适当的停药期，会残留在动物产品中，即使经过热处理也不能使一些抗生素完全"钝化"，会对人体产生一系列的有害作用。另外，某些抗生素还具有强烈的"致畸、致癌、致突变"三致作用，易对动物与人类造成极大的危害。

有没有可以替代抗生素的饲料添加剂？

答：饲料中添加的抗生素主要有两大功效。（1）预防动物疾病；（2）促进动物生长。促进动物生长的添加剂有很多，对于预防动物疾病方面，实质上提高动物的免疫力亦即可以预防动物疾病，目前，对于提高动物免疫力方面的添加剂种类较多，但是，在效力和成本方面与抗生素相比还有差距。目前，已经开发出具有促生长和提高动物抗病力的饲料添加剂有：微生态制剂、寡糖、天然植物提取物、酶制剂和酸化剂等，此类产品的开发和应用是今后的发展方向，将会逐步取代抗生素。

什么是微生态制剂？

答：微生态制剂也称益生素、促生素、生菌剂和活菌制剂等。微生态制剂是一种可通过改善肠道菌群平衡而对动物施加有利影响的活微生物饲料添加剂。目前，应用的微生态制剂中，大部分都是些活的微生物或其休眠体。微生态制剂能提供营养、防止疾病、促进生长，提高饲料转化率，改善畜禽产品的性能。使用微生态制剂还可减少抗生素等抗菌药物的使用量，降低动物产品中的药物残留，可使动物体内微生物代谢旺盛，减少脂肪沉积，改善肉质。

如何选购饲料添加剂？

答：（1）根据需要，针对性地选购。选购前，应了解产品的性能、成分、含量、效价、用途。选购时，结合自己所饲养的畜禽种类、饲养目的、饲养条件和畜禽体重进行选购，克服盲目性。（2）选购干燥、疏松、流动性好的产品。如有潮解、板结、色泽差，说明该产品已有部分或全部变质失效，不宜使用。（3）选购正规渠道的产品。无批准文号的或非正规经营部门的产品属非法生产的假冒伪劣产品，质量没有保证。（4）选购近期生产的产品。因为储藏时间的长短直接影响到某些添加剂成分的效价，储藏时间越长，效价损失越大，一般不宜超过6个月。（5）选购均匀度好的产品。均匀度不好的产品效果不佳，因为添加剂中有效成分所占比例很小，均匀度不好，拌入饲料中饲喂畜禽，吃少了不起作用，吃多了会使畜禽中毒。（6）选购气味纯正的产品。如有异味的产品不宜购用。（7）选购容重小的产品。容重大的产品其载体大部分为石粉，而成品在运输中石粉会分层沉底。（8）选购包装严密的产品。特别是维生素类产品，最理想的是铝箔充氮真空包装，因为有些维生素类接触空气后，容易变质失效。

利用作物秸秆生产单细胞蛋白最主要的问题是纤维素的酶解，而纤维素酶解事实上是代价很高的。如果以秸秆作为载体，利用淀粉、糖蜜或发酵工业废料生产单细胞蛋白，对秸秆结构有没有要求？

答：以淀粉、糖蜜或发酵工业废料为碳源加之一定比例的氮源（尿素等）作为营养源，接种酵母菌种，经过发酵、离心提取、干燥、粉碎生产的菌体蛋白。前者是一种较好的碳源，较好地被酵母菌利用，而秸秆主要成分是粗纤维，包括：纤维素、半纤维素和木质素。纤维素和半纤维素属于结构性多糖。木质素是化学结构十分复杂的芳香族化合物构成的多态非结晶高分子化合物。几十年前就有人探索用秸秆作为碳源来生产单细胞蛋白，但是，至今没有形成有实用价值的生产工艺。在利用淀粉、糖蜜或发酵工业废料生产单细胞蛋白时加入秸秆作为载体也难以达到目的。建议不用或少用秸秆生产单细胞蛋白饲料。

幼龄动物对锌的吸收机制是什么？

答：人和动物的新生儿锌的吸收机制并不健全，乳中的小分子蛋白可与锌以络合物的形式吸收，直至锌正常吸收机制成熟；蛋白能量营养不良的动物锌吸收受到影响，但锌和氨基酸及小肽的络合物的吸收不受影响。这一现象引起人们的注意，对以氨基酸螯合锌为代表的有机锌的研究方兴未艾。有机锌生物学效价高于无机锌，在某些特殊生理情况下，有机锌具有特殊的营养意义。

如何合理使用氨基酸类饲料添加剂？

答：要注意以下几个方面：（1）选用可靠产品：氨基酸类添加剂因作用重大、价格较高，所以应谨慎选用，防止假冒伪劣。选购这类添加剂时应对产品的包装、外观、气味、颜色等仔细观察，进行鉴别和判断。氨基酸类添加剂多用于禽畜饲料，特别是在动物的幼小发育阶段，而牛、羊等动物由于能利用微生物合成多种氨基酸，不存在限制性氨基酸和非限制性氨基酸的区别，一般不使用氨基酸类添加剂。（2）掌握有效含量和效价：如赖氨酸添加剂多为 L- 赖氨酸盐酸盐，含量为 98% 以上，其实际 L- 赖氨酸含量为 78% 左右，效价可以按 100% 计算；而 DL- 赖氨酸的效价只能以 50% 计算。因此，在实际应用氨基酸类添加剂时，应先折算其有效含量和效价，以防止添加剂量过多和不足。（3）平衡利用防止拮抗：氨基酸平衡是指饲料中氨基酸的品种和浓度符合动物的营养需求。如果饲料中氨基酸的比例不合理，特别是某一种氨基酸的浓度过高，则影响其他氨基酸的吸收和利用，降低氨基酸的利用率。饲料添加剂所用的氨基酸一般为必需氨基酸，特别是第一和第二限制性氨基酸。动物对氨基酸的利用有一个特性，即只有第一限制性氨基酸得到满足，第二和其他限制性氨基酸才能得到较好的利用。如果第一限制性氨基酸只能满足需要量的 70%，第二和其他限制性氨基酸含量再高，也只能利用其需要量的 70%。因此，在饲料中应用氨基酸添加剂，应首先考虑第一限制性氨基酸，再依次考虑其他限制性氨基酸。猪的第一限制性氨基酸为赖氨酸，第二限制性氨基酸为蛋氨酸；而鸡等禽类的第一限制性氨基酸为蛋氨酸，第二限制性氨基酸为赖氨酸。因此，在应用氨基酸添加剂时，应根据畜禽的种类，综合、平衡考虑，不要盲目添加，否则可能适得其反，影响生产性能，造成浪费。

枯草芽孢杆菌的特点及作用机理？

答： 枯草芽孢杆菌，是芽孢杆菌属的一种。单个细胞（0.7～0.8）μm×（2～3）μm，着色均匀。无荚膜，周生鞭毛，能运动。革兰氏阳性菌，芽孢（0.6～0.9）μm×（1.0～1.5）μm，椭圆到柱状，位于菌体中央或稍偏，芽孢形成后菌体不膨大，属需氧菌。可利用蛋白质、多种糖及淀粉，分解色氨酸。广泛分布在土壤及腐败的有机物中，易在枯草浸汁中繁殖。（1）枯草芽孢杆菌菌体生长过程中产生的枯草菌素、多黏菌素、制霉菌素、短杆菌肽等活性物质，这些活性物质对致病菌或内源性感染的条件致病菌有明显的抑制作用。（2）枯草芽孢杆菌迅速消耗环境中的游离氧，造成肠道低氧，促进有益厌氧菌生长，并产生乳酸等有机酸类，降低肠道 pH 值，间接抑制其他致病菌生长。（3）刺激动物免疫器官的生长发育，激活 T、B 淋巴细胞，提高免疫球蛋白和抗体水平，增强细胞免疫和体液免疫功能，提高群体免疫力。（4）枯草芽孢杆菌菌体自身合成 α-淀粉酶、蛋白酶、脂肪酶、纤维素酶等酶类，在消化道中与动物体内的消化酶类一同发挥作用。（5）能合成维生素维生素 B_1、维生素 B_2、维生素 B_6、烟酸等多种 B 族维生素，提高动物体内干扰素和巨噬细胞的活性。

微生态制剂的作用及使用注意事项？

答： 微生态制剂的主要作用是对病源菌的拮抗、为机体提供营养素、刺激机体的免疫功能、净化肠道内环境、减轻机体的应激反应等。使用时注意：（1）由于微生态制剂在体内是依靠数量优势抑制病原菌，也是依靠数量来维持生物的区系平衡，因此用量相对较大，在饲料中的用量一般在 0.02%～0.2%；（2）在饲养条件差时使用的效果要明显好于饲养条件较好时的效果；（3）使用于幼畜禽时，应根据其不同的生长关键时期有针对性地饲喂，如出生时，断奶前等时期；（4）对新生反刍动物，使用的目的是刺激瘤胃微生物的生长，促进肠道建立有益于健康的微生物区系，避免腹泻，提早断奶，而对于成年反刍动物，使用的目的应是提高动物采食量及阻止酸中毒的发生。

微生态活菌制剂的应用情况如何？

答： 微生态活菌制剂是一种含有大量有益菌及其代谢产物和生长促进因子，具有降低肠道 pH 值、抑制有害物质的产生、维持肠道微生物平衡、促进维生素及消化酶的合成与分泌、提高动物免疫力等作用的微生物添加剂。可用做益生素的微生物种类很多，我国公布可用于饲料微生物添加剂的有 12 种，目前，常用的主要有乳酸菌类和芽孢杆菌类，由于芽孢杆菌耐热性非常好，故常用于配合饲料中的微生物的菌种目前主要是枯草芽孢杆菌等。乳酸菌类是选自动物的正常菌，在动物消化道厌氧环境中能大量繁殖从而抑制需氧有害菌的生长与繁殖，但饲喂量太多也会造成微生物失衡而引起下痢，枯草芽孢杆菌是动物体内没有的细菌，在消化道厌氧环境下只生长而不繁殖，但在其生长过程中能产生大量的各种有益酶类以提高动物的消化，在排出体外后的有氧环境下能利用有机营养物大量生长与繁殖，从而降解有机大分子起到净化环境的作用。

使用微生态制剂时是否可以在饲料中添加抗生素？

答：一般的微生态制剂都有一定的耐药性。但最好可以先做药敏试验，再看是否添加及决定添加的剂量。

3- 植酸酶和 6- 植酸酶有何差异？

答：他们的最大区别是，3- 植酸酶对底物植酸盐的第一个进攻位点是 3 位或者 1 位，而 6- 植酸酶的起始进攻位点是 6 位。3- 植酸酶包含一大类能够分解植酸盐的酶，而不是一种酶，不同厂家的植酸酶应该有很大的差异；6- 植酸酶也是类似情况。3- 植酸酶对胃蛋白酶有更强的抵抗力。这两类植酸酶都是分解植酸盐产生磷酸根和肌醇，如果彻底水解，最终产物都是肌醇和磷酸根。

使用植酸酶后如何调整饲料中的钙、磷？

答：每个植酸酶生产厂家都会有相关的推荐方法，可以参考使用说明书。从配方的角度来说，使用植酸酶可以降低蛋鸡饲料的有效磷 0.12%，猪和肉鸡都降低 0.1%。根据季节、原料等因素应该做适当调整，以便达到预期效果。钙应该下调 0.1%，使用植酸酶应该避免高钙日粮，过多的钙会影响植酸酶效率。

微生态制剂是否存在安全性隐患？

答：微生态制剂也称为益生素、促生素、生菌素、活菌制剂等，是一种可通过改善肠道菌群平衡而对动物施加有利影响的活微生物饲料添加剂，包括对动物有益的微生物及其代谢产物的活菌制剂和低聚糖—寡糖类制剂。目前用作微生态饲料添加剂的微生物主要有：乳酸菌、芽孢杆菌、酵母菌、光合细菌等几大类；按菌种组成可分为单一制剂和复合制剂。寡糖在营养学中称益生元，亦称为功能性寡糖，由 2 ～ 10 个单糖分子通过糖苷键形成直链和支链的糖类。它们可不经消化而直接进入后消化道，作为有益微生物的营养底物，促进后肠道有益微生物的繁殖和抑制有害微生物的生长，从而改善肠道微生态环境。微生态制剂应用上的安全性受以下几个因素制约：首先所选用的菌种必须是非病原性的，这是其安全性的首要保证；其次所选的目标菌种的优势生长对菌区菌种整体上平衡的影响，因为这种影响可能在短期内不表达；微生态制剂和抗生素的混用在小范围上已得到应用，但这种应用可能是极其危险的，因为微生物对抗生素产生的耐药性可能转移到微生态制剂的目标菌种上。此外，微生态制剂的应用效果没有一个统一的评定标准，因此，其活性和添加量也可能是一个影响其安全性的因素。

生物活性肽有哪些？未来的应用前景如何？

答：生物活性肽（或寡肽）具有易消化吸收、抗疲劳、降血压、降胆固醇、调节胰岛素作用、促进矿物质吸收、促进脂肪代谢、促进微生物发酵等特性。一些生物活性肽的浓度达到每升10～7 mol时，即可发挥其生理活性，如谷胱甘肽、谷甘肽等。大豆蛋白中蕴藏着丰富的肽资源，如果能将大豆蛋白降解成为具有多种生物活性的肽段，制成成本低、安全高效的饲料添加剂，将在动物生产中发挥不可忽视的作用。长期以来，由于动物饲养和饲料中广泛使用抗生素、化学合成药物、激素、兴奋剂、重金属、镇静剂等促生长保健剂，导致畜禽和水产产品中药物残留严重，畜禽产品质量下降，细菌耐药性增强，耐药菌株增多，威胁人类安全，破坏生态环境等。随着疯牛病、口蹄疫等事件的发生，消费者对食品的安全、卫生、健康等问题日益关注，对畜产品质量的要求越来越高。生物活性肽的研究将开创动物营养的新纪元。

畜禽对微量元素的需要量及饲料中最高限量是多少？

答：美国NRC建议的几种畜禽对微量元素需要量及饲料中最高限量（以每千克风干饲粮为基础）见表35。

表35　禽对微量元素的需要量和饲料中最高限量（mg/kg）

元素		仔猪	生长肥育猪	蛋鸡	肉用仔鸡
Mg	需要量	300	400	500	500
	最高限量	3 000	3 000	3 000	3 000
Fe	需要量	78～165	37～55	50～80	80
	最高限量	3 000	3 000	1 000	1 000
Cu	需要量	6～6.5	10	4～8	8
	最高限量	250	200～250	300	300
Zn	需要量	110～78	55～37	35～65	40
	最高限量	3 000	3 000	1 000	1 000
Mn	需要量	3.0～4.5	20～40	30～60	60
	最高限量	400	400	1 000	1 000
Co	需要量	0.1	/	/	/
	最高限量	50	50	20	20
Se	需要量	0.14～0.15	0.10～0.15	0.10～0.15	0.15
	最高限量	4	4	4	4
I	需要量	0.03～0.14	0.13	0.3～0.35	0.35
	最高限量	400	400	300	300
Mo	需要量	< 1	< 1	< 1	< 1
	最高限量	5～10	5～10	/	/

国内有没有可能像欧盟那样限制在饲料中添加抗生素类药物添加剂？

答：在饲料中添加抗生素的主要目的是防止疾病、促进生长，但由于抗生素在使用时存在残留、抗药性及三致（致癌、致畸、致突变）问题，使用不当会造成极大的负面影响，但由于我国养殖业的实际情况，要在很短的时间内像欧盟一样限制在配合饲料中使用各种抗生素是不现实的。从发展状况而言，抗生素作为促生长剂将被逐步淘汰。目前，为保证饲料及其产品的安全，应正确使用抗生素产品，主要措施有：（1）采用畜禽专用药物，以避免对人体的危害。（2）采用化学性质稳定，低毒，安全范围大，抗药性、药物残留低的药物。（3）严格控制使用量，防止滥用和超量使用。（4）严格执行停药期和禁药期制度，使药物尽量在动物体内代谢，以减少药物残留。（5）使用药物轮换、交叉、串梭方案，降低药物抗性作用，提高使用效率，降低残留的可能性。（6）根据药物的抗菌谱准确选择合适药物，注意药物的拮抗、协同及配伍禁忌。（7）符合有关国家药物使用最新法规规定，有些抗生素已明确规定禁止使用、有些只能用于治疗而不允许用作促生长剂。（8）在可能时应用非抗生素、抗菌药物添加剂，某些添加剂也有提高动物免疫能力，防止疾病、促进动物生长的作用，使用此类添加剂后可减少药物污染。

混饲给药应注意哪些问题？

答：药物预防是集约化养殖场预防疾病的常用措施，而混饲给药是畜禽群体给药最常用的一种途径，这种方法简便易行、节省人力、减少应激、切实可靠，适用于长期投药，对于不溶于水或适口性差的药物更为恰当。通常抗球虫病药物、促生长剂及控制某些传染病的抗菌药物常用此法。利用混饲给药预防疾病时，应注意以下几个问题：（1）准确掌握拌药给饲剂量。采用混饲给药时，要准确计算所用药物剂量。如果按采食量给药，应详细准确了解畜禽日平均采食量，再计算所需药量；如果按畜禽体重给药，则必须抽样测得畜禽平均体重，算出全群（场）体重数，再计算所需药量。药物的剂量应该适当，过小，达不到治疗效果；过大，易引起畜禽中毒，而且还会造成污染和浪费。（2）药物与饲料必须搅拌均匀。（3）注意控制采食位置和采食时间。给畜禽提供充足的采食位置和采食时间，保证在药物有效期内，畜禽可同时采食完预定的饲料、摄入预定数量的药物。包括混饲给药之前的适当限喂、适当调整弱小畜禽的采食量和适当延长采食时间等等。（4）药物与饲料配合时，要注意饲料中添加剂与药物的关系。（5）药物联合使用时，要注意配伍禁忌，避免药物之间拮抗作用，使其中任何一种药物的疗效降低，甚至丧失。如硫酸亚铁等铁剂与四环素类药物可形成络合物，互相妨碍吸收。（6）限制饲养时谨慎进行混饲给药。畜禽患病初期，在天气异常寒冷、炎热，或遇天气突变，畜禽长途运输，以及饲养方式、管理制度发生改变等情况易引起食欲缺乏或不食，一定要注意药物剂量、采食量的准确计算，谨慎进行混饲给药。

畜禽饲料中如何科学添加抗生素？

答：在畜禽饲料中添加适量的抗生素，可减少畜禽机体对抗有害微生物的消耗，节约饲料中的养分，提高饲料转化率，增强畜禽机体对疫病的抵抗力，增进食欲，促进畜禽生长，故而被养殖场广泛使用。饲料中添加使用抗生素不当，直接危害人体和畜禽的健康。（1）选用畜禽专用抗生素：养殖场要选用经兽药监察部门批准生产的抗生素，尽量慎用或不用人畜共用的抗生素，如青霉素、链霉素、四环素等，以免人食用含有抗生素残留的肉食品后产生抗药性，治疗疾病时丧失药效。（2）控制添加量：在使用抗生素时，应严格按照抗生素的说明和要求，不要随意加量。饲料中抗生素添加量过少，起不到预期作用，添加量过多，会杀死消化道内的常在菌，引起消化紊乱，发生便秘或内中毒等。为保证使用效果，防止副作用的产生，添加量要严格按照农业部的规定执行，并结合抗生素的品种、应用对象、使用目的等综合定量。（3）科学使用抗生素：为达到预期效果，防止畜禽肠道内有害微生物产生耐药性，养殖场要在饲料中经常更换或交替使用各种抗生素；不要随意把两种或两种以上抗生素混合添加，以免产生拮抗，影响使用效果。（4）均匀配制定期使用：饲料中添加抗生素时，要确保均匀；配制后保存在干燥阴凉处，要做到快配、快销、快用，确保使用效果。（5）控制用药时间：如果长期使用同种抗生素，会抑制肠道内某些有益微生物的正常生长和繁殖；要控制用药时间，有效地限制药物在畜禽产品中的残留量。严格执行安全停药期，养殖场销售的畜禽，如果体内抗生素残留超标，消费者食用后可引起过敏或变态反应。为确保肉食品的食用安全，在畜禽屠宰销售前，养殖场要严格执行农业部规定，遵守职业道德，实行严格的停药期制度。（6）注意配伍禁忌：市场上销售的抗生素种类多，如果使用时不注意配伍禁忌，不但起不到预防治疗作用，还可能引起动物中毒死亡。如四环素类与青霉素、磺胺素、氯霉素有配伍禁忌。（7）分清不同动物种类：不同种类动物、同种动物的不同生长阶段及体型大小、生产性能高低，对抗生素使用有区别。（8）注意饲料混合均匀：使用抗生素时应制成预混料，然后再拌入饲料中。严禁将抗生素纯品直接拌入饲料，这样往往会因搅拌不匀，而引起中毒。（9）做好使用情况记录：将饲料中抗生素添加使用的执行人员、品种、数量、方法、时间、效果、停药期等详细情况记入养殖工作记录。

饲料中不应同时使用的添加剂有哪些？

答：在畜禽饲料中，加入一些饲料添加剂，可起到促进生长、提高畜禽的生产性能、降低饲料消耗和防病治病等作用。但有些饲料添加剂不应同时使用，如（1）胆碱不能和某些维生素、钙、磷同时使用：胆碱易溶于水，碱性很强，对于水溶性维生素（如维生素C、维生素B族、泛酸等）能起到破坏作用。此外，磷和钙在酸性环境中易被吸收，而在碱性环境中则吸收很少。所以，胆碱也不能与磷酸氢钙等一起添加。（2）维生素 B_1 不能与青霉素同时使用：维生素 B_1 的水溶液呈弱酸性，会破坏青霉素的功效。（3）硫酸亚铁、氯化亚铁、硫化亚铁不能与维生素A、维生素D、维生素E和维生素 B_1、维生素 B_2 同时使用。若同时使用，前者会加快后者的氧化过程。碳酸钙不能与维生素 B_1、维生素 B_2、维生素C、维生素 K_1、维生素 K_2、泛酸、链霉素和土霉素同时应用。因为碳酸钙属强碱性，在碱性环境中，上述维生素等易被破坏。（4）土霉素不能与青霉素、链霉素同时使用。因土霉素酸性很强，能破坏青霉素、链霉素的防病促长的效果。

饲料中为什么要添加酸化剂？

答：在正常情况下，动物体内存在着一定量的有益菌及有害菌，它们处于相对平衡状态。如果有害菌群侵入或大量繁殖，这种平衡状态就会打破，使动物健康受到影响。酸性环境有利于有益菌生长，在饲料中添加酸化剂，可以人为改善动物肠道环境，使其处于偏酸性状态，为有益菌创造适宜的生存环境，同时，抑制有害菌群侵入和繁殖，降低动物腹泻等疾病的发生几率。另外，幼畜阶段动物胃酸分泌很少，在饲料中加入酸化剂可以改善消化道酸性环境，有助于饲料软化和养分溶解，提高饲料消化率。

饲料添加剂的认识误区有哪些？

答： 近些年来，国内市场上商品饲料添加剂层出不穷、名目繁多、功效重复等现象很普遍，在饲料生产过程中，存在着不同程度对饲料添加剂的一些模糊认识和概念混淆的现象。（1）认为饲料添加剂在饲料中添加量越大越好，以期达到好的饲养效果，这是不当的。过量添加造成浪费，增加成本，降低利润，造成经济效益下降。（2）认为饲料中添加剂的种类越多越好。其实不然，在添加饲料添加剂时应根据不同动物的营养指标和不同阶段的需求添加，解决一个问题，有很多同类的添加剂，要慎重选择，不能凭感觉重复添加。（3）购买添加剂时，往往只看价格和考查在饲料中的成本。这种出发点也是不正确的，要从添加剂的含量、质量、厂家、效益等方面考虑，关键要看性价比。（4）当畜禽产品市场不景气时，有些用户减少添加剂用量或取消添加剂以降低成本。饲料利用率讲究饲料营养等各方面搭配平衡，当失去或降低某一添加剂时，会使饲料质量下降，不能满足动物生长需求，增加了饲养周期，提高饲料成本，降低经济效益。

饲用乳化剂在畜禽饲料中的应用进展如何？

答： 随着畜牧业的发展，在追求养殖高效应的过程中，为了加快畜禽的生长速度，降低料肉比，饲料中使用油脂的情况越来越普遍。畜禽饲料中添加的油脂是：豆油、玉米油、棉籽油、米糠油、动物油等。通过合理的使用油脂，畜禽的生产性能提高，生长速度加快，料重比降低。但是在使用油脂的过程中也有一些必须克服的缺点：在幼龄畜禽中使用油脂的效果不明显，研究表明，仔猪日粮中添加油脂对于仔猪的生长性能影响不显著。其主要原因，一方面，因为幼龄动物消化道发育不完全，胆汁酸盐和脂肪酶分泌不足以消化吸收饲料中的油脂，造成饲料中油脂的浪费，被幼龄畜禽排出体外；另一方面，仔猪断奶阶段对能量的要求要显著高于生长猪，所以，仔猪日粮中的油脂如果能够被充分吸收，仔猪断奶期间的增重将大大提高。肉鸡料后期的日粮中油脂的添加比例常常超过2%，哺乳母猪日粮中的油脂也能够达到3%以上，在这样的添加比例情况下，饲料中添加的油脂常常不能达到我们的期望值，这主要是因为日粮中高比例的油脂所需要的胆汁酸盐量大大超过了畜禽体内能够分泌的量，所以，油脂的乳化不彻底，没有乳化的油脂常常导致畜禽的腹泻。因此，在饲料中可以使用乳化剂来提高油脂的消化吸收。乳化剂是一种能够溶解于水，又能够溶解于油的两性物质。乳化是把一种液体置于与它互不相混合的液体中，在外力作用下将此液体呈微粒分散的过程，新生成的均匀混合物称为乳浊液，使这两种液体分散，并使乳浊液保持稳定的物质称为乳化剂。乳化剂实质上是一种表面活性剂，在饲料中添加乳化剂后，饲料中的油脂能够溶解在水中，大大加强了油脂的消化吸收性能。当在仔猪含牛油日粮中添加卵磷脂和脑磷脂时，日粮中脂肪的消化率由80.9%分别提高到88.4%和83.9%。肉鸡饲料中添加卵磷脂作为乳化剂能够减低肉鸡腹脂厚度，提高胴体重。现有阶段使用的乳化剂有数十种，但用于食品和饲料工业上的主要有：磷脂类、脂肪酸酯和糖苷酯类，饲料上也使用胆汁酸盐类乳化剂。通常商品化的乳化剂产品并不是由单一的乳化剂组成，为了更好的乳化性能，几种乳化剂按照合适的比例组成商品乳化剂。不同乳化剂之间互相配合，加强了乳化剂对油脂的溶水能力。磷脂的特点：水性好，能起到乳化、分解、稳定、粘着、防止氧化、降低黏度等功能性作用。其乳化性能高于其他类型的乳化剂，并能够促进动物体内脂肪的运输，是一种天然的促进动物健康的物质。在母猪日粮中添加磷脂能够增加奶水的分泌,促进仔猪的生长。胆汁酸盐作为动物肝脏分泌的天然乳化剂,能够将进入消化道的油脂乳化成乳糜微粒,从而同脂肪酶接触酶解,进入动物血液吸收利用。

畜禽用药期须停喂哪些饲料?

答:(1)麸皮:含磷量为含钙量的4倍以上。在治疗因钙磷失调而患的软骨症或佝偻病时应停喂。(2)大豆:含有较多的钙、镁等,可与四环素、土霉素、强力霉素等结合成不溶于水、难吸收的络合物,从而使这些抗生素的疗效降低。用这些抗生素期间,应少喂或停喂豆类及饼粕类饲料。(3)棉籽饼:它可以影响维生素A的吸收利用,在防治维生素A缺乏症时,应停喂棉籽饼。(4)钙质饲料:在用四环素族抗生素时,应停止饲用石灰、骨粉、贝壳粉、蛋壳粉、石膏粉等钙质饲料,以免钙过多而影响铁的吸收。(5)食盐:在以下情况应限喂或停喂食盐:一是在用溴化物制剂时,以免食盐中的氯离子和溴离子加快排泄。二是在口服链霉素时,以免降低链霉素的疗效。三是治疗肾炎期间,以免水分在体内滞留引起水肿,使肾炎加重。

使用药物添加剂的注意事项有哪些?

答:(1)注意药物添加剂量:大部分药物添加剂使用时都有特定的添加剂量,如抗球虫药物氯苯胍的预防量:禽用时每千克饲料中添加33 mg,兔用时每千克饲料中加150 mg,治疗量:禽用时每千克饲料中添加66 mg,兔用时每千克饲料中加300 mg。(2)注意混合均匀:要根据所用搅拌器械的混合均匀度参数,严格遵守搅拌时间,以确保充分混匀。(3)严格遵守禁用期规定:许多药物在畜禽的生长、育肥期禁用,以免造成不良后果。特别是常用的抗球虫药物、驱虫药物和抑菌促长剂,更应引起足够的重视,严格执行禁用期的规定。(4)严格遵守停药期规定:许多药物只有在停药期以外使用,才能确保对人体无毒或毒害很小,因此,在畜禽宰杀前和禽产蛋期要严格按照药物的停药期停药,必要时可交替短期使用几种无交互副作用的药物,以确保消费者的身体健康。

饲料中如何加药?

答:(1)有针对性地投药。饲料中添加药物应根据所饲养畜禽的品种、年龄、生长阶段有针对性地投药。幼、老龄和体质较弱的畜禽及母畜应选择敏感性较小、毒性较低、用量少的药物。配合饲料中添加的药物应选择易被胃肠吸收的抗菌、驱虫药,易被消化液破坏的青霉素等药物不宜加入。(2)辨清药品真假。购药时要识别真伪,不购无商标、无生产厂家、无批准文号及过期药物。发霉、变质、有异味的药物也不能使用。一次购药不要太多,应现购现用。(3)注意配伍禁忌。一般来说,添加一种药物就能达到目的,就不要用两种药物。如果使用两种或两种以上的药物要注意配伍禁忌,如胃蛋白酶不能与碱性药物同用,抗生素药物宜交叉使用,防止细菌产生耐药性。(4)剂量要准确。首先应确定添加药物是预防用还是治疗用,并根据畜禽个体差异确定用药剂量。一般来讲,预防用药只需治疗用药的一半甚至1/4即可。同时,对一些药残明显的药物,如克球粉应禁止使用，以防后患。（5）药物要拌匀。药物在饲料中所占的比例较小，要先少量预混，使其充分拌匀，避免畜禽误食过量，引起中毒。添加药物的饲料应现配现用。

饲料添加剂预混料的性质和作用是什么？

答： 添加剂预混料在配合饲料中所占比例小，一般占 0.5 % ~ 5%。主要由载体、稀释剂以及各种微量成分构成。预混料的营养作用主要表现在：（1）增加饲料营养组分，使饲料营养状况完善和平衡。如添加蛋氨酸和赖氨酸，补足饲料中缺乏的必需氨基酸，可提高蛋白质的利用效率，减少饲粮浪费。（2）促进机体代谢，如添加的微量元素、维生素等，是机体内酶的成分及代谢过程中不可缺少的活性物质，参与形成体内整个代谢调控，从而保证代谢正常进行，完成各种生命活动。一些维生素和微量元素是体内物质合成不可缺少的活性物质，因而能促进生长，提高增重。（3）促进饲料营养素的消化吸收，如维生素 D 能促进饲料中钙和磷的吸收利用，钴有利于微生物合成。（4）保证饲料质量，如维生素 E 和抗氧化剂等能防止饲料中维生素和脂肪的氧化，从而保证饲料质量。（5）提高畜产品质量，蛋、肉等产品的色泽、品质、香味等与饲料中的维生素、铁、锌、铜等有关，而胡萝卜素直接影响蛋和皮肤颜色。

对鸡有用的保健饲料有哪些？

答：（1）柑橘皮：柑橘的皮、核中含有丰富的纤维及铁、锰、锌等多种微量元素。它不仅可作药，还是优质的保健饲料。在鸡饲料中掺入 2% ~ 3%为宜。柑橘皮中含有多种活性物质，喂鸡能清凉解毒，防止鸡病发生，又可促进生长发育；（2）鸡冠花：鸡冠花除观赏外，还是一种药用和家禽保健饲料，据测定，其籽实所含的蛋白质高达 73%，并含有多种氨基酸，花、茎、叶的蛋白质含量也很高。经试验验证，用鸡冠花籽喂雏鸡，每天每只 1 ~ 2 g，不仅长得快而且防治白痢病。在鸡饲料中加 5%的鸡冠花瓣或 10%的茎叶，可提高日增重；（3）苍术：苍术含有挥发油，并且含有大量的容易被家禽吸收的胡萝卜素及维生素 B1 等。苍术中的胡萝卜素在家禽体中只有一部分转化为维生素 A，其余大部分均可转化为蛋黄的颜色。它除能促进家禽生长、增强对疾病的抵抗力外，对角膜软化、夜盲症及骨软症等有较好的预防和治疗作用。如在鸡饲料中加 2% ~ 5%的苍术干粉，并加入适当钙剂，对鸡传染性支气管炎、鸡痘、鸡传染性鼻炎等能起到良好的预防作用，并能提高增重和产蛋量。另外，饲料中添加适量的苍术还有一定的防霉效果；（4）艾粉：艾叶去掉绒毛，除去苦味，晒干粉碎成粉，是很好的家禽保健饲料。它不仅含有蛋白质、脂肪等，还含有芳香油，维生素 A、维生素 B$_1$、维生素 B$_2$、C 和各种必需氨基酸、矿物质、叶绿素等。艾粉能能改善鸡肉的品质，提高饲料利用率，具有抗病脱臭效果。经过试验证明，在鸡饲料中添加 2% ~ 2.5%艾粉，可提高增重；（5）大蒜：大蒜含挥发油约 2%，油中主要有效成分大蒜素是一种植物抗生素，它对化脓性球菌、大肠菌、霉菌、原虫等均有抑杀作用。大蒜中的脂溶性挥发油等有效成分还有可激活巨噬细胞的功能，增强免疫力，从而增强机体的抵抗力，因此，用大蒜治雏鸡白痢、球虫病以及食欲缺乏等均有良好的效果。可制成大蒜粉，按成鸡饲料 0.1%的量添加。

如何正确认识饲料添加剂益生素？

　　答：益生素是采用农业部认可的动物肠道有益微生物经发酵、纯化、干燥而精制的复合生物制剂，是减少或替代抗生素的理想绿色添加剂。益生素又称微生态制剂或活菌制剂，是一类活性微生物添加剂。益生素对健康状况和生产性能的益处在仔猪上最明显，因为仔猪还没有建立稳定的肠道微生物区系。此外，当仔猪使用抗生素进行疾病治疗时，肠内微生物通常被大批杀害。因此，抗生素治疗后服用益生素对动物重建有益的肠道微生物区系很有益，这样可以阻止宿主再次发生致病菌定植。益生素的作用机制如下：（1）竞争排除：竞争排除的概念是指将所选的有益微生物的培养物，添加到饲料中，与潜在有害的细菌竞争黏附位点和有机基质。益生素定植并在胃肠道内成倍增殖，阻止其他细菌包括有害菌株如大肠杆菌或者沙门氏菌的黏附。无疑，益生素潜在地减少了感染和肠道紊乱的风险；（2）细菌抗性：益生素微生物一旦在肠道建立，会产生杀菌物质或者抑菌物质如乳铁传蛋白、溶解酵素、过氧化氢以及几种有机物质。这些物质对有害细菌具有有害作用，这主要是由于降低了肠道 pH 值，pH 值降低部分弥补了断奶仔猪胃盐酸分泌不足的问题。此外，益生素和其他细菌能量和养分的竞争会抑制病原菌生长。益生素类产品用于疾病，重在于防而不是治，它可以最大限度地发挥动物生产潜能，但对于某些饲料，其配制水平已较高，添加益生素的作用不能显现；肠道菌群平衡理论适用于任何动物，这也是益生素应用范围广的原因，但并不代表它能"包治百病"。由于菌株有宿主源性，即从猪肠道分离的菌株对猪效果明显而对鸡则未必有效，因不同菌株复合成的益生素产品必有其最适合的使用对象。

　　使用益生素类产品应注意：（1）初生动物由于肠道菌群未建立或处于不断变化状态，在这期间用益生素要比生长后期已建立起相对稳定的菌群后效果明显；（2）宿主肠道内的菌群组成缺乏有益菌或肠道内有反作用菌（即抑制生长的菌）存在时效果明显。否则，如果动物自然接种了大量有益菌或没有反作用菌存在时效果不明显。因此在环境较差条件下效果最为明显；（3）益生素应持续使用。由于益生菌株间存在着血清型的周期性变异，存留在肠道中的菌株能否继续存在还取决于其竞争性争夺肠黏膜结合位点的能力；（4）不同生长期的动物需要的益生菌也有差别。对于哺乳动物，断奶前后日粮不同，肠道中营养物质不同，所需益生菌也不同。因此，对不同动物应供给专门适用的益生素；（5）国内外研究已表明，在低水平日粮中使用益生素，其效果比营养较为全面的全价日粮更为显著；（6）应用益生素时应注意饲料中有无抗生素存在和其含量。一方面，尽管一些益生素菌种具有一定的耐受性或产生一些细菌素，但使用的菌种绝大多数对抗生素敏感。即使能产生少量的细菌素，也是生物体的一种自我保护机制的一种形式。另一方面，配合饲料中采用的亚治疗量抗生素剂量，远远超过益生菌的耐受性剂量；（7）益生素产品在动物上的应用主要起预防和促进生长作用，治疗不如抗生素速度迅速。

畜禽常用的中草药饲料添加剂有哪些？

　　答：畜禽常用的中草药饲料添加剂较少，但可参考人用的中草药来配制。（1）清热解毒、抗菌消炎药：常用的药物有黄柏、马齿苋、牡丹皮、穿心莲、苦参、金银花、板蓝根、鱼腥草、青蒿和柴胡等。此类药物有清热解毒、抗菌消炎的功效，能增强畜禽对疾病的抵抗力；（2）解毒药：常用的药物有白芷、菊花、桑叶、葛根和荆芥等；（3）补益药：常用的药物有何首乌、黄芪、山药、当归、杜仲、五味子、芦巴子、甘草、白术和党参等。此类药物可针对畜禽瘦弱体虚或久病初愈的生理特点补虚扶正、调节阴阳，以提高畜禽对疾病的抵抗力；（4）健脾理气药：常用的药物有山楂、麦芽、陈皮、青皮、枳实和乌药等。此类药物具芳香气味，有消食健胃的功效；（5）杀虫药：常用的药物有松针粉、常山、南瓜籽和槟榔等。此类药物可以驱除畜禽体内的寄生虫，有促进生长的功效；（6）化痰止咳药：常用的药物有百部、桑白皮、昆布和桔梗等；（7）安神药：常用的药物有酸枣仁、远志、松针和五味子等。此类药物有养心安神的功效，能催肥长膘、提高饲料的利用率；（8）祛寒药：常用的药物有艾叶、肉桂、茴香和香附子等；（9）收敛止血药：常用的药物有仙鹤草、地榆和乌梅子等；（10）行血药：常用的药物有红花、牛膝、益母草、鸡血藤和川芎等。此类药物能促进血液循环，增强肠胃功能，可以促进畜禽对饲料的消化吸收利用；（11）祛风湿及化湿药：常用的药物有蚕沙、藿香和苍术等。

什么是激素？为什么禁止在饲料中添加激素？

答：激素是生物体内产生的，通过体液或细胞外液运送到特定作用部位，从而调节控制各种物质代谢或生理功能的一类微量的有机化合物。通常使用的激素添加剂有性激素和促（抑）甲状腺激素类。在动植物体内可食组织中的残留激素，有可能危害人类健康。因此，激素只是在少数国家作为添加剂使用，许多国家则用法律禁止使用。我国规定饲料中不允许使用任何形式的激素药物。

动物能否饲喂安眠药物？

答：不能。催眠、镇静剂类药物包括：甲喹酮、氯丙嗪、安定及其制剂等。畜禽饲喂添加此类药物的饲料后嗜睡、饲料消耗降低、增重快，但是，这些药物易在动物体内残留，而且代谢较慢。人食用了有这类药物残留的畜禽产品后会对身体健康造成危害，如嗜睡、肥胖、思维迟钝等。因此，我国明令禁止在所有食品动物中添加催眠、镇静剂类药物。

饲料中可以添加呋喃类药物吗？

答：不能。硝基呋喃类主要包括：呋喃唑酮、呋喃它酮、呋喃苯烯酸钠及制剂。硝基呋喃类药物是人工合成的具有5-硝基呋喃基本结构的广谱抗菌药物，对大多数革兰阳性菌和革兰阴性菌、某些真菌和原虫均有作用，曾在养殖业中广泛使用。大剂量或长时间应用硝基呋喃类药物均能对畜禽产生毒性作用，其中，呋喃西林的毒性最大。硝基呋喃类药物在动物体内代谢迅速，代谢的部分化合物分子与细胞蛋白结合成为结合态。结合态可长期保持稳定，从而延缓药物在体内的消除速度。食品加工方法如烧烤、微波加工、烹调等难以使蛋白结合态呋喃唑酮残留物大量降解，这些代谢物可以在弱酸性条件下从蛋白质中释放出来。因此，当人类吃了含有硝基呋喃类抗生素残留的食品后，这些代谢物就可以在人体内胃液的酸性条件下从蛋白质中释放出来，被人体吸收而对人类健康造成危害。2003 年开始，我国将硝基呋喃纳入残留监控计划中。

精油与我国的中草药制剂有何区别?

答:中草药制剂的有效成分可能就是精油的成分,但其有效成分没有被分离出来,所以,在使用时变异大,中草药制剂的稳定性很难控制。为了准确使用,用合成或萃取的方法来确保精油的安全性。但中草药由于成分复杂,不易产生耐药性。

生产绿色畜禽产品如何选择药物?

答:随着人们安全意识的提高,药物在畜禽产品中的残留问题越来越引起人们的关注。药物在畜禽产品中的残留问题成为影响畜牧业发展的重要障碍,减少药物残留、生产绿色畜禽也就成为大家普遍关心的问题。应采取下列措施生产出无药物残留的畜禽产品:(1)严格禁止使用禁用兽药:目前,国家已制定了兽药禁用清单,畜禽饲养者应严格遵守。要按规定决不使用盐酸克伦特罗等 β - 兴奋剂类、己烯雌酚等性激素类、玉米赤霉醇等具有雌激素作用的物质、氯霉素及其制剂、呋喃唑酮等硝基呋喃类和甲喹酮等催眠镇静类等药物。(2)有选择地使用某些兽药:在畜禽养殖中,有些药物虽然允许使用,但其在畜禽体内吸收、分布、转化和消除有一个过程,必须停止用药一段时间后,产品才能用于食用。例如,使用伊维菌素驱虫,休药期至少应达到:牛28天、羊8天、猪5天之后才能屠宰上市。在屠宰前休药的同时,有些药物在动物的某一生长阶段不可使用,如:洛克沙胂:休药期5天,蛋鸡产蛋期禁用。莫能菌素钠(欲可胖、瘤胃素):休药期5天,蛋鸡产蛋期及奶牛泌乳期禁用。(3)尽量使用兽药替代物:在预防和治疗畜禽疾病及促进畜禽生长时,应尽量使用绿色微生态制剂,来替代会产生药残的药物。如芽孢杆菌类制剂、乳酸杆菌类制剂、酵母菌类制剂等,或者使用寡聚糖、有机酸、中草药等制剂。(4)使用中药:中药对畜禽产品及环境没有污染,某些植物还具有促生长作用。(5)使用益生素:益生素可竞争性地排斥病原菌,具有提高饲料转化率,促进畜禽机体免疫功能,降低死亡率及改善环境等效果。(6)使用生物活性肽:生物活性肽可提高动物免疫力,促进动物生长。此外,糖萜素对沙门氏菌等多种致病菌和传染性法氏囊炎均有良好的抑制作用;酸化剂可促进畜禽生长、防治仔猪腹泻;有机微量元素具有提高畜禽生产性能、机体免疫功能和其他养分利用率等作用。(7)使用药物须规范:养殖行业必须实施绿色养殖生产技术,避免使用各种违禁药物,严格遵守兽药的使用规定,对兽药的使用进行详细记录,对用量进行监督和控制,不能销售或屠宰处于药物降解周期内的畜禽,也不能利用其蛋奶等产品;(8)应注意科学饲养,加强管理,减少畜禽发病,力争少用药物。畜禽患病后,要经确诊后再对症下药,切忌无目的地盲目用药和滥用药物。注意药物与饲料药物添加剂之间的协同,避免重复用药。慎用药物,坚决禁止将抗生素作为饲料添加剂和将在停药期内的病畜禽急宰出售。

防腐剂、防霉剂和抗氧化剂的主要作用是什么? 常用的有哪些?

答:防腐剂的主要作用是延缓或阻止饲料发酵、腐败,常见品种包括苯甲酸钠、山梨酸和羟基苯甲酸酯类等。防霉剂的主要作用是抑制微生物的生长繁殖,但是,没有杀菌或灭菌作用,常见的有丙酸及丙酸盐、甲酸、富马酸、脱氢醋酸及其钠盐、山梨酸和复合型防霉剂等。抗氧化剂主要用于脂肪含量高的饲料，以防止脂肪氧化酸败变质。也常用于含维生素的预混料中，可防止维生素的氧化失效。乙氧基喹啉是目前应用最广泛的一种抗氧化剂。

什么是有机微量元素？选用有机微量元素添加剂应注意什么？

答：有机微量元素通常是指可溶性金属盐与氨基酸、蛋白质和多糖等有机化合物经化学反应形成的络合物或螯合物。选用有机微量元素应该注意：（1）产品的螯合或络合程度，因为在产品中除了以螯合或络合态存在的微量元素外，还有部分剩余的可溶性金属盐和氨基酸等有机物，所以，不能通过分别测定氨基酸和微量元素的总量来衡量产品质量的优劣；（2）考虑使用成本和进行经济效益分析，由于有机微量元素价格较贵，一般根据动物与配方要求，替代无机微量元素 20% ~ 50%。

微生态制剂的作用是什么？生产应用中存在什么问题？

答：微生态制剂是以活的形式于动物消化道中与病原菌进行竞争抑制，增强动物机体的免疫功能，并直接参与胃肠道微生物的平衡，加快达到胃肠道功能的正常化，产品没有抗药性和药物残留。存在的问题有：（1）目前已确认的适宜菌种仅有乳酸杆菌、芽孢杆菌、双歧杆菌以及酵母菌等少数几种。（2）活菌制剂在饲料加工、运输中容易失活。（3）活菌进入消化道后，大多难以经受盐酸、胆汁酸低 pH 值的作用，难有足够数量达到肠道或定居肠道而发挥作用。（4）生长速度慢，难以在与微生物间竞争中处于优势地位。

使用微生态制剂应该注意哪些事项？

答：微生态制剂是一种新型活菌材料，是根据微生态的原理，运用优势菌群，经过鉴定、培养、干燥等系列特殊加工制成的：（1）微生态制剂多为需氧菌，发酵生产难度大，产品质量参差不齐；（2）氧气、高温在储备过程中，可使微生态制剂大量灭活；（3）在肠道定植的问题；（4）通过胃时，胃酸的灭活作用；（5）饲料的其他成分对其影响，如微量元素、抗生素等；（6）高温制粒时易损失。

饲料中添加酶后杂粮的添加比例是否就可以很高？

答：对于我们这样一个缺乏蛋白质原料的国家，酶制剂将有一个非常广阔的市场前景；通过添加酶制剂，可以大大提高饲料中杂粮的用量，但应注意以下问题：（1）杂粮中除含有大量抗营养因子以外，还含有一定量的有毒物质。酶制剂对各种毒素没有降解作用，大量使用杂粮时应选用无毒或低毒品种，最好搭配三种以上杂粮使用，或在使用前进行脱毒处理；（2）杂粮营养成分不平衡，注意补充氨基酸（主要是赖氨酸）和维生素；（3）大量使用杂粮的饲料必须符合国家饲料卫生标准，注意异硫氰酸酯、噁唑烷硫酮、游离棉酚和氰化物的规定量。

使用植酸酶应注意哪些问题？

　　答： 植酸酶是近几年推广最为成功的饲料酶制剂，不但可以节约磷矿资源，而且可以降低粪磷排泄带来的污染尤其是对水资源的污染；但在使用过程中应注意以下问题：（1）饲料的颜色尤其预混料的颜色，由于磷酸氢钙添加量的减少，石粉的增加，颜色变灰。而客户对于饲料颜色变化比较敏感，通过载体的调整可使饲料外观变化不大。（2）预混料的粉尘减少，流散性降低。（3）国标中配合饲料标准磷的含量为大于等于0.55%。所以饲料企业不能简单地以为：执行国家标准就完事，而应将标准中磷的指标定义为大于等于0.4%。（4）植酸酶并不能增加饲料中总磷的含量，而是提高饲料中磷的利用率，所以建议配方中有足够总磷。（5）由于植酸酶的活性容易受到环境条件的影响，所以应保存在干燥、温度较低的环境中，尽快使用配置好的饲料。

木聚糖酶和植酸酶之间为什么有协同效应？

　　答： 理论上讲，木聚糖酶和植酸酶同时添加对营养物质的消化率的提高有协同效应。这是因为：（1）木聚糖酶破坏细胞壁基质，水解不可利用的碳水化合物，同时，允许植酸酶同与植酸盐结合的营养物质（如磷和钙）等接触；（2）木聚糖酶使食糜通过消化道的速率改变，使植酸酶与其底物的作用时间延长。

饲料中过量添加铜、锌有什么危害？

　　答： 有些人认为铜添加越高猪粪越黑，饲料的消化率越高。其实猪粪的颜色与饲料消化率无关，与摄入饲料的成分有关。猪对铜有一个最大耐受量，超过这个极限，会导致猪的铜中毒，代谢紊乱，生长速度降低，死亡率增加。过量添加高锌对仔猪生长不具有促进作用。过量添加锌的饲料被动物摄入，经消化道吸收后，通过血液分布于全身各组织器官中，由于这些金属本身不能发生分解或很少被吸收，也很少能被动物体内生物转化降低其毒性，因而在机体内逐渐地蓄积，通过与机体有机成分的结合而发挥其毒性作用，还会造成环境污染。

非淀粉多糖酶目前在玉米豆粕型日粮的应用现状如何？

　　答： 饲料中的非淀粉多糖本身不能为动物体内酶类水解提供营养物质，而且其中可溶性的非淀粉多糖可以使消化道中食糜的黏稠度增加，减少了消化酶与食糜的接触机会，同时，已消化养分向肠黏膜的扩散速度减慢，这样就使饲料中各种营养成分的消化率和吸收率都有所降低。饲料中加入非淀粉多糖酶后，一方面可以切割饲料中可溶性非淀粉多糖，降低非淀粉多糖的抗营养特性；另一方面亦可摧毁植物细胞壁，使其中营养成分释放出来，从而提高饲料中营养成分的消化率。在玉米－豆粕日粮中加入含有木聚糖酶和 β－葡聚糖酶为主的酶制剂，可明显提高日粮营养物质的消化率。传统的观点认为，玉米－豆粕日粮中添加以非淀粉多糖酶为主，酶制剂并不能提高动物的生产性能，这主要是因为玉米中非淀粉多糖的含量较低。但 Brown（1996）发现在饲料中存在着抗性淀粉，由于抗性淀粉的存在，动物的消化道后段发现了没有消化的淀粉。虽然玉米－豆粕型日粮中非淀粉多糖的含量不高，但 marsman 等（1997）在玉米－豆粕型日粮中添加蛋白酶和非淀粉多糖酶，提高了饲料非淀粉多糖的消化率，降低了肉仔鸡肠道食糜的黏度和非淀粉多糖的分子量，并且提高了肉仔鸡的日增重和饲料转化率。一般认为，玉米中淀粉的消化率很高，常常达到98%。但近年来的研究发现，玉米－豆粕型日粮在4～42日龄肉仔鸡小肠后段淀粉的消化率只有82%，且随着年龄的增长没有提高的趋势（Noy 等，1995）。Douglas 等（2000）检测了12种豆粕的营养价值，结果发现，饲料中各种营养物质的消化率之间存在着明显的差异，动物的生长性能明显受到豆粕来源的影响。在饲料中添加复合酶后，虽然没有提高动物的生产性能，但是显著提高了豆粕的回肠末端消化能，且不同豆粕品种与复合酶之间存在着互作关系。

玉米豆粕型日粮中是否有必要使用含消化性酶类的复合酶制剂？

答：有必要。首先可以补充仔猪内源酶分泌的不足。仔猪断奶后，一方面受到环境和营养的应激，胰腺分泌各种消化酶的能力受到抑制，从而释放到肠道内酶的数量和活力都有所下降；另一方面，仔猪断奶后食物由含乳蛋白、乳糖和乳脂为主的母乳转变为以淀粉和植物蛋白为主的固体料，其成分有很大差异，仔猪消化系统所分泌的酶一时还不能适应消化固体饲料营养成分的需要。仔猪断奶后为了满足快速生长的需要，采食量升高，但胰腺所分泌消化酶的数量一时还不能很快增加来满足消化食物的需要，这一点主要表现在仔猪胰腺酶活力恢复到断奶前水平要比肠道恢复的慢。而且断奶日龄越早，胰腺分泌各种消化酶的能力越差，断奶对仔猪消化系统造成的应激越大，仔猪恢复的时间也越长。断奶仔猪饲料中补充消化酶，不但可以补充仔猪内源消化酶的不足，还可以降低因消化酶系与饲料成分的不同对仔猪造成的应激。Came（1998）体外试验表明，用0.1%蛋白酶在不同的温度和不同pH值条件下处理豆粕，其中，胰蛋白酶抑制因子水平都有明显地减少。大豆中的大豆球蛋白和β－大豆伴球蛋白能够引起断奶仔猪小肠的暂时性过敏反应。断奶前充分补饲可以减轻甚至避免仔猪断奶后的过敏反应，但这需要一个剂量范围，这个剂量范围不能低于600g的补饲量。饲料中添加蛋白酶可以降低大豆中抗原蛋白的抗营养特性。Marsmann 等（1997）在玉米－豆粕日粮中添加了蛋白酶和非淀粉多糖酶，无论是单独添加还是同时添加，都提高了粗蛋白的消化率，非淀粉多糖酶还提高了饲料中非淀粉多糖的消化率。日粮中粗蛋白消化率的提高，一方面是因为蛋白酶直接作用于饲料中的底物将其分解；另一方面可能由于酶制剂的添加，减少了动物内源氮的损失。虽然日粮添加酶后可以将日粮粗蛋白的消化率提高2.9%，但对饲料中各种氨基酸消化率提高的幅度并不一致。当降低加酶饲料的粗蛋白水平后，一定要注意补充各种必需氨基酸，以保证饲料中必需氨基酸的含量。

使用高铜的不利方面有哪些？

答：研究表明，含高水平铜、铁、锌或锰的日粮中天然生育酚的氧化速度均会提高。铁、锌、铜三种矿物质元素中的任何一种加到仔猪饲料中都会加剧 α－生育酚的受破坏程度。250 mg/kg 日粮的铜能在22天内使饲料中的 α－生育酚全部破坏，造成维生素 E 的缺乏。高铜还能造成铁和锌的缺乏，饲粮中 200 mg/kg 的铜使肝铁含量降低。此外，高铜还能造成蛋白质及其他与铜有拮抗作用的营养素的缺乏，高铜生产方式还造成巨大的资源浪费。（150、200、250和300）mg/kg 饲粮的高铜被猪食入后，粪中铜排泄量分别占食入量的 98.95%、97.86%、87.30% 和 96.06%。大量的铜进入土壤后，使作物和植被中铜含量也大量增加。有人用富含铜的猪粪水给草地施肥，收获的干草中铜含量竟高达 42 mg/kg，绵羊采食后出现中毒死亡。另外，育肥猪使用高铜饲粮，体脂肪中不饱和脂肪酸增加，猪肉易被氧化，不耐储存，保鲜期缩短。

益生素在防止大肠杆菌等细菌性疾病与抗生素比较有何优势？能否代替抗生素使用？

答：益生素与抗生素不是一个作用机理，因而不能简单直接比较的，也就不能简单地说代替抗生素使用。

饲料酶制剂在中国酶制剂市场情况如何？这些产品怎样在玉米 - 豆粕型饲料中应用？

答：酶制剂是将来饲料工业的一个发展方向，我国目前在酶制剂的使用上已经有一定的基础，但是在生产上还与国际公司存在很大差距。那是因为酶产品需要生物工程技术，而在这一领域，目前我国还没有太多专业力量投入进来，所以，产品的质量和效益很难具有竞争力。玉米 - 豆粕型日粮当中，目前，还没有合适的产品可以使用。一般国内有很多小型酶制剂厂是利用固体发酵方式进行生产，即在一定的培养基中加入相应的混合菌株进行发酵，最后根据发酵产物中各种需要酶进行稀释或补充单酶，由于生产条件、菌株所产酶不同等原因，故质量相对不同，其价格相对便宜；国外的大型酶制剂企业是利用液体深层发酵生产单酶，然后根据酶制剂特定配方进行复配，相比较而言此类酶制剂质量较好，但价格较贵；我国有些大型酶制剂厂也有利用进口单酶进行复配的，质量相对较好，价格中等。

什么是酸化剂？

答：酸化剂是指能使饲料酸化（pH 值降低）的物质，包括单一酸化剂和复合酸化剂。酸化剂可以提高幼龄畜禽不成熟的消化道的酸度，从而激活一些重要的消化酶，有利于饲料中营养物质的消化吸收；其次减少活细菌从外界环境中进入胃肠道，促进有益菌群的繁殖，抑制有害菌的生长。有的酸化剂还可以参与体内的化学反应，提高饲料的适口性等。在饲料中加入酸化剂可提高动物日增重，降低料重比，减少疾病，特别是防止仔猪腹泻。

什么是酶制剂？酶制剂的主要作用有哪些？

答：酶制剂是由酶（高效的生物催化剂）、载体及包被物质组成的饲料添加剂。酶制剂的主要作用是帮助畜禽对饲料的消化、吸收，提高饲料利用率，促进生长，减少营养物质的排泄，减轻环境污染。对幼龄畜禽，还可弥补消化酶的不足，较早获得消化功能。

什么是非蛋白氮饲料添加剂?

答:非蛋白氮饲料添加剂是指含尿素、硫酸铵等一类非蛋白态氮化合物的总称。非蛋白氮可以替代部分蛋白饲料用于反刍动物饲料当中;非蛋白氮在饲料中添加过高易造成动物中毒死亡。

什么是抗生素?抗生素在饲料中的作用是什么?

答:抗生素是微生物的发酵产物,对有害微生物的生长有抑制和杀灭作用。目前,所称的抗生素也包括化学合成或半合成法生产的具有相同或相似结构,或结构不同但功效相同的抗菌物质。饲用抗生素是指以亚治疗剂量应用到饲料中,以保障动物健康、促进动物生长和生产,提高饲料利用率的抗生素。使用抗生素一定要严格遵守规则,在规定的停药期停药。国际上有的国家已禁止在饲料中使用抗生素。欧盟从 2006 年 1 月 1 日期禁止在商品饲料中使用抗生素。

什么叫益生菌、益生素、益生元、合生元?

答:益生菌:是指含有活菌和(或)死菌包括其组分和产物的细菌制品。经口或其他区黏膜途径投入,旨在改善黏膜表面微生物或酶的平衡,或者刺激特异性或非特异性免疫机制。益生素:是将已知有益微生物经培养等特殊工艺指定的只含灭活死菌及其代谢产物的制品。益生元:在动物体内外能选择性的促进一种或几种益生微生物生长,抑制某些有害微生物过剩繁殖,既不能被消化酶消化,还能提高动物生产性能的一类物质。如异麦芽低聚糖。合生元:指益生素和益生元联合使用,两者优势互补,更能发挥益生菌的功效。这样的产品叫合生元。

饲料的香味是不是越浓越好?

答:不是。添加饲料香味剂的主要目的是掩盖饲料不良气味;对于牲畜具有一定的诱食作用,保证应激条件下的采食量。但应注意香味的种类,例如:猪喜欢甜的奶香味、甘草,柑橘,香兰素味,烧土豆,谷类,炼乳香,可可,巧克力香味等,而猪不喜欢腥味,但猫和人喜欢;所以,有企业在饲料中添加很浓的鱼腥香,目的是让客户感到添加较多的鱼粉而已。实质上一般动物的嗅觉比人类灵敏很多,故除为掩盖饲料不良气味而添加较多香味剂外,一般添加少量的香味剂就能达到诱食效果。

中草药饲料添加剂的开发思路和方向及其应用前景如何?

答:开发思路:(1)合理开发、优化配方:中草药饲料添加剂的开发应做到合理、有度,不与医争药,不能造成药源紧张,这就要求做到药材的优化利用和科学组方。根据动物对象、饲养目的、使用范围大小来选择药物与优化配组,注意拓宽药源,多开发野生的、可种植的、或非入药的部分的枝叶,如松针、青蒿、艾叶、桐叶、按叶、桂树叶等作为加工中草药饲料添加剂的原料。(2)开发、生产高效、精专理中草药方剂:用于配制饲料添加剂的中草药种类虽然繁多,但一般配方的差别却不是很大，其功效也是错综复杂，很少具有针对性和专一性。今后应根据动物的不同发育阶段和生产目的，针对不同的饲养环境和饲养条件，开发和生产精专型的特异性中草药饲料添加剂。（3）加强研究中草药的药理作用及作用机制：目前，对这方面的研究还比较薄弱，需要做大量的工作，如长期使用是否有毒副作用，在饲料中是否与其他的营养成分有协同或拮抗效应，是否对正常的兽医免疫和防治程序有干扰等等。对中草药的作用机制尚需进行进一步的探讨和研究，这有助于对中草药饲料添加剂进行进一步的开发和利用。（4）统一认识，加强质量管理：目前，对饲料药物添加剂的要领国内外尚无明确的规定，随着畜牧业和饲料工业的发展，饲料添加剂进入一个新的发展阶段，中草药饲料添加剂以其能预防动物疾病、提高畜禽产品产能、改善畜禽产品质量和安全性而日益受到关注，随着绿色产品的开发，具有极为广阔的发展前景。

饲料添加剂未来的研发方向有哪些？

答：随着动物营养学、生理学、饲养学、生物化学、生物工程学、药物学、微生物学等多门学科的发展，现在的饲料添加剂已融合了多门学科和多种新技术，其功能和应用范围也得到了进一步的拓展。当前乃至今后一段时间内饲料添加剂的开发生产，将呈现出以下发展方向：（1）科技化：随着科技的进一步发展，饲料添加剂的科技含量不断提高，科技化将成为饲料添加剂发展的一个重要标志。（2）专业化：目前，饲料添加剂行业还附属于饲料工业、制药业等相关行业，专业化程度不高。随着养殖业规模的不断发展，对配合饲料的需求量会大幅度增加，对质量要求也不断提高，这将有力地推动饲料添加剂行业的专业化发展进程。（3）系列化：随着饲料添加剂行业向科技化和专业化方向发展，饲料添加剂的品种和种类将进一步系列化。（4）环保化：随着人们环保意识的提高和可持续发展的需要，饲料添加剂的环保化将是未来饲料添加剂开发的重中之重。特别是抗生素等一些副作用较大的饲料添加剂被逐步淘汰后，随着新一代产品的研制和开发，环保性将具有更明显的时代特征。未来开发的饲料添加剂，应该能合理地利用资源、不污染环境、对人类健康不构成威胁、不存在药物残留等毒副作用。（5）高效化：高效化是未来饲料添加剂发展的一大方向，饲料添加剂的高效化依赖于饲料添加剂相关技术的进步和提高。（6）功能化：随着生活水平的提高，人们对动物产品也提出了新的特殊要求，如动物产品的颜色、肉质、味道以及保健功能等，而这些需求大多数必须通过饲料添加剂的功能来实现，因此，饲料添加剂的功能化也是未来发展的一大方向。饲料添加剂具有保健功能和一种添加剂具有多种功能必将成为饲料添加剂的开发亮点，有很大的市场发展潜力。（7）经济化：随着市场竞争的进一步加剧，饲料添加剂的经济性更进一步得到体现。饲料添加剂除了要有较好的作用效果和生产性能外，其经济性能也相当重要。只有具备较好的经济性能，性价比和投入产出比好的饲料添加剂才能被广大饲料生产厂和养殖户接受，才能得到广泛的应用。（8）方便化：未来的饲料添加剂应更接近和方便于实际生产应用，因此，微量化和预混化也是以后饲料添加剂发展的一个方向。

【霉菌毒素及其检测】

饲料防霉剂的种类有哪些？如何应用？

答：饲料用防霉剂是指能降低饲料中微生物的数量、控制微生物的代谢和生长、抑制霉菌毒素的产生，预防饲料储存期营养成分的损失，防止饲料发霉变质并延长储存时间的饲料添加剂。在自然界中霉菌分布极广，种类繁多，而多数霉菌都能引起饲料的发霉变质，使饲料的营养价值大大降低，适口性变差；发霉严重者不仅毫无营养价值，而且用其饲喂动物还可造成动物生长停滞，内脏受损，甚至中毒死亡。在饲料中应用防霉剂是防止饲料霉变行之有效的方法。（1）在饲料中添加的化学防霉剂种类很多，可分为单方和复方两大类：①单方防霉剂：包括丙酸盐类、甲酸及甲酸钙、山梨酸、柠檬酸以及大蒜素等。这些防霉添加剂具有破坏或阻断病原微生物的作用，但又不会阻碍消化道中正常有益菌群和酶的活动，有的还能改变饲料的口味和提高饲料的适口性。②复方防霉剂：为了提高防霉剂的防霉能力和综合品质，除了使用单方防霉剂以外，还经常使用复方防霉剂。复方防霉剂的广谱抗菌防霉能力更强，适用范围更宽，经常使用的复方防霉剂有：用92%海藻物、4%碘酸钙、4%丙酸钙组成。这种防霉剂除了防霉效果好以外，最大特点是增加了海藻物中各种微量元素，如钙、铁、锌、碘、铜等，使饲料中的微量元素更丰富。（2）目前，常用的防霉剂品种有：①苯甲酸和苯甲酸钠：苯甲酸和苯甲酸钠都能非选择性地抑制微生物细胞呼吸酶的活性，使微生物的代谢受障碍，从而有效地抑制多种微生物的生长和繁殖，且对动物的生长和繁殖均无不良影响。②丙酸及其盐类：丙酸是一种有腐蚀性的有机酸，为无色透明液体，易溶于水。丙酸盐包括丙酸钠、丙酸钙、丙酸钾和丙酸铵。丙酸及丙酸盐类都是酸性防霉剂，具有较广的抗菌谱，对霉菌、真菌、酵母菌等都有一定的抑制作用，其毒性很低，是动物正常代谢的中间产物，各种动物均可使用，是饲料中最常用的一种防霉剂。③富马酸及其酯类：富马酸酯类包括富马酸二甲酯和富马酸二丁酯等，其中，防霉效果较好的为富马酸二甲酯。富马酸及其酯类也是酸性防霉剂，抗菌谱较广，并可改善饲料的味道以及提高饲料利用率。④脱氢乙酸：脱氢乙酸是一种高效广谱抗菌剂，具有较强的抑制细菌、霉菌及酵母菌发育作用，尤其对霉菌的作用最强，在酸、碱等条件下均具有一定的抗菌作用。脱氢乙酸是一种低毒防霉剂，一般无不良影响。⑤对羟基苯甲酸酯类：对霉菌、酵母菌作用最强。对羟基苯甲酸酯类与淀粉共存时会影响其效果，使用时应注意。⑥复合型防霉剂：指将两种或两种以上不同的防霉剂配伍组合而成，复合型防霉剂抗菌谱广，应用范围大，防霉效果好且用量小，使用方便，是饲料中较常用的防霉剂品种。（3）合理应用饲料防霉剂时应注意：①防霉剂的正确选择：在饲料中使用防霉剂必须保证在有效剂量的前提下，不能导致动物中毒和药物超限量残留；应无致癌、致畸和致突变等不良作用；防霉剂也不能影响饲料原有的口味和适口性，较理想的防霉剂还应有抗菌范围广、防霉能力强、易与饲料均匀混合、经济实用等特点。一般情况下，丙酸盐和一些复合型防霉剂是首先考虑的品种。②根据水分含量等实际情况灵活使用防霉剂：影响防霉剂作用效果的因素很多，如防霉剂的溶解度、饲料环境的酸碱度、水分含量、温度、饲料中糖和盐类的含量、饲料污染程度等。但饲料中使用防霉剂主要是根据季节和水分含量来决定是否使用。因此，在秋冬季等干燥和凉爽季节，饲料水分在 11% 以下，一般不必使用防霉剂；而水分在 12% 以上就应使用防霉剂，且饲料中水分较高以及高温高湿季节还应提高防霉剂的用量，这样才能保证有较好的防霉效果。③防霉剂与抗氧化剂联合使用：饲料的发霉过程也伴随着饲料中营养成分的氧化过程，一般防霉剂都应与抗氧化剂一起使用，组成一个完整的防霉抗氧化体系，从而才能有效地延长储存期。

饲料加工工艺中可能会导致发霉的环节都有哪些？

答：饲料的霉变问题一直是困扰着饲料生产厂家的诸多问题之一，霉变的原因受很多方面因素的影响，饲料生产制造工艺上造成霉变的因素只是众多因素之一。在实际生产库存中偶有饲料在很短的保存期内就有发生局部霉变结块现象，在其他条件都符合要求的前提下（如水分、防霉剂、环境、温度、湿度、保管等），这种霉变现象的来源之一就是生产工艺的制定不完善所引起的。颗粒饲料制作过程中会产生一下不合格产品，主要是制粒机至分级筛中各流通环节脱落下来的高水分结团料和机壳上形成的水锅巴及闭风器、冷却器、提升机等各饲料流程设备内一些死角内积存的变质结块料脱落物。这些物料团因长期处于高温水分的环境下，淀粉糊化率要比正常生产的颗粒饲料高得多，这给霉菌的繁殖创造了有利条件，当这些物块流回制粒机重新被制粒后，它们全部将进入成品中，而这些高水分的颗粒一旦进入成品包装袋作为商品后，将会产生两种不利因素，一是颗粒颜色与正常成品有明显的差异，而且多数已变质，饲喂动物后产生不良反应；二是由于这些颗粒含水量一般都比正常合格颗粒高得多，加之有些已经有变质现象，所以很容易在短期内诱发袋内霉变发生，由于微生物的代谢作用，一旦霉变水分将有所增加，加速饲料的霉变，恶性循环下，造成包内饲料在短期内局部发热结块霉变。所以这种物料不应该再回流到制粒机去，而是应该作为废渣处理。

玉米发霉如何处理更科学？

答：饲料原料发霉后，可采用多种方法进行处理，对于饲料厂家首先应对原料进行筛选，剔除霉变饲料，然后在生产饲料时，可加入一定量的霉菌毒素吸附剂或黏土、沸石粉等，以降低霉菌毒素对动物的危害。而对于养殖户还可采用漂洗、热处理、氨化处理、生石灰处理、乳酸菌发酵处理等方法。但必须注意的是，对于严重霉变的饲料，不应再处理利用。

玉米霉变的商业脱霉处理方法有哪些？

答：谷物霉变是世界各地普遍存在的问题，造成很大的经济损失。霉菌毒素有几百种，污染动物饲料的主要是黄曲霉毒素、玉米赤霉烯酮和赭毒素，其中，以黄曲霉毒素最为普遍。饲喂被霉菌毒素污染的饲料会降低动物的生产性能、危害健康，甚至造成死亡。20 世纪 80 年代后期有人报道用对毒素有很强亲和力的矿物质作为吸附剂来处理被霉菌毒素污染的饲料。这种矿物质属黏土一类，后来有人研究了世界上销售的 21 种霉菌毒素吸附剂，发现其中 2/3 属于蒙脱石。这些产品有时也叫膨润土和沸石。它们的霉菌毒素吸附作用并非取决于单个的物理或化学性状，而是由多孔性、表面酸性和可交换阳离子的分布等特性综合而形成的复杂的毒素吸附方式。除这些产品外，还有其他的黏土矿物质也在作为霉菌毒素吸附剂出售。但是，并不是一切黏土矿物质都具有好的霉菌毒素吸附能力，即使是膨润土和沸石，其霉菌毒素吸附能力的强弱也很不一致。良好的霉菌毒素吸附剂以 0.25% ~ 0.5% 的用量加入被霉菌毒素污染的谷物可以显著缓减霉菌毒素的负面作用，使动物的采食量、增重和饲料效率基本正常。选择霉菌毒素吸附剂产品时必须要求厂商提供试验数据。不仅要有体外测定数据，而且应该有动物试验数据，因为这两种结果不总是一致的。例如，活性炭和膨润土在体外试验中都能够吸附黄曲霉毒素，但是在动物试验中活性炭不能保护动物免受黄曲霉毒素的毒害。

有好的快速检测玉米黄曲霉毒素方法吗？

答：有。可以采用霉菌毒素现场快速法，准确率高，总检测时间不超过 30 min，简便易学，操作方便，成本低廉。

饲料发霉含有黄曲霉毒素应该如何处理？

答：黄曲霉毒素的去除：黄曲霉毒素污染严重的饲料，应该废弃。对轻度污染的饲料，经适当的处理后可以达到饲用标准的，仍可利用。（1）物理脱毒法①水洗法：此法适用于籽实饲料的去毒处理，其方法是：先将发霉的饲料磨成碎粉，将其倒进缸中，加入 3 ~ 4 倍水，然后进行搅拌静置浸泡，每日换水搅拌两次，直至浸泡的水由茶色变成无色为止。②挑除法：其方法是把饲料中有霉变的部分挑除。可适用于秸秆、颗粒饲料的去毒处理。③脱胚去毒法：此法主要用于玉米的去毒，因为发霉玉米的毒素主要集中在玉米的胚部。其方法是：先将玉米磨成小颗粒，再加 5 ~ 6 倍水，然后进行搅拌，胚部碎片因轻而浮在水面上，将其捞出或随水倒掉，如此反复数次，即可达到脱胚去毒的目的。④石灰水浸法：此法适宜对玉米、高粱等籽实类饲料进行去毒处理。其方法是：先将玉米等大粒发霉饲料粉碎成直径 1.5 ~ 5 mm 的小粒，然后将过 120 目筛后的石灰粉按 0.8% ~ 1% 的比例掺入发霉饲料中，最后将掺入石灰粉的料和水按 1 ：2 的比例倒入容器中搅拌 1 min，然后静止 5 ~ 8 h，将水倒出，再用清水冲洗 2 ~ 3 次，一般去毒率可达 90% 以上。⑤热处理法：在湿度较高的条件下，高热或高热高压可破坏毒素，如用 260℃处理污染玉米，可使黄曲霉毒素含量下降 85%。⑥辐射法：紫外线和等离子体发射可以杀死霉菌也可破坏霉菌产生的毒素，但同时也会破坏饲料中的饲养物质。将污染黄曲霉毒素的饲料铺成薄层，用高压汞灯紫外线大剂量照射，去毒率可达 95% 以上。⑦吸附法：一些矿物质能够吸附并捕获霉菌毒素分子。如硅酸铝盐、膨润土、活性炭、硅藻土等，但大量添加这类吸附剂会降低养分浓度。⑧晾晒去毒法：此法主要用于秸秆饲料的去毒。其方法是：先将发霉饲料置于阳光下晒干，然后进行通风抖松，以除去霉菌的芽孢，使其变得无害而达到无毒的目的。（2）化学碱煮处理法：此法适用于对籽实类饲料进行去毒处理。其方法是：按每 100 g 发霉饲料加入 3 倍的水，再加入 500 g 苏打粉或 1 000 g 石灰共煮，待煮到饲料裂开时，让其冷却，然后再用清水冲洗到没有碱味时即可使用。（3）微生物方法：主要是利用微生物的转化作用降解黄曲霉毒素的毒性。常用的微生物菌种有乳酸菌、黑曲霉、葡萄梨头菌、灰蓝毛菌、橙色黄杆菌等。（4）营养素法：补加蛋白质或氨基酸：肝脏能够净化被动物吸收的霉菌毒素，此净化的过程基于谷胱甘肽的氧化还原反应，而蛋氨酸有利于谷胱甘肽的组成，因而额外添加蛋氨酸可以减少对动物生长和其他性能产生的不利作用。补充维生素：叶酸具有破坏黄曲霉毒素的能力，把叶酸加入到轻度发霉的饲料中，可以有效去除黄曲霉毒素。补充硒：硒对于火鸡、猪具有抗黄曲霉毒素作用，因为硒可以提高谷胱甘肽过氧化物酶的活性。（5）中草药熏蒸法：用含芳香油的中草药如山苍子油在 60℃ 条件下熏蒸饲料，对黄曲霉毒素 B1 有解毒去毒的作用。（6）氧化剂法：氧化剂是有效的黄曲霉毒素钝化剂；过氧化氢能有效抑制饲料中的毒素。

国外饲料防霉技术有哪些？

答：国外的饲料生产厂商和科研人员，十分重视防霉技术的开发和应用，以防止饲料霉变。国外采用的饲料防霉技术主要有以下几种：（1）辐射灭菌：饲料经粉碎或颗粒化加工后，都会感染一些沙门氏菌和大肠杆菌等，美国科研人员将雏鸡饲料经 10GPr 射线辐射后，将其置于 30℃、相对湿度 80% 的环境中储藏 1 个月，霉菌没有繁殖。（2）添加防霉剂：国外使用的饲料防霉剂较多，据日本科技人员研究，将多种防霉剂混合使用效果较好，他们将 92% 的海藻粉和 4% 碘酸钙、4% 丙酸钙混合，按 8% 的添加量添加于饲料中，将其置于 30℃、100% 相对湿度的环境下，1 个月内不会生霉。（3）使用防霉包装袋：这种饲料防霉包装袋，由聚烯烃树脂构成，其中含有 0.01% ~ 0.5% 的香草醛或乙基香醛，不仅能防霉，而且因由芳香气味，还可使饲料适合动物的口味。（4）化学消毒和辐射结合防霉：前苏联的科研人员认为，对饲料先进行化学消毒，然后进行辐射，不仅灭菌、防霉效果好，而且能提高饲料中维生素 D 的含量。

商品性霉菌毒素吸附剂及沸石粉等均有不同程度的吸附作用，是否会因吸附作用而影响有效营养成分的吸收？

答：商品性霉菌毒素吸附剂大多为高吸附性的硅铝酸盐类，经特定加工生产的专用霉菌毒素吸附剂对霉菌毒素有一定的高效专一性，不干扰其他营养成分的吸收。大量试验表明沸石粉对某些有害物质的吸收性能也较强，但未见有报道加入适量的沸石粉后影响有效营养成分的吸收。

在饲料原料保存过程中使用防霉剂时，防霉剂是否对饲喂的畜禽造成危害？

答：大多数防霉剂是酸性物质，主要有效形式有丙酸、山梨酸、苯甲酸、甲酸、富马酸、乳酸及其盐或酯的单体或复合物，其挥发性很强，通过分子气相运动，以未电离的分子形式作用于微生物细胞膜内的酶系统，从而抑制微生物的生长，故常用的饲料防霉剂有强烈的刺鼻气味。目前，国家对各种防霉剂的生产和使用根据其特点有一定的规定，应添加允许生产使用的防霉剂产品，并严格按推荐量添加，其在饲料中的用量一般在 1 ~ 2 kg/t，除有防霉作用外，还具有一定的酸性，有一定的类似酸制剂的作用，故只要是允许生产使用的防霉剂，对动物生长一般不会造成危害。只有在添加量过大时，才会对动物的采食量、生产性能等产生负面影响。

影响饲料安全的霉菌毒素主要有哪些危害？

答： 影响饲料卫生安全方面比较重要的霉菌毒素有：黄曲霉毒素、赫曲霉毒素、玉米赤霉烯酮、丁烯酸内酯、展青霉素、红色青霉素、黄绿青霉素和岛青霉素等。黄曲霉毒素属于剧毒物质。饲料被霉菌与霉菌毒素污染后，其危害性有两方面：（1）引起饲料变质和畜禽中毒。一些非产毒的霉菌污染饲料后，尽管没有产生毒素，但由于大量繁殖而引起的饲料霉变也是极有害的。饲料霉变使其具有刺激性气味、酸臭、颜色异常、黏稠污秽感等，严重影响适口性；（2）在微生物酶、饲料酶和其他因素作用下，饲料组分发生分解，营养价值严重降低。饲料中的霉菌毒素可引起畜禽发生急性或慢性中毒，有的霉菌毒素还具有致癌、致突变、致畸的作用。

是不是添加饲料霉菌吸附剂后发霉原料可以大量应用？

答： 不能。近几年，由于饲料中新型霉菌毒素吸附剂的应用，降低了霉菌毒素对畜禽生产造成的危害，提高了饲料原料的利用率和畜禽的生产能力，对畜牧生产起到了积极作用。市售优秀的霉菌吸附剂可以达到：黄曲霉的吸附率：97%，T2 毒素 95%，呕吐毒素 85%，赤霉烯酮 70%。但使用者一定要明白：（1）选择优秀产品，市场上产品有很多种，质量参差不齐，有些吸附剂对霉菌毒素没有专一的吸附能力，可能同时会吸附一定量的重要的微量营养而起负面作用，所以，一定要选对产品。（2）霉菌毒素吸附剂对于发霉饲料原料的使用不是万能的，它所吸附的毒素还是很有限的，应该以预防和"看不见"的霉菌毒素污染的吸附和清除为主，绝不可以因为在饲料添加了吸附剂就大量使用有问题的原料。饲料生产中，选择优质的原料还是根本所在。（3）对于种畜而言，即使添加了霉菌吸附剂，发霉的饲料原料尤其玉米用量应尽量减少，严重发霉的原料应禁止使用。

霉菌毒素吸附剂在加工配合饲料过程中，是否可以先和预混料进行混合，然后在加入到大料中混合加工？这样会不会干扰动物机体对营养物质的吸收？

答： 完全可以，而且这样做有利于将微量的吸附剂均匀分布到饲料各个角落，扩大对毒素的吸附面积，确保将毒素吸附干净。由于预混料在生产过程中经过了多次预混，有多种吸附载体将维生素、微量矿物元素等牢牢固定在一起，形成稳定的物质状态，故不会因为毒素吸附剂的加入破坏这种结构。因为生产中往往增加较多的沸石粉等做载体或补充料，但是，未见有因为沸石粉的加入而致使动物机体营养吸收不良的报道。

霉菌毒素现场快速检测技术需要哪些仪器设备？是否复杂？

答： 不需要复杂的仪器设备，只需要表 36 中简单的设备即可，操作过程简便安全。

表 36　霉菌毒素现场快速检测所需要的仪器设备

设备名称	规　格	数　量
电子秤或天平	0.1 g 精确度	1 台
微型万能粉碎机	20 目 40 目	1 台
微型离心机	4000r	1 台
电吹风	小型	1 把
小烧杯	10 ml	20 个
国产移液枪	连续可调 1 ml、5 ml	各 1 支
毒素检测试纸卡	10 条 / 盒	若干

为何使用试纸卡检测时，有时不见液体流动，不见 C 线和 T 线？

答： 由于试纸卡生产过程中是机器压磨一次性合成的，对于中间的层析纸的压痕深，在使用前如果没有轻压检测卡上滴液孔 S 和中间显示孔之见的链接盖板，可能出现液体不流动现象，从而 C、T 两线均不出现，这种情况下，一般只要找到原因，再消除原因即可得到结果（图 58）。

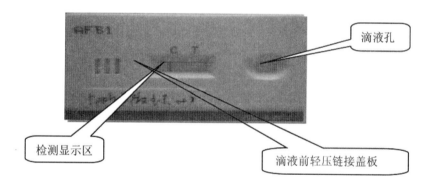

图 58　用试纸卡检测

快速检测试纸如何实现半定量？

答： 每个不同毒素检测试纸卡都有特定的检测灵敏度，如黄曲霉毒素检测卡是 5 μm/L 的检测灵敏度，也就是说不管你原来毒素浓度多少，只要滴入检测孔的液体中黄曲霉毒素 B1 浓度超过 5 μm/L，那么显示区就会有一条 C 线出现，结果为阳性，反之有 C 和 T 两条线出现，为阴性；根据这个原理，我们利用特配的稀释液在进入检测孔前将毒素进行倍数稀释，若稀释 5 倍后检测出现阳性，则表明原始毒素浓度超过了 25 μm/L，如果是阴性，则表明原始毒素浓度小于 25 μm/L。根据这个原理企业可以首先制定自身的控制标准，然后根据标准来开展检测就非常容易了。

黄曲霉 B1 的检测流程及方法?

答:(1)样品制备:在进行玉米黄 B1 检测时,首先是物品的取样,根据货车或原料堆垛的大小和类型,分方位、分层定点采样。一般分上、中、下、前后左右或 3 层 5 点随机采样,不同点的样品充分混合后取样 500 g,样品必须具有代表性,避免采样时的污染。(2)粉碎:将取好的 500 g 玉米样品用四分法取 150 g,用爪式粉碎机内设 20 目筛,对所制样品进行粉碎,再用四分法取 20 g 样品。(3)荧光检测判定:把分好的 20 g 样品,用 20 目筛均匀的筛在盘内,放入 365 nm 紫外线灯下,将盘中的物品划分为 4 个区域。这时,含黄 B1 毒素的微粒就会显亮黄绿色荧光,用探针细心查看确认。并记录 4 个区域的荧光粒颗数,就可以粗略评估黄曲霉 B1 的污染状况。如果,在 16 粒内为合格,16 粒以上则为不合格。在数点辨认时,一定要注意盘中的亮黄色和杂色光点,不能混淆。(4)样品的制作过程:在对玉米黄 B1 的荧光检测前,粉碎制作最关键,杯式粉碎机与爪式小型粉碎机制作的样品。其同样的检测方法,结果不同。化验选用的是杯式粉碎机,粉碎细度不等。如果选用此机型粉碎,会导致判定结果不准。而选用爪式小型粉碎机制作,由于它内设 20 目筛网,与我们检测黄 B1 标准相符,其检测结果与液相色谱检测略为接近或相等。(5)实验检测黄 B1 结果:经爪式 20 目筛网粉碎机制作检测实验,取同样样品 20 g,用 20 目、40 目、60 目 3 种不同筛网的筛,过筛。20 目的筛下物至 60 目的筛上物,用荧光检,其结果与理化检测数据相近。那么,60 目以下的筛下物微粒光点,只能检测时参考,不能记数核算,否则结果误差较大。

霉菌检测和霉菌毒素检测是否为一回事?

答:不是一回事。霉菌检测是检测饲料、饲料原料等物质中真菌类活菌的含量,需要进行真菌的培养,过程比较复杂,一般情况下无法完成,大多数生产企业不具备检测霉菌的基础条件,所以一般由专业科研检测机构完成。霉菌毒素检测是利用特异性抗体捕获技术来实现的,一般企业只需要具备一定的硬件设施就可以开展,如全定量分析需要高压液相或者酶标仪,而半定量快速现场分析技术只需要普通离心机、粉碎机和化学试剂在 20 min 时间内即可完成,是非常适合生产一线企业采用的低成本检测技术。

目视玉米霉变情况很严重而毒素检测量却不高,这是为什么?

答:爱因斯坦说过,看见的不一定是真的。霉菌毒素是霉菌生长过程中的次级代谢产物,正常的新陈代谢是表现在霉菌生长旺盛上面,这就是我们肉眼可见的霉变情况严重,而实际上,霉菌生长旺盛时是不产生毒素的,所谓的次级代谢其实是正常生长的霉菌遇到应激时的一种自我保护反应,分泌毒素是为了自卫,比如遇到昆虫、阳光、温度、湿度的剧变等应激时所采取的防卫性措施,因此,不正确的仓储、运输、加工等均可能导致生长中的霉菌产生毒素,而往往此时霉菌本身生长受到抑制,所以,我们看见的则是霉变情况不严重,而此时毒素含量已经很高。也就是说,霉菌肉眼可见,但是毒素肉眼看不见,只有借助检测技术才能搞清楚它的真实含量。如图 59、图 60 所示。

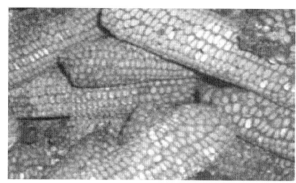

图 59　霉菌生长旺盛的玉米（AFB1 < 15 μm/L）　　图 60　霉菌较少的玉米（AFB1 > 35 μm/L）

饲料原料中检测发现毒素含量不高，为何配合饲料中毒素含量反而很高呢？

答：饲料被霉菌毒素污染也有两个途径，一是生产饲料所用的原料已经被毒素污染，二是在饲料的储藏过程中被霉菌侵入而产生霉菌毒素。饲料中霉菌毒素的控制可以从多种途径进行，如控制好饲料的原料质量，防止饲料原料如玉米在生产前就霉变；控制好饲料的加工过程，特别是控制好饲料的水分及高温制粒后的降温过程；控制好饲料的储藏和运输，防止饲料因潮湿、高温、包装损坏、昼夜温差太大、雨淋等因素而霉变；在饲料中加入足量的防霉剂，防止霉菌生长与防止霉菌毒素不是完全等同的概念，因为许多在饲料中生长的霉菌并不产生霉菌毒素，产生毒素的霉菌也会因不同的基质及不同的储藏条件而产生不同量的霉菌毒素。霉菌毒素的产生是霉菌在遇到外界刺激时产生的一种应激反应，而饲料加工过程中的高速碰撞、高温蒸汽、储运、仓储等过程都会引起毒素的大量产生，从而导致原料毒素不高而配合料中毒素高的现象出现。

霉菌毒素危害已非常严重，为何大多数动物没有表现出中毒症状呢？

答：尽管霉菌毒素的危害很大，污染也非常普遍，但是由于其本身非常隐蔽复杂，在剂量并不高的情况下，慢慢积累以及协同作用，动物往往表现为慢性积累性中毒症状，而这些症状的出现本身也比较不明显，因此很难被生产一线人员发现，但是，近年来的动物免疫失败、各种病症的高发几乎都被证实和霉菌毒素有关。也就是说即使霉菌毒素已经中毒，其表现出来的症状也大都是以其他疾病的表象出现，这为一线人员的诊断增加了很大难度，因此，需要引起我们足够的重视。

图 61　鸡群受污染后屠宰对比图

图 61 左侧和右侧分别是受霉菌毒素污染和同样被污染但添加了脱毒产品后饲料饲喂的鸡群屠宰对比图，图上显示未采取脱毒措施的饲料饲喂鸡群肝脏明显有受损害迹象，但是，在生长过程中并为表现出明显的中毒症状，右侧经过脱毒处理后的鸡群明显肝脏新鲜，血色纯正，经过进一步对比还发现，鸡群的生长体重有差异，而且体脂含量也明显有差异，左侧鸡群含量明显少于右侧，这说明霉菌毒素的存在已经严重影响了鸡群的正常生理代谢，左侧鸡群已经处于毒素累积性中毒状态了。

饲料中脱毒剂添加量越大是不是毒素吸附越多？

答：理论上讲，脱毒剂添加量大了，吸附表面积增大，应该会提升毒素的吸附量，但是，由于优质的吸附剂都具有选择性吸附的能力，且吸附的空间巨大，因此，片面的追加吸附剂用量，不一定能够增加毒素吸附量；而劣质或普通的具有吸附功能的产品如膨润土等黏土类由于不具有选择性吸附功能，添加量越大其吸附的物质就越多，但并不是毒素吸附量增加。图 62 的吸附排毒结果或许能够说明这点。

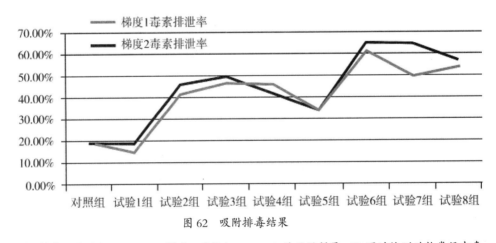

图 62　吸附排毒结果

说明：A. 梯度 1 是添加 1 000 g/t；梯度 2 是添加 2 000 g/t 的吸附剂量；B. 通过检测动物粪便中毒素残留量来比较吸附剂对毒素的吸附量，结果表明不同浓度之间的吸附量差距非常之小，也就说并不是吸附剂添加量越大，毒素吸附量也按比例增加的

目前市场上脱毒剂是不是有能分解毒素的产品？其效果怎样？

答：就目前的技术水平以及报道的科学文献来说真正意义上的毒素分解类技术产品还不成熟，因为至少有以下四个问题没有很好的解决：（1）这些分解剂起作用的位置在胃还是在十二指肠、小肠或者大肠等消化道的哪个地方？（2）这些分解剂起作用的时间需要多长？即进入消化道后多少时间内起分解作用，1 min、5 min、还是半个小时或者更长时间？（3）毒素假设能够被分解，分解后的产物是什么？是否比毒素本身更具有毒性？分解后的产物代谢途径如何？（4）有些毒素如玉米赤霉烯酮的酶解是需要一套组合酶谱来实现，而且第一步酶解后的产物其毒性更大于原毒素，如果第二部酶解失败，那么就彻底失去了酶解解毒的原本意义。以上问题目前还没有得到验证，故对于目前市场上的毒素分解类产品要慎用。

霉菌毒素在动物体代谢途径有哪些？

答： 一般来说有 3 条途径：一是通过肠道壁进入血液，通过血液经门静脉到肝脏，被肝脏解毒一部分，未被解毒部分则有部分侵害肝脏细胞，其余部分经血液流经各个脏器损害其脏器功能，破坏免疫系统等；解毒后物质可通过肾脏以尿液形式排出。二是通过肠道直接排出体外，如被吸附剂大量吸附后不能透过肠壁细胞进入血液，则直接通过粪便排出体外。三是在毒素污染极其严重情况下，机体已经不能解毒，正常代谢完全被破坏，则可以直接通过尿液排出部分原毒，如同瘦肉精一样可以通过检测尿液中毒素残留来判定动物受损害程度。

目前效果可靠的脱毒方法有哪些？

答： 霉菌毒素解毒是指去除霉菌毒素毒性的方法，包括物理学、化学和生物学方法。化学解毒方法是通过酸碱溶液或其他化合物对霉菌毒素进行处理，如氨化作用、臭氧处理以及与食品添加剂例如亚硫酸钠发生反应，这些方法已被证实在降解和去除黄曲霉毒素污染方面是有效的。生物学解毒方法主要是利用微生物来降解毒素，这种方法越来越引起研究人员的兴趣并取得了积极的效果。物理解毒方法包括机械分类处理、高温失活、放射处理或提取被污染物，这些方法取得不同的效果。但是，对霉菌毒素污染的饲料进行有效的任何一种解毒或脱毒方法都应该满足以下几个先决条件：A. 能有效地去除、破坏和灭活霉菌毒素；B. 在被处理的产品中或采食被处理的饲料的动物生产的产品中不产生有毒残留物或致癌、致突变性残留物；C. 不改变饲料的营养特性和适口性；D. 在经济和技术方面都可行，不显著影响终产品的成本。而许多物理、化学和生物学方法在降低、破坏或灭活不同霉菌毒素方面是有效的，但是，它们很少能够满足以上其他几个同样重要的先决条件。添加营养物质或饲料添加剂来防止霉菌毒素中毒的营养方法，和添加具有降低霉菌毒素有效生物活性的非营养性螯合剂的方法，都可以在脱毒或解毒的同时还满足以上其他 4 个先决条件。日粮中添加非营养性霉菌毒素螯合剂是到目前为止最适用和研究最广泛的降低霉菌毒素毒害的方法。一种有效的螯合剂可以防止或限制霉菌毒素在动物胃肠道中被吸收。

如何判别脱毒剂的优劣？

答： 目前，市场上的脱毒剂有两种，单一型硅铝酸盐矿石和经过有机酵母细胞壁符合配制而成的复合型，其中，前一类主要解决黄曲霉毒素、呕吐毒素等霉菌毒素，后一类主要为了去除饲料中除黄曲霉毒素、呕吐毒素以外的玉米赤霉烯酮毒素。硅铝酸类脱毒剂有两种形态，一是黏土类，如膨润土、蒙脱石；另一类是沸石类，如火山灰类以及天然沸石矿石等。评判这些脱毒剂产品的优劣有两个办法，一是物理的吸水试验，即直接取脱毒产品 50 g，加水搅拌，经过 0.5 ~ 2 h 时间，劣质产品会逐渐形成胶着状物质，甚至成为固体，插一根棒子就可以把整个杯子拎起来；而优质产品则在停止搅拌后逐渐澄清，体积不会变大。也就是说，劣质脱毒剂在吸附毒素的同时，会大量吸附其他物质，增加食糜在肠道的黏稠度，明显降低食糜的流速，尽管吸附空间较大，但是，由于被大多数非目标物质填满，反而减少了毒素被吸附的机会，增加了毒素被机体吸收的时间，因此，这类吸附剂尽量不用。而真正的吸附剂一定是具有选择性吸附功能的产品，它本身不会对毒素以外的物质进行大剂量的吸附，不会结成大的食糜团，因此，对肠道物质的流速没有影响。

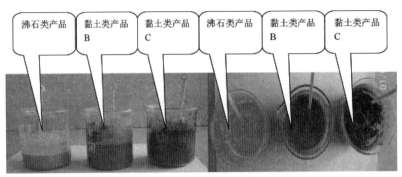

图 63 毒素吸附剂

图 63 所示的 3 个毒素吸附剂产品中，吸附作用表现最为强烈的是黏土类产品 C，体积膨胀，最后整个环境被凝固了，插入搅棒可以把整个杯子提起来；黏土类产品 B 也已经处于胶着状态，体积膨胀；只有沸石类产品净霉灵依然保持原有的澄清和体积，这才是我们需要的吸附剂产品。

在生产一线如何应对霉菌毒素污染问题？

答： 这里有两个问题，一个是饲料厂生产一线，一个是养殖场的生产一线。饲料厂生产一线大都具有比较完善的检测体系，但是，就霉菌毒素检测而言，基本上都是缺项，原因还是现有的检测手段所需配备的仪器设备太过昂贵，绝大多数饲料企业耗费不起，因此，除非在特殊情况下迫不得已采取送检之外，最常见的检测就是集中 1 ~ 3 个月甚至是 6 个月的样品进行检测，看看霉菌毒素的污染情况得出的结果全部都是事后参考，有些企业为此还付出了沉重的代价。如果采用半定量分析技术，则可以大大改观这个被动局面，而且可实现事先预防的目标，就是利用目前最先进的金标试纸卡技术，对目标原料进行半定量检测，在使用原料前就知道了其中目标毒素的含量范围，从而为技术人员提供准确的预防依据；对于生产一线来说，由于大多缺乏如饲料厂一样的检测体系，所以，对原料的品质检测基本上依赖于经验以及供应商的没有规律的免费服务，在霉菌毒素污染方面的检测几乎没有开展，尽管某些养殖企业具备一定的硬件条件，也因为种种原因没有正常开展毒素检测，但是为了心理安慰，绝大多数养殖企业都采取无论是否污染严重，都在配合料中添加脱毒剂产品的措施来预防，由于并不清楚饲料中究竟是否有大量毒素存在，那么就会有很多次情况下毒素污染并不严重时大量浪费脱毒成本以及毒素污染严重时又使用不够剂量的情况出现，这可能是目前养殖企业评价有效产品功能不稳定的主要原因，为此开展毒素检测非常必要，但是也是因为饲料厂一样的原因，传统的检测方法并不适用于养殖一线，唯有引进现场快速检测技术——金标抗体检测试纸卡才是有效检测方法（图 64、图 65）。

图 64 玉米中呕吐毒素 1 500 μm/L 阳性

图 65 玉米中黄曲霉毒素 B1 20 μm/L 阳性

目前更为实用的霉菌毒素检测技术有哪些？

答：传统的被认知的并且在使用的霉菌毒素检测方法有高压液相和酶联免疫检测方法，后者也就试剂盒法（ELISA 法）。这两种方法都适合于集中检测大批量样品，而且需要有被检毒素的标准品，否则无法检测，检测成本昂贵，适合于大专院校、科研机构、检测机构、项目中心以及国家第三方检验机构使用，近年来随着其他物质检测技术的需要，一些大型饲料集团总部和产业化一条龙企业总部也引进了相关设备，但是，实际上这些设备的使用频率非常低，由于检测费用以及维护费用的昂贵，非常不适用于生产一线，但近期出现的半定量现场快速检测试纸卡技术是一项非常适合于生产一线使用的霉菌毒素检测技术，它在熟练的品控人员手中操作起来只需要短短 20 min 甚至 7 ~ 8 min，即可检测出目标原料中被检毒素的含量范围，并可以马上判定该原料是否符合饲料生产或者动物饲喂的需要，是否需要采取脱毒措施等，并且只要保证抽样正确，完全可以在原料不卸车情况下现行进行检测，合格后再卸车入库，减少了许多风险（图 66）。

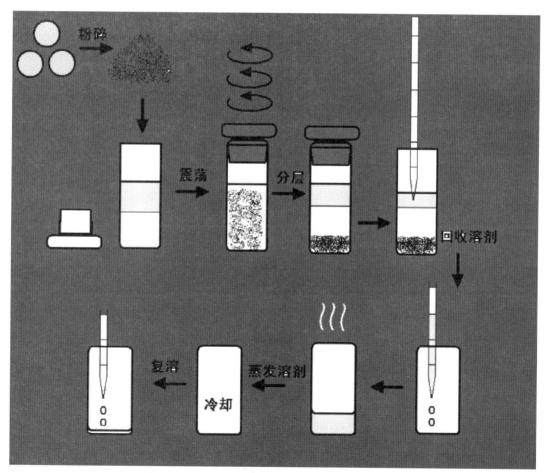

图 66   20 min 以内完成检测的霉菌毒素现场快速检测操作流程示意图

【加工工艺】

什么叫饲料加工工艺？主要包括哪些手段？

答：利用各种饲料加工设备和相应的加工技术与方法，将各种饲料原料按一定配比制成各种类型饲料产品的生产过程称为饲料加工工艺。它主要包括原料接收与清理、粉碎、配料、混合、制粒、液体添加和成品包装等工艺，另外还包括空气压缩、微机电控和除尘等辅助工艺。

饲料加工设备主要有哪些？

答：饲料加工设备通常是根据生产规模、生产品种、生产工艺情况来选用的，因此，不同的饲料厂采用的设备也不尽相同。但饲料加工的一些基本设备都是一致的，根据工艺流程顺序大体上包括：原料接收与清理、输送、粉碎、配料、混合、制粒、膨化、膨胀、液体喷涂、通风除尘、包装和中心控制系统。原料接受与清理设备主要有地磅、初筛选、圆筒仓等；输送设备有螺旋输送机、斗式提升机、刮板输送机、皮带式输送机和气力输送设备；粉碎设备包括磁选器、喂料器、粉碎机等；配料设备一般采用电子自动配料秤，使用电脑进行自动化控制；常用的混合设备有卧式双轴（单轴）桨叶混合机、卧式螺旋混合机和立式混合机；制粒设备包括蒸汽锅炉、调质器、制粒机、冷却机、分级筛和破碎机等；膨化（膨胀）设备包括调质器、膨化机（膨胀机）和冷却机；液体喷涂设备包括储液灌、液体泵和流量计；通风除尘设备包括吸风机、刹克龙和除尘器等；包装设备包括打包秤和封口机等；中心控制系统则是整个饲料加工过程的大脑，起总指挥的作用（图68~69）。图67为中国水产饲料企业家代表团访问美国时，大家认真学习膨化加工技术，其中一人好像在找金子，其认真的学习态度可见一斑！

图67 中国水产饲料企业家代表团访问美国

图 68　高档全屏中心控制系统　　　　　图 69　该系统附带投影功能，动态信息分析与处理

饲料加工机械的发展趋势都有哪些？

答： 在饲料加工机械的研制方面，美国和欧洲无疑是走在前面的。单机设备及成套设备逐步向大型化、专业化、自动化发展（图70～71）。饲料加工机械的发展趋势包括：（1）粉碎机：在粉碎机负荷控制技术上进一步取得突破，并和中央控制技术组合起来，实现对粉碎机各工作状态的完全模拟。开发出安全可靠的自动换筛机，粉碎机在不停机的情况下实现自动换筛，减少停机时间，便于不同物料的生产，提高效率；要在筛网出现破损时，提高故障排除速度。对振筛技术、粉碎机自清机构等的研究要加强，同时，要引入和深入研究对辊式粉碎技术。（2）混合机：主要在混合机出料均匀度的检测、对漏料的自动探测和修理、混合后的自动清理、在线水分检测等方面要做进一步的研究。（3）制粒机：调质速度控制方面，要研究对物料调质时间的控制技术；对制粒机的颗粒压制室，要开发颗粒机压辊、环模间隙动态自动调节机构，降低停机调整时间和劳动强度，提高辊和模的使用寿命；制粒机上接入饲料颗粒粉化仪等设备。（4）膨化机和膨胀机：自动调节压力和温度的研究，提高膨化机的产量。

图 70　编者在美国堪萨斯州立大学认真讲解对辊式粉碎机的　　　图 71　制粒机
　　　　优越性

饲料主原料的小型细杂对产品质量与饲料有何影响，生产中是否需要清理？

答： 饲料主原料中主要清理大型杂质与磁性杂质，而小型细杂在绝大多数厂家没有考虑，主原料中存在小型细杂会造成饲料成品质量不稳定，设备使用寿命减少，成本增加，因此，在生产中要将其清理。

饲料加工过程中致使配方失真的主要原因有哪些？有哪些建议？

答： 一个好的饲料产品，需要有优质的原料、优秀的配方、和优良的加工工艺。饲料生产加工过程中配方失真的主要因素有：（1）粉碎因素：原料粒度决定着饲料的表面积，原料粒度越细，各种原料粒之间的接触面越大，越易结合。各种原料粒度越一致，可为后道混合工序的优质混合提供保障。饲料原料粉碎越细，也越有利于动物的消化吸收，提高饲料转化率，但有时在实际工作中，粉碎后，粉末颗粒并不均匀，粉碎后均匀度较差，致使在物料混合中，分级现象严重。建议：在保证正常连续生产的情况下，尽量采用小孔径筛片进行粉碎。对于有条件的饲料厂，应将粉碎工艺改成二次粉碎或对辊式粉碎工艺来提高产品均匀度。（2）配料因素：配料对于保证配合饲料质量起着重要作用。配方设计时，精确度要求较高，而在实际生产时，却往往达不到这个水平。有些饲料厂使用微机控制配料，在生产过程中，使用微机大大减少了人为因素，但仍有不足之处。例如，添加量少的原料而流动性好，则原料配料误差大，如磷酸氢钙，有时误差可高达 5%。主要原因是喂料绞龙停止喂料时，由于惯性，仍有一部分物料流入配料秤。建议：在微机控制生产时，一定要有慢加料程序，即喂料绞龙喂料到一定阶段，转速减慢，以减少因惯性而造成的误差。或者经过测定误差百分比，在输入配方时有意增减添加量进行"人为控制"。（3）混合因素：混合是饲料生产中保证质量的重要环节。如果混合不均匀，将造成营养物质局部浓度过高或过低。混合好坏的指标为混合均匀度。影响混合均匀度的因素有：①机型：不同型号的混合机有着不同性能；②原料属性：参与混合物料各组分所占的粒度、黏附性、流动性、容重等不同，使物料的混合均匀度有较大差异；③加料顺序：对于不同配方，加料顺序应有所不同。一般原则，配比量大的组分先加入混合机，再将少量或微量组分加入；物料比重小的组分先加入混合机，粒度小的组分后加入。（4）制粒因素：在制粒过程中，涉及高温、高压和高水分，对热敏性、易氧化和溶解度好的物质极为不利，尤其是维生素和酶制剂。如果温度过高并且水分含量又过低时，会促进美拉德反应，导致蛋白质的消化率及氨基酸效价的降低，这就要求加工调质适当，保持稳定的蒸汽压力，采用饱和蒸汽，避免使用湿蒸汽。（5）输送及静电等因素：由于生产过程中不可避免采用一些较长的螺旋输送机、埋刮板输送机等设备，这就为原料之间、不同配方间的交叉污染提供条件。因此，在工作中应严格设备清理程序，并且制定相应进料和配料顺序程序，原则先好后差，将交叉污染控制在最低程度。由于生产过程物料之间摩擦产生静电，致使一部分物料、特别是添加剂原料易黏附于某一种原料或设备上，因此也应特别注意易产生静电作用的添加部分原料，应对其进行多级稀释。在生产中原料的营养成分的准确性也是影响配方营养成分的关键因素，必须对各原料的主要营养成分进行测定，并用实测值调整配方，而不建议使用查表值进行配方设计与计算。同时，必须提高检化验人员的技术水平，使测定结果准确，防止错误数据出现。

小型农场（如散养农户）如何购置中小型饲料加工机组？

答：（1）粉碎机：粉碎机是最常用的饲料加工机械，目前，国内生产的主要有锤片式粉碎机。粉碎机可按各种不同的饲喂要求将原料粉碎成大小不同的颗粒。可根据养殖的规模进行选购。（2）搅拌机：有立式和卧式两种。立式搅拌机搅拌时间一般为 15～20 min，卧式机则为 3～4 min，搅拌配合饲料时应分批搅拌。立式搅拌机的优点是动力消耗少，缺点是混合时间长，生产率低，装料、出料不充分。卧式搅拌机主要工作部件为搅动叶片，叶片分为内外两层，它们的螺旋方向相反。在工作时叶片搅动饲料，使内外两层饲料做相对运动，以达到混合的目的。卧式搅拌机的优点是效率高，装料、出料迅速，缺点是动力消耗较大，占地面积大，价格也较高。（3）提升机：分为斗式提升机和螺旋式提升机两种，一般多采用螺旋式提升机。饲料加工机组的安装顺序一般为先安装粉碎机，后安装电动机和传动皮带。搅拌机安装在粉碎机旁，使粉碎机的出料口与搅拌机的进料口恰好连接。提升机连接地坑和粉碎机的进口即可。加工时，将主原料倒入地坑，提升机将原料提升至粉碎机里粉碎，然后进入搅拌机的混合仓内，其他原料可由进料口直接倒入混合仓。现在的饲料设备加工厂有成套的饲料加工设备看供选择，见图72。

图72 饲料加工机组

原料粉碎有哪些优点？

答：（1）使一些块根块茎类或纤维含量高的原料便于加工处理；（2）提高混合均匀度；（3）为制粒或膨化等后续加工工序做准备；（4）通过增加与消化酶的接触面积提高饲料消化率；（5）迎合养殖者的喜好。

饲料粉碎粒度如何测定？与动物生产性能有何关系？

答：饲料中用的微量成分要求尺寸很小，需要用显微镜方法或激光粒度分布仪测定其粒度（图73）。其他饲料一般用筛分法测定粒度。目前，我国采用的饲料产品粒度测定和表示方法有三层筛法、四层筛法、八层筛法和十五层筛法4种。三层筛法是用"全部通过"一项指标来表示颗粒的大小，用"筛上物不得大于"一项鉴别物料的均匀程度。该法简单易行，只是比较粗放，饲料标准也缺乏足够的试验依据，对于配合饲料是可行的。其他测定方法需要在实验室进行。在美国饲料粉碎粒度是指饲料或原料样品的平均颗粒大小，有一种用来测定饲料粉碎粒度的方法（美国农业工程协会标准：ASAE S319）。计算粒度的数学公式很复杂，但我们只需了解如何使用计算机软件即可（如果读者感兴趣，可向作者函索）。要测定粒度，首先要了解筛号和筛孔数的关系，表36列举了筛号、筛孔数和颗粒大小之间的关系。

图 73 粒度分析装置

简要地说,将12个下列筛号的筛层和一个筛底叠在一起,即Tyler筛号(或美国筛号)8、10(12)、14(16)、20、28(30)、35(40)、48(50)、65(70)、100、150(140)、200、270; 将100 g样品放进筛的顶层,摇动10 min;记录每层筛的样品重(表37);然后将重量数据输入计算机软件,粒度即自动得出,并有粒度分布显示(图74)。

表37 记录样品重量并计算豆粕样品粒度用的表格

（材料：豆粕；日期：2001.10.10）

美国筛号	大小（μm）	重量（g）	（%）	（%）以下	log 直径	重量 Xlong 直径	log 直径 -log DgW	生量（log 直径 -log DgW）²
6	3 360	0.40	0.41	99.59	3.06	1.44	0.79	0.25
8	2 380	2.01	2.08	97.51	3.45	6.94	0.64	0.82
12	1 680	2.00	2.07	95.44	3.30	6.06	0.49	0.48
16	1 191	8.74	9.04	86.40	3.15	27.54	0.34	1.01
20	841	20.99	21.70	64.70	3.00	62.98	0.19	0.75
30	594	21.48	22.21	42.49	2.85	61.20	0.04	0.03
40	420	20.04	20.72	21.77	2.70	54.08	-0.11	0.25
50	297	11.28	11.66	3.81	2.55	28.74	-0.26	0.78
70	212	6.09	6.30	2.41	2.40	14.61	-0.41	1.03
100	150	1.35	1.40	1.14	2.25	3.04	-0.56	0.42
140	103	1.23	1.27	0.09	2.09	2.58	-0.72	0.63
200	73	1.01	1.04	0.03	1.94	1.96	-0.87	0.77
270	53	0.06	0.06	0.00	1.79	0.11	-1.02	0.06
筛底	37	0.03	0.03		1.65	0.05	-1.16	0.04
总和		96.71	100.00			271.86		7.34
粒度, DgW			647			表面积（cm²/g）		85.9

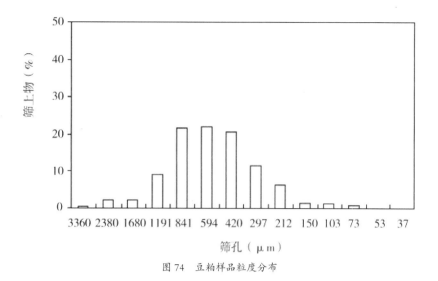

图 74　豆粕样品粒度分布

表 38　用于筛理测试的美国标准局筛号的筛子和筛布规格（USBS）

USBS 筛号	Tyler 标志（目）	ASTM 标志（μm）	每 in 实际孔数	USBS 规格（in）	筛孔尺寸（mm）
4	4	4 760	4.22	0.187	4.76
5	5	4 000	4.98	0.4157	4.00
6	6	3 360	5.81	0.132	3.36
7	7	2 830	6.80	0.111	2.83
8	8	2 380	7.89	0.0937	2.38
10	9	2 000	9.21	0.0787	2.00
12	10	1 680	10.72	0.0661	1.68
14	12	1 410	12.58	0.0555	1.41
16	14	1 190	14.66	0.0469	1.19
18	16	1 000	17.15	0.0394	1.00
20	20	840	20.16	0.0331	0.84
25	24	710	23.47	0.0280	0.71
30	30	590	27.62	0.0232	0.59
35	32	500	32.15	0.0197	0.50
40	40	420	38.02	0.0165	0.42
45	42	350	44.44	0.0138	0.35
50	50	297	52.36	0.0117	0.297
60	60	250	61.93	0.0098	0.250
70	70	210	72.46	0.0083	0.210
80	80	177	85.47	0.0070	0.177
100	100	149	101.10	0.0059	0.149
120	115	125	120.48	0.0079	0.125
140	140	105	142.86	0.0041	0.105
170	170	88	166.67	0.0035	0.088
200	200	74	200.00	0.0029	0.074
230	230	62	238.10	0.0024	0.062
270	270	53	270.25	0.0021	0.053
325	325	44	323.00	0.0017	0.044

饲料粉碎粒度与淀粉糊化度、颗粒饲料质量、颗粒水稳定度以及动物生长密切相关。粉碎粒

度越小，粒子的表面积越大，粒子之间越容易结合，同时调质时更容易吸收热量和水分，淀粉的糊化度好，因此，制出的颗粒较密实，光滑，不易产生裂纹和细粉。但由于粉碎工序能耗较高，原料并不是粉碎的越细越好，应根据颗粒的直径大小和饲料品种合理选择粉碎机的筛片规格和粉碎机类型。Palaniswamy 和 Ali（1991）试验表明，将饲料原料粒度降为（500、420、300、250、210 和 50）μm，以 210μm 颗粒的水稳定度最强。印度白虾用原料粒度为 210μm 的饲料喂养时，生长速度最快，消化吸收最佳。Obaldo 等（1998）将虾饲料的原料粒度从 603μm 降为（586、521、408、272、124 和 69）μm 进行试验得出，当粒度为 124μm 时，颗粒持久力、颗粒水稳定度、淀粉糊化度以及虾的增重全都提高（图 75 ~ 78）。Mavromichalis 等（1998）报道，获得哺乳期仔猪和肥育猪最佳生长表现的小麦粒度分别为 600μm 和 400μm（图 79）。

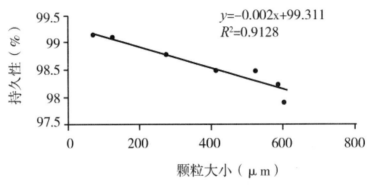

图 75　粒度对虾饲料颗粒持久力指标的影响

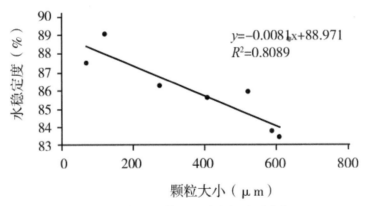

图 76　粒度对虾饲料颗粒水稳定度指标的影响

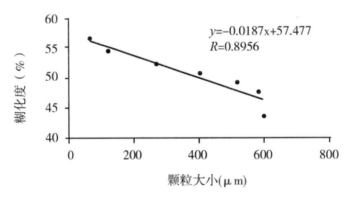

图 77　粒度对虾饲料淀粉糊化度的影响（Obaldo 等，1998）

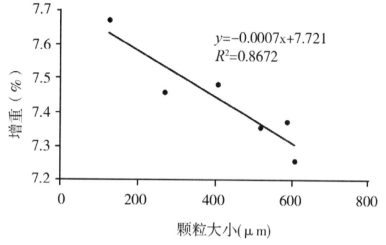

图78　粒度对虾增重的影响（Obaldo 等，1998）

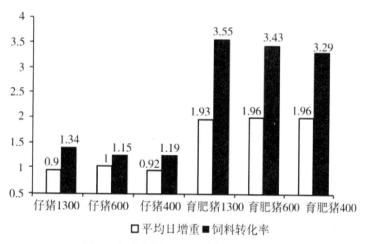

图79　粒度对哺乳仔猪和肥育猪生长的影响

　　粉碎粒度对动物生产性能的研究主要集中于猪的营养方面，粒度对饲料利用率的影响不仅依赖于原料类型，而且还依赖于家畜的生长阶段。Ohh 等分别利用对辊式粉碎机和锤片式粉碎机加工的两种不同粒度的玉米和高粱饲喂仔猪。在加工过程中，对辊式粉碎机对玉米和高粱分别进行粗细两种粉碎，锤片式粉碎机则分别安装 6.4 mm 和 3.2 mm 的筛片进行粉碎，对辊式粉碎机细粉碎后的原料平均粒径与安装 6.4 mm 筛片的锤片式粉碎机的加工粒径相似。但对辊式粉碎机破碎粒径的几何标准差小于锤片式粉碎机，而且产生的粉尘（粒径小于 145 nm 的颗粒）也较少。饲养试验中，谷物类型、加工方式和粒度对仔猪生产性能的影响。其中，平均日增重没有受这 3 个因素的影响；但随着粒径的增加，仔猪采食量得到提高；与锤片式粉碎机相比，对辊式粉碎机加工的谷物也提高了采食量；采食量最低的是安装 3.2 mm 筛片的锤片式粉碎机所加工的玉米和高粱，同时，经分析，这两种谷物的粉尘率最高，试验结果表明，细加工谷物对仔猪的适口性较差。试验结果表明，日粮粒径降低会提高饲料利用率（$P<0.05$），同时也改善干物质、氮和能量的消化率（表39 和表40）。

表39 玉米和高粱粉碎粒度对营养物质表观消化率的影响

谷物种类	粉碎机类型	粒度类别	平均粒径（μm）	消化率（%）		
				干物质	氮	能量
玉米	锤片式粉碎机	细粉	624	87.3	87.5	87.4
		粗粉	877	84.2	81.2	83.5
	对辊式粉碎机	细粉	822	87.0	86.0	87.1
		粗粉	1147	85.8	83.6	85.1
高粱	锤片式粉碎机	细粉	539	84.9	78.2	84.1
		粗粉	722	84.7	77.8	84.1
	对辊式粉碎机	细粉	855	83.7	76.8	82.8
		粗粉	1217	81.7	74.5	80.2

表40 饲料粒度对营养物消化率和饲料转化率的影响

平均粒径（μm）	干物质（%）	氮（%）	能量（%）	料重比
700	86.1	82.9	85.8	1.74
700~1 000	84.9	80.5	84.4	1.82
1 000	83.7	79.1	82.6	1.93

　　试验验证前人关于降低饲料粒度会提高营养物质消化率的研究结论，其部分原因可能是：由于细粉碎加工可提高饲料颗粒的数量，并且通过增加与消化酶接触的有效面积提高消化酶的活性。目前已证实，饲料细粉碎加工可提高家畜的生产性能，但过度粉碎同样会降低饲料适口性。研究表明，饲料过度粉碎会增加家畜胃溃疡的发生率。对于饲养周期较短的肥育猪，这个问题影响不大，但对于种猪，影响较严重。从管理角度来讲，谷物在加工过程中过度粉碎会产生大量粉尘，导致肺吸入量过大或眼睛受刺激而引起不适。同时，过度粉碎也会引起进料器和贮料仓中的饲料起拱现象（图80）。

图80　中国饲料企业家代表团团员在美国堪萨斯州立大学认真学习粉碎粒度的测定技术

粉碎机前所使用的叶轮喂料器和自动喂料器的工作原理及性能有何区别？

答：粉碎机工作过程中，常由于上游喂料速度过快或调节不及时而造成超载甚至堵机，喂料速度过慢又会造成其效能偏低，喂料器在其工作过程中起到了至关重要的作用。叶轮喂料器的关键功能部件是一个叶片交叉排列的喂料轮，而自动喂料器主要由一个浅长槽喂料轮和一个可调节式进料门组成。叶轮喂料器的原理比较简单，在喂料频率恒定的情况下，即可做到喂料量相对稳定。其控制可以由人工来完成，也可以通过 PLC 实现自动化。人工控制模式时：工人根据经验和粉碎机的负荷情况来调整喂料频率，从而通过喂料轮转速快慢来控制喂料速度的大小，当粉碎机负荷缓慢上升至额定负荷的约 98% 左右时，暂停增加喂料频率，根据粉碎电机工作电流的波动范围适当增减之，通常情况下工作电流应略小于额定电流，且其波峰值需控制在额定值的 120% 以内。自动控制模式时：PLC 根据检测到的粉碎机工作电流值实时调整喂料频率，通过一个闭环控制系统来实现粉碎机喂料量的实时调节，进而确保粉碎机处于一种"满负荷"工作状态，使粉碎机产能和效率都实现最大化。从大量现场应用实践案例来看：叶轮喂料器控制方式简单，对操作难度小，可以广泛应用于饲料、粮食加工厂。但其存在自身的技术真空区：（1）不能通过调整叶轮转速微调喂料量，在加工一些粉碎难度较大的原料时，电流波动会比较大，进而降低了粉碎机的产能和效率。（2）喂料辊与调节板之间的间隙比较难控制，特别是在加工硬度较大的物料时，存在喂料轮卡死的隐患。自动喂料器以粉碎机工作电流值为控制依据，通过改变变频电机的转速和进料门的开度两种途径来实时调节粉碎机喂料量，调节速度和精度显著提高。（3）喂料轮采用浅长槽，显著减少了物料卡在槽内的可能性。综上所述，叶轮喂料器属于一种传统的喂料装置，其安装维护方便，控制模型简单易操作，适用范围广。自动喂料器改进了喂料辊的结构，增设了一个可调节式进料门，使喂料调节速度加快，并提高了调节精度和系统稳定性，可以有效提高粉碎机的生产效率，降低粉碎系统生产能耗。

怎样选择锤片粉碎机筛片？

答：筛片的孔径、孔的排列方式、开孔率、筛片厚度及材质都是要考虑的方面。如果原料中有很多石块等非铁质的杂质，建议使用较软的材质；如原料处理得比较好，杂质很少，建议使用硬度较大材质的筛片。硬度大，一般比较耐磨，但韧性差些；硬度小，材质就软些，韧性好，但不太耐磨。

锤片粉碎机粉碎产生大颗粒的原因是什么？

答：1. 筛片的因素：（1）筛片不规则：筛片在制作加工过程中由于定位不当或人为误差，使制作出来的筛片不成直角边，这使筛片与筛架之间会有间隙致使料从间隙中流出。（2）筛片宽度窄：筛片在制作加工过程中由于定位不当或人为误差造成筛片窄，也会使筛片与筛架之间造成间隙。（3）筛片破损有孔洞：筛片长期使用，筛片变薄或原料当中的铁质、石头等硬物进入粉碎室内或机内的零件脱落等原因将筛片打坏，导致未粉碎的原料漏下。2. 托筛板因素：托筛板是固定筛片位置，使两筛片构成封闭的粉碎室的部件。如果托筛板损坏也会使粉碎室有缺陷，致使未粉碎原料漏下。（1）托筛板磨损严重或有孔洞：由于长期使用，托筛板变薄或原料当中的铁质、石头等硬物进入粉碎室或机内的零件脱落等原因将托板筛打坏，导致未粉碎的原料漏下。（2）托筛板螺栓松动：螺栓松动将导致托筛板不能将筛片紧紧压合，以致出现漏洞而漏料。3. 筛片与筛架之间贴合不严，筛片与筛架之间留有间隙，这是原料未经粉碎进入工艺的重要途径。造成的原因主要有：（1）筛片变形或筛片放置不到位。（2）操作门筛架变形致使筛片压不到位。（3）粉碎机长期使用，操作门与机体上的筛架工作面磨损严重，其压筛间隙增大，致使筛片压不到位。4. 筛架与机体或筛架与操作门之间有间隙，由于机器的长期震动，连接筛架的螺栓松动或意外的拆除，导致筛架与机体、筛架与操作门之间存在了间隙，这是造成大粒不易发觉的地方。

图81是编者于2004年在印度某饲料厂做技术咨询时，发现小鸡料中有未粉碎的玉米，打开粉碎机门一看，筛网上有好几个大洞！

图81　编者在印度某饲料厂做技术咨询

如何在粉碎机不更换锤片数量和规格的情况下调整粉碎粒度？

答：锤片粉碎机粉碎粒度主要由筛片孔径来调整的，此外调整粒度方法还有：（1）筛片：这是调整粒度大小用的。两边使用不同孔径的筛片可以提高粉料均匀度。（2）主轴转速：这也是调整粒度大小的。转速越高，粒度越小。动力不大用变频调节，动力大的调整皮带轮直径。（3）齿板：这是调整粒度的均匀性的。增加齿板可以有效提高粉料的均匀度。（4）调整锤片粉碎机的吸风量。

如何理解粉碎机筛片开孔率与通过能力的关系？

答：筛片的开孔率是指筛片上筛孔总面积占整个筛面面积的百分比，筛片的开孔率越高，粉碎机的生产能力越大。开孔率的增大有两条途径：一是增大筛孔直径，二是缩小筛孔中心距。前者将使饲料产品粒度增大，均匀性降低，后者将削弱筛片的强度。实际生产中，筛孔直径的大小是由饲喂对象决定的，因此，选择筛片时，应该首先满足产品的粒度要求，根据筛片强度再尽可能选用大孔径筛片，以提高粉碎效率、节约能耗。为了减少粉碎过程的能耗，常采用配大筛孔片粉碎物料再对粉碎产品进行分级的循环粉碎工艺。

破碎机径向拉丝辊与轴向拉丝辊配合使用与二辊都是轴向拉丝辊在使用上有什么区别？

答： 破碎机径向拉丝辊与轴向拉丝辊配合用于小粒径的高档水产饲料的破碎（水产专用破碎机），两个都是轴向拉丝辊（两轧辊辊齿加工成一定斜度，斜率一般为 1 ∶ 20）用于畜禽颗粒饲料破碎。

锤片式粉碎机生产过程中进行吸风会出现什么问题？什么原因？

答： 当系统使用一段时间后，组合式除尘器布袋严重堵塞，使风机效率大大降低，粉碎机产量降至额定产量的 70% 左右，甚至更低，生产时往外喷料，粉碎机内温度过高，电机负荷增大；车间内粉尘弥漫，工作环境恶劣，严重影响了生产的正常进行；除尘器布袋（筒）严重堵塞，振动清理无效，只有进行人工清理；吸风口选择的位置不当、风量的大小选择不当等原因，导致风机所吸的气流主要为经由提升机流入的旁路气流；绞龙出口处上升气流速度较大物料排出易受阻，经常发生绞龙堵塞等。其原因是：（1）粉碎机闭风螺旋输送机上的吸风道和除尘器的吸风截面积过小，风速过高，易带走物料；（2）由于粉碎后物料有一定的温度和湿度，加上布袋面料的选择不佳和电磁阀管径偏小，喷吹用气包容积不够，致使吸附粉尘后的除尘器较难清理；（3）所用的风机风压偏低，当除尘器粉尘吸附严重、阻力增大时，以及粉碎机内筛板孔径小，粉碎的物料较难通过并使筛板因局部堵塞而阻力增高时，风机的效率更大大降低，对粉碎机几乎形成不了有作用的负压和吸风；（4）闭风螺旋输送机的设计不尽合理，挡风板或挡风块的效果不明显，致使外面过多的空气进入，从而使粉碎机机内的风量、风压减弱，吸风效果大大降低。

使用锤片粉碎机应注意哪些问题？

答： （1）一般要求粉碎时饲料的含水率不超过 15%。试验证明，当玉米含水率从 14.3% 增到 21% 时，其生产率下降 29%，功率消耗增加 12.5%；大麦含水率从 13.8% 增到 20% 时，其生产率下降 30%，功率消耗增加 12.5%。（2）锤片速度影响很大，正常的线速度在 60 ~ 90 m/s，粉碎茎秆饲料时取低值，粉碎谷物饲料时取高值，试验证明，锤片速度过低时打击能力下降，抽吸粉料的风力也小，故生产率低，电耗增加。速度高时，粉碎能力和排粉能力加大，使生产率得到提高。但若速度过高，由于转子的鼓风作用增大，粉碎室涡漩作用加强，导致空载功率消耗增加，同时，也使物料速度过高，排出筛孔的机会减少，因此粉碎效率也相对下降；此外，如果锤片速度过高，轴承摩擦和搅动空气的功率消耗就会剧增，使单位产品能量消耗明显提高。（3）锤筛间隙不可过大或过小，当锤筛间隙较大时，在饲料中靠近筛面的饲料颗粒不易与筛片接触，受打击的机会少，同时，筛片对它们的摩擦作用也会因速度低而减弱，因此，度电产量下降，成品变粗。间隙大到一定程度时，筛面上的饲料颗粒运动速度过慢，甚至堵塞筛孔，使生产率进一步下降。当锤筛间隙较小时，外圈饲料受到锤片打击的机会多，在筛面上的饲料运动速度高，不易穿过筛孔，使摩擦粉碎的作用增大，将饲料粉碎得过细，更不利于排粉，不但浪费动力，使度电产量下降，而且成品也显过细。（4）在满足畜禽饲养要求的前提下，应尽量选用较大筛孔直径的筛片，筛孔直径对粉碎机度电产量的影响非常显著，同时，也直接影响被粉碎饲料的平均直径。筛孔直径越大，度电产量越高，但粉碎的物料越粗。一般来说，在粉碎精饲料时，筛孔直径从 2 mm 起，每增大 1 mm，生产率能提高 20% ~ 35%。反之，筛孔直径越小，饲料粉碎愈细，但机器的生产率和度电产量也显著降低。（5）喂入量要与流通于筛孔的空气流量相匹，粉碎机的型号不同，其喂入量要求也不同，它直接影响粉碎效率。当喂入量大于流通于筛孔的空气流量一定值时，物料会堆积在筛面上，造成筛孔不同程度的堵塞，饲料在粉碎机内的环流层加厚，使作用在转子上的阻力增大，导致粉碎效率下降。（6）注意机器的平衡，粉碎机是高速旋转的机器，在出厂时要经过动、静平衡试验。经过一段时间使用之后，当锤片棱角磨损到锤片宽度的 1/2 时，换边或调头必须在原位进行。轴向喂入的粉碎机初切装置的刀片磨损时也可调头使用。需更换新锤片时，要重新称配组，并保证每组质量差不超过 5g，避免影响机器的平衡而产生振动与噪声。

冠军王粉碎机有何特点？

答：（1）高效率低能耗高，最大产量达 60 ~ 75t，∮2.0 筛网产能 9.5kw/t；（2）配有去石喂料器、负荷控制仪、主轴温升测定仪、粉碎机振动测量仪、风网系统风量风压检测仪，确保粉碎机产量提升及粉碎细度保证；（3）适用于宽式粉碎机，大环流层被分隔为多个小环流层，粉碎室内物料分料更均匀；（4）组合多粉碎室，使锤片、筛板寿命得到大幅度提高，特别是小孔径筛板寿命提升尤为明显（图 82 ~ 84）。

图 82　冠军王粉碎机

图 83　冠军王粉碎机外形

图 84　冠军王粉碎机内部构造

为什么在粉碎饲料前要去石?

答:粉碎饲料前,除去铁外,还应除石,以便减少设备磨损。最新研制的去石喂料器,能自动除去原料中的石子、沙子及金属杂质,减少设备磨损,提升饲料品质,尤其适用于高档猪料、乳猪料、宠物料的加工。图85是去石喂料器;图86是国内某饲料厂仅一个班次就收集到这么多非铁杂质!

图 85　去石喂料器

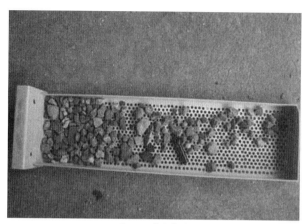

图 86　非铁杂质

锤片粉碎机为什么可安装两片不同孔径筛片? 如何安装?

答:锤片粉碎机的筛片如果由两片组合成的,则可用两片不同孔径筛片,与物料首先接触的安装正常孔径筛片,与之相对的筛片可用大一号的筛片,其目的是提高粉碎机的产量,降低生产成本,同时,粉碎后的物料粒度会更均匀一些。

锤片粉碎机与粒料初清筛筛片应如何安装? 为什么?

答:锤片粉碎机与粒料初清筛都是采用的冲孔筛片,冲孔筛片有光面与毛面之分。粒料初清筛筛片的光面应该与物料接触,有利于清理过程的物料流动,提高清理效果,而锤片粉碎机粉碎室内的物料应该与毛面接触,加强物料与筛面的摩擦,提高锤片粉碎机的粉碎效果。

饲料厂的粉碎机、制粒机在什么状态下才是高效生产?

答:饲料厂主机设备通常应在满负荷生产条件下才是高效生产,实际生产中主要根据设备运行电流来判断,粉碎机或制粒机应在动力额定电流下运行,每台电动机名牌上都标注了额定电流,操作时按此电流运行即可。如果有些饲料厂喂料时稳定差,为防止设备过载产生问题,可按额定电流的85%运行,例如,一台110 kW动力粉碎机,可在168A电流下工作(表41)。

表 41　部分电动机功率与额定电流

电机功率（kW）	额定电流（A）	电机功率（kW）	额定电流（A）
37	74	160	287
45	87	220	403
55	105	200	359
75	140	250	443
90	167	315	556
110	201	355	633

饲料粉碎机的检修要注意哪些事项？

答：（1）筛网的修理和更换：筛网是由薄钢板冲孔经热处理加工而成。当筛网出现磨损或被异物击穿时，若损坏面积不大，可用铆补或锡焊的方法修复；若大面积损坏，应更换新筛。安装筛网时，应使筛孔带毛刺的一面朝里，光面朝外，筛片和筛架要贴合严密。为了提高粉碎机筛网的出料效果，在粉碎室加速区（即顺时针旋转的正面）装的筛网，则其对面筛网孔径可增加 φ0.5，具体需按原料粉碎细度要求来配置晒网孔径。（2）轴承的润滑与更换：粉碎机每工作300 h 后，应清洗轴承。若轴承为油脂润滑，加润滑脂时以充满轴承座空隙 1/3 为宜，最多不超过1/2，超过了会使主轴承发热。作业前只需将常盖式油杯盖旋紧少许即可。当粉碎机轴承严重磨损或损坏，立即更换，并按要求在轴壳内更换润滑油，润滑油需耐高温。（3）锤片的检查与更换：锤片是粉碎机中的易损件，也是影响粉碎质量及生产率的重要部件，粉碎机锤片磨损后都应及时更换。粉碎机的锤片是对称式成组安装，当锤片尖角磨钝后，可将粉碎机反转调向使用；若一端两角都已磨损，则应调头使用。在调向或调头时，全部锤片应同时进行，锤片四角磨损后，应全部更换，并注意每组对面两块锤片重量需相等，对组总重量不得超过 5 g。主轴、锤架板、定位套、销轴装好后，应做动平衡试验，以保持转子平衡，防止机组振动。此外，当销轴磨损直径比原尺寸缩小 1 mm，锤架板圆孔直径较原尺寸磨大 1 mm 时，应及时更换销轴。

粉碎机堵塞的问题应该如何避免？

答：堵筛是粉碎机使用中常见的故障之一，可能有筛板设计上存在的问题，但更多是由于使用操作不当造成的。（1）进料速度过快，负荷增大，造成堵筛。在进料过程中，要随时注意电流表指针偏转角度，如果超过额定电流，表明电机超载，长时间过载，会烧坏电机。出现这种情况应立即减小或关闭料门，也可以改变进料的方式，通过减降喂料器来控制进料量。由于粉碎机转速高、负荷大，并且负荷的波动性较强。所以，粉碎机工作时的电流一般控制在额定电流的 85%左右。（2）粉碎室内负压不够，而导致粉碎室内的粉料通过筛板时出料不畅或风网管道出料不畅，造成粉碎机堵筛。出现因风网系统问题而导致堵筛的原因很多，如出料风管设计直径太大或过小，风管弯头过多而阻力大，脉冲喷嘴喷气压力过低，风机选配不合理，风网管道过长，风网管道泄漏等，应逐一排除原因进行整改调整，并做好脉冲布袋定期检查、清理或更换等日常维护工作，确保粉碎机正常运行。（3）锤片断、磨损大，筛网孔封闭、破烂，粉碎的物料含水量过高都会使粉碎机堵筛。应定期更新折断和严重磨损的锤片，保持粉碎机良好的工作状态，并定期检查筛网，粉碎的物料含水率应低于15%，这样既可提高生产效率，又使粉碎机不堵筛，增强粉碎机工作的可靠性。图87、图88分别为中国饲料企业家代表团在美国参观，这家年产60万t的饲料厂用的全是对辊式粉碎机，其具有省电、粉尘少、噪音小、粉碎均匀度高等特点。

图87　中国饲料企业家代表团在美国参观　　　　　图88　对辊式粉碎机

粉碎机出现轴承过热的现象应该如何解决和避免？

答： 轴承是粉碎机上较为重要的配件，其性能直接影响到设备的正常运行及生产效率。设备运行过程中，使用者要特别注意轴承的升温和轴承部位的噪声，出现异常要及早处理。（1）两个轴承座高低不平，或电机转子与粉碎机转子不同心，会使轴承受到额外负荷的冲击，从而引起轴承过热。出现这种情况，要马上停机排除故障，以避免轴承早期损坏。（2）轴承内润滑油过多、过少或老化也是引起轴承过热而损坏的原因，因此，要按着使用说明书的要求按时定量地加注润滑油，一般润滑油占轴承空间的60%～70%，过多或过少都不利于轴承润滑和热传递。（3）轴承盖与轴承配合过紧，轴承与轴配合过紧或过松都会引轴承过热。一旦发生这种问题，在设备运转中，就会发出摩擦声响及明显的摆动。应停机拆下轴承。修整摩擦部位，然后按要求重新装配。

粉碎机出现振动是什么原因造成的？该如何处理？

答： 粉碎机传动一般采用电机直接连接粉碎装置，这种连接方式简单、易维修。但是，如果在装配过程中两者不能很好连接，就会造成粉碎机的整体振动。（1）电机转子与粉碎机转子不同心。可左、右移动电机的位置，或在电机底脚下面加垫，以调整两转子的同心度。（2）粉碎机转子不同心。其原因是支撑转子轴的两个支承面不在同一个平面内。可在支承轴承座底面垫铜皮，或在轴承底部增加可调的楔铁，保证两个轴头同心。（3）粉碎室部分振动较大。其原因是联轴器与转子的连接不同心或转子内部的锤片质量不均匀。可根据不同类型联轴器采取相应的方法调整联轴器与电机的连接：当锤片质量不均时，须重新选配每组锤片，使相对称的锤片误差小于5g。（4）原有的平衡被破坏。电机修理后须做平衡试验，以保证整体的平衡。（5）粉碎机系统的地脚螺栓松动或基础不牢，在安装或维修时，要均匀地紧固地脚螺栓，在地脚基础和粉碎机之间，要装减震装置，减轻振动。（6）锤片折断或粉碎室内有硬杂物。这些都会造成转子转动的不平衡，而引起整机振动。因此，要定期检查，对于磨损严重的锤片，在更换时，要对称更换；粉碎机运转中出现了不正常声音，要马上停机检查，查找原因及时处理。（7）粉碎机系统与其他设备的连接不吻合。例如，进料管、出料管等连接不当，会引起振动和噪声。因此，这些连接部，不宜采用硬连接，最好采用软连接。

饲料粉碎设备产品型号是如何编制的？

答：见表42。

表42　饲料粉碎设备产品型号编制

品种名称	代号	型式代号	产品名称	规格数字意义
粉碎机	FS	P	锤片粉碎机	转子直径 X 粉碎室宽度
		C	锤式粉碎机	转子直径 X 粉碎室宽度
		Z	爪式粉碎机	转子直径 X 粉碎室宽度
		S	沙盘粉碎机	沙盘直径
碎饼机	SB	W	无筛锤粉碎机	转子直径 X 粉碎室宽度
		G	辊式粉机	转子直径 X 长度
		P	锤片碎饼机	容积
		C	锤式碎饼机	转子直径 X 长度

提高锤片式微粉碎机工作效果的方法都有哪些？

答：近年来，随着饲料工业的逐步发展，水产饲料也越来越被广大饲料厂看好。由于水生动物摄食量小，消化道短，消化能力差，通常要求水产饲料粉碎得相对比较细。因为颗粒越细，其表面积越大，则水生动物的消化液与之接触面积就越大，从而提高饲料的消化率，增加其饲料报酬。因此，粉碎工段在整个生产工艺中占有极其重要的地位。通常鱼饲料在制粒之前应粉碎至平均几何粒度 0.4 mm 或以下，如普通淡水鱼粉，要求全通过 20 目筛、40 目筛上物不大于 30%；河蟹、虾等饲料要求全通过 40 目筛、80% 过 60 目筛；鳗、鳖料要求全通过 60 目筛、95% 过 80 目筛。因此在水产饲料的生产中，必须采用微粉碎工艺。目前，市场中出现了很多种微粉碎机，如卧式锤片微粉碎机、立轴式微粉碎机、气流分级无筛微粉碎机及气流分级有筛微粉碎机等。对于微粉碎机来说，最为敏感也最为用户关心的问题便是其生产能力与粉碎粒度。影响粉碎机生产能力及粉碎粒度的因素有很多。粉碎粒度除与筛网孔径直接相关外，还与物料的含水率、粉碎机转速、锤片分布密度、锤片厚薄、使用的新旧程度以及锤片与筛网的间隙大小有关。而粉碎机的生产能力则与其吸风系统、粉碎工艺设计及筛网孔形状等因素有着很大的关系。因此，在使用过程中应注意综合考虑这些因素。（1）筛网孔形状：常见的普通卧式锤片粉碎机，其筛网几乎成圆形。物料被锤片高速撞击后，大多数物料的运动方向为该撞击点的切线方向，而普通筛网孔大多为冲孔形。由于筛网具有一定的厚度，同时，微粉碎机的锤筛间隙又较小，使得颗粒出筛时不可避免与筛网壁撞击后弹，造成其不能及时排出筛网，从而使其产量提不上去。近年来，出现了一种新型的微粉碎机。由于该型微粉碎机采用的筛网为独特的鱼鳞形，有效地克服了上述不足。这种被称为鱼鳞形的筛网，其筛孔突出，开孔方向与撞击点的切线方向一致，从而改善了物料运动方向与筛孔方向的夹角，有利于粉料出筛，这对微粉碎机提高产量取得了一定的效果。这种微粉碎机比其他同类型网的微粉碎机产量提高近30%。（2）二次粉碎工艺：合理的工艺流程设计，也是提高粉碎机产量的因素之一。通常饲料厂采用一次粉碎工艺，其粉碎粒度主要是通过改变筛网孔径的大小来控制。在一次粉碎过程中，根据粉碎规律，总会有一定量的细粉已达到粒度要求，但是，由于未能及时排出筛网，会在粉碎室得到多次粉碎，由此势必会加大粉碎机的负荷，造成能源浪费。鉴于此，采用二次粉碎工艺会明显地避免这一不足之处。二次粉碎工艺是在一次粉碎工艺的基础上，增加一台粗粉碎机（如立式粉碎机）和一台分级筛。在前道粉碎中，使用的立式粉碎机，其筛网孔径可以选用较大一点。经初次粉碎再筛选后，其中达到粒度要求的细粉便可直接进入下道工序，而不必再经微粉碎机粉碎。未达到要求的，进入微粉碎机中进行二次粉碎，由此可较大幅度地减轻微粉碎机的负荷。二次粉碎工艺与一次粉碎相比，虽然增加了两台设备，但是，能明显提高生产效率及产品质量，并且能耗降低。图89为美国有些饲料厂采用一台对辊式粉碎机和一台锤片式粉碎机相结合的办法来完成两次粉碎，虽然原始成本投入高，但节能实用。

图89　两次粉碎装置

安全使用农村小型粉碎机的注意事项有哪些?

答：（1）粉碎机长期作业，应固定在室内水泥地上。如果经常变动作业地点，粉碎机与电动机要安装在槽钢制作的机座上。如果粉碎机用柴油机作动力或安装在小四轮拖拉机的车体上，两者功率应匹配，即使柴油机功率略大于粉碎机功率，必须使两者的皮带轮槽一致，皮带轮外端面在同一平面上，粉碎机无论是设计在小四轮的车头或车尾，固定要稳，皮部传动部位要设防护网罩。（2）粉碎机安装完后要检查各部分紧固件的紧固情况，若有松动须予以拧紧。（3）检查皮带松紧度是否合适，电动机轴和粉碎机轴是否平行。（4）粉碎机启动前，先用手转动皮带轮或转轮，检查一下齿爪、锤片及转轮运转是否灵活可靠，壳内有无碰撞现象，转轮的旋向是否与机上箭头所指方向一致，机体润滑是否良好。（5）不要随意更换皮带轮，以防转速过高使粉碎室产生爆炸，或转速太低影响工作效率。（6）粉碎机启动后先空转2～3 min，没有异常现象后再投料使用。（7）工作中要随时注意粉碎机的运转情况，送料要均匀，以防阻塞闷车，不要长时间超负荷运转。若发现有振动、杂音、轴承与机体温度过高、向外喷料等现象，应立即停机检查，排除故障后再继续工作。（8）粉碎前应对物料仔细检查，以防铜、铁石块等硬物进入粉碎室造成事故和机件损坏。（9）操作人员不要戴手套，喂料时应站在粉碎机的侧面，以防反弹杂物、粒料打伤面部。（10）堵塞时，严禁用手、木棍强行喂入或拖出饲料。应切断动力后，将喂入室内的物料清出后，再进行工作。

选择饲料粉碎机时应考虑哪些问题？

答：（1）根据粉碎原料选择：以粉碎谷物饲料为主的，可选择顶部进料的锤片式粉碎机；以粉碎糠麸谷麦类饲料为主的，可选择爪式粉碎机；若要求通用性好，以粉碎谷物为主，并兼顾饼谷和秸秆，可选切向进料锤片式粉碎机；粉碎贝壳等矿物饲料，可选用贝壳无筛式粉碎机；若用作预混合饲料的前处理，要求产品粉碎的粒度很小又可根据需要进行调节的，应选用特种无筛式粉碎机等。（2）根据生产能力选择：一般粉碎机的说明书和铭牌上，都载有粉碎机的额定生产能力（kg/h）。但应注意几点：①所载额定生产能力，是指特定状态下的产量。如谷物类饲料粉碎机，是指粉碎原料为玉米，其含水量为储存安全水分（约13%），筛片孔径直径为1.2 mm。因为玉米是常用的谷物饲料，直径1.2 mm孔径的筛片是常用的小筛孔，此时生产能力小，这就考虑了生产中较普遍又较困难的状态。②选定粉碎机的生产能力应略大于实际需要的生产能力，否则将加大锤片磨损、风道漏风等导致生产能力下降，影响饲料的连续生产供应。（3）根据配套功率选择：机器说明书和铭牌上均载有粉碎机配套电动机的功率千瓦数。它往往表明的不是一个固定的数而是有一定的范围。例如9FQ-20型粉碎机，配套动力为7.5～11 kW；9FQ-60型粉碎机，配套动力为30～40 kW。这有两个原因，一是所粉碎原料品种不同所需功率有较大的差异，例如，在同样的工作条件下，粉碎高粱比粉碎玉米时的功率大1倍。二是当换用不同筛孔时，粉碎机的负荷有很大的影响。所以，9FQ-60型粉碎机使用直径1.2 mm筛孔的筛片时，电机容量应为40 kW；换用直径2 mm筛孔的筛片时，可选用30 kW电机，直径3 mm筛孔则为22 kW电机，否则会造成某种程度的浪费。（4）根据排料方式选择：粉碎成品通过排料装置输出有3种方式：自重落料、负压吸送和机械输送。小型单机多采用自重下料方式以简化结构。中型粉碎机大多带有负压吸送装置，优点是可以吸走成品的水分，降低成品中的湿度而利于储存，提高粉碎效率，降低粉碎室的扬尘度。（5）根据粉尘与噪音选择：饲料加工中的粉尘和噪音主要来自粉碎机。选型时应对此两项环卫指标予以充分考虑。如果不得已而选用了噪声和粉尘高的粉碎机应采取消音及防尘措施，改善工作环境，有利于操作人员的身体健康。（6）根据节能情况选择：根据有关部门的标准规定，锤片式粉碎机在粉碎玉米用直径1.2 mm筛孔的筛片时，每度电的产量不得低于48 kg。目前，国产锤片式粉碎机的每千瓦小时产量已大大超过上述规定，有的已达每千瓦/小时70～75 kg。

锤片粉碎机为什么粉碎效率不高？

答：在粉碎室内，粉碎颗粒形成物料层。当喂料量不大时，物料被转子形成的气流及离心力移向筛面，颗粒几乎不被击中。在此物料层内侧，物料由于受到撞击、碾磨、剪切而被粉碎。物料层有一定的厚度，一些已达到细度的颗粒往往因离心力较小处于料层内侧而不易排出，这部分物料常被过度粉碎，从而降低粉碎效率。若要提高锤片式粉碎机的生产效率，则均须提高物料的过筛能力，以克服排粉效率低下的缺点（图90）。

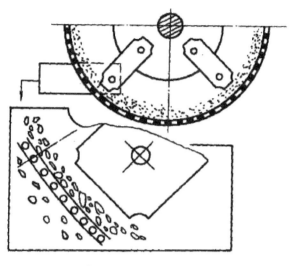

图 90   锤片粉碎机工作原理

不同种类的动物对饲料粉碎的粒度要求一样吗？

答：否。不同饲料需要进行不同的加工处理，以满足不同动物的需求。牛和羊的消化道较长而且复杂，因此饲料原料不需要进行过多的加工处理；猪的消化道较短，消化系统相对简单，因此粉碎加工程度越精细的饲料效果越好；鸡的消化道较短，但是，消化过程却相对复杂，因此，同样依赖于饲料的加工程度，但是精细度则不需要达到同猪一样。体型和年龄同样是影响饲料粉碎加工程度的因素，与成年和年老的动物相比，年幼的动物需要粉碎程度高的饲料。粉碎粒度还需要根据粉碎后的加工过程（如混合、制粒或膨化过程）进行考虑。通常细粉碎的饲料原料制粒或膨化的效果较好。饲料细粉碎过程中，会增加每吨的能耗，并且粉碎机的生产能力也会下降，因此，饲料的粉碎能力必须达到粉碎粒度和整个加工过程的要求。由于饲料成分和组成的复杂性，因此，对不同种类和不同年龄动物来说，并没有"理想的"粉碎粒度。图91简单列举了不同动物和不同饲料所需要采用的粉碎粒度范围。

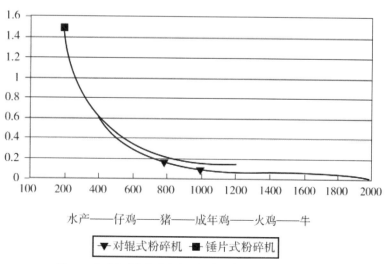

水产——仔鸡——猪——成年鸡——火鸡——牛

▼对辊式粉碎机 ■锤片式粉碎机

图 91   粉碎粒度和粉碎成本比较（以美国二级黄玉米为例）

实际生产中，对饲料粉碎的粒度有何要求？

答：当人们开始对饲料进行加工处理时，就已经研究测定和表示粉碎粒度的方法了。对于熟练的粉碎工来说，可以凭借感官来很好的控制粉碎过程，但是客观的评价标准在生产中却并不是很准确，而且也并不具有可行性。一些专业术语如"粗粉碎"、"中度粉碎"和"微粉碎"并不足以描述粉碎的具体粒度，一种粉碎机中的"微粉碎"在另一种粉碎机中可能就是"粗粉碎"。另外，界定粉碎粒度的加工过程和设备也是千差万别。其他一些因素，如原料水分含量、锤片或筛片的情况以及粉碎机的性能也都会导致粉碎粒度的差异。除此之外，原料的特性也会对粉碎的粒度和质量造成很大的影响。因此，最好的粉碎粒度评价方法就是利用筛分法，以平均颗粒粒度或以通过测定筛片的百分比为评价指标。筛分法不仅能够描述平均粉碎粒度，而且能够表示出粉碎过细或过粗的程度。这种典型的评价方法可以使生产者对粉碎粒度进行客观的度量和控制。

与锤片式粉碎机相比，对辊式粉碎机有何特点？

答：在饲料生产的总能耗中，饲料粉碎排在第二位，仅次于饲料成型过程（制粒、膨胀、膨化）的能耗。在饲料生产中，一般采用锤片式粉碎机或对辊式粉碎机粉碎原料。锤片式粉碎机是传统型粉碎机，制粒生产时采用的较多，在一些粉料生产中也广泛采用。锤片式粉碎机相对简单，并且操作和维护的技术含量较低。但是，最近饲料行业的一些变革导致人们重新开始审视粉碎工艺。能耗成本的增加、饲料质量意识的提高以及对环境的关注使生产者对锤片式粉碎机作为唯一粉碎设备的合理性产生了疑问。近年来，越来越多的注意力都集到对辊式粉碎机上，因为其在能耗、产品质量和环境保护上都具有良好的表现。近30年来，美国饲料企业的能耗成本迅速增加，与此同时，企业利润却不断下降。一个饲料厂如果每吨原料的粉碎成本节省0.1～0.5美元，那么，就会对盈亏点产生很大的影响。对辊式粉碎机的粉碎效率较高，在对同一饲料进行相同粒度粉碎加工时，比相同功率的传统"旋转式"锤片式粉碎机效率提高15%～40% t/h。另外，与老式的半筛锤片式粉碎机相比，对辊式粉碎机能耗节省效率更高（图92）。

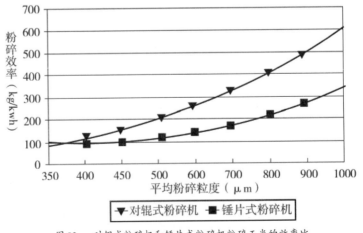

图92　对辊式粉碎机和锤片式粉碎机粉碎玉米的效率比

　　产品质量也是饲料厂关心的另一个重点。在饲料质量方面，有许多评价方法。尽管如此，饲料的物理特性（外观、手感和运输特性）仍然是影响消费者的重要因素。由于对辊式粉碎机的粉碎粒度均匀，因此，成品料的外观性状比较理想，并且低粉尘率和缺少大的粉碎颗粒使饲料具有良好的流动性和混合成型性。当饲料出仓或养殖者没有条件调制饲料时，以及饲料在运输过程中易发生分级现象时，饲料的流动性和成型性就会变得非常重要。我们也需要对饲料厂的环境因素进行特殊考虑，因为饲料生产者始终在噪音、火灾和爆炸的威胁下工作。由于对辊式粉碎机产生的粉尘较低，因此环境中的粉尘浓度就会大大减少，另外，高速的锤片式粉碎机为了达到良好的生产性能，需要配备空气净化装置。旋风除尘器和袋式集尘器在去除环境中的粉尘方面，并不是100% 有效，因此空气中的粉尘就会累积。粉尘能否成为环境问题最终还是依赖于车间环境的控制情况。由于对辊式粉碎机的转速较低，而且粉碎的方式与锤片式粉碎机不同，因此在粉碎过程中不会产生很大的噪音。在许多情况下，也就不需要对对辊式粉碎机安装封闭装置来防止生产者暴露在噪音之中。另外，与锤片式粉碎机相比，对辊式粉碎机较低的转速意味着较少的摩擦产热和较低的惯性能量损失（如锤片旋转），这样就会降低产生火花的几率，如果环境中的粉尘率较低，那么在粉碎过程中发生火灾的几率也就会大大减少。并不是每种类型的对辊式粉碎机都可以用来粉碎饲料，其必要条件就是轧辊直径在 22.86 cm 到 30.48 cm 之间，并且以不同转速工作。与压碎机和轧片机相比，对辊式粉碎机的轧辊转速相对较快，12 英寸的轧辊，其标准的外周转速范围从 1 500 m/min 到 3 000 m/min，或超过 3 000 m/min。由于对辊式粉碎机具有加工量大的特点，因此，对其轴承和轧辊质量的要求也比压碎机和轧片机的要求高（图 93）。

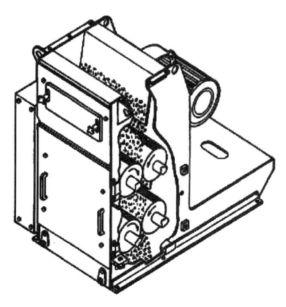

图 93　对辊式粉碎机示意图

　　标准的对辊式粉碎机工作时，轧辊转速比率范围在 1.2 ∶ 1 到 2 ∶ 1 之间。转速比率低于这个范围时，粉碎效果不好；高于这个范围时，又增加了轧辊的磨损程度。因此，在粉碎机满负荷工作时，控制好压辊转速比率对于取得理想的粉碎效果是至关重要的。

　　图 94、图 95 是两种不同类型的对辊式粉碎机；图 96 是对辊式粉碎机结构示意图；图 97 是对辊式粉碎机工作原理：上面一对粗磨，下面一对细磨。

图 94　对辊式粉碎机

图 95　对辊式粉碎机

图 96　对辊式粉碎机结构示意图

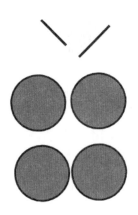

图 97　对辊式粉碎机工作原理示意图

畜禽饲料粉碎细度如何确定?

答: 一般来说,矿物质元素预混添加剂粉碎得越细,混合得越均匀,饲喂效果就越好。饲料经过粉碎之后,能增加饲料与畜禽消化液的接触面,可以提高饲料的消化率,但也不宜粉碎得过细,饲料的粉碎粒度应视畜禽的种类而异。鸡的饲料不宜过细,因鸡喜食粒料或破碎的谷物料,可以粗细搭配使用。稻谷、碎米可直接以粒状加入搅拌机,玉米、糙米和豆饼应加工成粉状料。当产蛋鸡产软壳蛋需要补钙时,喂颗粒钙较理想,即把石灰石、贝壳等磨成高粱粒大小的颗粒,在每天晚上喂最后一遍料时再加喂。由于颗粒钙在鸡体内停留的时间较长,有利于鸡体的吸收利用,故补钙效果好。仔猪以特制的颗粒饲料或碎粒饲料较好,豆类和其他能量饲料可炒熟喂给,猪饲料的粉碎粒度为 600 μm 时较好。牛、羊的精饲料的粉碎细度可超过 2 mm,因为牛羊可以反刍,饲料稍粗一点有利于反刍,提高饲料的消化率。年老牛、羊的饲料可以粉碎到 1 mm 以内,以利于消化。饲料的粉碎细度在考虑到畜禽种类的同时,还要考虑到不使谷物饲料如玉米、燕麦等粉碎过细,存放时间过久,避免产生酸败变质。

饲料原料粉碎粒度如何选择,应选用多大孔径的筛片?

答: 饲料粉碎粒度大小是根据畜禽消化生理特点、粉碎的成本、后续加工工序和产品质量等要求来确定。谷物在加工过程中过度粉碎会产生大量粉尘，饲料过度粉碎会增加家畜胃溃疡的发生率。同时，过度粉碎也会引起料仓饲料结拱现象。表43仅供参考。

表43 饲料原料粉碎粒度参考

畜禽品种	主要谷物	最佳生产性能粒度（μm）	筛片孔径（mm）	参考文献
仔猪	玉米	300～500	1.0～1.5	Healy，1994
母猪	玉米	400～500	1.5～2.0	Wandra，1995
育肥猪	玉米	500～600	2.0～2.5	Wandra，1995
肉鸡	玉米	700～900	2.0～3.0	Nir，1994
鱼类	混合料	鲤科，177	超微粉碎	王卫国，2000

粉碎粒度和粉碎均匀度对畜禽生产性能有哪些影响？

答：粉碎粒度和粉碎均匀度对畜禽生产性能的影响已经有大量的试验报道，但具体影响各不相同。饲料企业应结合加工的成本及工艺的适用性来考察对动物实际生产性能的影响。（1）粉碎粒度：Cabrera等（1994）报道，玉米粉碎粒度对蛋鸡生产性能无影响，将高粱粉碎粒度从1 000 μm减至400 μm时，产蛋率、蛋重及饲料转化率均有所提高；减少玉米、高粱的粉碎粒度不能改善4～14日龄7～28日龄肉仔鸡的生产性能。Healy等（1994）报道，对于玉米、硬胚乳高粱与软胚乳高粱，使7日龄内仔鸡0～7天增重达最高与饲料转化率达最佳的粒径分别为（700、500与300）μm；堪萨斯州立大学人员发现，将饲料粒度从1 000 μm降到500 μm时，采食组成复杂饲粮的肉鸡增重速度提高，而对采食组成简易饲粮的肉鸡则影响较小。Healy等（1994）报道，断奶仔猪饲粮粒度由900 μm减至500 μm时，饲粮加工成本的增加，小于饲料转化率提高所产生的补偿。生长猪饲粮中玉米粉碎粒度在509～1026 μm变化时，对猪的日增重无显著影响；但随粒径的减小，饲料转化率提高使生产性能达最佳的粒径范围为509～645 μm（Zanotto等，1996）。肥育猪饲粮中玉米粉碎粒度在400～1 200 μm时，粒度每减小100 μm，则饲料转化率提高1.3%（Wondra等，1995）。玉米粉碎粒度从1 200 μm减至400 μm时，泌乳母猪采食量与消化能进食量、饲粮干物质、能量与氮的消化率及仔猪的窝增重均随之提高，粪中干物质与氮的含量分别减少21%与31%（Wondra等，1995）。Ki m（1995）还发现，组成简易饲粮中玉米粒度从1 000 μm降至500 μm时，仔猪日增重显著提高，而组成复杂饲粮的猪日增重，受玉米粉碎粒度的影响较小。仔猪断奶后0～14天与14～35天饲料粉碎的适宜粒度为300 μm与500 μm（Healy等，1994）；生长肥育猪与母猪分别为500～600 μm与400～600 μm（Wondra等，1995）。Ying等（1998）报道，泌乳母牛饲粮中玉米细粉碎时，淀粉于瘤胃与全消化道的消化率及有机物于瘤胃消化率均明显提高，奶产量明显增加。Reis等（1998）还发现，奶牛采食细粉碎饲粮时，乳脂率明显下降。Yu等（1995）研究表明，将奶牛饲粮中玉米细粉碎，可明显提高饲料转化率。（2）粉碎均匀度：对辊式粉碎机比锤片式粉碎机粉碎的均匀度高（mcEllhiney，1983）。小麦用对辊式粉碎机粉碎时的转化率（Luce等，1996）与生长速度（Peet等，1997），均高于锤片式粉碎机。玉米粉碎均匀度增加时，肥育猪生产性能未受影响，饲粮干物质、氮和总能的消化率趋于增加，粪中干物质排出量减少；玉米用对辊式粉碎机粉碎，比锤片式粉碎机可提高饲粮中养分消化率，降低粪中干物质19%与氮的排出量12%（Wondra等，1995）。

为什么原料粉碎粒度差异不能太大？

答：饲料加工过程中对不同饲料成分进行搅拌混合是为了确保各种饲料原料能够均匀混合，从而能被动物有效利用。饲料混合均匀就会改善动物的生产性能，因为这样就能使动物获得充足的养分。饲料的粒度是由粉碎过程决定的，饲料原料磨得太粗，1 200 μm 或者太细 300 μm、400 μm 都不能与粒度通常为 700～800 μm 的饲料成分充分混匀，因此，必须确保不同饲料组分的粒度相当，饲料的粒度如果差异过大则在混合后容易相互分离。

饲料加工过程对于粉尘控制有何实用技术？

答：粉尘问题是饲料厂安全生产和环保工作的重点。饲料生产的很多环节会产生粉尘，如物料的输送、混合、破碎、筛分、包装等生产环节。粉尘本身无毒，但它与空气混合达一定程度，遇明火会引起粉尘爆炸。人长期处于含有大量粉尘的环境中，会严重影响身体健康。落在设备上的粉尘会影响操作，造成电器设备失灵，引起事故。因此，必须在饲料厂内采取有效措施对粉尘进行控制。控制的主要工作包括除尘风网系统的布置、设计、除尘器的选择以及日常的设备管理等。（1）除尘系统除尘点的布置：①投料口处：饲料厂的原料投入大多数采用人工将袋料倒入下料口中，在投过程中容易产生大量的粉尘，因此，可在每一个投料口单设一台脉冲除尘器，直接置于下料口的除尘罩上。这样既可作为投料吸尘，也可作为各进料提升机的机座部的吸风，实现边进料、边除尘边回收。②粉碎机处：粉碎机处如果用机械式出料，可设一台脉冲除尘器，置于出料绞龙反向端，兼有除尘和吸风两种功能。注意在安装时绞龙出口处要闭风，防止漏风。粉碎机进口可有二次进入，以保证粉碎机在不同孔粉碎时有足够的风量能过粉碎室，还解决了闭风器的堵塞问题，提高了系统的可靠性。这种方式也适用于目前饲料厂对不良粉碎机辅料吸风系统工艺的改造工程。③小料添加处：小料因为量少，在混合机中需单独添加。这部分物料由于粒度细，虽然量小仍易造成粉尘飞扬。对于小型饲料厂，可以此设一除尘点；对于大中型饲料厂，可设一小型除尘器。这既可避免组合风网中的交叉污染，又可使吸走的粉料直接回到混合机中，防止了小料损失，从而有效地保证饲料的质量。④料仓群处：大中型饲料厂各种料仓筒体较高，物料进仓时造成粉尘飞扬，应设置负压设施对其进行处理。对于组合的料仓群体，不可能每个料仓都设吸尘器，对吸尘点的选择应根据所处位置具体确认，但在各料仓的上部应实现连通。所设吸尘点通过上部空间将各仓上扬的粉尘收集起来。一般的做法是在待粉碎仓设一个点，配料仓设两个点，待制粒仓设一个点，成品仓设一个点，组合到各自的除尘风网中，吸风量可根据料仓大小来确定，然后配置合适的脉冲除尘器。⑤斗式提升机处：在万吨级以下的机组中，一般在机头，即卸料处进行吸风，防止尘土飞扬。对于大型较高提升机，应采用投料和卸料处同时吸风，且并入组合风网，以减少风网长度，减少沿程阻力。具体设计时可分别处理，即可将机头的吸风组合在集中网中，机座的吸风则分别进入邻近的除尘装置中。⑥其他地方：在原料清洗、冷却器以及成品打包处，也应根据需要设计吸风点且并入组合风网中。（2）除尘系统布置原则：①各吸尘点：应达到一定的吸风量和风速，吸风量一定，吸口越大风越小，吸口越小风速越大。对于每一个具体吸尘的吸尘点所需的风量和风速有一个范围，在满足控制粉尘的情况下尽量减小风量、风速，以节约能耗，并防止房间形成真空。比如，粉碎机处，适宜吸风量在 2 300～2 800 m³/h，风速在 2.5 m/s，在每一个吸风口管合适的位置需安装控制阀门。②管路布置：一般来说，每一个饲料加工车间都有一个中央除尘器，有的除尘点与距离比较长。工艺路线比较长的，风管应尽可能垂直敷设，减少弯曲及水平管段数量，缩短水平管段长度，以防粉尘积管道堵塞。管路的接口要防止漏风。③独立风网的设置：高浓度微量组分宜用独立风网。它的吸风尘降物料不宜直接加入配合饲料中，应稀释后采用小比例加入。④吸口布置：吸尘装置的吸口应正对灰尘产生最多的地方，吸风方向应尽可能与含尘空气运动方向一致。但为了避免过多的物料被抽出，吸口不宜设在物料处在搅动状态的区域附近，或粉料的气流中心。吸风罩的收缩角一般不大于600，保证罩内气流均匀。（3）除尘设备类型选用：在同一个饲料厂中，除尘设备的选用型号不宜太多，应尽量一致。目前，我国生产除尘设备的规格较多，普遍使用的有系列脉冲除尘器和机械震打除尘器，它们的工艺布置灵活、占地面积小、过滤面积大于90%，同时箱体拆卸和布袋更换方便，风机与脉冲除尘器尘组合一体，缩短了风除尘，可采用 TDF 型高压电阀，其放气量增大，除尘效果好，进风口置于灰斗上，避免了含尘空气的积尘要定期清理，滤袋的破损情况要定期检查。工作时检查门及风管是否连接严密。脉冲除尘器在使用时先启动空压机，待气包内压力达到 0.5 ~ 0.7 MPa后再启动风机。内部的脉冲阀膜是要定期清洗。关机顺序是，先停风机，再停空压机或振打电机，以保持滤袋在每次停机后清洁干净。对沉降在车间内和机器上的积尘，比较好的方法是采用积尘清扫系统清扫，防止二次尘化。

如何预防饲料厂粉尘爆炸？

答：（1）粉尘控制：对于易产生粉尘的设备和装置，加强密闭，注意改善吸尘效果，以防止粉尘飞扬；消除和防止粉尘积累，在产生粉尘较多地方，加强巡视，及时清扫；控制散装原物料装卸时产生的灰尘。（2）火源控制：加强管理，严禁将明火和易燃物品带进车间和筒仓内；防止金属物落入高速运转的机器设备中因冲击摩擦而起火，在工艺流程中适当位置必须加磁选装置；工厂内的电器设备、电器通讯系统以及照明装置应选用防爆型，以防止静电火花引起粉尘爆炸。线路设计要安全可靠，防止受潮漏电或短路起火；防止斗式提升机故障和摩擦起火而引起粉尘爆炸事故。在安装设计时应予以重视，多采用塑料斗；在有粉尘产生的场合下工作的轴承，应注意对轴承温度检查，以防止轴承过热；对于易产生静电的设备，如硬塑料管道，薄板贮仓等应给予接地保护；严格实施动火作业程序；消防器材分布合理可用。

饲料混合均匀度差是什么原因造成的？

答：（1）混合时间过短。（2）配料顺序不对，一般配比大的先入，密度小的选入，微量元素放后混合 20 s，糖蜜、油脂等液体添加物方可加入。（3）混合量过多或过少，最小不能低于主轴，最大不要浸没浆叶。（4）混合后进行输送产生分级。（5）设备缺陷：螺带或外壳体之间间隙过大；浆叶角度不适合或浆叶上附着残留过多，主轴上杂物较多；速度不足；混合气门漏料；有混合死角。

什么原因使双轴桨叶式混合机产生漏料？如何调整？门体漏料如何解决？

答：（1）缸气压不足，应该加大气缸气压；（2）缸体与端盖间漏气，要考虑密封圈损坏，更换密封圈；或者润滑不良，要检查油雾器是否失灵；（3）密封条老化，需要更换；（4）料门变形，校正或修理料门；（5）料门关不到位或料门积料，调整行程开关位置或清除积料；（6）有可能是缓冲气泡（储气筒）的容积偏小所致，一旦用气时气压下降太快，加大缓冲罐的容积，则可以保证气压的平稳。混合机出料门采用立体的四周为坡面打开门，它们的密封主要是由固定在机槽四周的密封条来保证，当混合机关门时，门体四周紧贴密封条；出料门的开关主要是由气缸推动连杆机构来完成的，如混合机门漏料，可先打开侧面观察孔观察漏料情况和位置，根据不同的位置采取相应的调整方法，首先检查三联件的压力，要求在 0.5 MPa 左右，检查是否因压力过低导致关门不到位，而造成的漏料；如出现局部漏料，可通过出料门的连杆机构和气缸的螺杆来进行"顺时针"或"逆时针"调整。调整螺杆时先将门打开，松开螺杆的锁紧螺母，如果螺杆顺时针旋转，混合机门向外微微打开，关闭混合机门体后此时门体四周为密封胶条的依靠点，这时的连杆机构的 3 个销轴应在一条直线上，进行密封条位置的调整，但不能将密封条压得过紧，避免下次关门时造成门体不到位漏料或降低密封条使用寿命，之后加入流动性较好的原料进行测试。另外混合机使用较长时间后，密封条老化破损造成的漏料，需及时更换，方法如上；气动三联件的油杯中应保持足够的润滑油（缝纫机油或变压器油），气缸使用时间过长及维修保养不善，使气缸密封圈漏气，造成混合机门体关不到位，有时会发生假到位现象（即连杆机构的 3 个销轴不在一直线上），当混合机内有物料时，导致门体波动而漏料，此时应对气缸进行很好的维修。

混合饲料时突遇停电应如何处置？

答：首先是关闭电源，等电源来了之后把混合机里的饲料放出来，然后通过工艺管线重新进入混合机混合，如果来电了接着打开混合机混合会对混合机造成很大的损害。特别是添加液体的混合机启动阻力较大，甚至会损坏电机，桨叶式混合机可能会扭断主轴，设备都是不可以负载启动的。

目前饲料生产的混合机能用于添加糖蜜吗？

答：目前，桨叶式混合机可用于添加糖蜜，但添加量不能超过 2% ~ 3%，与脂肪和其他液体从卧式混合机上部添加正好相反，糖蜜是从卧式混合机下面以可控速率注入，这样可使吸收时间最大化。如果条件允许，可在主混合机下安装一台高速专用混合机用来进行糖蜜添加，其效果会更好。

生产预混合饲料与畜禽配合饲料的混合机有什么差别？

答：生产预混合饲料与畜禽配合饲料的混合机有以下几点差别：（1）使用材质不同，畜禽配合饲料的混合机可以采用碳钢材料，而生产预混合饲料的混合机需用不锈钢材料；（2）混合均匀度要求不同，用于配合饲料生产的混合机要求 CV ≤ 7%，而用于预混合饲料生产的混合机要求 CV ≤ 5%；（3）排料门开启角度要求不一样，用于预混合饲料的混合机开启角度更大，以防物料残留（图98 ~ 99）。

图 98　预混料混合机　　　　　　　　　　　图 99　双轴高效混合机

饲料生产时为什么要加水？如何加水？

答：原料粉碎，物料储存，导致物料的水分降低，混合后物料水分过低，生产时在混合机内加入适量水分。加水只用于要进一步进行制粒或膨化加工的粉料，最终产品是粉料的则不应加水。粉体的含水量对颗粒饲料的产量、产品质量有较大的影响。在混合过程中加入适量的水，有利于颗粒的加工，混合工艺中应设置水添加装置。但要注意防止物料发生霉变，适量添加防霉剂和充分雾化是关键。另外，在混合过程添加表面活性剂，使添加的水分与原料内的水分形成结合水，则不易发生霉变（图 100 ~ 101）。

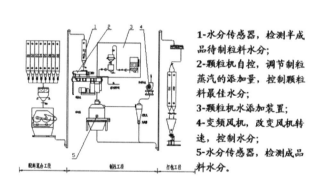

1-水分传感器，检测半成品待制粒料水分；
2-颗粒机自控，调节制粒蒸汽的添加量，控制颗粒料最佳水分；
3-颗粒机水添加装置；
4-变频风机，改变风机转速，控制水分；
5-水分传感器，检测成品料水分。

图 100　一种自动控制添加水的装置示意图

图 101　在没有安装自动添加装置时，可在混合机边上安装人工加水装置

饲料生产中手加料应如何管理及控制？

答：依据生产科长下达每天的生产计划，主控员下达填写每个品样的配方及生产批次；手投员依据配方列出所需添加剂、预混料领用单，一式两份，经主控员审核后，送交原料库，领用添加剂、预混料，一份留存备查，一份由原料库保管员按照此单发货，并留存做出库票据；手投员做好添加剂、预混料的接收工作，运送过程中，使用升降机严格执行使用规程严禁袋子刮烂，遇到预混料、添加剂散落要及时回收，添加剂要按照指定的区域放置整齐，袋子正面朝上，并挂上存放卡，加以标识；配料前，手投员要查看一下配方，熟悉一下所用的预混料，并且检查一下配方是否有疑问，校对电子秤是否准确；无误后，按照配方中预混料、添加剂的重量在小黑板上填写每一秤的重量，在操作时要计量在标准范围内，配足每一批的重量；每一批手加料配制完成后，填写手加料记录卡。每一种添加剂有一个卡，注明名称、重量、生产日期、配方品种，再附一个该批料的配方总卡，说明配方品种、配方日期、生产日期、添加剂名称及重量，批批挂卡；在配制过秤时，对有异常的预混料、添加剂要及时报告，通过主控员、品控员、生产科长做相应处理；配料区域内的卫生要随时打扫，地面保持清洁；预混料要执行先进先出的原则，剩余的添加剂要放置在指定的位置；手投员、品控员要经常抽查手加料配制的重量，并做抽查记录；手投员将配制好的手加料，按生产顺序分放在手投口处，每个品种有标志，每批有卡；主控员开始生产，准备生产某个品种写在白板上，手投员将所需生产该品种的手加料记录卡呈送给主控员核实，核实无误后准备投料；手投料指示灯红灯亮时，开始投料，每一批投完后按键确认，这时绿灯亮，确定该批次的手加料投入完成；每个品种生产前将记录卡送给主控员核实，每一批结束后，做投料时间记录，填写报表；手加料记录卡主控员要留存备查；在生产不同的品种时，要清理混合、手投料系统，并用玉米粉洗仓；生产结束后，手投员要盘点库存，账物卡相符；应彻底清扫工作区域的卫生，设备卫生，小料库卫生；做好交接班工作，并做记录。

生产饲料时混合时间如何确定？

答：饲料生产厂家在饲料生产时，通常使用混合机生产厂家推荐混合时间，但是，各个饲料生产厂家生产的品种不同，使用的原料加工物理特性也不同，因此，混合时间应该有差异，最有效的方法是采用混合曲线来决定混合机的生产周期（混合时间），这对于保证混合产品的质量和产量起十分重要的作用。

饲料混合设备产品型号是如何编制的？

答：见表44。

表44　饲料混合设备产品型号编制

品种名称	代号	型式代号	产品名称	规格数字意义
螺旋混合机	LH	Y	叶带卧式螺旋混合机	容积
		J	桨叶卧式螺旋混合机	转子直径 X 长度
		D	多轴卧式螺旋混合机	轴数 X 转子直径 X 长度
		X	行星立式叶带卧式螺旋混合机	容积
		L	立式螺旋混合机	容积
		D	多轴立式螺旋混合机	轴数 X 转子直径 X 长度
滚筒混合机	GH			容积
气流混合机	QH			
糖蜜混合机	TH		桨叶糖蜜混合机	
予混合机	YH			

饲料混合机有哪些常见问题？

答： 动物饲料基本上是将多种原料成分混合而成的配合饲料，因此混合机的混合性能直接关系到饲料质量的好坏。国家机械行业标准中规定预混合饲料的混合均匀度应≥95％，配合饲料、浓缩饲料的混合均匀度应≥90％。目前，国内混合机的型式有桨叶式、螺旋锥式、转鼓式、立式、犁刀式、螺带式等等，在海水网箱养殖中，需要添加小杂鱼浆等，在选混合机时功率要适当加大。质量差的混合机主要表现在：（1）混合均匀度达不到标准要求，说明混合后饲料的营养成分不均衡，可能影响动物的生长，这是混合机设计不合理所致。（2）自然残留率高，是指混合结束自动卸料后，混合机内饲料残留量大，易引起不同饲料间的交叉污染，而且残留物变质后易引起细菌繁殖。这也是设计制造及选用不合理造成的。（3）吨料电耗超标，增加生产成本。（4）混合机排料口或其他结合处不密封造成粉尘及原料的泄漏、粉尘超标（图102）。（5）安全性差表现在无传动防护装置、无除铁装置、无安全警示标志等。

图102 印度尼西亚某预混料厂混合机漏料的情况

如何保养及维护粉碎机？

答： （1）粉碎机轴承每使用500 h应清洗一次，同时，更换新润滑油。（2）每班结束工作后清理粉碎机去铁装置上吸附的铁杂质和除尘布袋上的灰尘，粉碎机和搅拌机内均不应有存料，清理地面，防止物料埋没搅拌机下轴承。（3）应经常保持电控柜内、外部清洁，防止电器失灵。（4）粉碎机每使用150～200 h应打开上机体检查粉碎机转子、锤片、筛片磨损情况。当锤片的一个棱角磨损到超过锤片宽度中心线时，应调头使用。4个角全磨损后，应换装新锤片。无论是调换棱角还是换新锤片，必须同时调换对应两组锤片，不允许只调换一片或几片。调换锤片棱角时，每个锤片原来在销轴上的位置不得改变。换新锤片时必须严格按照排列图的排列位置进行，以避免粉碎机强烈震动；要对每组新锤片进行称重，径向相对两组锤片的总质量差不得超过5 g，销轴视磨损情况酌情更换。（5）粉碎机风机壳体叶片长期使用后有可能磨损出现孔洞。若磨损不严重，可以修补叶片或壳体上的孔洞。但修补后的叶轮应重新进行静平衡。（6）粉碎机筛片破损不严重时可从底面进行修补；若破损严重应换新筛片。安装新筛片时，注意筛片与筛道贴合紧密，防止漏料。

如何提高颗粒饲料产品水分含量？

答: 可以考虑在混合机内添加水分。目前常用的是水自动添加系统,适用于向混合机内添加水,使粉料的水分增加,解决饲料厂原料水分过低,生产成本过高等问题。水添加系统主要由不锈钢储水罐、防锈电磁阀、水泵、防锈流量计和智能流量仪等组成,喷水量和喷水延时时间可在智能流量仪上设定。该系统采用先进的微电脑自动控制技术,具有自动化程度高、添加比例准确、控制可靠、操作方便等特点,但对混合机内喷嘴的要求很高,必须达到完全雾化,才能确保均匀添加。建议水分的添加量在 2% 以内,制作商品料时,应添加乳化剂和防霉剂(图 103)。

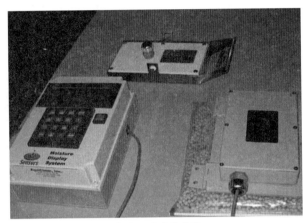

图 103　水分传感器

粉料成品料由提升机进入成品仓时落差太大而产生离析导致混合均匀度下降,如何解决?

答: 粉料饲料成品在生产加工及运输过程中,由于各种原料容重、粒度等不同,受空气阻力和重力的影响,在下落和振动中易产生一定的分级,而此类分级往往表现在饲料中各种添加剂的分级,从而影响饲料产品的质量。减少分级的方法较多,主要有:(1)选择理想的载体、稀释剂与吸附剂: 在生产添加剂预混料或复合预混料时,应根据添加剂与预混料特点选择适宜的载体、稀释剂与吸附剂,以减少分级现象,选择要考虑其粒度、水分、容重、pH 值、流动性等。(2)合理混合:产品生产混合时,应根据混合机、添加剂、载体或稀释剂及吸附剂特点,准确确定添加顺序、混合时间,以减少预混料的分级。(3)添加油脂: 适量油脂添加不仅可以减少粉尘,防止静电,提高能量,并能提高物料对微量添加成分的承载性,从而可以减少分级。(4)缩短后段工艺流程:针对预混料生产,在物料混合后,为减少分级,可采用缩短混合后段流程的方法,降低料仓高度,避免采用振动性高的设备,也可采用直接打包。(5)料仓改进:针对配合饲料、浓缩料等,可缩短粉料仓高度、或在生产同种料时不要把料仓放空,也可在料仓下料口加导流板,降低下落速度,防止粉料直接下落。(6)饲料进入到料仓后,在其出口处下方加装之形淌溜料道(角度在 50°~55°),直到接近仓锥斗,或在饲料进入到料仓后,在其出口处下方加装布料器,使物料较为均匀进入料仓。以上方法可减缓粉料落差太大所产生的分级现象,使混合均匀度保持在较好的范围内。

饲料混合时物料添加顺序对产量质量有何影响?

答: 饲料混合生产时添加的原料有固体与液体原料,由于原料种类的不同,添加的要求有差异,如果不注意原料添加顺序,会影响产品混合均匀度。对于固体原料之间的混合,一般是配比量大的组分先加,然后将少量及微量组分置于物料上面;物料粒度差异较大时,粒度大原料先加入混合机,而粒度小的则后加;物料的密度亦会有差异,当有较大差异时,一般是先加密度小的物料,后加密度大的物料。另一种更科学的添加方法是将80%配比大原料先加入混合机、然后将微量组分加入,最后将余下的20%配比大的原料加入,覆盖在微量组分上面,因为微量组分添加量小、粒度小、容重轻,易产生飞扬损失。当液体与固体混合时,其添加原则是液体原料不首先与微量组分接触。添加方法有两种:(1)大宗原料与微量组混合均匀后添加液体组分再混合;(2)大宗原料与液体组分混合均匀后再添加微量组分进行混合。

对各种饲料混合机的变异系数有什么要求?

答: 用于配合饲料、浓缩饲料、精料补充料的混合机变异系数 $CV \leqslant 7\%$,用于生产预混合饲料,必须有单独的不锈钢搅拌机,且混合均匀度的变异系数 $CV \leqslant 5\%$。

饲料成分差异性特点对动物生产有何影响?

答: 在饲料生产中,即使按动物饲养标准的要求设计并严格按配方投料生产后,若经仔细检测就会发现,成品中各批次与各样品之间的质量是有差异的,虽然是同一工厂、同一配方,其差异也不可避免。若产品经多次抽样测定后,以成分含量为横坐标,测定结果频度为纵坐标,其结果呈正态分布,可以由平均值 ,标准差 S 或差异系数 CV(S/ ,%)来加以描述。但必须注意的是,此处的 CV 值是

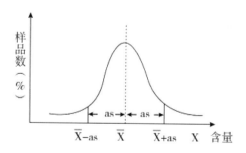

图 104　样品中成分含量正态分布图

表示该成分的差异系数,所以,和我们通常所说的混合均匀度测定 CV 值有一定差别,一般而言当成分含高于混合均匀度测定的指示物含量时,其 CV 值要低于混合均匀度 CV 值,反之则高(图104)。我们可以在测定混合均匀度时,对每个样品中的各个相关成分同时进行测定,然后计算出每个成分的不同 CV 值与混合均匀度 CV 值进行对比,以后可以根据混合均匀度 CV 值来校正各成分的不同 CV 值。根据正态分布理论,虽然每个正态分布形状与位置不同,但曲线与横向轴面积均为1,各个系数 a 值所对应的 ±aS 间面积相同,例如,a 值为1.64时其对应的面积为0.90,a 值为1.96时其对应的面积为0.95。饲料成分差异过大时会使畜禽在采食时日粮中的组分量偏高或偏低,从而可能导致饲用效果不理想或下降,对于饲养的影响则因成分不同而有不同的影响,如脂溶性维生素及某些矿物元素,因在动物体内存在或多或少的贮备,故差异性的影响相应较小,但是必需氨基酸以及有关的蛋白水平、水溶性维生素的含量等,以每日每只动物计,最好要保持

均衡的供应。特别是当这些物料在饲料中的含量或添加量相对较少时，而易成为畜禽生产的限制因子，均衡供应就显得格外重要。对于某些安全用量范围较窄的微量组分而言，如微量元素硒等，差异性过大易引起动物中毒而产生对生产性能的影响。

什么是添加剂预混合饲料？

答：添加剂预混合饲料（预混料）是指两种或两种以上饲料添加剂加载体或稀释剂按一定比例配制而成的均匀混合物，在配合饲料中添加量不超过10%。预混料是配合饲料的核心，是饲料科技水平高低的具体体现。预混料再加上一定比例的能量饲料（如玉米、稻谷粉等）、蛋白质饲料（如鱼粉、豆粕等）和矿物质饲料（如石粉、磷酸氢钙、食盐等）便成为自配的配合饲料。

预混料的种类有哪些？

答：（1）单项预混料：一些添加成分在进入定型预混合之前，已经加入载体和稀释剂，成为高浓度预混料。如维生素 A 等，不仅加有载体或稀释剂，而且还加入防结块剂、防潮剂、抗氧化剂、稳定剂等。（2）微量元素预混料：按照一定的配方，将各种微量元素原料加入载体或稀释剂，预混成为微量元素预混料，以提供给配合饲料厂和饲养场配合饲料用。（3）维生素预混料：将多种维生素（胆碱除外）加工成为维生素预混料（复合维生素或多维）。（4）综合性预混料：按照一定的配方设计，将各种微量元素、维生素、氨基酸和一些常量元素加上载体和稀释剂，制成综合性的预混料，以提供不具备预混条件的小型饲料厂或饲养场，按照比例配合到饲料中。这种预混料储存时间不宜过长。

添加饲料添加剂的加工工艺有哪些？

答：饲料添加剂的加工技术，是配合饲料加工技术与医药化工加工技术相互渗透、相互结合而产生的一项新技术，它要求达到高效、低耗、无交叉污染、能连续生产的程度。（1）饲料添加剂预混料的加工工艺流程如下图。

稀释剂
↓
稀释←溶解←计量←碘、钴、硒等
↓
载体及添加剂原料→烘干→粉碎→筛粉→计量→混合→成品

（2）工艺要点：选择添加剂原料的要求是：①动物吸收利用率高，生物学效价高；②有害重金属含量符合规定标准；③适口性好，无不良异味；④不易吸潮结块；⑤不易氧化分解；⑥无静电感应，流动性良好；⑦粒度符合要求；⑧纯度达到饲料级要求；⑨来源广泛，价格合理；⑩在动物体内无残留，对人体无害。（3）载体的选择与加工：选择载体要能对微量元素成分起到稀释作用，而且要有良好的表面特性和水载能力，使微小添加剂成分的颗粒能进入载体的凹面，孔穴内还应具有散落性、流动性、化学稳定性等好的特性。一般选择三级粉、糠饼粉等作载体。载体的水分要在10%以下，细度在30～80目之间。（4）稀释剂的选择和加工：稀释剂要求具备化学稳定性，不和被稀释的各种微量元素发生化学反应和生物拮抗作用，其次为容重相似性，即被稀释组分的容重约等于稀释剂的容重、约等于载体的容重。碳酸钙作稀释剂，其容重为2.7g/m^3，并且其成本低、来源广泛，动物能很好地作为钙源利用。（5）有毒微量元素的处理：硒、钴、碘等微量元素有较大毒性，饲料中局部地方超量，就可使动物中毒，有时必须特殊处理，通常采用水化预处理，把以上3种元素制剂，称好后溶在一定温水中，然后喷到经过细化处理的稀释剂上，再混合均匀，干燥、粉碎、准备配料。（6）干燥：添加剂原料中往往含有超量水分，需要进行干燥处理，通常采用可调温的电烘箱作干燥设备，经过干燥处理的添加剂，可以延长保管期限，有利于粉碎加工。（7）粉碎：生产添加剂所需的各种原料都需要粉碎，对于硒、钴、碘3种元素的稀释剂，采用球磨机生产。（8）把粉碎的各种原料筛分：使用振动筛将产品筛分到所需的细度，筛上的粗粒重新进行粉碎，筛分应用集中在两个方面，一是对原料中的杂质进行清理，二是将原料或产品按粒径进行分级，包括原料杂质清理、粉碎物料分级、制粒前的粉料杂质清理、制粒产品的分级。（9）配料：一般采用人工配料，专人负责，专人校核，使用一定精度的天平或台秤，有的使用电子计量器。（10）混合：采用高速、密封的混合机，要求机内残留物不超过0.3%。加料顺序是先放载体，然后加进微量成分，混合时间10～15 min/批。（11）包装：饲料添加剂计量装袋时，要求质量精度标准到1/500，封口严密，无漏料，附有产品质量检验合格证，注明适用对象、添加量和使用方法。

钴、碘、硒预混剂的加工方法？

答： 对于极微量成分的添加，为了使泊松分布中极微量成分的随机分布差异降到3%以下，一份样品中应有900粒以上该组分的细粒，这就在理论上要求极微量成分必须被粉碎到足够的细度，一般如极微量成分在配合饲料中添加量在1 mg/kg左右时，其细度要求在200目以下。由于"液体喷洒工艺"和"液体吸附工艺"存在着合适吸附剂选择、计量精确性、物料烘干、工艺烦锁及安全性较差等诸多问题，在实际使用过程中其结果总是不尽如人意。微粉碎和超微粉碎则由于设备投资大，粉尘多而造成一定的损耗，且一般达不到所要求的粉碎粒度。可考虑采用球磨的办法进行加工，物料在球磨加工后其粒度经测定可达到200目以下，在粉碎加工时加入某些辅助剂如稳定剂、助流剂、助粉碎剂等后添加物预混剂稳定性好，且此法设备价格低廉、工艺及操作简单、计量精确、无粉尘无损耗，生产批量可根据球磨机的不同规格而灵活改变，从数十克至数十千克均可。

液体喷洒工艺：极微量元素添加物→溶于水中→直接喷洒于载体上→混合制成添加物"高浓度"预混剂→烘干→粉碎→稀释混合→制成"普通"预混剂

液体吸附工艺：极微量成分添加物→溶于水中→吸附在合适的吸附剂上→烘干→粉碎→稀释混合→制成添加物"高浓度"预混料剂→稀释混合→制成"普通"预混料

球磨粉碎工艺：极微量成分添加物、辅助剂、球磨球、球磨坛→烘干干燥→球磨→稀释混合→制成添加物"高浓度"预混剂或"普通"预混剂

如何选择复合添加剂预混料以及使用时的要点？

答： 预混料中含有畜禽生长发育所必需的维生素、微量元素、氨基酸等营养成分及药物等功能性添加剂，规格大多为1%～5%，养殖户购回后，只需按照推荐配方，选用优质原料，经过粉碎、混合，即成为全价饲料。只要合理使用，预混料就可保证饲料质量，同时降低生产成本，在实际生产饲料中，应注意如下事项：（1）慎用选料：目前预混料的品牌繁多，质量不一，预混料中的药物添加剂的种类和质量也相差甚大，所以选择预混料不能只看价格，更重要的是看质量，要选择信誉高、加工设备好、技术力量强、产品质量稳定的厂家和品牌。（2）专料专用：不同的预混料是根据不同畜禽的不同生长发育阶段的营养需要所配制而成的。在使用时，所饲养的畜禽品种及生长发育阶段要和预混料适用范围一致，即专料专用，不可混用，不可通用。（3）严格按规定剂量使用：预混料的添加量是预混料厂按不同畜禽种类、不同生长发育阶段设计配制的，特别是含钙、磷、食盐及动物蛋白在内的大比例预混料，使用时必须按规定的比例添加。如果不按规定剂量添加，就会造成动物营养不平衡，不仅增加了成本，还会影响畜禽的生长发育，甚至出现中毒现象。（4）合理使用推荐配方：养殖户所购买的预混料，其饲料标签或产品包装袋上都有一个推荐配方，这个配方是一个通用配方，能备齐推荐配方中的各种原料的养殖户，可按推荐配方配料。也可充分利用当地原料优势，请预混料生产厂家的技术人员现场指导，不要自己随意调整配方，否则会使配出的全价饲料营养失衡影响使用效果。（5）把握饲料原料的质量：预混料的添加量仅有1%～5%，而95%～99%的大部分成分是饲料原料，因此原料质量至关重要。（6）注意原料的粉碎粒度：粒度较大的原料，如玉米、豆粕，使用前必须粉碎，猪饲料粒度为500～600μm为宜。（7）饲喂的饲料混合均匀度变异系数通常不得大于10%。（8）正确饲喂：预混料不能单独饲喂，必须按配方混合后方可饲喂，不能用水冲或蒸煮后饲喂。更换料时要循序渐进，尽量减少换料引起的采食减少，生长下降等应激。（9）妥善保管：预混料中维生素、酶制剂等成分在储存不当或储存时间过长时，效价会降低，因此，应放在遮光、低温、干燥的地方储藏，且应在保质期内尽快使用。

预混料制作时应注意哪些内部潜在的化学反应？生产中如何控制？

答： 在饲料生产中，预混料是最核心的部分，预混料质量的好坏，直接影响配合饲料的饲喂效果。为此，预混料设计者不但要使预混料营养价值全面合理，避免使用有害物质原料，又要尽量减少使用虽无害但可能在加工、储存和使用过程中出现问题的原料。比如，氯化胆碱容易吸湿而造成预混料易结块、维生素和微量元素间易发生反应而造成维生素失效、微量元素易吸湿等。但是实际生产中又需要使用这些原料，因此，如何控制预混料各原料间发生反应，使它们各自的生物利用率达到最佳，是提高预混料质量的一个重要环节。控制措施有：（1）限制含多个结晶水的硫酸盐和氯化物用量：为使动物更好利用饲料，饲料中一般均添加矿物质原料。矿物质的硫酸盐和氯化物生物学利用率高，所以在饲料工业中得到广泛应用。随着这些化合物应用范围的不断扩大以及添加的比例增大，与矿物质有关的相互反应问题，也越来越受到人们的重视。例如，虽然带结晶水的硫酸镁在一般环境中是稳定的，但在需要水而形成更稳定的带结晶水化合物存在的情况下，就不稳定了。这种需水化合物之一就是一水硫酸铁，它可使带结晶水的硫酸镁失去结晶水。

预混料中所用的所有硫酸盐，都应该选用带最稳定的结晶水形式的硫酸盐。其次，预混料中的化学反应可导致结块和颜色改变。为了减少这类反应的发生，许多人认为在预混料中应限制使用硫酸盐和氯化物，用在自然界比较稳定的矿物质，如碳酸盐和氧化物代替。矿物质大多来源于自然界的岩石，人们也许以为这种矿物质是惰性的无机物质，不易被动物利用，但实际上也有一些矿物质表现出很好的生物学利用率。碳酸钙和碳酸铁经过加工后，具有较高的生物学利用率。其他化合物如氧化锌和氧化铜，则需要进一步加工除去其中杂质。（2）选用适当的载体：维生素稳定性差、容重低，在维生素预混料中，应以保持维生素的活性为主要目的，选用粗纤维含量低、容重小、pH 值接近中性、化学性质稳定、表面粗糙、水分低（一般低于 9%）的物质作载体，如胶质米糠、次粉、干酵母、细糠粉等。微量元素预混料载体，应选用化学性质稳定、比重与之相近的物质，可选用二氧化硅含量高达 60% 的沸石粉。因为此类易搅拌均匀，搅拌摩擦不易发热，可避免上述化学反应，且价格低。虽然米糠、麸皮等这类产品容重小，不易与微量元素等比重大的添加剂混合均匀，但其表面粗糙，承载力强，一旦承载混合完成，不易发生分离。复合预混料的载体以脱脂米糠为最佳。（3）合理储存，单独保存矿物质添加剂或维生素添加剂：许多矿物质对维生素有破坏作用，如铁、碘、铜、锰、锌等化合物可使维生素 A、维生素 B_6、维生素 K_3 和叶酸的效用降低。目前有两种较好的办法可使预混料中维生素降解达最小：一是利用维生素特别配制和包被来减少降解；二是尽量减少维生素和可反应矿物盐的接触时间。（4）避免在较热和湿度大的空气中保存：预混料结块经常是由于混合物吸湿造成的，几乎所有的水溶性物料，都有能力使水成为它们化学结构的一部分。这不是指游离水，而是指以化学键的方式结合的结晶水。混合物中添加结晶水多的硫酸盐和氯化物，可使其变得易结块和发硬。如果硫酸盐和氯化物所带的结晶水数，少于它们所含的最多结晶水数时，这类物质表现为极易吸潮。其他物料中的自由水和潮湿空气中的水分就容易被这些盐类吸收，造成结块。当预混料变硬结块时，表明预混料内部发生了化学反应，严重时导致变质。把物料存放在带塑料薄膜的纸袋或多层纸袋中这样可以减弱从空气中吸潮的作用，如在预混料中添加抗氧化剂或碳酸盐来减少这些反应，储存期还能适当延长。（5）不要过于挤压：在仓库中由于物料的相互挤压，颗粒间结合紧密，会增加相互反应的机会，这也是结块的原因之一，越细的颗粒表面越大，所以，粉料比粒状饲料内部容易发生化学反应而变硬或结块。

养殖户使用预混料应注意些什么？

答：（1）养殖户需要按不同畜禽种类和不同生长、发育阶段选用不同比例的预混料品种，切忌乱用。（2）能量饲料添加要准确，搅拌要均匀。（3）换料要循序渐进：突然更换预混料，会影响畜禽的采食和生长。所以，使用时应逐渐增加新料用量，减少旧料用量，经 5～7 天过渡到完全使用新预混料。（4）按推荐配方配合饲料：有些饲养户使用预混料常常凭经验随便改变推荐配方，造成各项营养指标不能满足畜禽各阶段的生长需要。（5）预混料喂法要正确：预混料不宜直接饲喂，不宜用开水冲或蒸煮，以免破坏营养物质。（6）预混料不可混用：不要将一种预混料与其他品种的预混料混合使用，以免影响饲喂效果。（7）贮放时间不宜过长：贮放时间一长，预混料就会分解变质，色味全变。实际使用中视产品的保质期有不同。应在保质期内越早用完越好。（8）应将其贮放在通风、干燥、避光、阴凉处，以免受潮变质造成损失。（9）养殖户在使用预混料时，由于某些添加剂添加量低，且有些添加剂正常添加量与毒性阈剂量很近，故如混合不均匀会造成对动物的危害，一般推荐使用混合机进行混合后使用，如人工混合，则需要多混几次，以保证相对混合均匀性。

什么是混合均匀度？如何保证混合机的混合效果？

答： 混合均匀度是饲料产品中各组分分布的均匀程度。它是工业化饲料的一个重要加工质量指标。为保证混合机的混合效果，应注意以下方面：（1）尽量使各种组分的相对密度相近，粒度相当；（2）依据物料特性确定合适的混合时间，以避免混合不足或过度混合；（3）掌握适当的装满系数及安排正确的装入程序；（4）注意混合机转子与机筒的间隙，合理选用转子的转动速度；（5）混合后的物料不宜进行快速流动或剧烈震荡，以避免分级；（6）定期检查混合机的混合效果。（7）购买性价比高的混合机。图 105 为混合机。该混合机混合时间只需 30 ~ 120 s，具有自动喷吹系统配置，残留量低，高效回风管与平衡管的设置，确保配料精度，双减速机及直联减速机的应用提高混合的效率，降低吨料电耗，观察门安全锁等机电一体化配置，提升了混合机加工能力和使用价值。

图 105　国内某著名饲料机械设备厂生产的混合机

饲料中过量添加铜、锌有什么危害？

答： 有些人认为铜添加越高猪粪越黑，饲料的消化率越高。其实猪粪的颜色与饲料消化率无关，与摄入饲料的成分有关。猪对铜有一个最大耐受量，超过这个极限，会导致猪的铜中毒，代谢紊乱，生长速度降低，死亡率增加。过量添加高锌对仔猪生长没有促进作用。过量添加锌的饲料被动物摄入，经消化道吸收后，通过血液分布于全身各组织器官中，由于这些金属本身不能发生分解或很少被吸收，也很少能被动物体内生物转化降低其毒性，因而在机体内逐渐地蓄积，通过与机体有机成分的结合而发挥其毒性作用，另外大量的铜、锌会排出体外从而污染环境，特别是对土壤微生物具有很大的影响，会造成微生物杀灭而使土壤板结，肥力下降，也会进入水体中影响水体微生物，造成水体自洁力下降，富营养增加。

使用矿物质饲料应注意什么？

答：矿物质饲料包括工业合成的、天然的单一种矿物质饲料，多种混合的矿物质饲料，以及配合有载体的微量、常量元素的饲料。常用的有：食盐、石粉、贝壳粉、蛋壳粉、石膏、硫酸钙、磷酸氢钠、磷酸氢钙、骨粉、混合矿物质补充饲料等。应注意的问题有：（1）注意不同化合物的有效性和有害物质的含量：钙、磷、铜、铁、锰、硒和钴等元素之间既互相协同又相互制约，它们的不足、过量或相互比例不平衡，均可造成畜禽生长发育不良。如饲料中的钙、磷比例不平衡或维生素 D 缺乏，会引起畜禽软骨病或骨质疏松症，蛋壳质量下降；食盐既是畜禽的必需营养物质，又是调味剂，当添加过量或虽未过量但因混合不匀，造成局部过量，雏鸡、小鸡、小猪吃了都易引起中毒。（2）注意加工工艺的要求，以及使用过程中的添加量及安全性。（3）注意原料来源是否广泛、稳定。（4）注意原料的成本价格。

饲料中的重金属有哪些危害？

答：重金属污染主要包括铅、汞、镉等的污染。铅性质稳定，以各种方式排放到环境中，造成环境污染，畜禽采食被铅污染的饲料能引起铅中毒。在临床上以神经机能障碍、共济失调、贫血和消化紊乱为特征。各种家畜均能发病。禽类中毒后可引起厌食、嗜睡、腹泻，粪便呈淡绿色，头水肿，下颌肿胀，运动失调，产蛋量及孵化率均降低。镉是毒性较强的蓄积物，少量的镉持续地进入机体，可持续长期积累而呈现毒性作用。在临床上以表现骨骼疼痛、骨折、蛋白尿和肝功能障碍为特征。各种家畜都能发生镉中毒。急性中毒有呕吐，公畜睾丸萎缩，母畜不育、流产、产死胎，骨营养不良，行走站立疼痛，跛行，易于骨折，出现蛋白尿。镉有致癌、致畸和致突变作用。汞有金属汞、无机汞和有机汞 3 种形式。其中，以有机汞的毒性较大。畜禽摄取了被汞及其化合物污染的饲料和饮水能引起中毒，在临床上以呈现胃肠炎、肾炎和神经系统功能障碍为特征。各种畜禽都能发生中毒，但以牛、羊对汞最为敏感。汞中毒不仅能造成畜禽大批死亡，而且受其污染的动物性食品被人食用后也能危害人的健康。无机汞引起的急性中毒，犬、猫、鸟类多为中枢补缀兴奋而发狂、痉挛；牛、猪、禽则抑制，多为沉郁、厌食、消瘦、步态蹒跚，甚至发生轻瘫，有的惊厥、脱毛、瘙痒。猪有失明、采食困难症状。牛肌肉震颤、惊恐和角弓反张。羊多呈胃肠炎症状。

作为预混料载体的沸石粉选择多大粒度最合适？

答：有些细的沸石在生产过程中产生的粉尘比较大，承载能力也差。如果选用粒度粗的沸石粉就会混合不均匀，选用 60 ～ 80 目的沸石粉比较适宜。

预混料生产人工称量的原料多，有的量少种类多，怎么才能加强现场管理？

答：（1）选择责任心较强的，稳定的配料员；（2）将易混淆、易出错的原料按照重要性程度分类；（3）按照批次配料，做好标示，实行看板式管理；（4）复核和日盘点。

企业自用预混料的载体该如何选择? 载体怎样进行预处理?

答: 企业自用的预混料载体,应以保证产品的稳定性为主要目的,相对忽略产品密度、成本、色泽等因素。以各种应用对象的预混料为例,建议采用沸石粉、次粉、白炭黑、滑石粉、氨基酸等做载体或稀释剂。预混料的生产中经常会因为载体的粒度、水分、色泽、吸附能力等问题对载体进行选择和预处理。粒度的选择应考虑接近主原料的粒度为好;对于外观有差异的矿物性载体可以直接混合不同批次的载体以求得色泽一致;白炭黑是要注意容重和粒度要兼容;有机载体如稻壳粉烘干时既消耗了热能也引发了脂肪氧化,最好是进行水分与质量关系的试验,或者测定载体水分活度,具体分析水分的影响程度,不是必须烘干。

预混料的添加剂量精确度受哪些因素影响?

答: (1)原料成分的不稳定或色泽、气味的不一致:应选择性质稳定,质量良好的饲料添加剂,并注意各种添加剂中有效成分的含量,根据不同情况校正预混料生产配方,保证预混料中各种添加剂成分的准确添加量,防止由于原料质量差异而产生添加误差。饲料企业应当选择有良好生产设备和加工能力的原料厂商。从称重到搅拌的全部设备都应当符合生产要求并定期进行校验。添加量非常小的原料必须首先进行预混,配制厂内预混料,再和其他原料、载体进行混合,采用多级预混工艺,提高饲料混合均匀度。(2)搅拌机的搅拌均匀度:根据搅拌机的性能和载体的变化,适时确定适当的搅拌时间。(3)饲料原料的分离:必须克服由于饲料原料的颗粒差异和静电原因产生的饲料原料的分离。(4)由于搅拌机和管道的清理不彻底造成的饲料交叉污染。

预混料载体的承载特性是什么? 如何选择?

答: 载体是使微量成分稀释并使之镶嵌及承载于其表面的物料,载体的承载特性一般用承载力与分级后混合均匀度(CV)指标来进行研究,较好的载体由于对微量成分镶嵌提高了承载力而改变了微量成分的某些不良理化特性或使其不再表现出来,减少了预混合饲料在后段工序的下落和振动分级。根据混合3阶段理论,第Ⅰ阶段以物料对流为主,此阶段混合均匀度急剧下降;第Ⅱ阶段以物料间相互滑动与剪切为主,此时的混合均匀度呈平稳下降趋势;第Ⅲ阶段以物料粒子的扩散与分离达到相对平衡状态,此时的混合均匀度保持稳定或稍有波动。载体由于其表面特性特殊,故混合Ⅲ阶段又可分二子阶段,随混合时间的延长,微量组分从简单稀释和均匀分散,逐渐被嵌入到载体的凹凸粗糙表面上,形成相对牢固的嵌入复合体,此时载体的承载能力逐渐提高,相应分级逐步改善,此为Ⅲ-1混合阶段;再继续混合,载体和微量组分的"嵌入"与"脱离"达到相对平衡,此时表现为载体对微量组分的承载力不再提高,物料分级后的均匀度不再下降,而保持相对稳定或小幅波动,此为Ⅲ-2混合阶段。所以,一般在使用载体时,混合时间应达到Ⅲ-2阶段始以提高载体对微量组分的承载力、减少分级,此时再继续混合则无实际意义。研究表明,载体除要求理化性质稳定、对所承载的微量成分和动物无损害作用、抗静电特性、适宜的 pH 等外,一般较好的载体大多为纤维含量较高的有机原料,载体中随着粗纤维含量升高,则由于其

结　构　的　松　散　及　表　面　粗　糙，　其　承　载　能　力　相　对　较　好，　反　之，

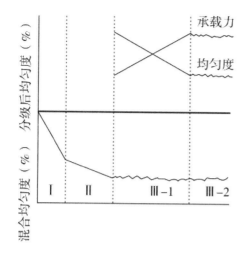

图106　混合时间（阶段）载体承载混合与分级特性

粗纤维含量低则其承载能力稍差；同时，要求载体的容重与所承载的微量成分容重相近，并和全价配合饲料中的主原料有良好的混合特性，这样可以大大减轻下落与振动分级程度；较低的水分与水分活度虽然对各种添加剂的稳定性有一定作用，但由于低水分导致其流动性增加而使承载性能有所下降，分级程度增加；另外，研究还表明，载体与微量组分适当的粒度差能提高载体的承载性能，而随着微量组分在载体中添加比例的逐步提高，其载体的承载性能明显下降。载体一般用于多种维生素预混料、复合预混料及某些单一添加剂预混物等，常用的有：脱脂米糠粉、玉米芯粉、砻糠粉、麸皮、玉米粉、次粉、豆粕等（图106）。

油脂添加对载体特性有何影响？

答：载体水分对其加工承载性能有较大的影响，研究表明，虽然水分较高时，由于其黏附能力较强而改善了载体对添加剂的承载能力，减少了分级现象，但在储存过程中，明显影响活性微量成分的稳定性，对维生素的破坏、易使亚铁氧化等，因此，要求载体的水分越低越好，一般要求载体水分在10%以下，最好在8%以下，但降低水分后，载体流动性增加，粉尘增加，混合后易增加下落与振动分级；另外由于生产或载体原料的原因，某些企业在生产时所用的载体粗纤维含量较低，表面比较光滑而致使载体的承载特性不理想，造成分级较严重而影响预混料的质量。研究表明，在载体干燥降低水分后喷入2%～3%的油脂可适当降低流动性、降低粉尘量；对于载体表面较光滑、承载性能较差的载体，例如，玉米粉、次粉等，由于在载体表面均匀喷涂的油脂具有一定的黏附性，从而大大提高了载体的承载性能，减少下落与振动分级，其油脂喷涂后承载性能可提高约50%；同时，研究还表明在载体与微量组分均匀混合一定时间后，喷入2%～3%的油脂后，由于油脂具有一定的包膜性而亦能改善载体的承载性能并减少预混料的下落与振动分级，经玉米粉与次粉试验，承载力提高约30%；采用二次油脂喷涂工艺则效果更佳，玉米粉与次粉试验表明承载力提高了约60%～70%。而对于脱脂米糠、麸皮等本来承载力较好的载体，采用先喷涂油脂工艺后其承载力没有明显，的改善，有些本来承载力很好的载体其承载力反而下降；而此类载体对于油脂的后添加工艺，其承载力约改善20%，没有玉米粉等的后添加工艺效果明显。一般推荐在载体水分较高经干燥后，载体表面较光滑时，可采用先均匀喷涂约2%的油脂，再与微量组分充分混合，再喷涂约2%的油脂；而对于载体表面粗糙，本身承载性能较好的载体（例脱脂米糠、麸皮等），可先与微量组分充分混合，后根据情况可适当后喷涂约2%的油脂。

为什么微量元素预混料不用有机载体而用无机稀释剂?

答: 根据对载体及其承载特性的研究结果表明,要使载体能很好地承载各种微量组分,以减少预混料在后段工序与运输使用中的下落与振动分级,除一般要求载体与微量组分具有相近的容重外,还要求载体与微量组分具有一定的粒度比与粒子数目才能很好地镶嵌并承载,一般要求载体与微量组分的粒度比在 4 ~ 8 : 1,粒子数目比在 1.2 ~ 1.5 : 1 以上,所以,根据以上二参数及要求的相近容重,其微量组分较合适的添加比例不超过约 30%,而当微量组分的容重比载体容重较大时,其合适的添加比例更低,例硫酸亚铁在脱脂米糠中添加比例为 5% 和 20% 时其脱脂米糠对硫酸亚铁的承载力分别为 60% 和 35%,下落分级 CV 分别为 7% 和 15%,如添加比例提高,则其承载力与下落分级更差,此时反而不及使用无机稀释剂,硫酸亚铁在沸石粉中的添加比例为 5% 与 10% 时,其下落分级 CV 分别为 6% 和 8%。在微量元素预混料中,由于各种微量元素所占比例很大,有的甚至高达 70% ~ 80%,这样使用有机载体时不仅承载力非常低,不能改善其分级现象,反而比无机矿物稀释剂更严重,所以,在生产微量元素预混料时,不能简单地认为使用有机载体可以提高承载力、降低分级而盲目使用有机载体,这样反而会降低微量元素预混料的混合特性;相反如果使用容重、粒度和微量元素相近的沸石粉等无机稀释剂时,虽然没有任何承载力,但由于其容重和粒度相近,故在产品混合均匀后,其下落分级与振动分级远比使用有机载体的小。另外,由于微量元素预混料使用无机稀释剂,不具有承载特性,故其生产时混合时间不能像使用载体时需要适当延长,一般只要混合均匀度达到要求即可,即在混合Ⅲ-1 初始阶段即可,再延长混合没有任何意义。同时,无机稀释剂有选择也要考虑其对微量元素的稳定性,由于硫酸亚铁原料酸性较大,一般 pH 值达 2.5,若使用石粉作为稀释剂时,不仅会易使亚铁氧化,而且还会产生胀气等不良影响。

提高复合预混料、维生素预混料中微量组分混合性能的生产技术有哪些?

答: 在生产复合预混料、多种维生素预混料时,由于各种添加剂品种繁多,且各种原料粒度大小不一,甚至大部分原料也具有大量微小粒子,这样在与大料共同混合的传统生产方法加工时,虽然某些大原料具有一定的载体承载性能,但这种混合方式会使各种重要与非重要的微小粒子均镶嵌并承载于大原料表面,而使大原料失去了重要的载体特性,即降低了对重要微量组分的承载,增加了这些微量组分的分级。为提高重要微量组分的混合特性减少分级,一般根据预混料配方,首先计算出作为载体的大原料量,同时,选择重要的微量组分(一般情况下微量组分的粒度为达到混合均匀的要求相对较细),并使其总重不超过作为载体的大原料的 20% 左右,再根据大原料的载体特性,例如,生产多种维生素预混料时若采用载体特性较好的原料时,可先将各种微量组分与大原料充分混合至Ⅲ-2 初阶段,再均匀喷涂加有抗氧化剂的油脂 2% ~ 4%(仅以大原料与微量组分总重计,最后折合到预混料不足 2%),混合后再加入其他的维生素原料充分混合;若生产多种维生素预混料时采用的载体特性一般时、生产复合预混料时(一般复合预混料中加入营养质量较好的豆粕等由于纤维含量较低而载体特性较差,反之载体特性较好的则纤维含量较高会影响整体复合预混料质量),可首先对大原料均匀喷涂加有抗氧剂的油脂 2% ~ 4%(仅以大原料重计,最后折合到预混料不足 2%),充分混匀后再加入其他各种添加组分,再进行充分混合至Ⅲ-2 初阶段,这样两种生产方式经示踪剂法测定,其承载力与下落分级均比传统加工方式改善 50% 以上,当然也可根据大料载体特性、工艺、成本等情况采用二次加油法生产，其承载力与分级改善幅度更高。在预混料中添加一定比例的油脂，不仅可以改善其混合特性，特别是改善重要微量组分的混合特性，同时，也能提高预混料的能量水平，降低粉尘和静电的影响，从而提高了预混料的质量。

调质器具有哪些功能？

答：调质器用于饲料生产已有快一个世纪了。因优质饲料不仅依赖其营养品质，还与其功能性有关，而调质器恰恰能提供这些功能，因此调质成为饲料制造工艺的重要环节之一。调质是饲料制造过程的第一个阶段，顾名思义，调质是在最后制粒之前，使物料处于适于进一步加工的状态。调质工艺相对简单，饲料原料定量加入到温暖、潮湿的调质器中，经过调质，排放到膨化机或者制粒机中。调质器中一般伴随有适当的混合，使水分能够渗入饲料颗粒中，消除物料的干核心。调质器能为膨化机和制粒机提供均一、混匀和水化的物料，从而改善膨化（或制粒）系统的稳定性，有助于终产品品质的形成。调质器的主要功能包括：多种饲料原料（如油脂、糖蜜、肉浆、着色剂等）的混合、干粉料的加湿、物料预蒸煮（淀粉开始糊化和蛋白质开始变性）、添加热能（一般以蒸汽的形式）、调整 pH 值（对于特定理化反应非常重要）。在多数饲料产品（如干燥膨胀宠物食品、宠物零食、家禽饲料、沉性和浮性水产饲料）生产过程中，调质均起到了重要作用（图 107）。

图 107　制粒机及其调质器，加层的目的是延长调质时间，使物料更好地熟化

饲料品质优化系统有何优点？在线水分传感器如何安装？

答：饲料品质优化系统在饲料生产工艺中主要控制和管理颗料工段。在系统中，实时检测了待制粒料的水分、调质器的调质温度、主机的工作电流、喂料器的转速，根据实时检测到参数，实时控制调质器补水的动作及补水的量，自动蒸汽调节阀的开度，喂料器变频器的频率。通过本优化系统，使进入制粒室的物料水分一致并满足制粒要求的水分，通过调节蒸汽阀的开度，使调质温度较高。水分一致，能使颗粒机电流平稳，水分和调质温度较高，能使喂料量大，使制粒更容易，提高了制粒的产量，减少了环模、压辊等配件的消耗（图 108）。水分和调质温度的提高，使制粒的料熟化度提高，颗粒成形率提高，硬度提高，产量提高饲料口感提高，减少了回料，减少了工作环境的粉尘，降低了能耗等。通过自动优化配方功能，使颗粒机从开机到正常生产的时间控制在 2 ~ 5 min 内，减少机外排料。此外，还通过对冷却器的管控，检测成品料物料实时水分，实现对冷却风机的控制，降低能耗。系统将记录整个过程中的数据参数，随时可查询。一般的说，添加 2% 的水能增加饲料成品水分的 0.6% ~ 0.8%，从而提高饲料企业的效益。在线水分传感器可安装在待制粒仓下边缘（图 109），传感器自动检测，当物料在传感器上流动时最为精确。在调质器中安装有多个喷头，可以均匀地喷在饲料中，喷头为雾化喷头（图110），效果如图111。

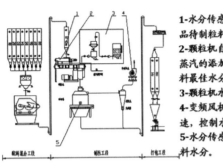

1-水分传感器，检测半成
品待粒料水分；
2-颗粒机自控，调节制粒
蒸汽的添加量，控制颗粒
料最佳水分；
3-颗粒机水添加装置；
4-变频风机，改变风机转
速，控制水分；
5-水分传感器，检测成品
料水分。

图108　品质优化系统工艺流程

图109　安装在待制粒仓下边缘的水分传感器

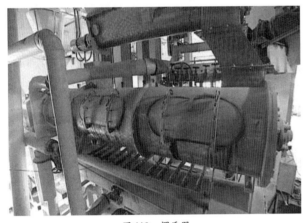

图110　调质器

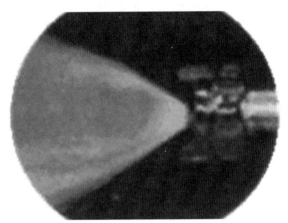

图111　雾化效果

调质器的优点有哪些？

答： 除为饲料生产系统增加混合和适应性外，调质器还有许多其他优点：（1）通过使用适当的调质器，可以增加特定膨化系统的产能。调质器为膨化工艺增加了两个关键参数：保留时间和能量。最新的调质器的物料保留时间在2～5 min，而膨化机的保留时间仅有10～20 s。（2）调质器主要通过输入的热能（如蒸汽），对干粉料进行预蒸煮，这种膨化前物料的部分蒸煮（通过增加保留时间和热能），可降低膨化过程中淀粉糊化需要的机械能。（3）调质可显著减少膨化机器件的磨损。调质前，物料处于晶体或玻璃态，这种形态的原料对膨化腔的组成器件磨损比较严重。通过对饲料颗粒适当的加热和水，原料颗粒开始变软、变柔韧，从而降低了对膨化腔器件的磨损。据称原料经适当调质，可延长膨化机螺杆寿命两倍。（4）在膨化过程中通过增加物料的水分，可降低对淀粉的损害(糊精化)，降低维生素和可利用氨基酸的损失，有助于改善终产品的适口性和营养价值。（5）调质过程的淀粉糊化不仅能提高饲料消化率，还能改善水产饲料在水中的稳定性。水产饲料比较独特，其在水中被水生动物采食。这种情况下，水对饲料具有溶解作用，可致产品分解，可溶性营养物质溶出；并且，饲料颗粒在鱼胃内迅速分解，可使某些鱼产生胃膨胀和气囊炎。但若经过适当调质，通过增加物料在调质器中的保留时间，可提高饲料颗粒在水中的稳定性。

（6）调质除对膨化有益外，也有益于制粒工艺（图112）。调质后更多的淀粉得到糊化，能增加制成饲料颗粒的耐久性；而耐久指数高的颗粒饲料，可以改善动物的生产性能。

图112　编者（左二）在给中国饲料企业家代表团员们认真讲
解调质在制作膨化浮性水产饲料中的重要作用

调质器的类型有哪些？

答：调质器的设计多种多样，但多数调质器均可归入下列3类之一：常压调质器、加压调质器和膨胀器。（1）常压调质器：是饲料行业使用最为广泛的调质器，通常设计成水平传递物料。与其他调质器相比，因设计简单，常压调质器的维护和生产成本均较低。顾名思义，常压调质器系在常压下操作。因此，理论上，常压调质器的最高运行温度是100 ℃。常压调质器又可分为3种基本结构类型：①单螺杆调质器：该调质器仅有一根简单的机械轴，轴上安装有放射状的搅拌桨叶，这些桨叶可以永久性地固定在轴上，桨叶与轴的倾斜角度可调。单螺杆调质器运转速度较高，从而提高了混合效率，但其保留时间较短（30 s或更少）。以当今标准来衡量，此类调质器不能满足多数工艺过程的需要。②双螺杆调质器：双螺杆调质器由两个机械轴构成，每根轴上均安装有放射状的搅拌桨叶，这些桨叶可以永久性地安装在轴上，桨叶之间距离、桨叶与轴的倾斜角度可调。通常两个机械轴反向旋转，为两个互相啮合室中的物料提供了连续的交换，从而提高了混合效率。这种设计调质器的保留时间较长（1.5 ~ 2 min）。③双轴差速调质器：在与单螺杆和双螺杆调质器相同产量条件下，双轴差速调质器的保留时间可达2 ~ 4 min。该型调质器硬件由两个直径、转速均不相同的机械轴组成，搅拌器桨叶通过螺丝固定在调质器机械轴上，可调节。大直径机械轴转速较慢，可增加平均保留时间；小直径轴高速运转，可提高混合效率。一般轴上的搅拌桨叶可调节，可通过调节搅拌桨叶的方向来增加混合、把物料向前或向后运送。调质器的这些搅拌桨叶，可影响其中物料的充满度和平均保留时间。最新饲料调质技术是控制保留时间的调质。过去，人们总把保留时间当做工艺过程的因变量，换言之，除关闭和改变桨叶的配置外，操作者不能直接控制调质器的保留时间。然而，随着科技的进步，调控调质器的保留时间就像向调质器内添加蒸汽和水一样简单。保留时间的控制系统组件包括：安装在负载传感器上的双轴差速调质器，调质器排出口的喂料装置、减重喂料系统，自动液态物料控制回路和一个可编程逻辑控制器处理器。保留时间控制调质器的优点包括：消除和减少投产期残次产品；及时控制保留时间，从而生产预期优质产品；优化使用调质器容能；增加已有调制器保留时间；停机期间恒速排出饲料，以减少产品浪费。（2）加压调质器：除增加能在 35 ~ 105 KPa 压力下工作的能力外，其他与常压调质器的设计相似。通过在其入口和排料口安装气压阀喂料设备，可以增加调质器中的压力。随着调质器中压力的升高，调质器内的温度可达到 120 ℃，有助于其中更多的淀粉糊化。然而研究表明，高温、高压调质，可增加赖氨酸和维生素的损失。此外，因机械结构复杂，加压调质器的维护和操作成本均较高。

（3）膨胀器：是目前饲料工业中使用的另一类调质器，在典型的制粒工艺流水线上，膨胀器一般位于调质器之后、制粒机之前。膨胀器一般设计由较大功率的螺杆来推动物料通过调质器筒，用液压系统来控制排泄口的间隙或开孔。该间隙用来调节施加到物料上的剪切力或摩擦力，当物料通过该开孔时，压力和温度显著增加，从而更多淀粉糊化和细菌失活。与常压调质器相比，膨胀器机械结构复杂，维护和运转费用较高（图113 ~ 115）。

图 113　安装在美国堪萨斯州立大学谷物系饲料实验室的膨胀器

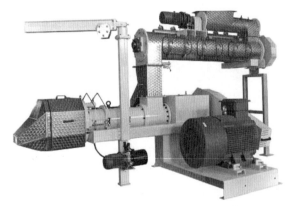

图 114　国内某著名饲料机械制造厂生产的膨胀器

图 115　使用膨胀器加工大豆的情形

如何计算物料在调质器内的保留时间？

答： 只能测平均保留时间。介绍两种方法：（1）为了计算平均保留时间，我们应该知道两个变量：调质器内物料的重量及其通过调质器的流动速度。若调质器未安装在有压力传感器的负载机架上，可用下述程序计算给定操作系统下需要的平均保留时间。步骤如下：①保证调质器稳定运转，测量或计算调质器内物料流速；②突然停止调质系统，打开调质器，清空和称重调质器中的内容物，刮净其中所有散料，以便精确称重；③用调质器中总物料重除以物料在调质器中的总流速，即可计算出物料在调质器中的平均保留时间。例：取得物料重量（折合干料重，例如水分 12.5%），按下列算式计算平均调质时间：

$$平均调质时间（s）=（3\,600 \times W）/（1\,000 \times P）。$$

注：W 为调质器内物料重量（水分调整为干料水平），单位：kg；P 为产量，单位：t/h。

假设调质器内物料净重 50kg（水分 15.5%），调质前干物料水分 12.5%，W=50（100–15.5）/（100–12.5）=48.28，如果产量 P=10t/h，那么平均调质时间 =（3\,600 × 48.28）/（1\,000 × 10）=17.38s。保留时间是影响调质器充满度和产量的主要功能特性，正常操作时，常压调质器的物料充满度仅有40% ~ 50%。随着科技的进步，调质器的充满度可达 80% 以上。（2）可以用一些染料让进入调质器的物料着色。然后在出口按一定间隔时间连续取样。第一份可视着色物料的样品代表调质时间最短的物料。样品着色浓度随时间加大，达到高峰，随后下降，直到没有着色物料出现。高峰浓度越大，时间间隔越短表示调质时间越一致。根据着色物料进调质器到高峰浓度样品出现之间的时间，可以估计平均调质时间。

如何增加调质器填充程度？

答：通常调质器填充程度决定于搅拌器及其桨叶的配置。例如，增加反向位置搅拌桨叶数量，可以获得较高的调质器充满度；相反，为减少调质器充满度，可以增加正向搅拌桨叶的数量；为提高混合度，可增加中立搅拌桨叶的数量。

如何增加物料在调质器内的保留时间？

答：物料在调质器内的保留时间是膨化工艺的一个关键参数，直接影响终产品的密度、适口性和质地，保留时间也因产品不同而变化。过去，为了改变不同产品的保留时间，不得不关闭机器，改变搅拌器桨叶构型来优化系统，这样首先需要时间，且停机还会增加成本。随着科技进步，调质器安装保留时间控制器后，保留时间和充满度可以在给定产量、不停机、不调整桨叶安装位置的条件下，实现在线调控；而且，可充分利用调质器自由体积的 20% ~ 80%。增加保留时间控制器后，大大减少了操作初始阶段产生的浪费，尽管仍然存在少量浪费，但是显著低于标准调质器产生的浪费量。混合饲料一旦在调质器内达到预定时间，计量装置就以特定速率开始向膨化机填充物料。在调质器运行期间，可以在线控制调质器充满度和平均保留时间。在自动控制系统内，改变保留时间像调节其他参数一样简单。传统调质器中，一旦不再向调质器中补充原料，则向膨化机中填充物料的速率开始下降。对于保留时间控制器来讲，调质器排泄口的计量装置可以作为膨化机的失重喂料装置，这样就显著减少了系统内残留物料的量。这不仅有益于减少关闭机器阶段产生的浪费，还能减少因频繁更换产品品种，而造成交叉污染的可能性。

安装在线水分传感器有何优点？如何安装？

答： 系统根据在线水分传感器测定的待制粒料，来调节制粒蒸汽的添加量，控制颗粒料的最佳水分，实现制粒机的自动优化控制，提高制粒机的产量（增加产量10%），且增加环模的寿命，从而提高饲料品质。一般地说，添加2%的水能增加饲料成品水的0.6%～0.8%，从而提高饲料企业的效益。在线水分传感器可安装在待制粒仓下边缘，传感器自动检测，当物料在传感器上流动时最为精确。在调质器中安装有多个喷头，可以均匀地喷在饲料中（图116）。

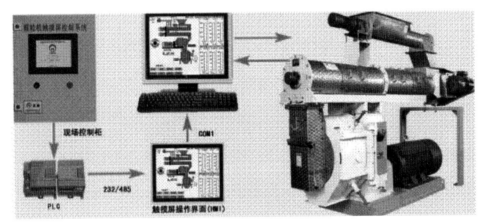

图116　在线水分自动优化装置

制粒的意义有哪些？

答： （1）可避免动物挑食；（2）饲料报酬率高；（3）储存运输更为经济；（4）流动性好，便于管理；（5）避免饲料成分自动分级，减少环境污染；（6）易杀灭饲料中的沙门氏菌等有害微生物。

饲料原料质量对制粒产量方面都有哪些影响？

答： 物料因素：（1）容重：一般来说，物料容重越大，制粒产量越高，因此在选用原料时，除考虑营养需要外，也要考虑物料容重。（2）粒度：粒度细，表面积大，蒸汽吸收快，有利于水分调节，制粒产量高。但粒度过细，颗粒易脆，影响颗粒质量；粒度过大，会增加压模和压辊的磨损，能耗增大，产量降低。（3）水分：物料水分含量过高，在制粒时减少蒸汽添加量，影响制粒温度的提高，从而影响颗粒饲料的产量和质量。同时，物料的水分过高，调质困难且易造成物料在环模内壁与压辊之间打滑，导致环模孔堵塞。一般要求调质前物料水分应在13%以下。（4）组分：物料蛋白质含量高，受热后物料可塑性大，黏性增加，制粒产量高。但非蛋白氮高时，制粒产量降低。谷物类淀粉含量高，在高温、高水分下容易制粒，产量也高，此时要求调质水分在16%～18%，调质温度应在80℃以上。否则，淀粉糊化程度差而产生脆性颗粒，甚至不能成形。若谷物在调质前已经熟化，则制粒产量下降。因此，采购原料时以不选择烘干的为好。添加少量的油脂（0.5%～1%），有利于减少机器部件磨损，并使颗粒容易通过模孔，提高制粒产量。然而当添加量超过 2 % 时，会使颗粒松散，难以成形。因此，在添加高剂量油脂时，宜在混合机处添加全量的 30 %，制粒机处喷涂全量的 70 %。适当的粗纤维含量（3 % ~ 5 %），有利于颗粒料的黏结，减少颗粒的粉化率，提高制粒产量。但粗纤维含量超过 10 % 时，则会因为黏结性差而影响颗粒的硬度和成形率，增加机械磨损，降低制粒产量。无机质饲料几乎无黏结力，制粒性能差，影响制粒产量。因此，当无机质含量高时，一般要向物料中加入少量粘结剂以改善制粒性能，提高产量。乳糖、乳清粉等受热后黏性增加，有利于提高产量，但温度超过 60 ℃，就易出现焦化，堵塞模孔，影响制粒产量。因此，对这类饲料调质时可采用温水。

如何选择环模?

答：环模一般由碳钢或合金结构钢，或者不锈钢经锻造、钻模孔及热处理等工序制作而成。目前，国内市场流行的环模质量有高有低，其主要原因是在选材、工序选用和控制等方面的不同造成的。国内一些小厂生产的环模主要由碳钢或合金结构钢经锻造，麻花钻钻削模孔，再经普通热处理加工而成。这样的环模在生产过程中通常出现这样或那样的问题，如新模装机需经长时间的洗模工序，能耗高，产量低，颗粒品质差及爆模等现象。另外，还有一个更为严重的问题就是使用寿命低，不耐磨。根据环模的工作状况，饲料生产者应选用那些选材合理、设备先进及工艺合理的生产厂生产的环模。应选用不锈钢制环模，环模选用不锈钢锻坯，是环模使用寿命高的本质保证；应选用经枪钻加工的模孔，利用多工位枪钻对模孔进行加工，能保证模孔光滑，不会形成歪孔（即模孔中心线与环模圆周中心线不同轴），从而达到环模出料快，颗粒品质好（颗粒表面光滑，颗粒均匀，饲料粉化率小等）等特点；应选用经真空热处理的环模，对环模进行真空热处理是对前几道工序加工品质的进一步保证，它保证了环模材料的高耐磨性、高强度，以及对模孔的光滑度进行有效的保护（避免了模孔的氧化）。综上所述，合理选用优质的环模是饲料生产者降低生产成本、提高颗粒品质的关键（图 117）。

图 117　环模可采用优质合金钢的锻造坯料，进口枪钻和多工位
群钻使模孔一次成型，光洁度高

饲料颗粒料弯曲且一面呈现许多裂纹是何种原因造成的？如何改进？

答：这种现象通常是在颗粒料离开环模时产生的。在生产中，当切刀位置调得离环模表面较远并且刀口较钝时，颗粒从模孔挤出时是被切刀碰断或撕裂而非被切断，此时有部分颗粒料弯向一面并且另一面呈现许多裂纹。这种颗粒料在进入冷却器冷却或运输过程中，往往会从这些裂纹处断裂，造成生产出的颗粒料粉料过多。改进办法：（1）增加环模对饲料的压缩力，即增大环模的压缩比，从而增加颗粒料的密度及硬度；（2）将饲料原料粉碎得更细些，如果添加了糖蜜或脂肪，应改善糖蜜或脂肪的混合均匀度并且控制其添加量，以提高颗粒料的密实度，防止饲料松软；（3）调节切刀离环模表面的距离，使刀口离环模外表面的距离不大于所生产的饲料颗粒的直径值；（4）更换使用较锋利的切刀片，对于小直径的颗粒料也可采用薄刀片，并使薄刀片紧贴环模表面生产；（5）使用黏结剂，有助于改善颗粒内部的结合力。

颗粒料表面凹凸不平是什么原因造成的？如何避免？

答：此种情况在于用于制粒的粉料中，含有没有粉碎过或半碎的大颗粒原料，由于在调质过程中未能充分软化，颗粒比较硬又比较大，在通过制粒机的模孔时就不能很好地和其他原料结合在一起，使颗粒显得凹凸不平。另一种情况可能是调质后的原料中夹杂有蒸汽泡，蒸汽泡使饲料在压制成颗粒的过程中产生空气泡，当颗粒被挤出环模的一瞬间，由于压力的变化导致气泡破裂而在颗粒表面产生凹凸不平现象。任何含有纤维的饲料皆可能发生此种情况。

颗粒饲料出现水平裂纹、垂直裂纹和辐射裂纹是如何产生的？该如何处理？

答：水平裂纹横过整个颗粒料，发生于颗粒的横切面，只是颗粒没有弯曲。当将含有较多纤维的蓬松饲料制粒时，就有可能发生此种情况。这种颗粒料往往是在将饲料挤入环模的造粒孔时，由于其中含有比孔径长的纤维，当颗粒被挤出后，因纤维的膨胀作用使颗粒料在横截面上产生横贯裂纹，产生枞树皮状的饲料外观。改进的办法在于增加环模对饲料的压缩力，即增大环模的压缩比；控制纤维的粉碎细度，其最大长度不能超过粒径的1/3；降低产量以减低饲料通过模孔时的速度，增加密实度；加长调质的时间，使用多层调质器；当粉料水分过高或含有尿素时，亦有可能产生像树皮状的饲料外观，应控制添加的水分和尿素含量。垂直裂纹产生的原因是：在有些饲料配方中含有蓬松而略具弹性的原料，这种原料在经过调质器时会吸水膨胀，在经过环模压缩制粒后，会因水分的作用及原料本身所具有的弹性而弹开，产生了垂直裂纹。改进的办法在于：更改配方，但这样做有可能增加原料成本；控制调质时使用的蒸汽的质量，尽量采用干饱和蒸汽或过热蒸汽，以使添加的水分尽可能减至最低；降低产量或增加模孔的有效长度，尽可能使饲料在模孔中滞留的时间增加；添加黏结剂也有助于减少垂直裂纹的发生。颗粒料由一源点产生辐射式裂纹，此种外观表明颗粒料中含有大的颗粒原料，此等大颗粒原料在调质时，很难充分吸收水蒸气中的水分与热量，不像其他较细的原料那么容易软化，而在冷却时，由于软化程度不同，导致收缩量的差异，以致产生辐射式裂纹，使得粉化率增加。改进的办法在于妥善控制粉状饲料原料的粗细度与均匀度，从而在调质时能使所有的原料都充分均匀软化。

为什么制粒机会有多层调质器?

答：随着制粒技术的不断进步，原有的单层调质器，已经不能满足饲料对熟化及淀粉糊化的要求。根据熟化糊化的机理，在其他多种因素条件不变的情况下，饲料的熟化及淀粉糊化的程度，取决于加热温度和保温时间，就后者而言，除了调整调质器桨叶角度外，就只能加大调质器直径和加长调质器，这3种因素中前2种变化的量不能太多，我们将注意力放在不断加长调质器的长度上。随着长度的不断增加，桨轴的刚性、制造加工难度等矛盾逐步突出，况且调质器过长，安装及占用空间等方面也成问题。于是采用了将调质器做成多层并将其串联起来使用。多层调质器实质上就是超长调质器的一种变型。

膨化调质技术有哪些最新研究进展?

答：调质技术是膨化前不可或缺的一环，国内目前对调质器研究比较深入，单轴、双轴的产品均有。国外 Kahl 公司利用废蒸汽进行预调质。原理上很简单，就是将膨化"闪蒸"释放出来的蒸汽和冷却器前端的热空气重新送到调质器中，从而减少燃油消耗以至于减少 CO_2 和 SO_2 的排放量，同时，尾气中的异味物质被吸收。由于冷却空气的部分循环，还降低了粉尘排放。Kahl 研制出环保调质器，并对膨化饲料生产作了细致的研究。由于环保调质器利用膨化机、膨胀器出口蒸汽和冷却器前端的热空气进行预调质，在无蒸汽添加的情况下可将物料温度从20℃提升到40℃，这通常需要耗费2%的蒸汽（20 kg/t 产品）。换言之，相当于每吨产品节省了1.2 kg 燃油，相应地 CO_2 和 SO_2 的排放也降低了（表45）。同时，废气中的有味物质被物料吸收，在靠近居民区，降低异味排放尤显重要。与普通制粒相比，膨胀生产每吨产品可省电5度。

表45　普通和环保调质器性能比较

	普通调质器	环保调质器
初始温度（℃）	20	20
用废气加热到的温度（℃）	—	40
蒸汽调质温度（℃）	80	80
蒸汽消耗降低率（%）	—	33
燃油消耗降低率（%）	—	33
CO_2 和 SO_2 排放降低率（%）	—	33
异味排放降低率（%）	—	20 ~ 80

影响制粒机产量的操作因素都有哪些?

答：（1）调质水分：物料经调质后，适宜水分应在15.5 % ~ 17 %，具体判断以手握成团、松手后能散开为宜。当调质水分超过18 % 时，物料容易在环模内壁与压辊间打滑，甚至压不出粒料，降低制粒产量。如果调质水分低于 14 % 时，则物料与机器摩擦剧烈，降低制粒产量。（2）辊、模间距：压辊与环模的间隙对制粒质量影响较大，一般间隙应小于 0.5 mm。当间隙大于 0.5 mm 时，物料层过厚，且分布不均，降低制粒产量。当间隙小于 0.05 mm 时，机器磨损严重。（3）模孔光洁度：新环模由于模孔内壁附着部分铁屑、氧化物等，在使用之前都应进行抛光处理，以使模孔内壁光滑，减少摩擦阻力，提高制粒产量。抛光处理的方法为：①用直径小于模孔孔径的钻头清理堵塞模孔的杂屑。②装上环模，在进料面抹一层油脂，调好辊、模间距。③用 10 % 细沙、10 % 豆粕、70 % 米糠混合后，再混 10 % 油脂配成磨料，开机投入磨料，处理 20 ~ 40 min，随模孔光洁度的提高，颗粒逐渐松散，可根据这点来确定抛光程度，并应有 90 % 以上模孔出料。（4）喂料刮板：对于使用时间较长的制粒机，喂料刮板磨损严重，使进入辊、模攫取范围的饲料量减少，从而降低制粒机的产量，并增加含粉率。（5）模孔堵塞：主要由制粒性能差的物料或新模没有抛光处理引起或制粒后未用油性物料清理造成。发现模孔堵塞，应用钻头冲开，对不易冲开的应将环模浸于装有机油的铁盒内，加热铁盒，听到"嘭响"后可直接用来制粒。（6）物料与辊、模的摩擦系数：物料与压辊、环模内表面摩擦系数小时，料易打滑，从而降低产量。而物料与模孔内壁摩擦系数过大时，会造成物料压不出模孔，降低制粒产量。影响摩擦系数的因素有配方、调质、机械自身等。（7）喂料量：喂料量减少，即使操作人员调质水平再高，也不可能提高产量。（8）冷却：颗粒饲料冷却不充分，颗粒松散，经提升机提升后粉料增多。粉料经过筛后回流制粒，从而降低制粒产量。当颗粒料需破碎时，这一影响尤为突出，可通过调节冷却风量及冷却时间来调整。一般要求，冷却后颗粒料温度不能高于室温 4℃。

饲料制粒机械的主要结构和工作原理是什么？

答：主机主要由喂料、搅拌、制粒、传动及润滑系统等组成。其工作过程是要求含水量不大于 13% 的配合粉料，从料斗进入喂料绞龙，通过调节电机转速，获得合适的物料流量，然后进入搅拌器，通过搅拌杆搅动与蒸汽混合进行调质，如果需要添加糖蜜或油脂，也从搅拌筒加入与蒸汽一起调质，油脂添加量一般不超过 2%，否则难于成形，经调质后配合粉料温度可达 65 ~ 95℃，水分达 15.5% ~ 17%。然后再通过斜槽经过可选择的吸铁装置除去混在粉料中的铁杂质，最后进入压制室进行制粒。喂料器由调速电机、减速器、绞龙筒体和绞龙轴等组成。调速电机是由三相异步交流电机、涡流离合器和测速发电机组成。减速器：喂料减速器采用摆线针轮减速器，与调速电机直联，进行减速，使喂料绞龙的有效转速控制在 12 ~ 120 转/分。喂料绞龙：喂料绞龙由绞龙筒、绞龙轴和带座轴承等组成。绞龙起到送料作用，转速可调，即喂入量可变，以达到额定电流和产量。绞龙轴可从绞龙筒体右端抽出，以便清理和检修。图 118 和图 119 中制粒机采用变频调速电机调节喂料量，喂料螺旋采用变螺距结构，确保喂料均匀，并保证主电机工作电流平稳；喂料简体采用圆绞龙简体可防蒸汽上窜。调质器采用加大型，加长和调质轴低转速，延长调质时间，同时采用轴向多点蒸汽添加方式，使蒸汽添加更加均匀合理，且每点添加可根据需要调整添加量。蒸汽管路系统选用进口高品质蒸汽原件，优化了管路布局及蒸汽原件配置，确保能为调质系统提供高品质蒸汽。同时，配备饲料品质优化系统，自动检测原料、成品的水分，生产出理想水分的产品，提高饲料品质（图 118 ~ 119）。

图 118　制粒机

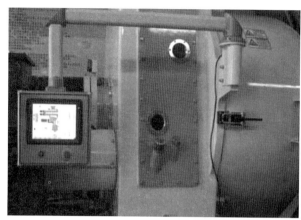

图 119　制粒机采用变频调速电机调节喂料量

颗粒饲料耐久性指数是指什么？有何应用？

答：颗粒饲料耐久性指数（PDI–Pellet Durability Index，PDI）是反映颗粒饲料质量最主要的指标之一，它是用来衡量颗粒饲料成品在输送和搬运过程中饲料颗粒抗破碎的相对能力。它的操作是把冷却筛分后的颗粒饲料样品放在一个特制的回转箱中翻转，固定时间，模拟饲料的输送和搬运过程，在样品翻转后通过筛分，最后计算筛上物和总量的比值，即为颗粒饲料的耐久性指数PDI。PDI越大，说明颗粒抗破碎能力越强，颗粒质量越好，饲料利用率越高。该项操作规程由美国堪萨斯州立大学谷物科学技术系首创，后被美国农业工程协会采纳，并逐步被世界各国饲料界所认同。我国的该项指标是用粉化率来表示的，其操作原理也是采用回转箱的方式，取细粉和总量的比值作为粉化率值，其值是PDI的倒数，表明粉化率值越大，颗粒的抗破碎能力越差，颗粒质量差，其利用率越低。

调质对颗粒饲料PDI有何影响？

答：调质对颗粒饲料的PDI影响很大，经过良好调质后的原料制粒后粒子之间结合紧密，颗粒表面缺陷少，不易产生细粉，冷却后颗粒硬度较高，在运输过程中不易破碎。影响调质效果的因素主要包括调质温度、调质时间和调质水分等。不同的饲料品种对调质温度、调质时间和水分的要求是不同的。一般畜禽料的调质温度在 70 ~ 85℃，调质时间 20 ~ 40s，调质后水分15% ~ 17%；水产饲料的调质温度85 ~ 95℃，调质时间 40 ~ 120s，调质后水分15.5% ~ 18%；对于一些含有热敏性原料（蔗糖、葡萄糖、脱脂奶粉、乳清粉等）的饲料，温度一般控制在60℃之内，不然会产生焦化，堵塞环模，制粒困难。调质需要的是高品质的饱和蒸汽，对锅炉及管道系统有较高的要求。锅炉应能提供稳定的并且压力在7 ~ 9 kg的蒸汽，然后通过高压输送管道，进入车间内的分汽包，最后经过减压阀减压至1.5 ~ 3 kg再进入调质器。在管道输送过程中，要通过合理布置一定数量的疏水阀排出蒸汽中的冷凝水，保证进入调质器的是饱和蒸汽。减压阀应安装在离调质器4.5 ~ 10 m远的地方，不要离调质器太近，以保证蒸汽在减压后有足够的空间和时间进行稳定如图120所示。控制进入调质器的手动截止阀或自动控制阀应采用质量有保证的厂家的产品，以保证调节蒸汽量时流量呈线性变化。

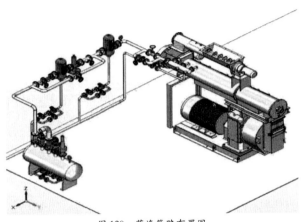

图 120　蒸汽管路布置图

制粒参数对颗粒饲料的 PDI 有哪些影响？

答： 对颗粒饲料 PDI 较有影响的制粒机参数主要包括产量、环模线速度、环模工作面积、模辊间隙和环模压缩比等。在制粒机其他参数不变的情况下，产量越高，制出的颗粒越松散，粉料越多。这是因为产量高时，其在模孔中受挤压的时间较短，其单位产量消耗的功率较少，颗粒压实度不够，因此，为了控制颗粒的 PDI 质量，制粒机应该选用合适的喂料速度，控制产量。环模线速度或转速高时，饲料在挤压区不容易形成合适的料层厚度且饲料难以进入模孔中，造成压辊和环模的相对滑动甚至堵机，影响颗粒质量，同时制出的颗粒以较大的离心力甩出，颗粒容易碰碎，表面裂纹较多。合适的环模线速度在 6 ~ 9 m，一般难以制粒的原料选用较低的速度，容易制粒的原料选用较高的速度。环模工作面积越大，模孔数越多，在同样产量下，饲料在模孔中待的时间较长，受挤压的时间较长，颗粒的组织就越致密，因此制出的颗粒 PDI 较高。当模辊间隙设置在 0.1 ~ 0.5 mm 之间时制粒机才能正常工作，在此范围内，间隙越大，颗粒机在同样产量下消耗的功率越多，制出的颗粒 PDI 越高，这是因为在挤压区压辊对料层中的物料有一个预压缩力。对于不同模孔直径的环模来说，一般压制小直径的颗粒选用较小的间隙，压制较大直径的颗粒选用较大的间隙。环模压缩比是指环模模孔有效长度和模孔直径的比值。对于同一孔径的环模来说，压缩比越大，则意味着环模有效厚度越厚，饲料在模孔中挤出时受到的摩擦阻力越大，挤出的颗粒越结实，因此，为了得到一个较高的颗粒 PDI，可适当增大环模的压缩比。不同的颗粒饲料品种对 PDI 的要求是不同的，一般对水产饲料的要求要比畜禽料的高，这是因为高的 PDI 可以增加颗粒饲料在水中的稳定性，降低水体污染和饲料浪费。环模压缩比并不是越大越好，因为高压缩比意味着高能耗和低产量，必须根据配方特点合理选择。

制粒机的产品型号有哪些？

答： 见表 46。

表 46　制粒机产品型号

品种		型式代号	产品名称	
名称	代号			
制粒机	ZL	H	环模制粒机	环模内直径 X 宽度
		P	平模制粒机	平模直径
颗粒冷却器	KL	W	卧式颗粒冷却器	链条宽度 X 层数
		L	立式颗粒冷却器	链条宽度 X 层数
碎粒机	SL	G	辊式颗粒破碎机	辊子直径 X 辊子长度
颗粒油脂喷涂机	KY	L	滚筒式颗粒油脂喷涂机	滚筒直径 X 滚筒长度
		P	圆盘式颗粒油脂喷涂机	转子长度
过滤器	GL	L		滤网直径
膨化机	PH			
分级筛	F	Z	振动分级筛	筛面宽度 X 层数
计量器	JQ			
容积配料器	RP	Y	叶转配料器	叶转直径 X 叶轮长度
		L	螺旋配料器	螺旋直径
		P	圆盘配料器	圆盘直径
称重配料器	CP	J	机械杠杆配料器	最大称量
		G	多杆配料器	
		D	电子配料器	
		K	电控机械配料器	

机器安装及其他还有哪些因素会影响到制粒机的产量？

答： 机器安装及配件选用因素：（1）开孔率：环模的开孔率对生产影响极大，为保证环模强度，故孔径大者一般开孔率高，制粒产量也高。（2）模孔孔形：直形孔环模对加工配合饲料来说是比较适宜的，但对一些档次较低的饲料，因其粗纤维含量很高，用直形孔环模加工将大大降低产量，此时可选用外锥形孔环模加工。（3）模、辊直径比：在大环模直径的基础上，压辊直径越大，则物料进入压制区夹角越小，物料越不容易被排挤回去，有利于提高制粒产量。一般辊、模直径比需大于 0.4。（4）刮板位置：喂料刮板安装不当，物料窜出环模，造成产量低、粉料多。正确安装应为喂料刮板上部边缘与环模、环模罩相距 2～3 mm，刮板顶部进入深度不能超过模孔沉割槽。（5）孔径、压缩比：孔径大的环模，制粒产量高，但也应选择合适的压缩比。模孔厚度过大，产量低，硬度高；模孔厚度小，则颗粒硬度小，达不到质量要求。以 4.0 mm 孔径为例，压缩比范围为：谷物类含量高的饲料 9.5～12.5，热敏感类物料 4.8～8.0。其中的大值应在添加 1%～2% 油脂时选用。（6）环模安装误差：环模位置安装误差，会造成不均匀的过度磨损和不均匀制粒，甚至环模窜动，降低制粒产量。（7）切刀：切刀位置太靠近环模，造成粉料多，影响制粒产量。应在制粒过程中调整，以颗粒长度与颗粒直径比 1～2：1 为宜。（8）蒸汽质量：蒸汽在锅炉给定压力下是以饱和蒸汽进入管道，在输送过程中会损失能量产生冷凝水变为不饱和湿热蒸汽，给调质造成不利影响。因此，调质前应将冷凝水排出，并通过减压阀将其变为低压干热蒸汽以提高调质效果。经减压后蒸汽压力不低于 0.2 MPa，温度不低于 120 ℃。（9）电压、电流、供料的稳定性等对制粒产量都有明显影响。

热处理加工中的调质对饲料品质的影响？

答：传统的制粒之前调质热处理的效果取决于温度、时间以及蒸汽的质量。调质的作用是为了提高颗粒饲料的质量，改善饲料消化率，同时可以破坏原料中抗营养因子，杀灭原料中有害微生物，使颗粒饲料的卫生品质得到控制。这种调质处理受到颗粒机结构限制，调质效果并不理想。目前在调质处理上进行了改进，主要是用增加调质的距离来延长调质时间，使调质后饲料的卫生质量得到提高。另一种方法是采用膨胀或挤压膨化方法，充分利用时间、温度，并结合机械剪切和压力，处理强度高，杀菌的效果更明显。膨胀或膨化调质使饲料的卫生质量得到较好保证。

调质器的主要作用有哪些？目前常见的调质器都有哪些优缺点？

答：调质是对颗粒饲料制粒前的粉状物料进行水热处理的一道加工工序，国内外研究表明调质是影响颗粒饲料质量的重要因素之一，它在颗粒饲料总体质量中所起的作用为 20% 左右。调质器在颗粒饲料加工中的作用主要有以下几点：对粉状物料作熟化及灭菌；提高颗粒饲料的耐水性；改善物料的制粒性，提高产量，节省制粒的能耗，提高制粒机压模、压辊的寿命。调质器主要分为以下几种：（1）单轴桨叶式调质器：这种调质器是国内外饲料加工中使用最早、应用量最广的调质器，结构较简单，其圆柱形壳体中间装有一条搅动轴，搅动轴上安装多个可以调节、更换的桨叶。调质器工作时，粉料颗粒在桨叶搅动下进行两个方向的运动，一是绕轴转动，二是沿轴向推移，运动轨迹近似于螺旋线。一般单轴桨叶式调质器长 2 ~ 3 m，粉料可以在调质室内滞留 20 ~ 30 s，熟化度达 20% 左右，基本可以满足一些普通颗粒饲料的调质要求。（2）蒸汽夹套调质器：此类调质器大体结构与单轴桨叶式调质器相似，不同的是壳体采用双层夹套，夹套内通入蒸汽起保温作用。这种蒸汽夹套调质器在工作中对粉料的加热作用有限，因为热量只通过调质器的表面传给粉料，而这一表面积与容量之比通常很低，加之一般调质粉料的导热性能差，以至于没有多少热量可以传递给粉料，但是蒸汽夹套阻止了调质室与室外常温大气直接进行热交换，有效地减少了热损失，使调质器内部能保持较高温度，因此在寒冷的冬天和气温较低的地区使用这种调质器作用较显著。（3）多层调质器：为了延长和控制粉料在调质器内的滞留时间，在制粒机的上方叠加 2 ~ 3 个标准的单轴桨叶式调质器。这种调质器的特点是互相串联，有多重蒸汽注入口，工作时粉料依次通过各个调质器，延长了粉料的调质时间，物料与蒸汽能更充分接触混合，可将粉料的熟化度提高到 35% 左右。（4）双轴异径差速桨叶式调质器：双轴异径差速桨叶式调质器又称 DDC 预调质器，它是在单轴桨叶式调质器的基础上发展起来的，壳体内装有两根转速不同的叶片搅动轴，壳体中部设有多个可单独调节蒸汽量的蒸汽注入口和液体添加口，工作时由于双轴转速不等、旋向相反、桨叶差速搓动运动，调质时间可以控制在几十秒至 200 s，可满足特殊颗粒饲料高熟化率和高杀菌率的要求，熟化度通常可达 40% 以上，这一类型的调质器有较高的自清洁能力。（5）膨胀器：其工作原理与挤压机相同，都是用机械能来增加制粒之前加入粉料中的热量。不同之处在于膨胀器的压模间隙可调，工作中可以通过调整压模间隙，控制粉料在调质室的挤压、摩擦、剪切强度，从而控制扩散入粉料的热量。一般膨胀器可以对物料产生 40 Pa 的压力和 120 ~ 130℃的温度，物料在这些条件下滞留 3 ~ 5 s，非常快的发生物理变化，使物料的淀粉糊化程度和蛋白质的可溶度都得到显著提高，然而，物料中的热敏性营养成分也会在这一高温过程中受到较大损失。（6）通用颗粒熟化机：是由美国 Wenger 制造厂首先提出的新型调质制粒设备，这一系统基本上是由高效的调质器和一台短滞留时间的改进型挤压机组合而成。在工作过程中，调质器提供滞留和接触时间以优化饲料的质量，而改进的挤压机则迫使粉料通过具有适当大小空洞的压模从而使其形成颗粒饲料。这种设备的淀粉糊化程度相当高，一般大于 70%，饲料颗粒品质优良，耐水持久，即使在粉料中加入大于 10% 的脂肪，所生产颗粒饲料的质量仍然可以接受。此系统还有一个特点就是更换压模非常简易方便。目前这种调质制粒设备在水产饲料、幼畜饲料和宠物饲料方面有广泛的应用前景。（7）此外还有压力调质器及调质管：其基本概念是提高调质室的工作压力，从而温度也随之上升，高压可以迫使水分和热量更快更彻底地进入粉料颗粒内部，从而改善调质效果。

影响制粒的常见营养因素都有哪些？如何控制？

答：影响制粒的因素很多，除制粒机自身的设计、待制粒原料的理化性质、生产操作和工艺条件外。还有以下几个方面：（1）饲料各组分的影响：不同的原料由于具有不同的化学成分和物理性质，对制粒有不同的影响，因而具有相异的制粒特性。①淀粉：淀粉对制粒的影响受温度和水分的制约。在一定水分存在的情况下，淀粉在受热超过糊化温度时吸水膨胀，淀粉分子间键破裂，淀粉分子产生水化作用而形成 α - 淀粉，温度越高，糊化度越高。淀粉糊化后易于制粒，因此，淀粉含量高的饲料，饲料的密度大，易于制粒。但淀粉含量高的饲料往往含蛋白质低，在低温条件下难于糊化，易于制成脆性的颗粒饲料。②蛋白质：蛋白质具有热塑性和黏结性。在制粒过程中，蛋白质因摩擦作用而受热后，经受高温、高压作用，蛋白质的三级、四级分子结构断裂，饲料的可塑性增大，有利于制粒。③脂肪：脂肪具有润滑作用，能减少物料通过模孔时的摩擦阻力，延长压模寿命，同时降低能耗，提高产量。它的来源有饲料本身的和外界添加的两种。原料本身含有的脂肪，在制粒过程中由组织向外渗透，有利于制粒。在配合高能量饲料时，油脂添加量超过 3%，则会使颗粒变软，质量下降，粒化率低，压模磨损反而加剧。因此，添加量一般以 1% ~ 2% 为宜，当需要添加油脂数量较多时，超过部分可以采用制粒后喷涂的方法来实现。④纤维素：纤维素具有一定的聚合力，对饲料具有一定的黏结作用。但用量多时不易挤压通过模孔而难以形成颗粒。这是因为向模孔挤入高纤维饲料时需要较大的力量，这样不仅会缩短压模的寿命，而且产量也会受到影响，但能制成硬的颗粒。通常认为原料中含有 3% ~ 7% 的粗纤维，可提高制粒后颗粒的硬度，降低粉化率，但粗纤维超过 10% 就会因黏结性差而降低颗粒硬度和粒化率，并增加模辊的机械磨损。（2）饲料物理性质的影响：一般认为，制粒用的粒度越小越好，这是因为：①原料粒度小，则表面积大，有利于热量和水分的吸收，易于糊化；②粉碎粒度小时，压制后颗粒的密度大而能提高饲料的产量和质量。当然，压制不同直径的颗粒饲料制品，应采用相应的粒度，一般猪料通过 3 ~ 3.5 mm 圆孔筛，鸡料通过 4 mm 圆孔筛。总的来说，饲料粒度分布基本均匀，粒度大小恰当的料群，其颗粒制品的外观质量好。饲料制粒前的水分含量是个极为重要的参数，其最高极限水分含量为18%，若超过18%，将会引起模孔堵塞，所以，一般控制在16.5%左右为宜。水分对于制粒的影响，与水分存在的形式密切相关。当物料的水分含量超过一定数值时，水分将以自由态的形式存在，适量的这种存在形式的水分，将附着在物料颗粒表面而形成水膜，可以减少通过模孔的摩擦阻力，延长压模的使用寿命。另外，它能水化天然黏结剂，有助于改善制粒质量。然而，自由水含量不宜过大，一般说来，不应当大于6%，否则制粒将变得过软，压辊容易"打滑"，难以通过模孔，反而会降低产量和质量。水分有原料本身含有和生产过程中添加的两种。物料在低温情况下也能形成颗粒时，即不需加蒸汽。有必要添加水分时，可以考虑在混合机内加水，以确保水分均匀地吸附于物料，而不应当采用通入湿蒸汽的方法来增大水分含量。不同的物料具有不同的容重。一般说来，容重小的物料，纤维素含量较高，所以不利于制粒，产量较小，能耗较大。容重大的物料能更好地吸收水分，调质效果较好，有利于制粒，且成品质量好。金属杂质及砂石等各种坚硬的杂物和绳索等，都会严重地磨损或堵塞模辊，故而要求含杂越少越好。（3）饲料配方组成的影响：生产颗粒饲料时，要依据配方来变化制粒条件。配方指原料及其成分，而不同的饲料种类对制粒条件的要求也不同，大体可分为以下六类。①高蛋白质饲料：蛋白质含量高的饲料，在加热时，会呈现良好的热塑性和黏结性，能增大颗粒的硬度和提高产量。但它不像高淀粉饲料那样需要大量的水分，水分过多会因胶质化而容易堵塞模孔。水分越少越有利于冷却及脱水，一般水分的添加量为1%～2%，而且是靠蒸汽供给，因此，蒸汽应满足水分和温度两方面的条件。②热敏性饲料：这类饲料的组成中，多半含有较多的乳粉、白糖、葡萄糖及乳糖，在温度达到60℃时就会发生焦化。用厚压模而不加水时，仅摩擦热即可达上述温度而焦化，因此，必须考虑采用下列方法：选用薄压模或者降低压模的转速；使用高压蒸汽，并保证料温控制在60℃以下。③低蛋白与高纤维饲料：蛋白质含量在12%～16%且富含纤维素的这类饲料，其中谷类原料所占的比例小，蛋白质含量也低。所以，这类饲料单凭热力作用难以呈现糊化及黏性，再加上纤维素含量高，其持水性能不佳，因而水分含量也不宜过多。一般说来压制这类饲料，水分含量控制在12%～13%，料温维持在55～60℃，这样的条件较为适宜。如水分含量过大，或者料温过高，这时压制出料后会因迅速膨胀而产生裂缝。④尿素饲料：饲料中尿素含量在6%以上时，就几乎不能加蒸汽，同时，尿素极易吸水溶解而呈稀糊状。此外，尿素遇热易分解，因而制粒过程也不能过热。当水分及热量过高时，颗粒就难于通过压模孔，即使通过了，在冷却过程中也会发生黏凝。⑤高淀粉饲料：高淀粉饲料的制粒，最困难的问题是需要高温和高水分。高淀粉饲料在制粒时常见的问题是产生软的颗粒，产量是高的，但产量过高的同时会造成细粉增多，质量下降，回流量增多，结果反而不经济，这是由于高淀粉饲料中蛋白质含量低，因而起的黏结剂作用也低。纤维素几乎与制粒无关，油脂虽能提高颗粒产量，但起不到黏结剂的作用。制粒时饲料水分必须达到15.5%～17%，温度要达到65℃以上，才可使淀粉发生糊化和糊精化，在颗粒冷却后起到黏结剂的作用。这样，对高淀粉饲料通过添加水分，提高蒸汽温度或选用厚的压模等方法，也能制出硬的颗粒，但会造成部分微量添加物和药剂的破坏或因脱水不充分而发霉，因此，高淀粉饲料的制粒需要相当高的技术。⑥高脂肪饲料：油脂虽能提高制粒的产量和延长压模的寿命，但含量过多时会使颗粒变软。

如何选择常用的制粒调质器？

答：一般普通的畜禽饲料厂可选用单轴桨叶式调质器，保证 30 s 的调质时间，可使淀粉糊化度达 20%，基本满足普通畜禽饲料的加工要求；水产饲料厂应选用二级、三级调质器或双轴异径差速桨叶式调质器，确保调质饲料的熟化度达到 40% 以上。膨胀器又称为超级调质器，用膨胀器膨化大豆和玉米等原料可提高饲料的适口性及消化率，同时改变饲料内的抗原物质和抗营养因子；还可以用膨胀器配合制粒机进行二次制粒，使粉料先通过膨胀器经螺杆和压模的强烈挤压和剪切形成短时高温，促使淀粉充分糊化，改善颗粒质量；一些饲料企业直接使用膨胀器生产乳猪料和肉鸡饲料等片状饲料，营养全面、适口性好，有较大的市场空间。

调质对高蛋白原料饲料的质量有什么影响？

答：调质就是在高压高温蒸汽的作用下，使蛋白质变性、淀粉糊化，以利于制粒，同时改变蛋白质的理化特性，以利于动物饲用。热是蛋白质变性的最普通的因素，伴随热变性，蛋白质的伸展程度相当大。变性速度取决于温度，一般在 45 ～ 50℃ 变性的速度已经可以察觉，到 55℃ 时变性就可进行的很快。对于蛋白质变性反应，当温度上升 10℃，速度可增加 600 倍，因为维持二级、三级和四级结构稳定性的各种相互作用的能量都很低，蛋白质的这种性质叫做蛋白质化学反应的温度系数。结合淀粉糊化的特点，对于普通饲料来说，料温达到 65℃ 以上即可，在这个温度下，淀粉即可糊化，蛋白质变性也可以达到良好的效果。但是，对于高蛋白饲料而言，可利用蛋白含量高和蛋白变性温度系数高的特点，提高调质温度，使蛋白质的变性较为彻底，同时，也可提高调质器的生产效率，从而有利于生产。但是，过高调质温度，会使调制器部件的温度过高，可能造成局部饲料被烧焦，从而不利于制粒。而且，较高的调质温度对锅炉及蒸汽管路的要求也较高，不易实现。蛋白质结合水的能力一般随温度的升高而降低，这是因为降低了氢键键合。蛋白质加热时发生变性和聚焦，后者可以减少蛋白质的表面面积和极性氨基酸对水结合的有效性。另一方面，结构很紧密的蛋白质在加热时，发生解离和伸展，原来被掩盖的肽键和极性侧链暴露在表面，从而提高了极性侧链的结合水的能力。所以，从总体来看，高温有助于蛋白质对水分的吸收。这对于蛋白质的变性及后续的制粒工艺有着重要的影响。在调质过程中，饱和蒸汽和物料接触时蒸汽在物料表面凝结时放出大量的热，使物料温度大幅上升，同时，水蒸气以水的形式凝结在粉料表面，在热量和颗粒内外水分的差异和温度的共同作用下，粉料开始吸水膨胀，直至破裂，使淀粉变成黏性很大的糊状物，同时，由于蛋白质变性后分子成纤维状，肽键伸展疏松，分子表面积增大，流动滞阻，因而黏度增加，因此，粉料变得柔软，通过模的阻力降低，提高制粒机的生产效率，降低了能耗。也应该注意到，如果水分过高，会使粉料变稀，粉料不会被压入模孔，而直接从模辊与和压模之间挤出，从而在压模内部形成一层壳，导致模孔堵塞。此外，干蛋白颗粒的大小、表面孔隙和内孔隙也同样影响吸水的速度和程度。关于调制过程的因素，最重要是水蒸气的质量，它直接影响到制粒质量的好坏以及蛋白质的转化率。水蒸气的压力、温度以及水蒸气中的饱和蒸汽的含量是评价饲料调质蒸汽质量的标准。在高蛋白饲料加工中，水蒸气以高温高压及饱和蒸汽含量高为宜。因为蛋白质在100℃以下加热时，可以达到变性的目的，而且不会损害蛋白质的营养成分，所以，应该安排上述参数，使粉料处于较高的温度但不超过100℃的条件下。

调质的机理及详细过程？

答： 饲料调质就是饲料水热处理的过程，饲料调质实际是气相（蒸汽）、液相（细微水分散的水滴）的热量、质量向固相（粉状物料）传递热量和质量的过程。蒸汽在饲料调质过程中，既是传热体，又是传湿体。而且，饲料在调质过程中热量和质量不断地发生变化，调质亦是蒸汽中的热量和质量通过粉状颗粒物料的外表面向内部转移的过程。粉状物料的调质是蒸汽均匀围绕粉状物料的周围，靠近颗粒物料的表面形成界面层的过程。调质过程的传热和传质的速度，决定于蒸汽和粉状颗粒物料内部与界面层的温度梯度、速度梯度、湿度梯度、物料性质（密度、颗粒大小、含水量）等因素。当低温和含水分较低的固相粉状物料进入有一定转速的调质器内，蒸汽压力从200～400 kPa降为常压，蒸汽温度从140～158℃降为100℃，这就开始进行生粉料的调质熟化。而物料熟化的关键是蒸汽的品质（指蒸汽含水量和焓值高低），蒸汽分为湿蒸汽，饱和蒸汽（干蒸汽），过热蒸汽。三者的区别在于焓值（kJ/kg）和温度不同。湿蒸汽焓值较低，湿蒸汽和饱和蒸汽的温度相同（100℃），但饱和蒸汽焓值高于湿蒸汽。而过热蒸汽的焓值、温度高于前两者。湿蒸汽是水和蒸汽的混合物。如果对其继续加热，焓值增加，蒸汽温度并不升高，该热能供给细微分散的水滴汽化的热能（汽化潜热），供热能越多，焓值越高，蒸汽含水量越低，蒸汽含量越高。含蒸汽的程度为蒸汽的饱和度（干度），如蒸汽的饱和度=0.8，说明80%是蒸汽，20%是细微分散的水滴。在常压下蒸汽含量达到100%，即在100℃饱和温度下，蒸汽就不含有水，这蒸汽就是饱和蒸汽。当对该饱和蒸汽继续加热，饱和蒸汽的焓值和温度继续增加，该蒸汽成为过热蒸汽，过热蒸汽是制粒需要的蒸汽品质。如果随着蒸汽压力的增加，水的汽化温度亦随之提高，同样形成湿蒸汽，饱和蒸汽，过热蒸汽的需要温度亦相应提高。高温的过热蒸汽，焓值高，热量多，不含水，过热蒸汽进入调质器内压力从200～400 kPa降为常压，温度从142.9～158℃降为100℃后，转化为饱和蒸汽或湿蒸汽。同时，蒸汽释放热量，饱和蒸汽的饱和度亦逐渐下降，饱和蒸汽中含水量逐渐增加，并继续释放热量，但蒸汽温度仍保持100℃。此时，热蒸汽和冷的固相粉状物料相遇，由于热蒸汽和粉状物料之间既有温度梯度（温度差），又有湿度梯度（湿度差）。所以，热蒸汽和冷固相粉状物料之间就既产生热量传递，又有质量（水分）的传递，热蒸汽与和固相粉状物料之间的焓值差，就是热量和质量传递的推动力。调质过程是蒸汽的热量、质量同时、同向经粉状物料的外表面向内部传热和传质的过程。而且，热蒸汽和粉状物料之间热量和质量在传递过程中总量是平衡的（略去调质器内空气温度上升和调质器机筒散发的热量）。在传热和传质过程中，蒸汽热量释放，使粉状物料温度上升到调质所需的温度（制粒80～85℃，膨化95℃以上），饱和蒸汽的饱和度继续下降，饱和蒸汽中逐渐增加含水量。当调质器常用的粉状物料调质温度为80～85℃和蒸汽的饱和度=0.6～0.9时，在该条件下，大致可认为粉状物料每升高11℃，其水分增加1%。使粉状物料吸收或外加水分后达到制粒、膨化所需含水量（制粒15.5%～17%，膨化28%～30%）。为了确保制粒，要求水分低。所以，采用过热蒸汽是合理的，如采用湿蒸汽易析出过多的水分，影响制粒。膨化宜用供汽量较多的饱和度较高的饱和蒸汽或较低的过热蒸汽，使粉状颗粒物料既能得到较多水分，又能得到较高温度，就符合了物料膨化的要求。在结构上制粒的调质器应隔热保温好，膨化调质器可以无隔热保温处理。调质的目标和要求：饲料粉料在调质过程中水和热共同作用下，使粉状颗粒物料软化。调质软化要求是，能使颗粒物料中心都达到软化为最佳，是调质的目标和要求。调质过程中蒸汽中的水蒸气分压高于粉状颗粒物料表面水蒸气分压，为此，粉状颗粒物料表面不断地吸收水蒸气中的水分。此时，粉状物料表面水分高于物料的内部水分（即湿度梯度）。为此，物料表面水分和内部水分之间有水分压差，并遵循水分压高的区域向水分压低的区域流动的规律。所以，粉状颗粒物料不仅表面吸附水分，而且向内部转移。粉状颗粒物料在调质器的打击和翻动下，使蒸汽流动的速度梯度在物料颗粒表面和颗粒不同位置的表面明显增加。由于物料颗粒表面不同部位的速度梯度不同，使物料颗粒表面的温度梯度和湿度梯度都增加。所以，加速了蒸汽与物料之间和物料表面与物料内部之间的传热和传质过程。同时，调制器对物料颗粒有一定的挤压，增加了水分向颗粒内部转移。水分转移的速度除水蒸气分压外，还与颗粒的大小、颗粒密度、颗粒状态及调质器转速等因素有关。如调质器转速高，粉状颗粒翻动激烈，速度梯度增加的更多，蒸汽与物料接触均匀度好。打击力大，蒸汽与粉状颗粒接触充分，水分向颗粒内部转移快，水分的添加量亦可增多。该水分的转移称之水分的内扩散，使粉状颗粒物料增加水分。该增加的水分为物理化学结合水和机械结合水（游离水亦称自由水），当物料调质水分在 18% 时，其中，以物理化学结合水（渗透结合水）是粉状颗粒增加水分的主体。此外，有部分蒸汽水滴吸附在粉状颗粒表面而形成的机械结合水（游离水，自由水）。粉状颗粒原有的化学结合水（结晶水）与物理化学结合水及调质增加的物理化学结合水，就成为粉状颗粒物料在该温度下，相对湿度下的平衡水分，该平衡水分随温度和相对湿度变化而变化。粉状物料的平衡水分随温度增加而下降，随相对湿度升高而增加。由于物料的物理化学结合水和适量表面的机械结合水（游离水即自由水 2% ~ 3%）对制粒十分有利，从而能获得良好的制粒效果。粉状颗粒物料在调质器内的高温和水分两因素的共同作用下，经过适当时间的调质保温，淀粉糊化，蛋白变性，有害因子得到破坏和灭活，粉状颗粒物料软化，达到较佳的制粒效果。可以说，饲料调质是饲料制粒和膨化过程的十分关键工序，没有优良调质工艺和设备，就难以获得高产量、优质、低能耗的制粒、膨化效果。由于制粒、膨化工序中要求物料的含水率不同，制粒一般在 15.5% ~ 17%，而膨化要求在 28% ~ 30%。调质温度一般在 80 ~ 90℃，一般情况下，调质器内的蒸汽的饱和度在 65% ~ 95%。此时，物料亦应有对应的平衡水分（达到调质条件下的平衡水分需要时间，否则不能达到其平衡水分的量），制粒、膨化在调质后的物理化学结合水的水分在 16% 和 22% ~ 25%，而机械结合水（游离水，自由水）有 2% ~ 3% 和 3% ~ 5%。为此，两者对物料含水率要求不同，显然对蒸汽要求有所不同，两者调质的工艺参数亦就不同，才能保证调质后的物料具有不同的水分增加量。对制粒要求的蒸汽是过热蒸汽为好，但蒸汽用量少。而膨化需要的蒸汽用量比制粒所用蒸汽量多，才能确保膨化物料调质后的高温和高水分（由于蒸汽调质时间较短，蒸汽调质后增加水分不够，难以达到该条件下的平衡水分，需在混合工段内加入水分）的要求。以上分析，尚未考虑蒸汽的利用率，制粒过程蒸汽耗量为调质物料流量的 3.5% ~ 4%（包括其他加热和损耗达 5%）。

环模的安装方式有哪几种？有什么利弊？

答： 目前市场上环模安装方式主要有：直面式安装（螺栓连接安装）、锥面连接安装和抱箍联接安装。直面式螺栓紧固安装方式简单，环模不易倾斜，但同心度不好，当环模螺栓孔和空轴传动轮上的螺栓孔位置度不相配时，安装后可能单只螺栓受力时，螺栓容易断，选用环模时要求供应商保证螺孔的位置度，并且要求用转模钻孔。锥面连接螺栓紧固安装的环模定心性能好，传递扭矩大，环模固定螺栓不易剪断，需要装配者细心并掌握一定的技巧，不然环模易倾斜。当使用中螺栓松动，传动轮上的锥面磨损后，必须通知供应商环模上的锥面的大小头直径都放大一点，环模制作不能标准化。抱箍连接安装具有锥面连接的定心性能好，传递扭矩大等优良性能，是一种轴向锥面连接方式；环模使用中挤压力大，抱箍型连接是对环模很好的加强，但整体抱箍在热处理时抱箍根部应力大，环模容易开裂。改成热压镶箍工艺后，热处理时环模内应力小，热处理后环模热压加箍，环模内生产预压应力，和压辊对环模的挤压应力相抵消。箍材料为碳钢，可降低不锈钢材料成本。是一种较好的连接方式。

影响饲料制粒质量加工方面的因素都有哪些？如何控制？

答： 主要有以下几个方面：（1）蒸汽添加的影响：蒸汽添加，是制粒过程中较难控制的一个因素，又是决定制粒成本、产量及产品质量最为重要的一个因素。蒸汽添加的实质，就是物料经受蒸汽的湿热调质作用，产生的效果：一是提高产量；二是延长模辊的使用寿命；三是节省动力，降低生产成本；四是提高产品质量及其营养价值。至于所采用的蒸汽，需要注意以下几点：一是蒸汽供给必须充裕，一般说来，可以按照产量的 5% 来确定所需蒸汽量；二是保持稳定的蒸汽压力，锅炉的工作压力应当维持在 0.7 ~ 0.9 MPa，输入到制粒机之前的蒸汽压力应调节到 0.2 ~ 0.3 MPa；三是应避免使用湿蒸汽，而使用干饱和蒸汽。（2）物料调质时间的影响：调质器是制粒机的关键部件，调质质量的好坏，除与物料本身及蒸汽等因素有关外，调质时间也是一个重要的影响因素。理想的调质时间是调质器内物料的充满系数小于 0.5。一般的制粒机受尺寸限制，不可能为了延长调质时间而把调质器的直径和长度做得过大，但是，可以通过调整调质器内桨叶片的角度来适当延长，以确保调质质量取得最佳的制粒工艺效果。（3）模辊的影响：①压模：压模对颗粒的质量与产量有密切关系。通常，压模越厚颗粒越硬，但产量越低；反之，压模越薄颗粒越软，但产量越高。压模孔径越小硬度越大，产量越低；反之，压模孔径越大颗粒越软，但产量越高。此外，制粒的质量和产量还与压模的孔型有关，但为了便于压模的制造，目前，较多使用圆柱孔型的压模。总之，应在考虑产量与质量的基础上，根据饲料配方、产品要求和饲喂对象来选定压模。②压辊：它的两个主要条件是能承受制粒过程中所产生的压力和提供最大牵引力的适当压辊表面，以免打滑。模辊间隙是影响制粒效果的重要因素之一，间隙增大，则物料层加厚，挤压工作量增加，消耗动力也增加，造成挤压区内对物料压入力的减小，使压辊发生打滑现象，从而降低产量；反之，间隙过小则会加速模辊磨损，使抓入的物料量减少，从而降低产量。（4）进料流量的影响：应当根据制粒原料的特性、颗粒成品的要求来调节进料流量，并保持稳定，才能确保制粒机正常工作和制粒产品的产量和质量。

水产颗粒饲料专用切刀有什么特点？

答：水产颗粒饲料专用切刀是一种超薄型的刀片，一般厚度在 0.4 mm 左右，调整时刀口应贴紧环模，颗粒长度靠喂料量来控制，喂料量增加颗粒随之变长，喂料量减少颗粒变短。这种切刀适用于 4.5 mm 以下的颗粒料。

制粒机切刀不锋利、磨损或角度不标准，对畜禽颗粒料质量产生怎样的影响？如何正确安装切刀？

答：制粒机的切刀不锋利时，从环模孔中出来的柱状料是被打断的，而不是被切断的，因此颗粒两端面比较粗糙，颗粒成弧形状，导致成品含粉率增高，降低颗粒质量。喂料刮刀磨损或是角度不标准将使环模和压辊的压制区喂料不均匀。最后造成环模工作面磨损不均匀（高低不平），使模辊之间的间隙不一致，自然料层也薄厚不均匀。间隙小的地方料层薄，模孔的导向口容易磨损变形，使喂料困难；间隙大的地方虽然喂料正常，但是由于料层太厚，减少了压辊对物料的挤压力，使出料困难，主机电流上升，同样降低了生产能力。同时，由于环模工作面喂料不均匀，导致模孔磨损的粗细也不一致，颗粒料的粗细差别很大。安装切刀时应注意：（1）切刀口应保证平整锋利；（2）不得有缺口损伤等缺陷；（3）刀口平行于水平面，倾斜小于 2°。（4）刀口两端须与环模中轴线平行（图 121）。

图 121 刀口两端须与环模中轴线平行

制粒机切刀结构及调整对产品质量有什么影响？

答：切刀一般分为硬质刀片型及薄刀片型。硬质刀片耐磨性好，韧性差，适用于大粒径的畜禽料等；薄刀片韧性好，耐磨性差，适用于小料径的水产料。在调整时，硬质刀片一般要调整到刀口离环模外表面 3 mm 左右，距离太小时粉料会增多，且可能会碰伤刀口，太大时颗粒长度不甚一致，有可能会出现长颗粒料，因为随着距离的增大，刀口对颗粒的折弯力矩增大，颗粒可能会从环模表面折断。薄刀片因为具有弹性，可以调整到贴住环模外表面的位置，这样切出的颗粒整齐一致，特别适用于一些小粒径的水产料，如虾料的制粒。在实际生产中，切刀的调整是很灵活的，可根据需要使用一把、两把或三把切刀进行切割。另一种情况是，在理论上，当两把或三把切刀同时使用时，切刀口应调节到和环模外表面的距离相等的位置，这样切出的颗粒才整齐，但实际情况并非如此，由于制粒机在供料时，可能存在分配上的缺陷，分配到每个压辊上的饲料量就不能保证完全一致，这样在每个挤压区内挤出的颗粒长度就不一样，有的挤压区挤出的颗粒长些，有的挤压区挤出的颗粒短些，但在一个挤压区内基本是一致的，对于这种情况，就应该分别调整每个切刀的位置，使喂料量分配的少的压辊处的切刀离环模表面距离近一些，喂料量分配的多的压辊处的切刀离环模表面的距离远一些，才能使整体上制出的颗粒长度一致。

入模水分高低与颗粒饲料质量有什么关系？

答：入模水分过低，加工出的颗粒饲料表面质量光滑而坚硬，不易于动物的消化吸收，同时，加工过程功耗过大，生产率低，吨电耗大；而当水分过高时，加工的颗粒饲料外表毛糙，成型率低，容易造成在储存过程中发生霉变。这是因为游离在外表的自由水能够传递静水压力，使胶状体的单体"团粒"无法相互结合。

如何预测制粒后颗粒的温度？

答：环模制粒机生产颗粒饲料时，通常蒸汽用量为颗粒机生产能力的 4% ~ 6%。例如，某种配方原料中含水分为 10%，制粒后湿度为 15.5%，应添加 5.5% 饱和蒸汽，按每增加 1% 的饱和蒸汽，温度会随之提高约 11℃ 计算，如室温为 30℃，则调质后的温度为 5.5×11℃ +30℃ =90.5℃，这种估算方法仅用于室温（20 ~ 30℃）情况下的饲料。另外操作方法不同，颗粒温度亦有所变化。

环模的安装方式有哪几种？有什么利弊？

答：环模安装方式主要有直面式安装、锥面式安装和抱箍式安装。直面式安装简单，环模不易倾斜，但环模固定螺栓容易剪断，不适用于大型号的制粒机。锥面式安装环模定心性能好，传递扭矩大，环模固定螺栓不易剪断，但需要装配者细心和掌握一定的技巧，不然环模易装斜。抱箍安装比较适用于小型号的制粒机，安装方便，需时短，缺点是环模本身不对称，不能掉面使用。

如何选择压辊？

答：压辊外表面的结构主要有齿槽型、有封边的齿槽型和蜂窝型。齿槽型压辊卷料性能好，在畜禽料饲料厂中普遍采用，但由于饲料在齿槽中滑动，压辊和环模的磨损不甚均匀，在压辊和环模的两端磨损的严重一些，久之造成环模的两端出料困难，制出的颗粒比环模中间部分的要短。有封边的齿槽型压辊主要适用于水产料的生产，水产料挤压时较易滑动，由于齿槽两边有封边，饲料挤压时就不容易往两侧滑动，饲料的分布就比较均匀，压辊和环模的磨损也较均匀，从而制出的颗料长度也较一致。蜂窝型压辊的优点是环模磨损均匀，制出颗粒长度也较一致，但卷料性能差，从而影响制粒机的产量，在实际生产中不如齿槽型使用得普遍。

为什么压辊容易磨损？压辊与压模的配套比例多大为好？

答：压辊是用来向压模挤压物料并从模孔挤出成形。为防止"打滑"和增加攫取力，压辊表面采取增加摩擦力耐磨的措施，通常采用在辊面上按压辊轴向拉丝。压辊的轴向装配位置应在压模两端工艺槽的中间，压辊端面装配误差小于 ±1.5 mm，压模罩小法兰的平面与门盖之间间隙：0.5 ~ 2.5 mm。鉴于压辊与压模的直径比约为 0.4 ∶ 1，两者线速度基本相等，压辊的磨损率比压模高 2.5 倍，故压辊的硬度应高于压模，所以压辊一般采用合金钢制造。现也有用碳化钨焊辊面，既增加了摩擦因数，又增加耐磨性，其使用寿命比拉丝辊面高 3 倍，国外模辊耗量为 1 ∶ 1，模辊要同时更换；如模辊仅换其一，将加速其磨损。我国目前模和辊的耗量约为 1 ∶ 2，应舍辊保模。

制粒前物料在调质器内滞留时间应该多长？如何调整？

答：最佳滞留时间应该是多长？多数人认为调质时间在 30 ~ 90 s 时颗粒料的质量和产量都会得到改善。所以，如果进行适当的调整，会使颗粒料的质量得到提高。实际使用时应根据具体情况进行调整或进行试验。增加滞留时间的几种选择：粉料通过调质室的速度受到两个因素的影响：（1）桨叶的角度，一般来说，调质器的桨叶设置成了前倾 30° ~ 45°。如果搅动轴的速度较快（大于每分钟 150 r），可将桨叶的角度减小到比较中间的位置（5° ~ 15°）；对于慢速（每分钟 80 ~ 100 r）调质器，桨叶可设置为与搅动轴更为平行的位置（与搅动轴成 5° ~ 15° 的夹角）。（2）搅动轴的转速，在调节搅动轴的转速方面没有什么特别的法则可循，只是转速不应过慢以便粉料能够得到较好的搅动并且通过调质室的速度不致过低。应避免使转速低于每分钟 80 转以免粉料搅动不良以及通过的速度过慢。可以通过对这两者的调整而实现最佳滞留时间。

使用环模时应注意哪些问题？

答：制粒生产时，使用环模应注意以下问题：（1）不要让制粒机连续数分钟无料空转；（2）每当颗粒饲料生产结束后，当换模时，或者停歇时间较长时，就必须用燕麦、玉米或含油物料将环模孔内的物料顶出，切勿残留配合饲料在环模孔内，否则会腐蚀孔膜壳；（3）定期检查环模的磨损情况；（4）若发现模孔被压得封了口，则须重新进行模孔扩口；（5）在安装前，应将螺纹孔内的物料和污物清除干净；（6）折断的螺栓应立即除去，换上新的。

哪些因素会使环模爆裂？

答：（1）环模所用材质性能不稳定，不均匀，有局部内应力存在；（2）环模的开孔率太高，造成环模自身的强度、韧性下降；（3）环模的厚度太薄（不设释放段），以致环模强度下降；（4）环模在运行过程中，被硬物强行挤压（如落在制粒腔内的轴承滚珠等金属物）所致；（5）环模在安装过程中有偏心状态或紧固不均匀受力，造成环模不断承受单向冲击所致。

为什么压模材质选用不锈钢好?

答：主要选用合金钢和马体氏不锈钢制成，其中合金钢材料的耐磨性和抗腐蚀性较差。不论何种材料的环模，孔径都会因磨损和腐蚀等原因逐渐放大，但放大的速度不同，合金钢环模的模孔光滑度、耐磨性、抗腐蚀性，都没有不锈钢好，因此，合金钢环模的生产能力和颗粒品质都比不锈钢差，例如，颗粒表面光滑度稍差、颗粒增粗过快、时产偏低、耗电偏高等，而不锈钢环模在这些方面都比较有优势。

颗粒生产中是采用齿形带传动制粒机还是齿轮传动制粒机?

答：环模颗粒机的传动方式主要有两类：一类是齿轮箱式，优点是可实现二级变速，机器的结构比较紧凑，但噪声较大，机器大修周期长；另一类是皮带式，可分为一级、二级三角带传动或同步齿形带传动，优点是噪声低，不需额外的润滑管理，缺点是不能实现低成本的快速变速。因此，不论采用那种传动，解决低成本的无级调速或多级变速是发展的方向。

蒸汽截止阀泄漏的危害及产生的原因?

答：制粒时如进汽截止阀泄漏，造成蒸汽用量过度供给，使饲料含水量过大，从而产生颗粒表面不光洁、粉化率高、硬度小、难于制粒等大量次品现象。而且会降低生产效率，制粒机加速磨损等问题。膨化时如进汽截止阀泄漏，造成蒸汽用量过度供给，膨化温度不能保证，饲料含水量过大和过湿，从而产生饲料的营养价值降低、淀粉糊化程度不能控制等问题。由于在蒸汽调质时，用汽点阀门频繁开关调节，蒸汽用量时大时小，在流速变化较大的情况下，很容易产生闪蒸、空化等现象，从而易对阀门密封面造成冲蚀、汽蚀等破坏性的影响，进而导致阀座内密封失效而泄漏。且频繁开关调节也会导致阀杆密封的外泄漏。

如何利用蒸汽冷凝水?

答：蒸汽冷凝水对生产膨化料的意义很大，膨化机调质需要添加10%以上的热水。干燥机热交换时会产生大量的冷却水，这些水刚好也是热的，如果把这部分热水转入调质添加，既省水又省能源。一年产1万t左右的膨化料厂，通过回收冷凝水循环利用，可以节约水资源约1 000 t，节约能量折合成蒸汽约300～500 t。如按照每吨蒸汽150元，大约就是4.5万～7.5万元。

制粒机主轴晃动的原因是什么？应该怎样处理？

答：造成主轴晃动的原因有以下几个方面：（1）主轴尾部未收紧或收不紧；（2）主轴花键与花键座配合间隙大，主轴尾部键槽与传动轴、传动轴与安全销座键槽配合间隙大。（3）安全销与安全销套、安全销套与安全销座孔间隙大；（4）主轴轴承花栏变形或轴承磨损；（5）环模内孔失圆过大；（6）两个压辊间隙调整不均匀等。解决办法：首先检查主轴是否收紧，先拆去后面的加油系统，拆下主轴压盖，检查蝶形弹簧是否变形。若蝶形弹簧变平，应更换新的蝶形弹簧（蝶形弹簧数量及装配位置应与未拆装前一致）。然后把主压盖上的锁紧螺丝收紧，开机检查主轴是否晃动。若还是晃动，则应拆下主压盖，用铜棒垫住主轴，用大锤把主轴往环模方向打出来，然后拆下主轴密封盖，检查主轴轴承是否完好。若间隙过大，应拆下轴承更换新轴承，再按顺序装上主轴锁紧。在装主轴过程中，应注意主轴轴承内圈位置应放正，才能把主轴装配到位。正常情况下，装配到位后，主轴两边端面与传动轮端面相差 10 mm 左右。若检查出花键配合间隙大、键槽配合间隙大、安全销配合间隙大、环模内壁失圆等情况，则必须对以上部件进行更换。主轴装好后，开空机检查晃动情况。主轴正常后，应正确调整压辊与压模的间隙，间距不能调成一边大一边小，这样容易造成主轴晃动，出料不畅，电流不稳等情况。

制粒机出现出料困难、产量低的原因主要有哪些？

答：若使用的是新环模，首先检查一下环模的压缩比是否和加工的原料匹配，环模压缩比过大，粉料通过模孔的阻力大，颗粒压出来太硬，产量也低；环模压缩比过小，颗粒压出来不成型，必须重新选用环模压缩比再检查环模内孔的光滑程度和环模是否失圆，劣质环模因为环模内孔粗糙，环模失圆而导致出料阻力大，颗粒不光滑，而且出料困难，产量更低，因此，必须使用优质环模。若环模使用一段时间，必须检查环模内壁锥孔是否磨损，压辊是否磨损，如磨损严重可以把环模加工修理，对磨损的锥孔重新锪孔，压辊磨损必须更换，环模锥孔磨损对产量有很大的影响。环模与压辊间隙需调整正确，间距太小会使压辊摩擦环模，缩短环模使用寿命，间距太大会造成压辊打滑，使产量降低。注意原料调质时间和质量，尤其是要控制入机前原料的水分，原料在调质前水分一般为 13%，如水分偏高，原料经调质后水分过高，会出现模内打滑现象，不易出料。应注意原料的粉碎粒度应与模孔直径匹配，小颗粒饲料的原料粉碎粒度应更细一些。同时，也要保证蒸汽的质量与温度，若蒸汽质量差（含水多的不饱和蒸汽）及调质温度低，均会影响粉料的熟化效果。要检查原料在环模内的分布情况，不能让原料跑单边，如发生类似情况，必须调整大小喂料刮刀的位置，让原料在环模内分布均匀，这样既可延长环模使用寿命，同时，出料也更顺畅。

制粒工在进行制粒时需做哪些工作？

答：了解生产计划及生产品种，检查使用工具、齿轮油、润滑脂、易损配件等是否齐全，工作现场灯光是否正常。根据生产品种更换环模，调整模辊间隙，制粒室、调速器是否到位，开机生产前排放蒸汽冷凝水，检查调质器、喂料器、磁铁板、切刀、抱箍、破碎机、齿轮箱油位。检查冷却器中有无存料、结块；上溜管是否干净，分级筛及筛网布筒是否完好。提前30 min通知锅炉工准备蒸汽，检查气压是否正常，压力表、电流表是否正常。按要求润滑好制粒机各润滑点，加油时必须保持干净，以免渗入杂质堵塞油路。开机时核对好成品仓号和半成品仓号，并同相关岗位协调好，严格按操作规程开机。制粒系统启动顺序为：水平输送设备、分级筛、提升机、冷却器、破碎机（大颗粒不启动，但需打到旁通位置）等设备启动后，再启动制粒机；待运转正常后再启动调质器、喂料器，逐渐增加喂料量和蒸汽。判断料的水分及硬度，含粉率，确保制粒一次合格，停机前30 min通知锅炉工停气。严格按要求停机，顺序同开机相反。首先关闭喂料器，使制粒机电流自动降到最低，再停调质器，将含油物料压入模孔后方可停制粒机。要树立安全意识，设备在运行中出现故障停机修理时，在控制柜上挂警示牌，制粒机运行时停车，未停稳时不准打开门盖。清理好现场卫生，工具定点放置，准确详细做好工作记录。

饲料生产中为什么有时需要低温制粒？有什么特点？

答：一些发达国家开始对制粒工艺进行改进，在欧洲一些国家，试图采用更高的调质温度和调质时间来消灭其中的细菌，并改善制粒品质。但是，由于传统的调质制粒工艺采用过热蒸汽，从而造成热敏性维生素和酶制剂在调质制粒过程中的损失，现在采用的后喷涂工艺要把很少的液体喷到大量的颗粒饲料上，很难保证其均匀性，同时，由于只是喷在表面，在后续储运过程中会磨掉形成细粉。蒸汽调质制粒同时导致了颗粒饲料的成本增加。在美国出现了无蒸汽调质制粒技术，利用湿法生产淀粉的淀粉厂，酒精厂、大豆加工厂和酿造企业的废液作为母液添加，利用生物技术，通过调整废液添加比例达到合适的水分，可以在50℃的条件下，生产出高质量的颗粒饲料，其物理、营养指标均优于传统工艺，该工艺不需增加任何设备，生产成本显著降低，几乎不会对热敏性添加剂造成损伤。与高温制粒相比，低温制粒的优点：（1）制粒后酶制剂、微生态制剂、维生素等热敏性饲料添加剂的损失小，比高温制粒状态下损失减少30%～50%；（2）热敏性饲料添加剂在颗粒间和颗粒内外的均匀性提高；（3）颗粒饲料的耐久性提高，生产成本降低10%～20%。制粒时使用了淀粉厂、酒精厂等食品加工企业的有机废液作为原液添加，不仅可以利用废液中的蛋白质等营养成分，而且还可以有效的解决食品加工厂的废液排放问题。

如何生产更好的破碎颗粒料？

答：颗粒破碎是加工幼小畜禽颗粒饲料常用的方法。颗粒破碎机是用来将大直径颗粒饲料破碎成小碎粒，以满足动物的饲养需要。采用破碎方法，既可以节省能量消耗；同时，避免生产细小颗粒饲料的难度。在畜禽饲料生产中，进行破碎加工颗粒饲料时，最为常用、最经济的直径为4.5～6.0 mm。这时，颗粒较易破碎，而制粒机产能又较高，含粉率较低。因此，需要生产直径2.0 mm左右畜禽颗粒饲料时，不宜采用直接制粒的方式，而是先压制成直径4.5～6.0 mm的大颗粒，再经过破碎和分级，加工成所需的粒径产品。生产优质破碎颗粒必不可少的先决条件是有高质量的，冷却良好的颗粒。选择颗粒破碎机设备时，应根据生产饲料的品种来确定，水产颗粒饲料的破碎应选用水产饲料专用破碎机。图122、图123中的破碎机在工作辊上方设置变频减速电机驱动的喂料辊，喂料均匀并且单独可调，特殊轧辊齿形，能满足φ0.8虾料的破碎，达到破碎温和精确。轧辊保护装置使轧辊遇到硬质异物时自动避让，保护轧辊免受损坏，无需破碎时有旁路装置旁路物料。

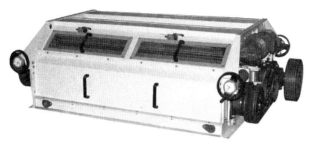

图 122　带喂料辊的高档虾料专用四辊碎粒机

图 123　带喂料辊的高档虾料专用碎粒机

制粒生产时如何减少湿热加工对热敏性微量组分活性的破坏？

答：通常的方法是在制粒后进行液体后喷涂，这一系统的应用可以避免调质过程和制粒机的挤压等湿热条件对各种酶、药物、维生素及生物制品等热敏性原料的破坏，保证这些热敏性原料不受制粒的影响。为保证液体后喷涂的质量，需要注意几个问题：较小添加量能均匀分布在颗粒表面，添加量能准确控制；外涂物料能吸附在颗粒表面，不能在输送过程掉落下来。

颗粒饲料生产中会出现哪些质量问题？如何调整？

答：颗粒饲料在生产过程中可能会出现以下质量问题：（1）颗粒弯曲；（2）颗粒裂纹；（3）颗粒表面凹凸不平；（4）颗粒颜色不一致，俗称花料；（5）颗粒表面脱皮；（6）颗粒耐水性差；（7）颗粒长短不一；（8）成品水分过高。采用以下措施可提高产品质量。1. 颗粒弯曲：影响外观质量，容易产生断裂。原因是：（1）颗粒离开模时产生的原因，措施是增加压缩比；（2）刀口钝或者刀的位置不好的原因，措施是调整距离或磨锐刀口；（3）不是被切断而碰断，措施是制粒时，使用黏结剂。2. 颗粒产生裂纹：水平裂纹，垂直裂纹和辐射裂纹。具有裂纹颗粒易破碎和产生粉末，颗粒投入水中容易从裂纹的地方融化，断裂。（1）水平裂纹造成的原因：①饲料纤维含量大，颗粒密度不够，应该加大压缩比，降低产量；②饲料纤维比孔径大，粉碎更细一些；③大片状物太多，应该强化筛理；④黏性强原料少，调整配方；⑤水分含量大，调整水分。（2）垂直裂纹造成的原因：①饲料中含有蓬松而具有弹性的原料，调整配方；②水分过多，冷却时出现裂隙，调质时用干热蒸汽，减少水分；③压缩比小，加大压缩比，延长料在模中时间，降低产量。（3）产生辐射裂纹的原因：①含有较大颗粒的原料，应该增加粉碎细度；②熟化效果不好，增加物料在模中的时间。3. 颗粒表面凹凸不平：影响饲料的美观。饲料不同部分的耐水性不同使物料在短时间内溃散：（1）有大颗粒原料未粉碎，调质不充分，大粒未软化，而凸出表面，尽可能粉碎细些（注意粉碎机筛片是否有破损）；（2）模辊间隙不一致，应该调整间隙；（3）纤维含量高，应该调整配方；（4）蒸汽中有气泡，制粒后气泡破裂，出现凹坑，改善蒸汽质量。4. 颗粒出现鳃须状：颗粒出模时由于压力差的变化导致颗粒爆裂而将纤维或颗粒原料凸出表面，形成扎手的鳃须，高淀粉，高纤维饲料更严重。（1）淀粉含量高，应该减少淀粉含量；（2）纤维含量高，调整配方；（3）压缩比大，调整压缩比；（4）粉碎粒度大，调整粉碎筛孔；（5）蒸汽过多，压力过大，颗粒离开模孔产生爆裂，减少蒸汽压力。用低压蒸汽（0.15～0.2 kPa）。5. 单个或个体颗粒颜色不一样：（1）混合不均匀，检查混合设备，改善混合效果；（2）模孔内壁不光滑，应该研磨或者换一个质量好的压模；（3）压模出料不均匀，调整间隙使轧辊和压模间隙一致。6. 颗粒表面脱皮：（1）模孔光洁度不够，研磨压模孔；（2）淀粉含量大，调整配方；（3）混合不均匀，检查混合设备；（4）不容易出料，增加油脂和维修模孔导料锥度；（5）脂肪含量过低，调整配方；（6）模孔口有铁屑，清理。7. 颗粒粉料多：因为饲料颗粒表面不光滑，颗粒松散造成的。（1）脂肪含量高，调整配方；（2）淀粉含量低，调整配方；（3）粉料粒度粗，粉碎细些；（4）压缩比低，加大压缩比。8. 颗粒长短不一：（1）模辊间隙不一致，调整间隙；（2）轧辊磨损不一致，更换辊壳；（3）模孔扩孔过大，应该重新换压模。

如何提高制粒机的加工效率？

答：提高制粒机的加工效率即提高环模的出料量以及提高制出颗粒的成品率，主要可以从以下几个方面入手：（1）合理选择和使用环模及压辊。根据原料的特性，合理选择环模的孔径、压缩比和锥孔尺寸，并尽可能提高环模的开孔率；合理选择压辊的齿形；及时修复和更换环模、压辊，避免过度使用，并确保新环模配新压辊。（2）提高物料的调质熟化效果，使环模处料更顺畅，并改善颗粒的品质，降低粉化率。调整调质器桨叶角度，延长调质时间；采用多层调质、差速调质与夹套调质组合或普通调质与熟化器组合使用，以提高物料的糊化度。（3）正确设计蒸汽管路，并对蒸汽元件合理选型，以保证供给调质器的蒸汽压力稳定并且干燥饱和，从而确保调质后的物料温度和水分的稳定。（4）降低主机电流波动。调整调质器下料口出的桨叶排布，使落入压制室的物料连续均匀，避免电流出现大的波动，从而可提高主机的工作电流。（5）正确安装和调整喂料刮刀，使喂入压制室的物料能较均匀的分配到环模的两个压制区，并保证环模的工作区布料均匀，提高环模的使用效率。（6）可采用制粒机自控系统（图124），该系统可根据传感器检测的调质温度，自动控制蒸汽调节阀的开度，调节蒸汽的添加量，使物料达到最佳的制粒水分，可在操作无人化的情况下提高制粒机的产能，并能提高颗粒的品质。

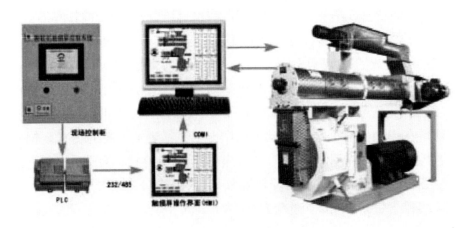

图 124　制粒机自控系统

影响颗粒饲料的物理质量因素有哪些？如何调整？

答：采用普通调质制粒，影响颗粒饲料物理质量的因素是：配方占40%、蒸汽质量占20%、粒度占20%、环模结构占15%、冷却干燥等因素占5%。其中，各项因素相互关联、相互制约。（1）配方因素：配方是影响制粒质量的一个主要因素。谷物（玉米、大豆等）含量高的配方，由于缺乏天然黏合剂，难以生产出高品质的颗粒饲料。如果添加部分结合力很强的小麦，颗粒的品质就会提高。因此，为了提高质量，应合理安排配方中各成分的组合，并把批量混合过程中的脂肪加入量控制在最低的限度（大比例的添加需要调整调质工艺或放在制粒后添加）。包含糖、乳清粉的配方，较低温度的调质、甚至不经调质。（2）粉碎因素：粉碎过程也是控制成品质量的一个重要因素，一般情况下经粉碎的粉料越细致均一，则调质的效果越好，从而提高成品的质量。反之则由于含有较大的粒子，会引起颗粒的破裂和断裂，导致粉料增多和品质降低。适宜的粉碎粒度能确保动物对饲料的最大利用率和最佳生产性能。（3）调质因素：高谷物含量的配方在调质器中的滞留时间至少要达到45s。同时，为提高和促进淀粉的糊化和蛋白质的塑化，以产生较好的黏合作用，应尽可能地将温度控制在85℃以上。高纤维含量配方的滞留时间要短得多。如果要在调质过程中加入糖蜜等液态原料，则必须使用长时间调质器，使糖蜜充分被饲料吸收和混合，确保产品的质量优良、均一。调质过程还考虑饲料中热敏性原料的耐高温强度，对于耐高温强度差的原料，应避开高温调质，采用其他添加方式，才能确保颗粒的综合质量。（4）蒸汽供给：供给调质器的蒸汽必须是不含凝结水的饱和蒸汽，以防止调质温度不够引起淀粉的糊化程度不足，水分过高而堵机的故障。蒸汽需经过汽水分离器、减压阀调整以保证定量进入调质器，同时蒸汽的流量要控制到与制粒流量相匹配。（5）环模的规格和速度：环模的规格与特定的配方不匹配，则制粒的质量和生产率都受到很大的影响。环模的速度对颗粒的质量和产量也有一定的影响，如果速度太快，颗粒将以较快的速度离开环模，在制粒室外造成冲击而引起松散和裂开，从而影响质量和生产效率；如果速度太慢则影响制粒的生产效率，甚至不出料。大型颗粒机生产的小直径畜禽颗粒饲料和水产颗粒饲料产品，普遍存在含粉率高和粒度不均匀的问题，除了粉碎粒度、调质程度外，还与环模的速度低和切刀的锋利程度和切刀的位置合理性有关。（6）干燥和冷却：颗粒的干燥和冷却方式不正确，干燥和冷却后的颗粒仍含有较高的热量和水分，水分会逐步析出在颗粒的表面，从而导致颗粒比较松散、且易引起霉变和酸败。如果干燥、冷却不均匀，则会引起局部变质，而影响整体的质量。（7）合理保存：热颗粒必须及时冷却、在冷却稳定后，才能进入下道工序。颗粒在成品仓内储存时间不宜过长，并且要配有通风散热装置，颗粒在补充冷却稳定后，方可包装或直接发货。不然，热颗粒饲料在料仓内储存时间太长，或直接包装，则会造成干燥和冷却不良的相同效果。（8）熟练的操作工：颗粒机操作是一门艺术，尽管随着自动化程度的提高，自动操作已成为可能，但经验和调整是一项不容忽视的工作。培养和选择熟练和精通机器清洁工作、机器润滑、监控和质量控制工作的技术工人是成功制粒的又一个重要的关键因素。（9）配套工具及设备：颗粒饲料生产设备的专用工具、安全工具、润滑工具和配件是保证颗粒机高效运行和生产优质产品的前提。而颗粒饲料生产的品控设备如压力、温度测量仪表和PDI测定仪等是验证和监控颗粒压制机运行状况的必要手段。如能实现动态水分、粉化率等参数的随机抽样和监控，则大大有利于改善制粒质量和生产效率。

如何选择制粒机的环模压缩比?

答: 环模压缩比又称长径比(L/d): 模孔的有效工作长度 L 与其孔径 d 之比,称之为长径比。压制不同的物料,需要采用相应的最佳压缩比,借以压制成密实的颗粒制品。例如,压制玉米粉所需的压缩比一般为 12,压制苜蓿草所需的压缩比为 8。使用压缩比这个参数能够反映加工料对其压模结构参数的相应要求。所以,不同粒径的颗粒只要选用压缩比合适的压模,能生产出相同质量的产品和高的生产效率(表47)。

表 47　制粒机环模压缩比

饲料类型	模孔直径（mm）	模孔深度（mm）			压缩比	
		最小	一般	最大	最小	最大
含谷物高的配合饲料	4.0	38	45	50	9.5	12.5
	4.8	45	50	57	9.4	11.9
	6.4	51	57	64	8.0	10.0
热敏感饲料及尿素饲料	4.0	19	25	32	4.8	8.0
	4.8	25	32	38	5.2	7.9
	6.4	32	38	45	5.0	7.0
含天然蛋白质高的浓缩饲料	4.0	32	38	45	5.0	7.0
	4.8	38	45	51	7.9	10.6
	6.4	45	51	57	7.0	8.9
	9.5	51	57	64	5.4	6.7
奶牛配合饲料	4.0	51	57	64	12.8	16
	4.8	57	64	70	11.9	14.6
	6.4	64	70	76	10.0	11.9
	9.5	70	76	89	7.4	9.4
普通水产饲料	2.5				14	18
	2.8				14.3	16.1
	3.0				13.3	22
虾蟹饲料	1.0	10	12.5	15	10	15
	1.6	29	39	40	18.1	25
	1.8	29	38	45	16.1	25
	2.0	32	42	45	16	22.5

饲料制粒时需要什么样的蒸汽?

答: 适合的饱和蒸汽压力应为 0.2 ~ 0.4 MPa,压力过低时,在固定的调质时间达不到调质要求;压力过高时,蒸汽温度也高,蒸汽通过调质器对物料的热传导加温增强,容易造成物料温度高、水分低、局部物料烧焦等,影响制粒质量。要保证蒸汽压力始终达到稳定,压力波动幅度一般不应大于 0.05 MPa,而蒸汽压力与蒸汽管路系统的设计和正确安装是分不开的。

制粒时压辊与压模如何配合才能提高产量与质量？

答：环模在使用过程中，不仅新环模要配套使用新辊壳，而且在整个使用过程中，都要遵循这个原则。采取多付辊壳轮番使用，这样对环模工作面的平整度很有好处，环模的工作面越平整，就越要配套使用平整的辊壳，这样环模和压辊的产能和寿命才能提高，颗粒质量也相对稳定。使用方法是：当新环模配用第一付辊壳，使用时间达到 100 h 后，辊壳寿命磨损到 50% 时必须换下，调换第二副新辊壳使用，第二副辊壳用到其寿命的 50% 时换下，再换上第三副辊壳使用，第三副辊壳完全用完后，再把前面换下的旧辊壳换上使用，以保证环模在使用寿命 60% 之前，能配合使用比较平整的辊壳，使环模工作面保持平整，压力均衡。如环模只需要使用两付辊壳，把第二副辊壳换上后可完全用完，再把换下的第一副旧辊壳换上去使用。有些操作工习惯把压辊壳用到齿形完全磨光才报废，认为，"能增加压辊使用时间，降低生产成本"，这样用虽然增加了压辊的使用时间，但是，降低了环模的使用效率，增加了电耗。因为很旧的压辊壳在运转过程中，降低了对物料的摩擦力，当压制的物料水分稍有变化或是料层增厚时，磨光的压辊壳更容易打滑堵机，影响制粒效率，某些物料制粒性能差时，这种现象更加明显。

制粒机的压辊与压模的间隙应该多大为好？

答：为了获得最佳的制粒效益，调整好环模与压辊之间的间隙，是非常重要的。间隙过小会加剧环模和压辊的磨损，增强压辊对环模挤压产生的内应力，减少压辊和环模的使用寿命，环模喇叭口会严重磨损，甚至会使环模破裂；间隙过大又会影响制粒效率；无论是间隙偏紧或是偏松，对制粒生产都是不利的，压辊与环模之间的间隙应调整到 0.5 mm 以内为宜。

制粒生产过程中，用蒸汽调质后料温不到 80℃，是什么原因造成的？

答：原料水分偏高；环境温度较低，使基础料温低；蒸汽管道保温措施不好，蒸汽管道疏水不畅或效果较差（蒸汽含有液态水而不是饱和蒸汽）。

较小的颗粒料（尤其是水产颗粒料）经常出现颗粒长短不一现象，如何解决？

答：颗粒饲料长短主要由喂料量和切刀位置来确定。出现颗粒长短不一现象的原因有：喂料刮刀磨损或是角度不标准，使之料层不均匀，更换喂料刮刀或调整喂料刮刀位置；原料粒度较粗，产生颗粒断裂，原料粉碎更细一些且粒度要均匀；压模内孔阻力不一，特别是压模的外排模孔阻力较大，采用部分减压模孔；压模与压辊磨损不一致，甚至有部分压模局部封口，维修压模与压辊或进行更换；切刀位置、刀型选择不当，一般小颗粒水产饲料需要采用软刀片，使之紧贴环模。

如何通过正常操作和合理维护来延长制粒机的使用寿命？

答：（1）定时对制粒机传动部位进行加油，每隔 2 h 对压辊轴承加油润滑，每隔 4 h 对主轴前轴承加油润滑，保证制粒机传动部位的灵活转动，减轻工作负荷。（2）定期更换制粒机齿轮箱内的润滑油，新机运行半个月后需更换一次油，以后每连续工作约 1 000 h 必须更换一次，这样可以延长齿轮的使用寿命。（3）每周一次必须认真检查各部位连接部件是否松动，行程安全开关是否动作可靠，同时，清理喂料绞龙和调质器，避免发生机械故障。（4）每半月检查一次传动键和压模衬川、抱箍的磨损情况，发现磨损及时更换，避免环模晃动而影响产量。（5）使用优质环模、压辊。对失圆和内孔粗糙的劣质环模杜绝使用，并根据不同配方选好环模的压缩比，保证环模出料顺畅，避免增加电耗和降低产能。（6）每班调整环模和压辊间隙。如发生堵机时，必须松开压辊，清除环模内壁物料后重新调整模辊间隙，绝对不能强行启动，避免造成传动部位和轴承档因受到剧烈振动而被损坏。（7）杜绝超负荷生产。生产过程中不能超出制粒机本身所能承受的工作能力，不然会发生电机损坏及部件的加速磨损，缩短制粒机的使用寿命。（8）原料必须做好除铁除杂工作，每班清理一次除铁装置，避免异物进入环模工作室内，产生机身振动和崩裂环模的现象。操作和注意平时对制粒机的维护保养是延长制粒机的工作寿命的关键，这就要加强平时对设备的管理。

如何提高膨化水产饲料的产量？

答： 影响膨化水产饲料产量的因素众多，而且各种因素之间又相互影响，具有自变量和应变量的关系。最重要的因素主要有三类：膨化机性能、原料、操作。这些因素主要是影响产品生产率、产品质量、操作稳定性等。而膨化机性能是影响膨化水产饲料产量的决定性因素。膨化机主要由喂料系统、调质系统、膨化系统、割刀系统、传动系统、控制系统、机座等几部分组成。螺杆、机镗无疑为膨化系统中最重要部分，是决定膨化机性能的主体。由于膨化机螺杆、机筒的结构参数是影响膨化机影响产品质量和产量最关键的因素，只有能适应多种原料，并且产量得到大幅度提升的的螺杆与机镗组合，才能获得较理想的膨化效果。虽然螺杆、机镗很重要，但调质器的性能优劣，同样严重影响膨化技术能否得到充分发挥的关键，亦是确保膨化机性能的重要因素。总之，要提高膨化水产饲料产量，因素众多。所以，应必须根据产品要求，原料的特性，选择合适的膨化机（图125），生产操作上严格控制膨化机与调质器有关参数，并做好蒸汽、水分、油脂、温度、压力的平衡，最终才能有效的提高膨化水产饲料的产量与品质。

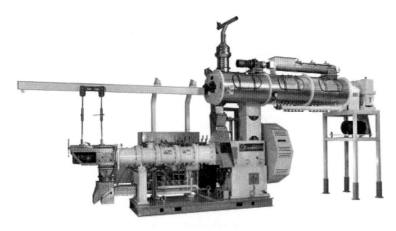

图 125　水产饲料膨化机最大产能达到 15t

如何控制饲料制粒过程中的粉化率?

答: 在颗粒饲料加工过程中，粉化率高不仅使饲料品质受到影响，且使加工成本相应增高，并给饲料储运带来一定影响。要控制粉化率，首先是粉化率的测定。一般饲料厂均是在成品打包工序完结或堆码后抽样测定，其检测结果虽直观反映了饲料粉化率，但并不能做到对各工序环节造成粉化率波动因素的反映，因此，建议对各工序进行有效监控，以做到预防为主、防治并举，另建议厂家需测定饲料运输到养殖户处饲喂前的粉化率，其代表最终粉化率质量结果。以下是对各工艺环节的分析:（1）配方: 由于各品种饲料配方差异，则使其加工难易程度有所不同，一般来说，粗蛋白、粗脂肪含量较低饲料，其制粒加工容易，反之粗蛋白、粗脂肪含量较高则使其制粒后不易成型，颗粒松散，粉化率偏高。综合考虑饲料质量，配方是前提，在满足营养配比的情况下应尽量考虑制粒难易程度。以使综合品质得到保证。（2）粉碎工序: 饲料粉碎粒度的大小直接影响制粒质量，颗粒越小，其单位重量物料表面积越大，制粒时黏结性越好，颗粒质量越高，反之则影响颗粒质量，但粉碎粒度过小则造成粉碎工序成本增加，部分营养素破坏，如何根据综合品质要求和成本控制选择不同物料粉碎粒度，是给制粒工序打好基础的关键。（3）制粒工序: ①调质是关键，如果调质不充分，则直接影响颗粒质量; 其因素主要包括调质时间、蒸汽压力、蒸汽温度等，其结果主要指标反映在调质水分和调质温度上。调质水分过低或过高、调质温度过低或过高均对颗粒质量有较大影响，尤其过低均会使饲料颗粒不紧密，颗粒破损率和粉化率增高，不仅影响颗粒质量，因筛分后反复制粒，使加工成本增高，一部分营养素损失。②制粒机制粒质量的因素包括: 根据不同品种选择不同规格环模，某些蛋白、脂肪含量高的品种要求选用加厚型环模。操作时压辊与环模间隙物料流量，物料出机温度的调控都对制粒质量有不同程度影响，出机温度过低造成饲料熟化不足，颗粒硬度降低。颗粒粒径与粒长的选择也值得考虑。（4）冷却工序: 本工序如因物料冷却不均匀或冷却时间过快均会造成颗粒爆腰，造成饲料表面不规则、易断裂，从而加大粉化率。一般冷却时间应 > 6 min。冷却吸风量应在 40 ~ 60 m³/min·t 左右（注: 初始冷却时应在冷却器中物料达到一定料位前减少吸风量，随着料位增高，吸风量调至最佳，并使冷却器内物料分布均匀）。（5）振动分级筛: 如果分级筛料层过厚，或分布不均匀，易造成筛分不完全，从而使成品中粉料增加。冷却器下料过快极易造成分级筛料层过厚，特别是粒径 ≤ 2.5 mm 时。（6）成品打包工序: 由于成品仓一般从厂房顶层分级筛下一直延伸至底层，落差大，则要求成品打包工序应在连续生产过程中，成品仓至少将成品储至 1/3 以上才开始打包，以避免饲料从高处落下摔碎造成成品中粉料增加。特别是对于自身粉化率较高的物料更需如此。综上所述，在颗粒饲料生产过程中制约粉化率的因素很多，因各饲料厂配方、设备、加工工艺不同，其控制途径也不尽相同，但一般厂家均是在工艺操作控制上作努力，尽量作好工艺控制，以避免由于操作不当造成粉化率增高。但如果由于某些品种因营养需要或加工设备工艺限制，不能解决饲料粉化率偏高时，则要求考虑添加黏合剂辅助制粒，以避免设备大规模改造而带来的高投入。特别是水产饲料因其营养需要、生理特性和采食特性需添加黏合剂以提高饲料颗粒质量和入水保持时间。目前，各饲料厂所选用的黏合剂包括常用黏合剂和合成黏合剂。①常用黏合剂包括: 膨润土、小麦粉、α - 淀粉等，膨润土主要作为填充物和黏合剂用，但主要是在畜禽饲料中使用，鱼饲料中较少使用，加工时制粒机磨损大，且不利于消化吸收。小麦粉和 α - 淀粉等作为普通黏合剂，特点是价格较低，但添加量大，所占配方空间大。②合成黏合剂: 主要成分为二羟甲脲异聚体等高分子化合物。特点是：添加量少，黏结性较高。但因属高分子化合物，不能被动物消化吸收，如添加量加大，则因其黏结性原理（固化高分子网囊结构）造成饲料组分消化吸收减慢，从而降低饲料报酬。

有些专家认为调质时间不低于 30 s，如何达到这个要求？

答： 调质是对颗粒饲料制粒前的粉状物料进行水热处理的一道加工工序，国内外研究表明，调质是影响颗粒饲料质量的重要因素之一，它在颗粒饲料总体质量中所起的作用为 20% 左右。随着市场对颗粒饲料品质要求的提高，各饲料加工企业也越来越重视饲料加工中的调质工序，改进升级调质设备是他们当前改善颗粒饲料产品质量、提高市场竞争力的重要手段之一。调质的时间和具体的设备及生产的物料要求直接相关。一般单轴桨叶式调质器调质时间短，可同时采用减小搅动轴转速和改变桨叶角度的方式来增加调质时间。搅动轴的驱动马达采用变频器或电磁调速器来控制，桨叶的调节建议在进料口处（即调质器桨叶轴从开始端到后 1/4 或 1/3 处）的桨叶保持在出厂时的设置，这样可以确保粉料被迅速向前驱赶进入调质室；桨叶角度的调整应在调制器长度方向 1/3 以后开始，对于单轴桨叶式调质器并非转越慢、桨叶角度越垂直于搅动轴越好，这样虽然增加了调质时间，但过慢的转速和几乎垂直于搅动轴的叶片不足以使粉料抛起，这样粉料会沉积在调质室底部而被轻柔推过调质室，蒸汽在调质时上部自由流动而不会与粉料发生强烈的混合，效果差，而且由于粉料的运动速度过低，更容易在调质室壳体周围形成黏壁滞留，因此，一般单轴桨叶式调质器转速不应低于 150 r/min，最低不低于 100 r/min，用变频器或电磁调速器控制转速的生产过程中，调质器也不宜长时间工作在超低的转速下。双轴异径差速桨叶式调质器单独通过对其桨叶角度的调节可以使调质时间在几十秒至 240 s 内变动，所以，一般工作中不需要改变桨叶轴的转速，桨叶角度的调节可以从入料口处调质器长度方向上 1/3 以后的桨叶开始，如需增加调质时间，可增加大径低速正桨叶片与桨叶轴的夹角。双轴异径差速桨叶式调质器虽然黏壁滞留现象有所改善，但是，有的物料黏壁滞留现象还是比较严重，此时可以适当减小小径高速反桨叶片与搅动轴的夹角，以此来加剧反桨叶片对粉料的逆向搓动，减少残留量。

使用桨叶式调质器时，夏天和冬天的蒸汽压力是否有差别？

答： 是的。蒸汽是调质时水分和热量的来源，因此，其质量的好坏直接影响调质的效果，桨叶式调质器在安装时必须合理的设计蒸汽管路，使用稳定可靠的蒸汽减压阀和疏水阀，保证进入调质器的是压力稳定的干饱和蒸汽；蒸汽应从切线进入调质器，沿轴向喷出使之与粉料混合更强烈；蒸汽方向不可垂直对着调质器轴，那样不仅达不到好的混合效果，反而使蒸汽对调制质器轴产生"汽蚀"而割断调质器轴。调质时根据原料和配方以及气候的变化选用合适的蒸汽压力和添加量，湿度大的季节、原料水分含量高时应适当提高蒸汽压力，减少蒸汽添加量；干燥季节、原料水分含量低时应降低蒸汽压力、增加蒸汽添加量；夏天室温较高可降低蒸汽压力，因为低压蒸汽释放热量和水分更为迅速；冬季气温低可提高蒸汽压力，增强调质温度，减少蒸汽管道中的冷凝水，有助于粉料的熟化。

玉米秸秆如何制粒?

答: 将玉米秸秆晒干后粉碎,随后加入添加剂拌匀,在颗粒饲料机中由磨板与压轮挤压加工成颗粒饲料。由于在加工过程中摩擦加温,秸秆内部熟化程度深透,加工的饲料颗粒表面光洁,硬度适中,大小一致,其粒体直径可以根据需要在 3 ~ 12 mm 之间调整。还可以应用颗粒饲料成套设备,自动完成秸秆粉碎、提升、搅拌和进料功能,随时添加各种添加剂,全封闭生产,自动化程度较高,中小规模的玉米秸秆颗粒饲料加工企业宜用这种技术。另外,还有适合大规模饲料生产企业的秸秆精饲料成套加工生产技术,其自动化控制水平更高。

图 126 为专门用于玉米秸秆饲料加工的颗粒机。

图 126　玉米秸秆饲料颗粒机

水产膨化机生产沉料与浮料时参数有何区别?

答: 浮料:淀粉 ≥ 20%,出模前物料温度 135 ~ 150℃,水分 25% ~ 27%;膨化后容重为 250 ~ 450 kg/m³,水分 21% ~ 24%。沉料:淀粉 ≥ 10%,出模前物料温度 120 ~ 135℃,水分 27% ~ 30%;膨化后容重为 480 ~ 650 kg/m³,水分 25% ~ 27%。

水产膨化料与颗粒料生产的工艺区别及技术优势在哪里?

答: 膨化料因加工工艺与传统颗粒饲料不同,而且其比传统颗粒料更有优势,已经被越来越多的养殖户所接受,膨化料将逐渐取代传统颗粒料而成为市场主流,尤其是水产饲料及宠物饲料。正是二者加工工艺的不同,决定了膨化料比颗粒料有更大的优势。膨化料的生产过程:按一定配方配制混合后的粉料,经喂料系统,进入调质系统,物料在调质器的蒸汽作用下,充分得到软化、熟化,然后经出料口进入膨化系统,此时温度在 80 ~ 100℃,水分含量 17% ~ 21%。在膨化机中物料受到挤压、剪切、摩擦等作用,使出料温度达到 125 ~ 150℃,当物料从膨化机内通过出料口的环型间隙时,高温、高压突然释放,水分发生闪蒸,热量发生挥发,物料被膨化成多孔疏松的产品，从膨化机出来的料直接进入烘干机，分级筛出即成膨化产品。水产膨化料的加工工艺流程可归纳为：原料接受→清理→粉碎→称重→混合储存→输送→调质→膨化→烘干→过筛→液体喷涂→冷却→储藏→过筛→包装。膨化料的生产工艺与普通颗粒料的主要分别在调质、膨化及液体喷涂几个工序：在调质过程中，生产膨化料是水和蒸汽一起加，调质后的水分含量为 25% 左右，而生产颗粒料调质后水分含量较低，为 17% 左右；另外，颗粒料生产没有膨化工序，而只有制粒工序。膨化料的优点首先在于能提高饲料的消化利用率。这是因为膨化加工的工艺要求原料粉碎更细，以及高温膨化过程能提高淀粉的熟化度，这些都有利于鱼虾对饲料的消化吸收；其次，膨化料的水稳定时间长，可达 12～36 h，且便于直观观察和控制鱼的摄食，减少对水的污染；再次，高温高湿的瞬间强力揉搓也能杀灭原料中的大部分有害病菌。虽然膨化料比普通颗粒料有明显的优势，其加工工艺作为一种新型的工艺也得到了不少饲料厂家的认可，但其生产线一次性投资较大，又令不少饲料企业望而却步。一条完整的膨化料生产线投资通常要几百万元，进口的甚至过千万元，与虾料生产线来对比的话，差距还不是很大，而做普通淡水鱼料，膨化料生产线会比颗粒料生产线增加几百万元的成本。图 125 中的水产饲料膨化机最大产能达到 15 t，吨料电耗 ≤ 23 kWh，机电一体化自控系统设计，能一机多用，既能生产漂浮饲料，又能生产沉性与慢沉性饲料。

浮性和沉性膨化水产饲料的加工特点异同？

答：膨化机的独特功能是可改变饲料容重，从而制成浮性的、沉性的或慢沉落的鱼饲料。在北美，大多数鱼饲料都做成浮性的。浮性鱼饲料不仅可提高饲料效率，最重要的是能让养殖者看见鱼的采食情况，降低环境污染。加工浮性鱼饲料需要注入蒸汽和水，其物料应含 20% 以上的淀粉，淀粉发挥黏结剂兼能量物质的功用。膨化产物在出模前应有 125～150℃ 的温度，34～37 kg/cm^2 的压力，25%～27% 的水分；膨化后，容重应为 320～400 g/L，水分 21%～24%。这说明，膨化物出模时会丢失水分 3～4 个百分点。就在膨化物出模时，压力骤然释放使过热的水变成蒸汽而使膨化物水分降低；这也造成很多小气泡，膨化的饲料才得以飘浮。通常将鱼饲料进一步干燥（水分 10% 以下），还可增进飘浮性。容重 480 g/L 被认定为颗粒饲料浮沉的转折点，低于即浮，高于即沉。必要时，用膨化机也能将鱼饲料制成沉性饲料。制作沉性饲料时，给调制器注入水（不注入或少注入蒸汽），环模应有大气压 25～29 kg/cm^2，膨化物应含水 28%～30%，膨化后容重是 450～550g/L，温度 115～125℃，水分 26%。湿熟化膨化机使用带放气口的模头，干膨化机使用二次膨化模头，这样可以降低膨化产物的温度、水分和膨胀率，才能制成沉性饲料。带放气口的模头紧靠着模板，因此在需要给膨化物添加维生素、色素和增味剂的场合也可以使用，可避免过度熟化。沉性鱼饲料应含 10% 左右的淀粉，最终膨化产物含水 10%～12%，过度干燥会使沉性饲料上浮。

如何降低饲料的粉料率？

答：①增加饲料原料的水分；②在饲料中添加黏合剂；③增加制粒机压缩比，降低环模线速度；④降低单位产量；⑤改变饲料配方。

水产饲料中粉料多时质量就一定不好吗？

答：一般来说，颗粒饲料表面的含粉现象，或饲料在运输过程的搬运磨损释出的粉粒，将造成颗粒饲料的利用价值降低，放入水中还会污染水质，是颗粒饲料的一种质量控制指标。产生粒料含粉现象的原因一般是制粒机械压强不够，年久磨损引起的制粒不紧，或糊化淀粉、黏着剂用量不足。但有时饲料中添加了过多的油脂，而工艺设备达不到要求时也会产生粉料过多的现象。油脂是水产动物的优质饲料原料，只有采用先进的加工工艺和设备才能在饲料中既增加油脂含量又保证较低的含粉率。

水产饲料包括哪些种类？水产饲料的特点和质量要求有哪些？

答：水产饲料包括淡水类和海水类饲料。主要淡水鱼饲料类品种有：草鱼、鲤鱼、罗非鱼、墨鱼、团头鲂、牙鲆、虹鳟等；海水鱼饲料类品种有：鲳鱼、鲈鱼、大黄鱼等。还有鳗鲡、虾类、蟹类、蛙类、中华鳖等。水产动物生长周期短，对水质要求高，对饲料的蛋白质含量要求高。有些水产饲料要求在水中的漂浮时间长，便于动物采食，质量要求高于畜禽饲料。

自配饲料能够降低养殖成本吗？

答：不一定。自配饲料需要养殖户自身具备一定的技术能力、饲料知识和加工条件，且对采购的原料质量要有严格的控制能力。中小型养殖户自配饲料存在以下质量风险。（1）原料质量的控制，如果选用了营养价值低、品质较差的饲料原料，自己还不知道问题所在，就会导致饲养的动物生长慢、饲养周期长、喂的饲料多，综合成本反而会更高。（2）自配饲料的营养不全面或不均衡，少用或不用添加剂，甚至采用单一饲料，单位成本的价格是低了，但会导致动物对饲料的消化率低、长得慢、发病率高、成活率差，相对增加了养殖风险和养殖成本。（3）自配料往往质量很难保持稳定，在不同的季节和面临不同原料供求的市场时，调整和对抗风险的能力差，最终提高了养殖成本。

影响饲料系数的因素有哪些？

答：饲料系数，是评价鱼虾饲料质量的常用指标，是根据生产单位重量所需的饲料的数量计算而得，数字越小，表示饲料质量越好。影响饲料系数的因素大致有：（1）养殖品种种苗的质量下降。这种情况，在对虾的养殖上表现得特别突出。一般来讲选择体质健壮的优良种苗，其生长速度快、食欲好、抗病力强、成活率高，对饲料的利用率高，饲料系数低。而体弱多病的劣质种苗，则生长速度慢，可谓"光吃东西不长肉"，养殖成活率低，饲料系数无形中也就高。（2）饲料的投喂方法。饲料投喂技术中最重要的环节就是确定投饵量。投饵量的合理与否，不仅关系到饲料消耗的多少，也关系到养殖品种生长的快慢及产量的高低。养殖对象的摄食量与它的食欲、种类、大小、饲料的品质及水温、溶氧，及水的pH值等环境因素密切相关。在确定投饵量时，必须考虑这些因素。在生长实践中，还要根据季节气候的变化和养殖对象的不同生长发育阶段，合理制定出各阶段的投饵量，要根据不同养殖对象的生活习性安排每天的投喂次数、时间、各餐的投喂量比例及投喂地点。（3）养殖品种的生存环境。养殖环境的好坏，不仅关系到养殖生产的稳定与高产，还直接影响到饲料系数的高低。如溶氧的高低，据资料显示，鱼类在溶氧 3.0 mg/L 时的饲料系数要比溶氧在 4.0 mg/L 时增加一倍。一般来讲，一个池塘在经过 3 ~ 5 年的养殖后，池塘就会老化。这些池塘在放苗前也经过严格的清塘消毒程序，但经过一段时间养殖后，这种老化池塘的弊端就会表现出来，主要体现在有害物质的含量容易上升，氨氮、亚硝酸盐偏高等。而对于长期生存在应激条件下的养殖对象，其生长必定受影响，饲料系数也自然会高。（4）养殖生产过程中的病害防治。养殖对象的健康状况也是影响饲料系数高低的直接因素。在日常生产管理过程中，一定要坚持"预防为主，防治结合"的防治原则。努力做到选择优良的种苗，让养殖对象少发病。（5）养殖模式。同样的饲料，同样的养殖品种，在不同的养殖模式中，其表现的饲料系数也相差甚远。如对虾的高密度养殖要比粗养饲料系数高；相同密度下，冬棚虾要比白水虾饲料系数高；对虾肥水下塘要比不肥水的饲料系数低。从根本上讲，也是由于水质的差异造成的。

为什么颗粒机在生产虾料时有浮料？

答：（1）混合机喷水不均、调质器中水分添加不匀；（2）环模出料不均，料在出模时有部分水分损失过多；（3）成品水分太低；（4）配方中淀粉含量过高。

目前水产用饲料制粒机有哪些常见问题？

答：由于水产饲料使用的特殊环境和饲料要求，水产配合饲料基本上是采取制粒形式，这样可以提高饲料转化率、提高适口性、降低饲料系数、增加饲料的水中稳定性，在制造颗粒过程中杀灭有害病菌，提高养殖鱼虾的健康保障和饲料的储存性能。目前，国内的制粒机型式有膨化机、环模制粒机、平模制粒机等；生产的饲料颗粒可分为膨化颗粒饲料、硬颗粒饲料、软颗粒饲料；根据颗粒饲料在水中的特征又分为沉性颗粒、浮性颗粒等种类。在高档水产品养殖中，一般采取的是投喂膨化颗粒饲料。在普通水产品养殖中，一般采取的是投喂硬颗粒饲料，在网箱养殖中，一般是投喂鲜软颗粒饲料；也有投喂部分膨化颗粒饲料的。目前，国内质量差的饲料制粒机存在的问题有：（1）安全保护措施差，如在说明书中未明确安全操作事项、过载保护装置、除铁装置、传动防护装置、联动连锁装置、安全警示标志等项目要求缺漏。（2）技术落后制造质量差，造成颗粒机的吨料电耗项目超标，增加用户生产成本。（3）颗粒成形率低、水中稳定性差，是由于模板的孔径比不合理，饲料熟化度不合理，颗粒密度低等原因所致。（4）工作噪声大，是由于装配及零部件加工质量差而造成的。（5）模板、压辊、切刀、螺杆等部件的材料选择不合理，不做热处理或热处理不正确，造成这些部件的耐腐耐磨性能差，影响到设备的正常运行及颗粒饲料的外观及内在质量。一般膨化颗粒机的螺杆寿命和小型平模压模的寿命应在 1 000 h 以上，环模压模寿命应在 600 h 以上。

虾饲料加工过程中的制粒前各阶段有哪些注意问题？

答：（1）投料：这是把原料投入机器生产的第一步骤，原料要严格按配方执行准确称重量，任何一种原料过多或过少都会影响产品的质量。（2）初级粉碎：这个步骤主要是对原料的粗加工，为投入超微粉碎做准备。在粉碎过程中要注意时速，不能过快，过快会影响原料的粉碎程度，导致粉碎不均匀，同时，还要及时清除原料中渗有的少量垃圾，保证产品的纯度。（3）超微粉碎：因为颗粒越细，其表面积越大，则水产动物的消化液与之接触面积就越大，从而提高了饲料的消化率，增加其饲料报酬。因此，超微粉碎工段在整个生产工艺中占有极其重要的地位。虾饲料要求全通过 40 目筛，80% 过 60 目筛。影响粉碎机生产能力及粉碎细度的因素有很多。粉碎细度除与筛网孔径直接相关外，还与物料的含水率、粉碎机转速、锤片分布密度、锤片厚薄、使用的新旧程度以及锤片与筛网的间隙大小有关。而粉碎机的生产能力则与其吸风系统、粉碎工艺设计及筛网孔形状等因素有着很大的关系。（4）搅拌：这个过程通过加水、加油进行搅拌，加水、加油的量一定要按配方执行，如果加的水或油过多或过少都会影响饲料的制粒过程。图 127 为虾料专用制粒机，配有破拱喂料器，三层调质器。

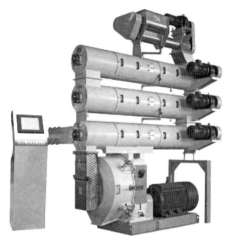

图 127　带有三层调质器的制粒机

虾饲料加工中制粒应注意哪些问题？

答：优质的虾饲料要求色泽一致，表面光滑，熟化程度好，大小均匀，切口整齐，长短相差不大，制粒这个过程是在整个流程中对技术和机器要求比较高的环节。制粒机是虾饲料生产中关键设备之一，它决定了虾饲料的许多物理指标，因此，设计性能优良的制粒机至关重要，制粒机主要由调速喂料器、调质筒、压粒室和蒸汽系统等四大部分组成。颗粒机的工艺安排和操作技术的问题，可以致使产量达不到预期设计要求，出现颗粒表面不光滑、硬度低、易破碎、含粉率偏高等问题。在制粒时可以减少物料与环模之间的摩擦力，有利于物料通过环模，且成形后颗粒外观较光滑，同时要经常检查刀片是否麻利，料的长短是否一致。此外，制粒机操作工要求心细并专业，要能判断方方面面因素波动对虾料品质的影响：（1）要能够判断掌握调质器下来的物料打进环模的温度及水分；（2）要能密切注意蒸汽水分、温度的变化，并进行适当调整；（3）要能对相关易损件磨损及时更换，确保饲料品质；（4）要能根据切料长短，调整相应模辊间隙、切刀位置和调质温度。

虾料生产控制过程中有哪些要点？

答： 要做好的虾料，从以下几点着手：（1）虾料设备对整个流程有严格要求，任何一个环节的疏漏，都会影响虾料的品质。很多厂家采用二次粉碎工艺，目的是降低微粉碎配件损耗，降低粉碎粒度，但最终必须控制粉碎细度 ≥ 80 目，并保证过筛率。高档虾料一般要求调质时间在 1.5 ~ 2 min，要充分熟化物料，提高虾料水溶解时间，并要求调质器剩余物料少，这时，对调质器质量便提出相对较高的要求；虾料颗粒要求比较严格，要求长短均匀，切口平整，外观色泽美观。从制粒机方面考虑，有几方面因素影响：环模的压缩比及模孔形式、压辊的齿形、切刀方式及位置、调质温度及粉料水分。（2）虾料生产过程中所供蒸汽一定要饱和蒸汽；要保证到制料机分流包前一定压力，特别强调蒸汽管路各处减压阀、稳压阀、截止阀、疏水阀要稳定可靠，因为虾料受蒸汽质量波动明显，蒸汽若有波动，虾料难以稳定持续生产。（3）要能稳定地生产高品质虾料，尚需对混合机时水的添加量、调质器下料时，出料口粉料的水分、黏合剂添加、油脂的添加，都要有明确的控制要求，各饲料生产厂家配方及对饲料品质的要求不同，各相关控制点也有所差异。虾料生产要求要远远严于普通禽料及水产饲料，只有熟悉掌握虾料生产过程影响饲料品质的各环节，才能为生产出优质饲料设备作前提保障。

虾料调质器的设计及具体操作有哪些注意事项？

答： 调质筒是利用旋转的搅拌轴扬起粉料与蒸汽强烈混合，从而使粉料糊化、消毒，利于压粒和喂养。影响粉料的熟化效果的因素有：蒸汽温度、调质筒数量、调质时间等。（1）蒸汽温度：一般生产虾饲料要求蒸汽压力为 0.2 ~ 0.4 MPa，温度 85 ~ 100℃，以保证粉料高度熟化，使压出的颗粒色黑光亮，切口整齐，粉化率低。所有调质筒的蒸汽管道应集中安装在一个汽包上，便于统一操作。蒸汽应从切线位置进入调质筒的夹层，夹层使蒸汽沿轴向喷出，让蒸汽与饲料混合更强烈，糊化效果更好。（2）调质筒数量：调质筒越多调质时间越长，粉料熟化效果越好，但投资成本高，所以一般设计 3 层调质筒就可以了（图 127）。每层调质筒应设夹层保温装置，以起保温作用，利于调质。调质筒直径在 250 ~ 500 mm 范围内，环模内径小于 350 mm 制粒机，调质筒直径可选 250 mm，环模内径大于 400 mm 制粒机，调质筒直径选用 350 mm 以上。调质筒长度是它直径的 5 ~ 6 倍。（3）调质筒转速：生产虾饲料的调质筒转速与生产禽畜料的不同，前者偏低（150 ~ 200 r/min），后者偏高（250 ~ 300 r/min）。转速偏低是为了延长粉料在调质筒的停留时间，提高熟化效果。

虾料的制粒环节要注意哪些问题？

答： 压粒室主要由环模、压辊、驱动盘、切刀、外罩和主轴等组成，粉状饲料进入压粒室的环模与压辊之间，转动的环模驱动压辊自转把粉料从环模小孔挤出去，粉状饲料便成颗粒饲料，安装在外罩的切刀把颗粒切成符合要求的饲料。环模是制粒机的关键零件，也是易消耗的零件之一，它直接影响挤压出来颗粒饲料的质量，考核环模的主要指标是压带面积、材料、使用寿命、压缩比、小孔粗糙度、转速等。（1）压带面积：指环模压制饲料的面积，也就是环模与压辊的接触面，该面积越大，制粒产量越高，压带面积计算：$A=\pi DB$，式中：D=环模内径（mm），B=压带宽度（mm），一般地，B=（0.25～0.45）D，具体如下：①当 D ≤ 300 mm 时，B=（0.25～0.30）D；②当 D ≥ 300 mm 时，B=（0.35～0.40）D。设计时注意：环模内径相同的制粒机，齿轮型比皮带型的压带要宽些，这是因为两者的主轴受力不同决定的。（2）材料：环模材料分中碳合金钢和不锈钢两大类，中碳合金钢有 20Cr MnTi、40Cr、35Cr Mo 等，这些材料刚度和韧性都比较好，热处理硬度为 HRC55–66，具有良好的耐磨性，使用寿命较长。不锈钢材料有 4Cr13、3Cr13、2Cr13 等，热处理硬度为 HRC55～62。（3）压缩比和粗糙度：根据虾饲料的配方和原料的品质不同而异，一般比值范围为 16：1～28：1，常用值 16：1、18：1、22：1、28：1 等，碳钢环模取较小的压缩比。不锈钢环模取较大比值，这是因为不锈钢材料的钻削和抛光性能比碳钢材料好。压缩比越大，压出来的颗粒就越结实越光滑，但加工成本相应提高。粗糙度与压缩比是有矛盾的，压缩比大，粗糙度加工就有困难，环模就难以出料，所以粗糙度也是衡量环模质量的重要指标，一般粗糙度值为 0.8～1.6。（4）转速：就相同环模内径的制粒机而言，水产饲料颗粒机的环模转速偏低，这样使压制出来的颗粒更结实光滑，利于提高饲料品质，所以，相同环模内径制粒机，压制虾饲料的环模转速是压制畜禽料环模转速的 50%～60%。（5）环模内径：制粒机环模内径已基本形成系列化，建议优先选用环模内径为（350、400、420、508、550）mm 的制粒机，因为这些制粒机转速不高，颗粒不易被甩断，产量稳定，耗能低，工人操作方便。

鲤鱼饲料的加工应注意哪些影响加工质量的因素？

答： 应对以下加工的指标予以重视，并结合实际情况进行调整。1. 原料情况：（1）原料的粒度：原料被粉碎的越细，越有利于提高调质时的吸水能力。鲤鱼颗粒饲料直径多在 1.5～4 mm，故粉料直径建议不大于 1.0 mm，使用 0.8～1.5 mm 孔径的粉碎机筛片来粉碎鲤鱼饲料原料较合适。（2）饲料容重：饲料的容重不仅影响颗粒饲料的产量，同时，影响颗粒的强度。鲤鱼饲料原料混合后容重在 0.4t/m³ 左右时，制粒效果较好。（3）原料中的杂质：原料中若含有碎麻布、砂石或碎小金属，会影响制粒效果，不利于颗粒饲料压制成型。所以，应该提高原料的清理效果。（4）原料中蛋白质的含量：一般来说，含蛋白质较高的饲料原料经加热变性可以增强饲料之间的黏结力，有利于饲料的塑化，可以提高颗粒品质。鲤鱼饲料原料混合后蛋白含量多在 28%～38%，这样的蛋白含量对制粒较有利。（5）原料中淀粉的含量：合适的原料淀粉含量有利于提高颗粒的质量。淀粉在挤压及加热过程中部分破损及糊化，产生黏性，使得颗粒结构紧密，颗粒强度和耐水性得到提高，所以，淀粉在鲤鱼饲料中同时还有黏结剂的作用。淀粉种类不同对制粒作用的效果也不同。通常认为，大麦和小麦淀粉及马铃薯淀粉就比玉米高粱类的要好。所以，在原料选取过程中应注意这一点。（6）油脂含量：饲料中加入 1% 左右的油脂，可使颗粒变软且提高光洁度。但添加超过 3% 的油脂则不利于颗粒的成型。如果需要加入较多油脂时，建议选择制粒后喷涂技术进行添加。鲤鱼饲料油脂含量多在 4%～8%。（7）原料中纤维素含量：多筋类纤维素在蒸汽作用下软化后在颗粒中起黏结剂作用，可提高颗粒的强度及耐水性；而带壳纤维素因无法被蒸汽软化，在颗粒中起离散作用，不利于颗粒质量。一般鲤鱼饲料中纤维素含量不应高于 8%。2.加工情况：（1）混合效果对颗粒品质的影响：原料的混合效果也会影响鲤鱼颗粒的品质。原料如果混合不好，则会对颗粒产品的品质和饲喂安全产生直接影响，同时，由于物料分布不均匀，也直接影响颗粒的制粒品质，容易使颗粒产生开裂和破损。鲤鱼配合饲料混合均匀度的变异系数 CV% 值应低于 7%。（2）水热处理对颗粒品质的影响：鲤鱼颗粒饲料通常采用蒸汽调制，颗粒的品质与蒸汽质量、压力、温度和水分有关。鲤鱼颗粒饲料生产中建议采用不带冷凝水的干饱和蒸汽，压力保证在 0.2 ~ 0.3 MPa 范围内，颗粒出机温度在 85℃以上，水分约为 17% 时效果好。（3）冷却对颗粒品质的影响：制粒后颗粒温度和水分较高，故需要干燥冷却。颗粒冷却效果好坏直接影响颗粒的水分含量和粉化率。建议鲤鱼颗粒饲料在冷却器内的停留时间应不低于 6 min，冷却器出口料温应不高于室温 4℃。（4）制粒机喂料量对颗粒质量的影响：喂料量也直接影响颗粒效果，如果喂料量大小不合适，常常会影响颗粒的密度、强度和光洁度。应根据主机电流值合理调节制粒机的喂料量，调节时应注意不能超出主电机的额定电流。（5）压模及压辊对颗粒质量的影响：压模的孔径、厚度、光滑度和材料性质是影响颗粒质量的一个主要因素，直接影响制粒机的制粒效果。对环模制粒机来说，鲤鱼颗粒饲料所需环模孔径在 1.5 ~ 4 mm，压模转速应保持在 100 ~ 300r/min。（6）切刀对颗粒质量的影响：当制粒机切刀不锋利时，颗粒端面粗糙，长短不一且易成弧形，含粉率增大，颗粒质量下降。故应及时更换不锋利的切刀。鲤鱼颗粒饲料的长度通过调整切刀和环模之间的距离来调整。建议鲤鱼颗粒饲料的长度控制在粒径的 1.5 倍左右。

水产饲料加工工艺设计有哪些特殊要求？

答：（1）水产饲料必须具有足够的耐水性，以减少饲料在水中流失和溶解的可能性，确保水质不受污染，促进鱼虾等的生产。（2）精细加工，确保水产饲料应具有较高的消化吸收率。（3）工艺流程能根据不同的饲喂对象，生产不同物理形状的饲料。（4）制粒时水热调制要充分，水产饲料中油脂含量较高，通常高出畜禽饲料的 1 ~ 3 倍，因此，制粒加热要求较高。

水产饲料的熟化程度对产品在水中稳定性的影响？

答：水产颗粒饲料的水中稳定性是指饲料入水浸泡一定时间后，保持组成成分不被溶解和不散失的性能。一般以单位时间内饲料在水中的散失量与饲料质量之比来表示，也可用饲料在水中不溃散的最少时间来表示。通常要求鱼饲料的散失率小于 20%（浸泡 30 min），对虾饲料的散失率小于 12%（浸泡 2h）；同时要求饲料在浸泡过程中表面能形成一种保护膜，使水溶性元素不被溶失，否则容易造成饲料的浪费、水体的污染、鱼体对饲料消化吸收的障碍和饲料系数的提高。因此，饲料的水中稳定性是评价水产饲料的一项重要指标。要使颗粒达到良好的品质，必须对配合粉料进行调质，其目的是提高饲料中淀粉的熟化程度、提高物料的水分及温度保证最佳的入模水分及温度，淀粉熟化有 3 个条件，即温度、水分和时间。目前，制粒机上最广泛使用的是单层调质器，物料在调质器中的滞留时间一般在 10 ~ 30 s，经制粒后，淀粉的熟化度一般不超过 30%，仅适用于畜禽颗粒料的生产，因此，如果要生产出高品质的饲料就必须改进调质器的结构或改进制粒工艺以提高制粒的熟化度。调质是通过高温、高压的蒸汽作用于饲料，使淀粉糊化，蛋白质变性，增加其黏结性和可塑性，保证饲料结构细密，具有适当的硬度，耐水性好。为了起到调质的效果，除了掌握好调质时间，调质温度外，还应选用饱和蒸汽，并保持稳定、恒压。在一定范围内，调质的时间越长，原料中淀粉的糊化度越好，黏结性越高，饲料的质量就越好。在饲料生产过程中，影响饲料耐水性的因素还有很多，膨化产品的优点之一是耐水性好，通常膨化产品的水稳定时间能达到 12 h。饲料厂也可采用膨机生产水产饲料，以提高其水中稳定性。

水产饲料的耐水性如何控制？

答：（1）原料的选择：适宜的淀粉、粗纤维和水分含量。淀粉在高温、高湿的条件下，容易糊化，利于黏结，是影响水产饲料耐水性的重要原料之一。由于粗纤维黏性差而影响颗粒的硬度和成型率，水产饲料中粗纤维含量应控制在 3% ~ 5%，可提高饲料的耐水性；原料中的水分，不但影响粉碎的质量和产量，而且也制约着制粒的效果，一般压粒前的原料含水量控制在 13%。在混合过程中添加 3% ~ 4% 的水分有利于提高颗粒饲料稳定性和硬度。黏合剂是鱼用饲料中起黏合成型作用的添加剂，大致可分为天然物质和化学合成物质。在使用饲料生产过程中，添加适量的黏合剂可以提高饲料水中稳定性，黏合剂的黏合强度除与本身的性质有关外，还与饲料种类、加工条件等因素有关。在实际生产过程中，饲料厂多使用淀粉作为黏合剂。（2）粉碎粒度：粉碎细度对于水产饲料颗粒耐水性影响很大，原料粉碎粒度过大，导致原料的淀粉在制粒调制过程中不能完全糊化，影响黏结作用，浸水后水分易浸入饲料颗粒而发生溃散。一般鱼用配合饲料的原料经粉碎后应通过 40 目标准筛，60 目标准筛筛上物 ≤ 20%，而对虾饲料原料要求能通过 60 目标准筛甚至更高要求。生产上使用锤片式粉碎机或者超微粉碎机进行二次粉碎。（3）调质：选用饱和蒸汽，蒸汽压力为 0.2 ~ 0.25 MPa，调质温度 90 ~ 100℃为最佳。理论上水分越大调质效果越好，但是由于水分过大会导致环模与压辊打滑，调质之后的水分宜控制在 16% ~ 17%。（4）制粒：饲料厂应根据不同水产饲料的要求、原料的特性及加工工艺等合理地选择环模，调整模辊间隙、切刀位置。环模压缩比的大小对水产饲料的耐水性也有一定影响，压缩比大的环模压制出来的饲料颗粒硬度大，饲料耐水时间长，反之则短。（5）后熟化：现代水产饲料厂很多采用制粒后熟化工艺，以增加水产饲料的耐水性。后熟化使颗粒内部的淀粉充分糊化，使颗粒内部的结构更加致密，防止水的渗入。

虾饲料的质量标准具体指标有哪些？

答：《中国对虾配合饲料》（SC2002-94）的标准，包括物理指标和化学指标：虾饲料的色泽偏黑且一致，表面光滑，熟化程度好，大小均匀，切口整齐，长短相差不大，无发霉变质、结块和异味，制粒前粉料达 80 目以上，颗粒耐水性达 2 h 以上，混合均匀度 ≥ 95%。化学指标是：水分 ≤ 11%，pH 值 5.0 ~ 8.5，粗蛋白 ≥ 38%，粗脂肪 3% ~ 8%，粗纤维 ≤ 5%，粗灰分 ≤ 16%。目前已有新标准：GB/T 22919.1-2008 斑节对虾配合饲料标准，请查看。

虾料的变速喂料器有何特殊要求及如何计算参数?

答:(1)调速喂料器结构特点:调速喂料器是用来完成物料破供和均匀送料的,生产虾料的粉料均达 80 目以上,流动性差,很容易结拱,常会造成调速喂料器空料现象,使制粒机不能正常工作,为此,采用传统式螺旋喂料器已经不能满足送料要求,而应设计三轴式破拱喂料器,这种喂料器的特点是:①三根轴形成倒"品"字结构,上面两根轴焊接了互相错开的桨叶,两轴转动时桨叶把物料搅散,减少物料结拱,使之松散地进入底下螺旋输送机并送往调质筒。②与压粒仓连接的面积大,是传统喂料器的 3 ~ 3.5 倍,利于物料均匀喂入。③传动机复杂,造价较高。(2)螺旋输送机输送量计算式中:D – 螺旋叶片直径(m),S – 螺旋叶片螺距(m),ϕ – 物料输送系数,一般取 ϕ=0.85,k – 倾斜输送系数,水平输送状态,取 k=1.0,γ – 物料容量,粉状饲料一般取 γ=0.5t/m^3,n – 螺旋轴转速(r/min)。例如:93KWS–160 型制粒机的喂料器有关参数:D=0.25 m,S=0.15 m,ϕ=0.85,k=1.0,带减速器调速电机的减速比为 17,那么调速电机转速 nt 与螺旋转速 n 关系为:n=nt17,把上述参数代入公式:

$Q=47.1D2S\gamma n = 47.1 \times 0.252 \times 0.15 \times 0.85 \times 0.5 \times 1.0 \times nt17 = 0.11nt$(t/h)。很显然,喂料器的输送量 Q 与调速电机转速 nt 成正比,线性关系,设计者应把这种函数关系画成曲线图并印刷成不干胶纸张贴在制粒机上,便于操作者掌握调速表转速、产量与压粒电流的关系,正确指导制粒工操作。

国外水产饲料加工技术上有哪些最新的应用技术?

答:1.电脑自动控制技术:国外电脑自动控制技术早已应用在渔用饲料加工上。在一些大中型渔用饲料加工厂中,几十种饲料配方由电脑自控来精确完成,颗粒饲料的自动称量和包装,也用电脑自动控制,精度很高。整个饲料加工过程,已由电脑单机单控制系统发展成为高级的自控系统,在中控室内能显示彩色图像,计算机程序控制和机器运行的通信网络,可在无人操作情况下,完成全部的生产程序。2.液体喷涂技术:国外为了配制和加工高脂肪和高质量的渔用颗粒饲料,采用喷液技术将脂肪和维生素等喷涂到饲料上。常用的方法是:(1)在搅拌机或制粒机的调质器中,添加或喷涂油脂等物,与原料进行均匀搅拌和混合。(2)在制粒机的成型腔中装置喷油系统,将油脂等喷涂在刚挤压出来的饲料颗粒表面,从而提高颗粒饲料的品质,并改善适口性。(3)在加工对虾饲料时,装置一套喷涂设备,不仅喷涂油脂,也喷添维生素。从而大大改善对虾饲料的质量。3.采用蒸汽对饲料进行调质:蒸汽对物料的调质最早应用在制粒机和膨化机的调质器上,可使物料熟、软化,并可提高颗粒产量。现在随着对虾饲料加工要求的提高,如何解决在不加黏合剂情况下提高颗粒饲料水中稳定性,已成为急需解决的问题。国外有的饲料加工厂在制粒机上采用三层蒸汽调质器,可使颗粒饲料水中稳定性达 10 h 以上,颗粒表面光滑,质地良好,是理想的对虾颗粒饲料。4.鱼虾苗种开口饲料的加工技术:开口饲料也叫微粒饲料,它根据苗种的生活习性、生理机能及不同生长期的营养需求进行加工,同时,还需满足微粒饲料悬浮性、水中稳定性、低溶性、易消化吸收及不同粒度等要求。

虾饲料的熟化、冷却和包装环节有哪些注意事项?

答: 虾饲料的熟化、冷却和包装环节的注意事项有:(1)熟化:熟化时间要按照生产标准执行,时间不够会使饲料不熟,虾吃后消化不良;时间过长会使饲料烧焦,严重影响饲料的质量。一般要求调质时间在 1.5 ~ 2 min,要充分熟化物料,提高虾料水溶解时间,并要求调质器剩余物料少,这时,对调质器质量便提出相对较高的要求。(2)冷却:冷却时间要充分,待冷却后料温、水分达到要求后就可以进行包装。(3)包装:水产饲料的生产有明显的旺季和淡季之分,为了保证旺季的产量,在旺季时一般安排生产工人分两班轮流上班,生产线 24 h 不停;而在淡季就可只安排白天上班。由于成品料的生产一般是按市场的需要,所以,库存量比较少。

目前鱼饲料的专用加工设备有哪些?

答:(1)颗粒饲料熟化设备:为使颗粒饲料在水中不立即散开,一般在硬颗粒饲料机上加蒸汽熟化装置,使饲料增加黏结性。(2)饲料原料膨化设备:为开发新的饲料源,膨化猪毛、羽毛,使其饲料化,为除棉酚等毒素,膨化豆粕、菜饼、棉饼等。(3)颗粒饲料涂膜设备:为延长颗粒饲料在水中的稳定时间,一般在颗粒饲料机出口处加置喷油膜设备,但因为当时颗粒水分高,成品含水率高,宜先干燥后喷涂。但该类设备的主要目的是将油脂加入到颗粒饲料以满足特种动物对油脂和能量的需要,因为在混合机中只能添加 2% ~ 4%,否则难以制出优质颗粒。这样做也可以提高颗粒饲料的耐水性。(4)鲜软颗粒饲料加工成套设备:把鲜活饲料用打浆机将其打成糊状,拌入其他粉状饲料,加工成鲜软颗粒饲料,以保持活饵料的活性物质。(5)一步法颗粒饲料加工成套设备:该设备在加工过程中不需要加水蒸气和饲料,干进干出。当原料含水率小于 12% 时,产品的含水率小于 10.2%,不需要烘干。(6)先沉后浮颗粒饲料加工成套设备:其产品是联合国推荐的对虾颗粒饲料,它下水后不崩解,几小时后可浮上水面,可减少对水体的污染并节约饲料。(7)常温、常压浮颗粒饲料加工设备:该设备不用加温设施,在常温常压下加工的颗粒饲料也能"立即浮",而且漂浮几小时不崩解。(8)超微粉碎加工成套设备:为使饲料易于消化吸收,一般都采用无筛超微粉碎技术,用以投喂较大的苗种,亦可作为颗粒饲料的原料。(9)微囊饲料加工成套设备:它可使微型颗粒外自然包膜,再用喷雾干燥成形,饲料颗粒直径为 5 ~ 10 μm。鱼虾饲料加工机械在国外已逐步从禽畜饲料加工机械中分离出来,自成体系。水产养殖只有全面实现机械化、现代化,产量和质量才能明显提高。

生产实践中虾饲料加工常出现哪些问题?

答:(1)在加水、加油搅拌时,加油太少导致下一步骤的制粒困难。出现这种情况就要把半成品重新加油进行搅拌,这样的结果或多或少都会影响成品料的质量。(2)环模出现故障。环模是制粒机的关键零件,也是易消耗的零件之一,环模出现故障直接影响挤压出来颗粒饲料的质量。(3)料位器失控,使料未经熟化直接进入冷却。

什么是膨化饲料?

答: 将饲料置于密闭容器内加热(温度一般为 100 ~ 160℃),使压力达到 1 ~ 10 MPa,再将物料喷至大气压环境,物料体积急剧膨胀,这种热处理方法称为热爆胀或膨化,采用膨化过程生产的饲料叫膨化饲料(图 128)。谷粒在加热增压过程中,其淀粉发生糊化,可提高淀粉的消化率;高温高压还能破坏饲料原料中的一些抗营养因子,提高饲料的利用价值;膨化还可以提高饲料的适口性。

图 128 作者(左三)在美国堪萨斯州立大学为中国饲料企业家
代表团认真翻译膨化技术的优越性

膨化机的工作原理是什么?

答: 膨化机由如下硬件组成:饲料传送系统、调质器、膨化腔、模具和切刀(图 129)。在蒸煮和饲料产品成型过程中,每个部件均能完成特定功能。(1)饲料传送系统:原料经粉碎、按饲料配方混合后,运到膨化机上的储存仓,该储存仓的饲料量至少应能满足膨化机生产 5 min。该最少物料储存量,可为操作者和自动控制网络提供缓冲时间,以便正确关闭膨化机(需要一定量的饲料)。一般这种储料仓有高位和低位限制点,且储料仓还应保证膨化机以统一的方式得到连续的饲料流,因此,储料仓还应配备防止混合饲料结拱的装置。饲料传送系统应能为膨化机供给混合均一的物料。当饲料配方中添加的脂肪含量超过 12% 时,多于 12% 的部分,应通过独立的原料流直接添加到膨化机中。干饲料则通过特殊的计量设备(能均匀的为膨化机提供满足其生产速率需要的物料)运送到膨化机。膨化机的膨化速率受螺旋喂料器和其他计量设备的调控。因干物料流动性好,可供选择的干物料喂料设备较多。可变速螺旋推进器或螺旋运输器均可用做容积计量,还可将喂料器安装在测压元件上,设计和制造减量(重量分析)给料系统。振动筛式喂料器具有可变频的功能,也能安装用作重量计量设备。还可用皮带式计量器来计量原料重量。减量(重量分析)系统比较复杂和昂贵,但因不受原料容重或仓中原料仓位高度的影响,故应用广泛。容积计量系统结构简单,但传送饲料的速率与料仓的充满度有关。单螺杆膨化机的产量与螺杆转速无关,因此,螺旋喂料器将混合好的干物料运送到膨化机,应该配备可调速驱动器,以调整喂料速率与膨化机的生产能力相匹配。

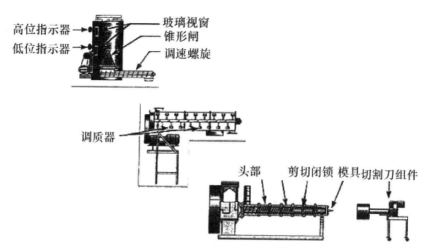

图 129　膨化机的主要构件

（2）调质器：调质步骤始于向干粉物料中通蒸汽和水的加热过程。经过调质的物料中水分分布均匀，会显著改善膨化机的稳定性、提高终产品质量。因此，调质的目的在于将蒸汽和干物料连续的水合、加热和均匀混合。调质过程比较简单，原料颗粒在温暖、潮湿的混合环境中经过调质，连续的运往膨化机。在当今所有的调质器中双轴差速调质器（DDC）最精细。DDC 的混合特性好、平均保留时间长。特定产量条件下，其保留时间可达 2 ~ 4 min，而单轴调质器的保留时间仅有 15 ~ 45 s。DDC 的一对轴转动的方向相反，物料在两轴互相啮合的间隙连续的相互交换。未经调质的物料系结晶态或玻璃态的无定形物料，在膨化腔中、未经蒸汽和水糊化前，这些物料具有较强的摩擦性。膨化前的调质是用水和蒸汽加热和湿化物料，使其在进入膨化腔前进行糊化，从而降低其摩擦性，可延长膨化腔和螺杆器件的使用寿命。膨化机的产能受到能量输入能力、保留时间和容量计量装置的转运能力等的限制。尽管调质不能消除容量计量转运能力对膨化机的限制，但可以显著增加能量输入和保留时间。根据膨化机配置不同，物料在膨化腔中的保留时间变异范围在 5 ~ 120 s；物料在调质器中的平均保留时间可达 5 min。加工高湿物料时，调质器中通过蒸汽输入的能量可占到整个加工过程需要能量的 60%。（3）膨化腔：膨化机有旋转的膨化机轴及组件（弧形螺杆和剪切闭锁）、固定在膨化机机架上的膨化腔（由几段部件组成）以及模具和切刀组成。膨化机筒的长度 / 直径，可因任一组件的实际几何设计不同而变化。因制造商和用途不同，市场上的膨化螺杆也有变化。除简单地将物料从进口转运到模具外，螺杆的几何学构造还可影响膨化腔中物料的混合、揉团、加热和压力形成。图 130 是常见的单螺杆配置。膨化机旋转螺杆和剪切力闭锁元件，通过机械能量的分散顺序转运和加热物料。膨化机中物料运动和传输可分为 3 个单元动作：喂料区、揉团或传输区以及最终蒸煮区。膨化腔常分为几个区，这些独立的区域均装有夹套层，以便于独立的控制温度。喂料区的夹层中常循环冷却水，以提高喂料特性，防止物料因蒸汽而受潮；揉团区和最终蒸煮区常在较高的温度下工作，常用 4 ~ 6 bar 的蒸汽作为夹层的加热媒介；另外，热水、热油和电热均可用作夹层的加热媒介。

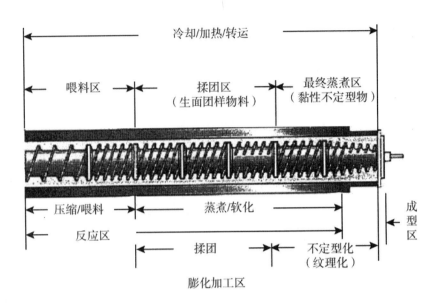

图 130　膨化机相关部件设计和加工区解剖图

（4）模具和切割刀：所有膨化机的模具和刀具均相似。膨化腔的末端配有模具，模具有两项主要功能：限制产品流，使得膨化机产生足够的压力和剪切力；当膨化物排出时，形成一定的产品（模具）形状。期望终产物的膨胀程度可通过控制配方和模具的开口面积来实现。生产每吨不膨胀、完全蒸煮饲料，需要的模具开口面积在 550 ～ 600 mm²，高膨胀产品每吨产量需要 200 ～ 250 mm² 的开口面积。一般，联合使用端面车削机和模具，在面对模具的平行平面上安装切削刀。切削刀的相对转速和膨化物的线性挤出速度共同作用，最终决定了产品长度。一般刀片的刀刃在接近于模具面的地方旋转，弹簧式刀片可能会紧紧贴在模具的表面。刀刃的冶炼、设计、距离模具面的位置、速度和膨化物的磨损性决定了切削刀的寿命。膨化饲料生产过程中，一般每 6 ～ 8 h 需要更换刀具或者磨一次刀刃。若产品外形复杂，则换刀具或磨刀情况会更加频繁。钝刀会破坏产品的外形、增加"拖尾"、产品有附加物，这些附加物随后脱离产品，在干燥和搬运过程中破碎，造成颗粒料较高的含粉率。

典型的饲料加工工艺参数有哪些?

答：见表 48。

表 48　典型的饲料加工工艺参数

工艺	温度（℃）	压力（bar）	水分（%）	最大脂肪（%）	淀粉糊化度（%）
制粒	60 ～ 100	—	12 ～ 18	6	20 ～ 40
膨胀 / 制粒	90 ～ 130	35 ～ 40	12 ～ 18	8	25 ～ 55
干膨化	110 ～ 140	40 ～ 65	12 ～ 18	12	60 ～ 90
单螺杆湿膨化	80 ～ 140	15 ～ 40	18 ～ 35	22	80 ～ 100
双螺杆湿膨化	60 ～ 160	15 ～ 40	18 ～ 45	27	80 ～ 100

为什么要膨化全脂大豆？

答： 全脂大豆需要热处理，以破坏抗营养因子、增加油脂的可提取性、同时维持蛋白的营养价值。原料大豆的抗营养因子系胰蛋白酶抑制因子，是一种蛋白酶。营养学研究表明，这种蛋白对多数动物和人类有害。至少需要降低胰蛋白酶抑制因子85%的活性，才能避免其抗营养作用，热处理可以灭活胰蛋白酶抑制因子。湿膨化通过热处理可以破坏95%的胰蛋白酶抑制因子活性，加热过程中增加水分可以更有效地破坏胰蛋白酶抑制因子和尿酶活性，通过湿热膨化全脂大豆，既可破坏胰蛋白酶抑制因子，又不影响其中赖氨酸的可利用性。与膨化工艺相比，干热处理不能有效提高全脂大豆的营养价值。不管任何处理工艺，添加水分对破坏胰蛋白酶抑制因子均有利。因此，与干法膨化和干法烘烤相比，湿法膨化处理的全脂大豆的营养价值更高。图131、图132、图133是作者在辽宁沈阳、大连和广西南宁推广膨化技术；图134是作者在河南郑州做技术服务时观察到全脂大豆被膨化的瞬间。

图 131　作者在沈阳推广膨化技术

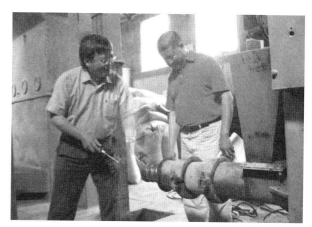

图 132　作者在大连推广膨化技术

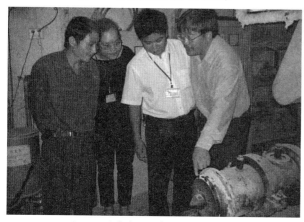

图 133　作者在广西南宁推广膨化技术

图 134　全脂大豆被膨化的瞬间

为什么反刍动物饲料也可用膨化料？

答： 与制粒相比，湿膨化高脂肪奶牛精料补充料能增加适口性和奶产量（>2 kg/d）。膨化饲料的加工成本较高，但是增加的饲料成本：回报在1∶2，值得推广应用。饲料原料经过膨化加工，可以增加对蛋白的保护、增加过瘤胃蛋白含量。大豆粕与菜籽粕（或棉籽粕）在特定加工参数下共同膨化，可产生蛋白添加物，湿热处理使得蛋白变性，避免了瘤胃中的大量降解，作为皱胃内可消化的蛋白来源。

膨化技术在水产饲料中有何应用？

答：在美国，95% 以上的水产料都采用膨化技术。虾料等水生动物饲料是当今市场上较为昂贵的饲料，其中常含有优质的、高消化率、高营养浓度的饲料原料。单螺杆或双螺杆膨化机的湿法膨化，常用于加工水生动物饲料。该工艺可以根据饲养动物的不同，生产不同容重的饲料，如浮性饲料（鲤鱼、罗非鱼、鲶鱼）、慢沉性饲料（鲑鱼、大马哈鱼、鲱鱼）和沉性饲料（虾、河蟹、鳕鱼）等。通过控制饲料容重，膨化工艺可生产沉性和浮性饲料，而颗粒机却不能。影响产品容重的因子包括：配方中淀粉和可溶性蛋白含量；调质和膨化过程中，热和机械能输入；膨化物水分含量及膨化物在膨化腔中的保留时间。与制粒工艺相比，膨化工艺之所以作为水产饲料的加工方法，是因为膨化产品在水中保持形状的时间较长、在水中营养素的滤出较少、运输和装卸过程中产生的细粉较少。当今集约化饲养条件下，饲养管理和环境之间有强烈关系，劣质饲料在水中不稳定，对水质有负面影响，从而影响饲养水生动物的生产性能、增加饲养水生动物的发病率和死亡率（图 135 ~ 138）。

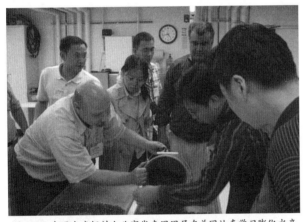

图 135　中国水产饲料企业家代表团团员在美国认真学习膨化水产饲料技术

图 136　中国水产饲料企业家代表团团员参观美国水产饲料厂

图 137　作者在内蒙古自治区呼和浩特某饲料厂做技术服务时，与技术人员讨论膨化大豆的制作工艺

图 138　膨化大豆的生产

湿法膨化机在水产饲料生产中的应用有哪些优势？

　　答： 湿法膨化机可以生产品种繁多的产品，提高饲料转化率。物料由于经过高温瞬时的加工，使得饲料中淀粉的糊化度提高，可以达到 90% 以上，更加有利于动物，特别是水生动物（因为水生动物肠道短而且细）对饲料的消化吸收，而硬颗粒饲料的糊化度一般只有 35% 左右。提高饲料在水中的稳定性，稳定性是对水产饲料的一项重要指标，特别是对慢食动物而言，比如虾、蟹等。因为水中稳定性不好，水生动物还未来得及食用，饲料就分解于水中，既浪费了饲料，又污染了水质，不利于环境保护和水产养殖业的持续发展，而膨化饲料在水中的稳定性达到 12 h，最高可达到 24 h 以上，这足够有时间等待动物来采食，而虾饲料要求在水中的稳定性平均在 4 h 即可。便于对饲料容重控制，可以生产漂浮的饲料，下沉的饲料和慢沉的饲料，这更加有利于不同水层动物对饲料的需求。采用漂浮饲料，它可以使养殖户观察到鱼的采食情况，从而可以调节饲料投喂，节省饲料。膨化饲料的机械性能好，不易破碎。因为成品饲料在使用前的任何破碎、分解都会产生粉尘，这不仅增加了饲料的浪费，还会对水质和空气产生污染。饲料更卫生，物料经过高温瞬时的加工，相当于巴氏杀菌过程，饲料中的有害病菌大部被杀死，从而减少了饲料对水生动物患病的影响以及有害病菌对水质的污染。近几年来，为水产饲料研制的湿法膨化机已逐渐发展成可以生产各种规格的饲料，由于设计配方的不同可以在同一种设备上生产，只需做少部分的改变。湿法膨化设备由于用途广泛已经成为生产水产饲料竞相选择的工具，随着计算机技术在湿法膨化机控制上的运用，湿法膨化机控制将会越来越容易，这将大大促进湿法膨化机在水产饲料生产方面的应用（图 139）。

图 139　作者生产的膨化浮性水产料在水中浸泡 48h 后仍完整
无损

膨化加工对维生素的破坏程度怎样？在做配方时该如何处理？

　　答： 膨化加工对维生素的影响颇受关注。Mustakas 等（1964）发现，全脂大豆经膨化加工后，其维生素 B_1、维生素 B_2 和烟酸的活性不受影响。但 Beetner 等（1974）报道，玉米渣经膨化熟化后，丢失了 46% 的维生素 B_1 和 8% 的维生素 B_2。Beetner 等（1976）还报道，膨化熟化破坏了小黑麦中 90% 的维生素 B_1 和 50% 的维生素 B_2。De Muelenaere 和 Buzzard（1969）报道，玉米、大豆和坚果粉碎的混合料经过膨化加工后，维生素 A 损失 53%。Lee 等（1978）发现，膨化熟化破坏了 70% 以上的 β – 胡萝卜素、9% ~ 48% 的维生素棕榈酸酯、6% ~ 17% 的维生素（VA）

和不到 10% 的维生素乙酸酯。Hakansson 等（1987）也发现，小麦粉在膨化中，19% ~ 21% 的维生素 E、42% ~ 58% 的维生素 B_1 和 20% 的叶酸被破坏。动物营养学家建议，膨化加工的动物饲料，其维生素添加量应当为原配方中的 120% ~ 150%，或使用如稳定化维生素 C 之类的耐热维生素。

膨化机的日常维护有哪些具体事宜？

答：主机减速机箱体应每半年检查更换润滑油一次；冬季用 30# 机械油，夏季用 40# 机械油。电机皮带应每月检查一次，如有松动应随时调整，如有损坏应及时更换。经常观察加热电流表的情况，若发现加热电流有变化，应及时检查加热圈是否损坏，如有损坏，要及时更换。经常观察冷却系统管路是否有渗漏现象。设备的电器接线每 15 天检查一次，所有接线不得有松动、挤压、落尘等现象。定期检查各连接部件是否有松动，有则予以紧固。如长时间不开机，应将机筒内表面和主轴表面涂油，以防生锈；机筒进料口应封闭；主轴放置在机筒内，以防弯曲变形。暂时不用的模具、模头体等部件应涂油保存。

如何避免膨化机模板堵孔现象？

答：加工小颗粒时最常见的问题是堵模，遇到堵模时，前几分钟取样发现膨化颗粒长度处于理想要求，几分钟后则发现膨化颗粒开始变长，这时需要增加切刀转速。又过不久颗粒又变长，还需要进一步增加切刀转速，如此反复达到 3 次，则说明模孔开始有异物堵塞了。如果模孔进一步堵塞，膨化颗粒经过闪蒸后水分会很低，柱电机电流也相应增加，这时多添加水也无多大的改善。如果模孔进一步堵塞，当切刀转数达到了全速的 80% 以上，或膨化颗粒已经很难看，达不到要求时则需停机清理模孔。堵塞的模板可以使用小于 1.0 mm 的小钻头或细钢丝进行清理，也可以将模板放到热水里浸泡，然后用压缩空气吹。避免堵模应通过以下几个方面来预防：（1）切刀的选择与安装：膨化机切刀的选择以及安装的合理性对膨化小颗粒的美观程度起着决定性作用。加工小颗粒时，膨化机切刀最好使用软切刀，厚度为 0.3 mm 左右，且弹性好。刀片安装时，每片刀片与模板需紧靠且刀片须有轻微的弯曲。建议有条件的厂家选用一种生产过程中可调节刀片和模板间隙的这样一个切割装置。因为薄刀片在生产过程中，随着生产时间的延长，刀刃必然会有所磨损，磨损后的刀刃在切割颗粒时，颗粒的边缘会产生一点小尾巴，影响颗粒的整齐度及美观。如果刀片和模板的间隙在生产过程中可以调节，当刀刃磨损后，为了保证颗粒的美观、整齐度，不需要停机，直接在生产过程中调整，即可消除因刀刃磨损带来的间隙，保证膨化机能够长时间稳定的生产。（2）工艺流程的清理：绝大多数厂家的膨化机不是一直生产小颗粒，同样绝大多数厂家的膨化机生产大颗粒时，原料的粉碎粒度不会按照小颗粒的标准进行粉碎。所以，对于生产人员，每次在生产大颗粒后再生产小颗粒时需要注意以下相关事项。生产大颗粒时，由于原料的粉碎比较粗，整个工艺流程中含有很多相对粗的杂质和纤维，所以在准备生产小颗粒前的生产大颗粒时，至少使用 10 t 原料按照小颗粒的粉碎标准进行粉碎，之后使用小颗粒标准的高方进行筛理（可以不经过细分筛）。这样的处理目的是使用粉碎细度细的物料把整个工艺流程中的杂物清洗干净。（3）膨化机系统的清理：如果膨化机停机时间较长，则要对整个膨化机系统进行有效的清理，包括破拱喂料仓、喂料绞龙、调质器和膨化机主机。清理破拱喂料仓和喂料绞龙时，首先需要把里面的物料排空，排空物料后最好使用压缩空气清理。禁忌使用扫把、毛刷之类的工具，因为这类工具本身带有纤维和杂物，而且这类纤维和杂物在清理过程中很易掉下来，反而带来更多杂物。清理调质器时，需要看机筒内和桨叶上残留物料的情况，如果物料比较干，则需要把这些物料使用刮刀一起清理干净，并使用压缩空气清扫这些物料；如果物料水分相对比较湿，则把调质器筒体内上部表面相对干的一些物料刮下来，并把这些物料清理出调质器即可。作为单螺杆膨化机，没有双螺杆膨化机那种自清洁功能。每次停机后，必然会有少量物料残留在角落里。这些物料经过一段时间随着水分的降低，物料变干、变硬，当再次生产时，如果这种物料直接到达小孔径的模板前，哪怕是一点点都能形成模孔的堵塞。清洗单螺杆膨化机主机时先把蒸汽送入膨化腔内直接冲洗螺杆，此时螺杆不需要运转，时间一般要求 20～30 min。这样膨化腔内残留的物料得到软化，然后启动主电机，并向膨化腔内送入足够的水流，使用水把软化的物料冲洗出膨化腔，直到膨化腔出口的水蚀清亮并没有小粒物料为止。

如果螺杆和膨化腔发生碰撞该如何处理？

答：（1）检查膨化腔里有无硬的残留物料。（2）检查主轴的紧定螺钉是否锁紧到位。（3）检查螺杆在膨化腔的间隙，调整膨化腔支撑的限位螺栓。（4）拆卸全部螺杆，检查螺杆与压力环和垫片之间有无异物。（5）清理第一节进料螺杆前的挡圈基准面有无物料。（6）用游标卡尺检查螺杆的直线度。找一参照物，检查主轴的跳动量。

膨化大豆物料出现反喷怎么处理？

答：（1）蒸汽水分过多调质出来的物料潮湿不利于物料在膨化腔内输送，控制蒸汽的质量。（2）粉碎粒度过细，正常情况用 2.0～3.0 mm 筛片进行粉碎，过细没有摩擦力也不利于在腔体内输送。（3）待膨化仓积拱物料供应不连续造成反喷，应解决仓结拱问题。（4）锥形紧定螺栓与出料模间隙过小，适当调整间隙，通常出料模螺塞在紧到位后再反转三圈左右。（5）进口两节单螺头装错，它的直径应小于中间双螺头和出料双螺头。（6）螺头方向装反或压力环配置结构不合理，重新进行调整。（7）进料腔内壁圆周结料严重（位置处于第一节压力环前端），应拆卸清理。（8）整个膨化腔以及螺头长时间生产后未清理或未清理干净。（9）螺头及膨化腔等易损件磨损严重，没有及时更换造成反喷。

湿法、半干湿法和干法三用膨化机都有哪些常见故障原因及排除方法？

答：见表49。

表49 湿法、半干湿法和干法三用膨化机的常见故障原因及排除方法

故障现象	故障原因	排除方法
初开机生产浮、沉粒时模孔不出料	料含水太小或原料粒度太大	预热开车或调和水分或更换粒度细的料
加工饲料时，颗粒太粗糙或切不成粒、成片状	原料纤维高，粒径太大，水分含太多	改用细号筛片粉碎，减少纤维，或降低含水量
螺套温度太高烧焦料	温度太高，模孔面积小	降低温度，或更换模板
正常工作突然不出料	出料模孔被金属或硬物堵塞	停机清除或清理料中硬物
螺杆与螺套卡死撞不开	物料硬积于螺槽中	机油浸煮或火把物烧成灰
产量下降	螺杆与螺套被磨损	更换
颗粒直径太大	出料模孔磨损	更换
颗粒直径太小	出料模孔小	重新配置
颗粒太长或太短	切刀速度没调好	重新调节
出料口反喷料	螺槽通道阻塞或模孔堵塞	停机清除堵塞物
料机主轴摆动或走位	轴承损坏	更换

湿法与干法膨化玉米用于乳猪料的差异是什么？

答： 由于水分对膨化玉米影响非常显著，在同一温度下，水分不同出来的产品膨化度也有差异，水分越低，膨化度越高，直接反应在产品容重上。如果是粉料饲喂，湿法膨化就可以了，熟化度应在80%以上，相比干法膨化只是膨化度差些而已，干法膨化玉米如果再配料制粒，这个产品熟化度应在90%以上，容重在250～300 kg/m³，制粒时黏度不高，可减少制粒后颗粒发硬，另外乳猪料制粒的配料及环模压缩比对产品质量影响亦很大。

生产膨化大豆选用干法膨化还是湿法膨化效果更好？

答： 要根据大豆原料的水分来定。（1）在大豆原料水分较高时，最好用干法膨化，有利于水分的蒸发和大豆粉水分含量的降低。（2）在大豆原料水分较低时，可使用湿法膨化，湿法膨化有助于异味的挥发和去除，另外还有以下优势：提高加工能力，用蒸汽预处理大豆膨化机的加工能力比同型号干式膨化机高；降低原料损失，干法膨化期间原料损失高，相比之下，使用蒸汽预处理的膨化机损失少；磨损小，膨化机内部各组件的摩擦损耗大大减少，湿法膨化机每吨磨损组件消耗比干式膨化机减少；提高成品质量，水分含量较高有助于去除抗营养素和形成较细的高质量成品，能进一步改善和提高大豆粉的营养价值。尽量提高调质效果，有利于膨化大豆的蛋白溶解度（图140～141）。

图140　作者带领中国饲料企业家代表团认真学习膨化大豆技术

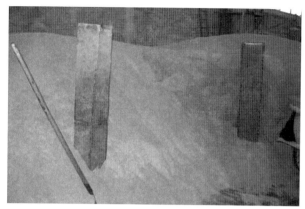

图141　膨化大豆产品

膨化水产颗粒饲料物理特性与加工参数是什么?

答: 浮性饲料、沉性饲料、慢沉性饲料和半干半湿饲料是膨化水产饲料的常见形式。（1）浮性饲料:浮性饲料的容重为:320 ~ 400 kg/m³,颗粒直径为0.6 ~ 10 mm,浮性饲料原料调质后的最终膨化水分为27% ~ 29%,膨化率为125% ~ 150%。调质时间为1.0 ~ 2.0 min,膨化时间15 ~ 20 s,模头处压力为3.4 ~ 3.7 MPa,温度为125 ~ 150℃,单位产量开孔面积为200 ~ 250 mm²/t,最终成品的水分为8% ~ 10%。淀粉的含量不小于20%,确保淀粉发挥黏结剂和能量物质的作用。（2）沉性饲料:沉性饲料的容重为400 ~ 600 kg/m³,颗粒直径为1.0 ~ 4 mm,主要产品是虾饲料。此类饲料主要用于饲喂水底采食饲料慢的动物,水中稳定性要达到2 ~ 4 h。随着加工技术的发展,膨化物料水分已由过去的30% ~ 32%下降至22% ~ 25%,降低了干燥成本。膨化物料的温度为110 ~ 120℃,如果干燥条件不当,会影响成品的容重。单位开孔面积为550 ~ 600 m²/t,最终产品的水分10% ~ 12%。生产沉性饲料工艺,能适应生产较难加工的颗粒饲料（淀粉含量仅占10%）。（3）慢沉性饲料:慢沉性饲料的容重为390 ~ 410 kg/m³,其产品粒度的大小会影响容重,因此生产慢沉性饲料,每个配方的容重必须精确计算。（4）半干半湿饲料:半干半湿饲料适用于水生动物中只食用软性饲料的品种。其生产原理和浮性饲料生产原理基本一致,主要差异在于混合机内添加液体,使水分达到30% ~ 32%,膨化、冷却后水分含量为22%左右。在加入液体中应添加防霉、保湿剂。

膨化过程中如何控制水产饲料的密度?

答: 密度控制在膨化饲料生产,尤其是水产饲料生产中最具挑战性的一环,沉性饲料应基本按照期望的方式下沉。如果沉性饲料漂浮在水面上,不仅降低饲料转化率,而且作为一种浪费的营养物对水体环境造成污染。用膨化生产油脂含量相对较低的"低能配方"沉性饲料时,困难就更大了。国内目前常用的是将原料膨化后再制粒。一般可采取配方调整和操作参数调整等方法来控制产品密度,如降低主轴转速、少加蒸汽多加水、增加配方油脂含量、降低进料量和增强膨化腔冷却,也可以采取一些更有力的措施,如（1）在膨化腔上设置排气口或减压区,这是膨化机厂商常用的方法;（2）增加模板开孔率或改变模板厚度,降低模板处的压差;（3）改变螺旋和膨化腔结构；（4）调整配方，尤其是减少碳水化合物的含量。尽管这些措施在控制膨化度方面有一定作用，但还不足以按照可控的方式生产沉性料。因此，国外开发出针对水产料生产的一种新的密度控制系统。在膨化机中，物料受机械剪切和高温高压作用，由于压力高，温度还达不到水分的沸点，但当物料从模板挤出，进入常压，沸点出现，水分形成"闪蒸"，物料膨化成含很多气孔的多孔状结构，从而引起产品密度变化。碳水化合物含量越高，形成的孔隙越多。孔隙度高意味着密度低，物料能在水中漂浮。对于高油产品，多孔结构有利于膨化产品吸收喷涂的油脂，尤其是采用真空喷涂时，并形成较高密度的产品。但对中油脂和低油脂的沉性料生产时就比较难于控制。国外研制的这种密度系统采用加压切割，使切割室维持一定正压，由于水分的沸点随压力增加，当物料从膨化腔进入切割室后，可降低闪蒸从而控制物料的膨胀度。因为淀粉分子在切割室内瞬间被固化，在从切割室进入常压后物料不会再发生膨胀。该技术主要用于生产较困难的沉性饲料，如低油脂产品，对中油脂产品就可不加正压。与其他一些密度控制方法如开排气口和减压区等相比较，该加压切割在生产一些具有挑战性的产品时有独到之处：①可准确控制产品密度（±5g/L），是其他任何一种手段难以达到的；②与开排气口的机型相比，由于物料在整个膨化腔行进过程中受到的干扰小，在生产低油脂或高淀粉类沉性饲料时，可提高膨化机产量25%～50%；③不需要去控制别的一些膨胀因子，比如，螺旋和膨化腔结构、进料量等，从而降低了人工操作需求；④由于在膨化机外控制膨胀度，操作者只需监控产品的视觉质量即可，同时，控制外加正压比控制膨化腔压力更容易。

膨化技术对过瘤胃蛋白有哪些影响？

答： 反刍动物胃内含有大量的微生物，摄入的蛋白或非蛋白氮由微生物降解到不同程度，然后再进入肠道消化吸收。因为不是瘤胃中所有产生的氨都能转化成微生物蛋白，当饲喂可溶性含氮饲料时，大量氨被吸收，容易造成氨中毒。如果摄入的蛋白能形成过瘤胃蛋白，通过瘤胃，逃逸微生物降解，就可直接进入肠道消化，以氨基酸形态被吸收。产奶量越高，对过瘤胃蛋白／微生物蛋白的比例精确程度要求越高。对高产奶牛，需要增加饲料摄入量；提高营养成分的消化率；提高过瘤胃蛋白的比例；同时，保证营养物在瘤胃中同步降解。由于高产牛对过瘤胃蛋白的需求量高，因此必须在日粮中进行补充以满足其产奶需要。膨化技术不使用化学添加剂，通过热处理提高过瘤胃蛋白含量。膨化料中由于存在大量糊化淀粉，将蛋白质紧密地与淀粉基质结合在一起，生成瘤胃不可降解蛋白—过瘤胃蛋白。

与制粒相比，膨化料带来的综合经济效益如何？

答： 膨化料在营养方面的优点已被广大生产商和养殖户所认知，从生态角度看，膨化料也是替代粉状猪料和颗粒料的一种较为经济的选择。配备环保调质器的膨化生产线，可减少饲料生产过程中的 CO_2 和 SO_2 排放；饲喂膨化料在环保方面的影响不可忽视，国家环保总局在全国23个省市进行的调查发现，全国90%的规模化畜禽养殖场未经过环境影响评价，60%的养殖场缺乏必要的污染防治措施。畜禽粪便中化学需氧量（有机污染物指标）的排放量已远远超过工业废水和生活废水的排量之和，畜禽养殖产生的污染已成为中国农村地区污染的主要来源。调查发现，对环境影响较大的大中型畜禽养殖场有 80% 分布在人口集中、水系发达的东部沿海地区和北京、上海等大城市周围。一些养殖场甚至位于居民区内，或距水源地不远的地方。饲喂膨化料还可降低猪舍的液体粪污量以及减少释放的氨气量。

请说明膨化饲料生产的工艺流程图及各环节温度？

答：见图 142。

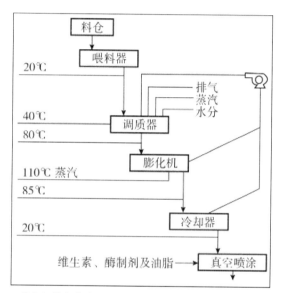

图 142　膨化饲料生产的工艺流程图及各环节温度（顾俊峰等，2005）

饲料原料特性的不同对湿法膨化效果有哪些影响？

答：原料容重、粒度、组成（淀粉、纤维、蛋白质、脂肪等含量）、含水率等，对膨化效果都会产生影响。原料中水分的多少及调质温度的高低，与膨化产品的质量、加工稳定性及在膨化腔内的受压状态紧密相关。在水分低时，能耗大，产量也有所下降，反之亦然。在水分相近时，蒸汽调质比冷水调质产量高，电耗低。原料含油量高或膨化过程中添加的油脂过多，容易产生滑壁空转现象，使物料受到的挤压力达不到要求，不能使物料完全膨化，这时应适当增加物料的添加量、减小模孔的直径。原料中淀粉含量较高时，温度调节和蒸汽添加要适当，否则容易发生堵机现象，从而影响生产效率。特别是开始时添加的物料过多，容易产生堵机现象，从而影响生产的连续进行。在挤压完黏度较高的原料后，最好再用含油脂量较高的物料（如大豆粉）清理膨化腔，以保持其良好的工作特性。

湿法膨化机有哪些常见故障？可能的原因有哪些？

答：（1）调质器出口的饲料温度不均匀：①调质器内部是否有结块饲料附着；②蒸汽管路配件是否工作正常，诸如减压阀、疏水阀、截止阀等；③确保蒸汽喷嘴畅通，特别是手动调节阀处，必须使等量蒸汽连续进入调质器。（2）饲料温度合适，但湿度太低：①降低进入调质器的蒸汽压力，但要注意减压阀的位置必须在调质器上方管路≥4.5 m处，一般为4.5～6 m，且蒸汽管路的大小必须足以运送如此低压下所需的蒸汽量。调质器的蒸汽管道入口处直径一般为80～100 mm。②如果原料水分太少，经调质后，湿度达不到要求，则可考虑在主混合机中加水。（3）膨化机主机负载不稳（电控柜上，显示主马达工作电流的安培计指针摆动幅度较大）：①喂料器喂料控制系统是否正常（变频器）；②喂料器里是否有结拱饲料块黏着于螺旋和壳体上；③螺杆和膨化腔是否靠在一起。（4）轴承座温度过高：①油泵系统是否工作正常；②润滑油耗尽或存量过少，最好2～3天检查一次存油量，及时添油和定期换油；③轴承是否损坏。（5）工作时机身振动：①检查地面是否平整；②主轴轴承是否损坏。（6）装上出料模头后不出料或者只进料不出料（电机电流偏高）：①模头旋入过深，堵死出料间隙，此时应适当向外旋出出料模头；②物料的添加量过多。（7）主机不能启动或按开机程序完成操作过程后5 min仍不能正常生产膨化物料：①上一班停机时机内原料完全排出造成，螺旋套与外套管内衬套之间阻塞；②进料过急过多；③电路有故障。（8）有刺耳的响声（皮带打滑）：①检查皮带松紧是否适当；②物料添加过多、模孔过小造成堵机。（9）出料口发出"扑哧"的断续的排气声：①调质器出现故障导致进料不连续；②物料调质不理想，干湿不均。（10）手摸膨化物料有明显的潮湿感，用手捏成团不散开（烘干后膨化料很硬）：①原料的水分过高或添加的水分过多；②调质时所用蒸汽为非饱和蒸汽。（11）膨化料酥松易碎、出料口出现少量的青烟，并伴随浓烈的糊香味：原料的水分过低、温度过高，应适当增高原料的含水量。湿法膨化机在膨化料的生产上应用相当广泛。因此，了解湿法膨化机的工艺流程、工作特点及常见故障，可以在第一时间内发现、解决一些问题，保证机器的正常运转。了解原料对膨化效果的影响，可以使工作人员在最短的时间内生产出最好的膨化产品。从而为企业节约成本，提高市场竞争力。

湿法膨化工艺参数的不同对膨化效果有哪些影响？

答： 近10年来，膨化技术已成为发展速度最快的饲料加工技术之一。膨化技术是集物料的输送、混合、高温、高压、高剪切作用于一体，对物料进行物理、化学或生物处理，其作用时间短，营养成分损失小，应用面广。要充分发挥膨化机的生产能力，确保其产量和制出膨化料的质量，必须对影响膨化效果的因素有所了解，膨化机的种类和影响膨化效果的可变因素如下：（1）原料处理：进入膨化机前的物料必须进行处理，清除物料中的金属、泥块等杂质，防止石块、金属等杂质对螺旋叶片、挤压螺杆、压力环等造成磨损或断裂，同时，也可提高产品的质量。（2）粉碎：大豆、玉米等在膨化前需经粉碎机粉碎。原料粒度决定着饲料组成的表面积，粒度越细，表面积越大，物料吸收蒸汽中的水分越快，有利于进行调质，也使膨化质量和产量提高。但粉碎越细，电耗越高，一般情况下，其粉碎粒度为3 mm左右为宜。水生动物消化道短而细，不易消化大颗粒饲料，所以需要降低原料粒度，锤片粉碎机很难达到要求，一般要选用超微粉碎机。对于水产饲料而言，普通鱼饲料如草鱼料的平均粉碎粒度为0.3 mm以下，高档水产鱼饲料如鳗鱼料的粉碎细度达60～100目以上。生产普通鱼饲料时可采用一次粉碎、一次配料和一次混合工艺，可降低普通鱼饲料的加工成本；而生产高档水产饲料，则采用二次粉碎、二次配料及二次混合的工艺，保证高档饲料产品具有高要求的粉碎细度、配料精度和混合均匀度，保证产品的高质量。（3）进料：

为了保持膨化产品的质量和膨化机不停地、均衡地满负荷工作，必须使进入膨化机的物料流量满足膨化需要。特别注意应有效消除待膨化料仓因结拱等原因而造成的进料不均匀的现象。进料不足，膨化效果不理想；进料过多，容易堵机，致使生产率下降甚至"烧机"。（4）调质：①蒸汽：调质过程中要添加适量的蒸汽，蒸汽的质量也将影响到调质的效果。如果加入蒸汽过多，膨化大豆等原料会使物料变得过软，膨化腔内挤压力不足，影响膨化效果，蒸汽添加量一般在 5% ~ 7% 为宜；膨化玉米等原料时会使物料的黏度增大，从而增加出料的难度，影响生产效率，蒸汽添加量一般在 10% 左右。如果加入的蒸汽不足，会使物料糊化程度差，难于成型，膨化的效果不理想。对不同配方的饲料，调质时添加的蒸汽量也不同。对含淀粉较多的物料，需添加较多的蒸汽，对蛋白质含量较高的物料，应控制蒸汽添加量。所供的蒸汽应保持稳定压力，且防止产生冷凝现象，锅炉的工作压力应维持在 0.6 ~ 0.8 MPa，输送到调质器之前的蒸汽压力应调节到 0.2 ~ 0.4 MPa，应采用干饱和蒸汽，避免使用湿蒸汽。②时间：蒸汽—水分调质需要一定的时间，以便提高料温和含水量，促进淀粉糊化，不同的配方对应不同的调质时间，以满足用户生产不同配方饲料的需要。就大多数粉料而言，温度一般控制在 80 ~ 90℃，湿度为 16% ~ 18%。水分含量高时，黏合较好，但是过多的水分将堵塞模孔，同时，干燥处理时的成本也将增加。调节桨叶角度可改变调质时间，可以将桨叶调整到一个较小的角度，给粉料以较小的偏转作用；或者将桨叶调整到一个平角，使物料沿壳体四周输送起到较大的偏转效应。但叶片的螺旋方向需按照规定保持"先进、先出"原则。另外可以在调质器内加阻挡溢流板来阻止物料前进，以更多利用调质器内的空间，提高物料在调质器内的充满系数，进而提高热量和水分转换到物料中的效率，延长调质时间，使调质达到最好效果。（5）膨化：在湿法膨化机机腔内，物料是通过挤压螺杆、压力环与膨化腔之间的环形间隙挤出。环形间隙是影响物料的熟化程度和产量的主要因素。挤压螺杆、压力环配置变小，即环形间隙变大，物料温升变小，产量变大。因此，在保证膨化温度，不影响熟化度的前提下，可减少挤压螺杆、压力环的直径，来提高膨化机生产率。模孔的大小也影响着膨化机的产量，模孔越大膨化机的产量越大。模孔小的挤出阻力大，造成的反压力大，动力消耗也大。所以在不影响膨化参数和产品质量要求的情况下，采用模孔大的模板可提高膨化机的生产率。模板的开孔数量或开孔面积也对膨化机的产量有很大影响。模孔数量多、面积大可大幅提高产量，但可能影响膨化效果，应通过试验优选合适的开孔数或开孔面积。

蒸汽压片玉米是指什么？具体工艺过程及生产原理如何？

答： 玉米是育肥牛和高产奶牛日粮中的主要能量来源，玉米的主要营养成分是淀粉（高达 65% ~ 75%），因此，提高玉米淀粉利用率是提高增重效率和奶产量的根本。蒸汽压片玉米由于可以大大地提高玉米的消化率，所以此项技术在美国主要养牛地区得到普遍应用。蒸汽压片玉米的工艺流程：玉米原料→蒸汽加热蒸煮→压片→干燥、冷却→包装→成品入库。蒸汽压片玉米工艺过程是将待调质处理玉米放置在蒸煮罐中，通入蒸汽进行蒸煮约 35 min，使玉米淀粉充分糊化，然后用对辊式轧片机将蒸煮后玉米压成规定要求（薄片的容重）的薄片，最后将压成薄片后的玉米干燥到安全储藏水分即可。蒸汽压片玉米是通过蒸汽热加工使玉米膨胀、软化，然后再用一对反向旋转滚筒产生的机械压力剥离压裂这些已膨胀的玉米，使玉米加工成规定容重的薄片。蒸汽压片玉米的机理实际上是一个凝胶化的过程，即将紧密结合型的玉米淀粉，通过凝胶化来破坏细胞内淀粉结合的氢键，从而提高动物对玉米淀粉的消化率。此外，玉米蛋白质的化学结构得到改变，有利于瘤胃对蛋白质的吸收。蒸汽压片玉米促进凝胶化过程和提高整体消化率的作用因素主要是水分、热量、调质处理时间及机械作用，水分的作用是膨胀和软化，加热可使电子发生移动，破坏氢键，促进凝胶化反应，足够的蒸汽调质处理时间是获得充分凝胶化过程的保证，滚筒的机械作用是一个压碎成型及达到规定压片容重的过程（图 143 ~ 146）。

图 143　蒸汽压片机

图 144　不同类型的蒸汽压片机

图 145　美国堪萨斯州立大学饲料实验室生产蒸汽压片玉米的情景

图 146　作者在河北某饲料厂做技术服务时，讨论蒸汽压片玉米的制作技术及质量检测

蒸汽压片玉米质量主要的评价标准及具体应用情况如何？

答：目前，国外主要用压成的玉米薄片的密度（容重）来评价，当玉米薄片的容重在 300 ~ 350 kg/m³ 时，可以获得较佳的饲喂效果。玉米压成薄片后的容重也可以用来界定调质处理强度，当玉米薄片的容重较大时，将调质处理过程称作蒸汽—碾压，蒸汽—碾压调质处理玉米的容重大约在 480 kg/m³。目前，国外对蒸汽压片玉米的饲喂试验的报导很多，结果表明，蒸汽压片玉米能提高淀粉在小肠和瘤胃中的消化率，增加维持净能（NEm）和消化净能（NEg），蒸汽压片玉米的净能值（NE）提高 15% ~ 20%，由于玉米中淀粉和蛋白质的利用得到改善，使得奶牛和肉牛的生产性能得到改善，可提高肉牛的增重和提高奶牛的奶产量。经蒸汽压片处理可增加瘤胃中可消化淀粉的比例，增加进入小肠的微生物蛋白流量，从而增加了玉米的饲用价值。与饲喂粉碎玉米相比，奶中蛋白质含量提高 6.2%，脂肪含量提高 7%。用 450 头泌乳奶牛进行研究的结果表明，蒸汽压片玉米可提高淀粉消化率 9% ~ 16%，提高产奶量 5% ~ 6%，奶中蛋白质含量提高 0.07%，蛋白质含量达到 8%。值得注意的是汽蒸压片玉米对促进在瘤胃之外的营养物质的利用起到提高作用，调质处理玉米可增加肝脏中葡萄糖产量 16%，乳腺对葡萄糖的吸收增加 18%，乳腺对氨基酸氮的吸收提高 42%，这有助于解释牛奶产量和奶中蛋白质含量增加的原因。图 147、图 148 是两种加工程度不同的玉米，哪种质量好？

图 147　加工粗糙的压片玉米

图 148　加工精致的压片玉米

如何使用膨化脱毒的蓖麻粕？对其脱毒的指标如何考核？如果饲料厂自己进行蓖麻粕的膨化脱毒加工，使用何种膨化机（干法、湿法）或膨胀器较好？

答：蓖麻作为一种重要的油料作物在我国的内蒙古、东北及广大南方地区都有大面积栽种。蓖麻籽仁含油 45% ~ 50%，粗蛋白含量约 33% ~ 35%，为粮食作物的 3 倍。蓖麻蛋白组成中含有球蛋白 60%，谷蛋白 20%，清蛋白 16%，不含或含少量动物难以吸收的醇溶蛋白，所以，蓖麻蛋白绝大部分可被动物消化利用。脱毒蓖麻粕蛋白与大豆相近，大豆中赖氨酸比蓖麻高 40% 左右，而蓖麻蛋白的蛋氨酸比大豆高出 40%，如果两者混合，可起到氨基酸互补的作用。膨化是利用螺杆汽塞对物料的挤压升温增压，在出口处突然减压，从而使物料得以膨化。目前，膨化已作为一种先进的熟化工艺被广泛应用于饲料加工业中。由于膨化机内的高热高压及剪切作用，加之碱液的存在可以破坏蓖麻毒素，使其中的毒蛋白和血球凝集素失活，并大大降低蓖麻碱的含量，从而达到脱毒的目的。蓖麻饼粕膨化后，物料中所含毒素一方面由于分子变化而降解；另一方面与物料中的碱液脱毒剂结合而失活，经饲喂试验证明，脱毒效果和饲养效果都很好。膨化提高了蓖麻饼粕在饲料中的添加量，使饲料生产商可以尽可能地选用比较便宜的蓖麻饼粕，大大降低了饲料成本，也使得蓖麻粕这一难以利用的原料成为优质的蛋白饲料。

影响颗粒冷却效果的主要因素有哪些？

答：（1）环境温度：颗粒从冷却器出来的最终温度受到冷却空气初始温度的限制，如果厂房内的温度比室外高，应采用室外的空气冷却。（2）颗粒中的脂肪含量：颗粒中的脂肪含量越高，越难将其冷却，包在颗粒表面的脂肪，会使颗粒中的水分难以排出。如果表面脂肪层厚，则冷却的时间要相应加长，如果将颗粒在外面急速冷却，极易造成颗粒表面裂纹或碎裂。（3）空气湿度：干燥、凉爽的空气比潮湿的空气更容易带走颗粒中的水分。

如何调整制粒工序颗粒逆流式冷却器上下料位指示器位置？

答：逆流式冷却器的冷却时间在一定范围内可以得到调整。冷却器料仓壁上的观察门上有两个料位器，一个上料位器，一个下料位器，当料仓里的料接触到上料位器时，它就使电机启动排料，当料仓里的料接触到下料位器时，它就使电机停止排料，所以，只需将下料位器进行上移或下移，冷却时间也就得到调整。

如何调整添加油脂的颗粒饲料冷却时间？

答：饲料中添加油脂能提高制粒的产量，同时，添加油脂后颗粒饲料不容易冷却，在选择冷却器时首先考虑应该大一些，在此基础上，颗粒的冷却时间应比正常冷却时间增加10%。

高蛋白饲料的干燥冷却有何不同？该如何处理？

答：由制粒机制出的颗粒不仅温度高，而且含水量高，必须进行冷却。冷却过程是湿热传递过程，在风的作用下，颗粒的水分及热量从表面蒸发出去，内部的水分通过毛细管向表面扩散。由于高蛋白饲料的调质及制粒加工性能较好，故制粒后的颗粒较为致密，这样一方面有利于颗粒硬度的提高；另一方面却造成颗粒表面水分易于去除而内部较难干燥和冷却。故高蛋白饲料冷却干燥要求的条件较高，可以采用降低风速和延长冷却时间的工艺，这样可以防止由于内外热量差异引起应力而导致颗粒破裂。

卧式冷却器应如何改良和调整？

答：（1）在卧式冷却器的上层链板中间，加装蒸汽散热器或散热管，改善湿热的颗粒料进入冷却器后的冷却条件，有利于在高湿和寒冷的环境中稳定颗粒的水分，防止因低温造成颗粒内部低温结冰；（2）根据季节不同调节吸风量，料层厚度均匀和履带板速度适中，一般在北方冬季风量要加大，料层厚度要增加，走料速度要适宜，确保避免颗粒料冷却影响质量。在夏季应相反，风量减小，送料速度要均匀适中。在夏季颗粒料冷却温度的高、低和热平衡状况是影响质量的关键。

冷却工艺对颗粒饲料的 PDI 有哪些影响?

答: 冷却工艺常用的是逆流式冷却器,其主要参数为冷却风量和冷却时间。冷却过程中应避免由颗粒冷却不均匀和冷却风量过大、冷却时间过快造成的颗粒爆腰现象,以致使颗粒表面裂纹较多,容易破碎。冷却器中的物料高度在四周方向应尽量保持平整,不然会引起串风现象,造成冷却不均。冷却风量应根据不同的粒径大小控制在 23 ~ 31 m³/min·t 范围内,同时,冷却时间控制在 6 ~ 9 min。过大的风量和较短的冷却时间还易造成颗粒外表面和心部水分不一致,容易引起饲料破裂和发霉。对于一些水产料,为了进一步提高其 PDI,提高水中稳定性,经常在冷却前增加保温熟化工序,然后再进行冷却或干燥。实践证明,这是一种可行有效的方法,可以明显提高颗粒饲料的 PDI 和水中稳定性。

饲料冷却的过程中为什么要控制热损失?

答: (1)冷却器本身如不采取保温措施,会使得内腔和顶部结露,从而导致粉尘黏结、结块。结块脱落时,轻则会引起排料不畅,重则会导致堵料、堆料,直至故障停机;(2)排风管道以及沙克龙如不采取保温措施,同样会造成风道内径或腔体变窄,影响除尘和冷却效果;(3)冷却系统不进行保温,还会使得现场环境温度升高。特别是在夏天,操作人员工作环境的恶化;(4)冷却系统进行保温等热损失控制,还有利于湿热气体的集中处理和余热利用。总之,对冷却系统采取保温措施是节能降耗,保证颗粒冷却效果、减少设备残留污染的有效措施。

多层圆振动烘干机如何应用于膨化饲料加工?

答: 烘干是膨化饲料加工的最重要工序之一。如今多层圆振动烘干机正被应用于膨化饲料的加工以取代传统的输送带和链式板箱式烘干机。(1)烘干系统的组成:把多层圆振动烘干机应用在膨化饲料加工上,烘干系统由多层圆振动烘干机、调风门、蒸汽换热器、鼓风机、引风机、旋风除尘器及闭风器等组成。本烘干系统设计的技术关键,一是多层圆振动烘干机结构原理的合理设计,二是烘干风网参数的合理选择。(2)烘干机基本结构及原理: 现有多层圆振动烘干机一般有进料口、顶盖、废气出口、多层烘干床、热风进口、出料口、激振盘、隔振弹簧、激振电机和机架等组成。而多层烘干床由内、外短圆筒、环状水平筛板和挡料板等组成。每层环状水平筛板都开有出料口,并且在连接各层床的内外筒法兰时,把上、下层出料口位置错开,使上一层出口的物料能落入下一层的进口,待烘干物料从顶层进入后直至最下层排出。(3)烘干机结构改进设计: 多层圆振动烘干机,与一般单一物料烘干用途的设备结构有所不同。膨化饲料品种多,其颗粒大小差别很大,因而对烘干机而言,既要加强在生产大颗粒时设备的烘干能力,又要避免生产小颗粒产品的过分烘干及吹跑现象。此外,还要避免产品转换时设备残留掺杂、污染而影响产品的外观质量。综上所述,多层圆振动烘干机应用需要解决这样的问题:产量匹配与热风机分配问题、机内残留问题、影响大颗粒膨化饲料烘干质量及均匀性问题等问题。

饲料干燥、冷却过程中的热能是如何转化的，如何利用及控制？

答： 在饲料生产过程中，通过膨化机、制粒机出来的产品具有较高的温度和水分，必须通过一定的设备进行干燥或冷却，然后，才能包装储存或销售。所以，干燥、冷却是这些产品加工工艺中，不可或缺的环节。这一过程中的热能转化和利用，简要介绍如下：（1）干燥过程中的热能转换：含有较高水分的物料，经过干燥机内的干燥介质的作用，物料中的水分由于吸收了干燥介质中的热量使温度升高而蒸发。同时，干燥介质本身由于放出热量而温度降低，物料中蒸发出来的水分随着干燥介质的流动，而排出干燥系统。补充进来的干燥介质由于吸收了热交换器内蒸汽放出的热量而温度上升，同时，蒸汽变为凝结水，而排出加热系统。（2）冷却过程中的热能转换：与干燥过程相比，冷却过程中则采用自然状态下的洁净空气作为介质，对带有一定温度和水分的物料，进行降温和去湿处理。以常用的逆流颗粒冷却器为例：在冷却器内，物料的流动由上至下，冷却空气自下而上，两者形成逆向流动。下部的物料由于在自上而下的过程中，提供了水分蒸发和空气温升所需的热量，温度已接近环境温度值。上部的空气由于在自下而上的行进过程中，吸收了颗粒释放的热量，温度和带湿能力均有所增加。因而实现了饲料颗粒的降温、去湿目的。工作后的湿热空气，由冷却风机排出冷却系统。（3）干燥冷却一体机：通常在某些特定的场合，在物料生产工艺流程允许的情况下，将物料的干燥和冷却过程，通过干燥冷却一体机来实现。干燥冷却一体机内的干燥冷却过程的机理，与上述的基本一致。但随着风路的不同形式配置，干燥和冷却的过程和效果，会有一些差异。（4）稳定器内的热能转换：对于一些特殊的物料，如虾料，熟化度要求较高，在被挤压成型后，仍然需要一段时间，进一步的保温、加温处理。这一工艺过程，通常在稳定器内进行。一般将稳定器做成夹套形式，并在内腔布置一定数量的蒸汽管道，以保持腔内的温度稳定在100℃左右，使得物料进一步地熟化稳定。在这一过程中，不断地消耗蒸汽，蒸汽的热能不断地通过管道壁传给物料，使物料的温度升高并熟化。（5）关于热能的综合利用：物料的干燥和冷却过程，无时无刻不伴随着能量的转移和转化，我们既要优化和控制工艺的过程，也要对尾气、废水中的低位能源进行回收处理，以便降低设备的运行成本。通常在干燥过程中，将尚有一定干燥能力的干燥介质部分循环，排放的尾气和凝结水通过换热器，用来预热系统需要不断补充的干燥介质。（6）干燥、冷却中的热能与安全：经过初步成型后的饲料颗粒，除必须再经过完整的干燥、冷却等工艺流程外，还需注意以下几点，以确保有关与热能有关的安全：①干燥、冷却器停运前，必须确认设备内的温度已降至50℃以下。否则，不得停运排湿或冷却风机；②干燥、冷却器停运后，必须及时清除机器内的余料，以防积料自燃；③遇有生产过程中故障停机或停电30 min以上，必须开启相关的检修门、观察门等通风散热。④此外，对于包装、储存、久置的物料，也应定期检查，以防久置生热、外来火源带来的火灾隐患。

目前有哪些新式的干燥设备和干燥方法可以用于饲料干燥？

答： 饲料干燥的目的就是除去饲料原料中多余的水分，以便于包装、运输、储藏、加工和使用。干燥是一个复杂的过程，不同的干燥对象有不同的干燥方法，所以必须根据饲料的不同组成和特性，来确定合理的干燥方法。干燥机的分类方法很多，按干燥机的结构不同分类，常用的干燥机有：喷雾干燥机、流化床干燥机、气流干燥机、回转圆筒干燥机、滚筒干燥机、红外线干燥机、高频干燥机等。下面是几种新式的干燥机和干燥方法。（1）闪蒸干燥机：它主要由加料器、干燥室、旋风分离器和布袋收集器组成。被干燥物料由加料器进入干燥室内，热风沿切线方向进入干燥室，并以高速旋转状态由干燥室底向上流动，与物料充分接触，使物料处于稳定的平衡流化状态，在干燥室内搅拌器的冲击和高速旋转气流的共同作用下，物料块被分散成不规则的颗粒状，较大未干的物料向室壁运动，由于其具有较大的沉降速度而落到干燥室的下部重复上述过程。随着物料的被分散和物料间的相互撞击，物料块表面已干的颗粒将移向干燥室气体旋转轴心线，与气流一起排放到物料收集器，从而得到粒度及干燥程度都很均匀的干燥产品。此干燥机的突出优点是干燥效率高、能耗低、产品干燥均匀、结构紧凑、将粉碎与干燥熔于一体。适用于干燥黏稠状、膏状、粉状、滤饼状物料。在饲料工业中，可以用于干燥血粉、肉骨粉、鱼粉、蛋白质膏剂、糟粕等。（2）螺旋振动干燥机：该机由内外筒、环状孔板、振源等组成。两台振动电机交叉布置，电机回转时，将产生垂直方向的激振力和绕垂直轴线的激振力偶矩，从而使干燥机体做铅垂方向的直线振动和绕铅垂中心线做扭转振动，两个振动的合成，使物料沿水平环状孔板自上而下做连续跳跃运动。而干燥介质由鼓风机通过进风口吹入干燥筒，自下而上通过各层孔板，穿过物料层。由于物料不断地抛掷、翻转，既可以避免物料黏着螺旋槽表面又大大地增加了物料与干燥介质的接触面积，从而强化了物料与干燥介质的传热、传质过程。螺旋振动干燥机的优点是节能、适用物料范围广、干燥产品质量好、生产效率高。适用于干燥各种粒状、粉状、块状、片状的物料。在饲料工业中，该干燥机可以用于干燥鱼虾饵料、多种添加剂、酒糟、淀粉渣、植物蛋白等。（3）旋片式干燥机：该机属于顺流式干燥机。物料经供料装置投入回转滚筒内，被安装在筒内的提料板将物料提到顶部落下，物料落下时被筒内的高速旋转的叶片破碎，如此往复，一直移动到出口。与此同时，由燃烧炉产生的热空气进入筒内同物料充分接触，使物料迅速烘干，然后经出料端的输送机排出。由于该干燥机内置了破碎叶片，能使进入干燥机内的物料立即被打散，特别是有一定黏性的物料由大团块被破碎成小块，并同热风接触，带出一部分水分，使之同热风充分接触，加快干燥速度。该干燥机的特点是传热系数大、热效率高、产品氧化变质小、处理量大。适用于干燥各种颗粒状、小块状、片状高湿物料。在饲料工业中，该机可用于干燥鸡牛猪粪、牧草、糟渣等。 新式的干燥方法有：（1）真空冷冻干燥： 水的固、液、气三态是由压力和温度决定的，当压力下降到 610Pa，温度在 0.0098℃时，水的三态可共存，此状态点即为三相平衡点。当压力低于 610Pa 时，不论温度如何变化，水的液态都不能存在。此时若对冰加热，冰只能越过液态而直接升华成气态。同样，若保持温度不变而降低压力，也会得到同样的结果。真空冷冻干燥即是根据水的这种性质，利用制冷设备将物料先冻结成固态，再抽成真空使固态冰直接升华为气态的水蒸气，从而达到干燥的目的。冷冻干燥的优点很多：低压下物料不易氧化变质，抑制一些细胞的活力；低温下物料中热敏性成分保留下来，可最大限度地保留物料中的原有成分；预冻时形成骨架，干燥后能保持物料原有形状，形成多微孔结构；复水性好，可迅速吸水复原，其品质与干燥前基本相同。冷冻干燥的应用范围非常广泛，但其成本相对较高，所以在选择冷冻干燥时一定要考虑经济利益，不可盲目采用。目前，真空冷冻干燥技术主要应用于食品、医药和饲料添加剂中。（2）过热蒸汽干燥： 该技术是一种新式的节能干燥方法，它是利用过热蒸汽直接与湿物料接触而去除水分的一种干燥方式。与传统热风干燥相比，过热蒸汽干燥是以水蒸气作为干燥介质，干燥机排出的废气也全部是水蒸气，所以，干燥过程中只有一种气态成分存在，因此，传质阻力非常小。同时，排出的废气温度保持在 100℃以上，所以回收比较容易，可利用冷凝、压缩等方法回收蒸汽的潜热再加以利用，因而热效率高。另外，由于水蒸气的热容量要比空气大 1 倍，干燥介质的消耗量明显减少，故单位能耗低。过热干燥技术有很多优点：传热系数大、传质阻力小、蒸汽用量少、无爆炸和失火的危险、有利于保护环境、灭菌消毒等的作用。但过热蒸汽干燥也有一定的应用范围，对热敏性物料则此干燥方法不适宜，若回收不力则节能效果将受到极大影响，另外，其成本也相对较高。在饲料工业中，过热蒸汽干燥技术可以应用在酒糟、牧草、鱼骨和鱼肉等方面。

油脂添加系统有哪些常见故障，如何应对？

答：油脂添加系统是配合饲料厂的重要设备之一，用于混合机中油脂等液体营养成分的添加。在配合饲料中添加油脂等液体营养成分，能改善饲料产品的适口性，提高饲料的热能含量和品质。因此油脂添加系统能否正常工作，是生产顺利进行和产品质量稳定的重要保证，下面是该系统在生产过程中常见故障及排除方法。液体添加系统喷不出液体：该故障表现为电动机电流升高，拖动吃力，喷油泵发出强烈噪声，压力表压力上升，溢流阀自动打开，液体流回储液罐，智能流量仪显示错误并报警，原因多是管道阻塞。阻塞的原因（图149），可能是有关旋塞阀未打开（包括喷液电磁阀）、喷油嘴阻塞、周围环境温度低（特别是冬季）导致管道中的液体流动性差变得黏稠甚至凝固，与管道内壁的摩擦阻力增大，管道越长该现象越明显。解决办法是：检修电磁阀；卸下油嘴用细针通开并清洗；打开有关旋塞阀；气温低时，生产结束后应排尽管道中的剩余液体，或者采用蒸汽管道与油脂管道并行的办法，或在生产前预热油脂管道，使管道中的黏稠凝固状油脂变为液态。另外，若储液罐至喷液泵的供液管道阻塞，也会出现系统喷不出油的现象。表现为喷液电动机近似空转，压力表无压力显示，溢流阀关闭，无液体流回储液罐。除了采取上述办法解决外，还要清洗过滤器中的过滤网，定期清除沉淀在储罐底部的杂质，保证储液罐中含有足量的液态油脂。喷液电磁阀失控表现为电磁阀不能打开或打开却不能关闭。不能打开会阻塞管道；能打开却不能关闭会造成加油量超过规定值。其表现为电磁阀和智能流量仪两个方面故障。电磁阀故障：不能打开是电磁阀中的线圈开路，电源线路断路。打开却不能关闭是电磁阀中的复位弹簧弹性降低，甚至失去弹性，不能使其中的动铁芯复位。或者是动铁芯弯曲，复位受阻，复位弹簧的弹力不足以使其复位，应更换复位弹簧或动铁芯。智能流量仪故障：有种方式启动流量仪工作，发出发油信号，控制电磁阀动作。

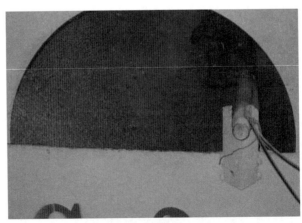

图149 喷油嘴阻塞的现象

饲料外喷涂油脂有哪些优点？目前存在哪些问题？影响喷涂质量的主要因素有哪些？

答： 主要有以下优点：（1）添加量大大提高：由于油脂喷涂在制粒后进行，因此根据配方需要可尽量提高油脂的比例而不影响颗粒的坚实度。（2）减少了交叉污染：由于采用后置添加工艺，减少了油脂在加工设备上的残留，从而降低了交叉污染。（3）提高了饲料的质量：制粒后进行油脂喷涂，饲料的物理性质得到改善，而且油脂有一定的渗透性，在后续的工艺及运输过程中能渗透到颗粒的更深层，使饲料粒子的分散及灰尘减少。油脂喷涂存在的问题：由于油脂的凝固点温度较高，如果选择在颗粒冷却后或颗粒温度较低时进行，很容易造成油脂只包裹在颗粒表面，在后续的包装、储运过程中，颗粒饲料间会产生相互摩擦和碰撞使颗粒表面剥离，造成营养成分不足和配方失真。另外，饲料颗粒表层油脂成分较高，因此，在使用过程中容易出现氧化致使品质劣化，因而有必要使用抗氧化剂。影响油脂喷涂质量的主要因素：（1）温度：喷涂时油脂温度过低，会降低油脂的黏度，形成脂肪球，影响流动性及雾化效果，造成喷涂不均匀。（2）喷嘴：油脂的雾化效果及喷涂时的均匀性跟喷嘴结构及安装位置有直接的关系。（3）颗粒的大小及流向：喷涂均匀性变异系数主要依赖颗粒的表面积、密度及物流的均匀性。因此，颗粒直径小、密度大、物流有均匀涡流运动更有利于油脂的均匀喷涂和吸收。（4）颗粒饲料的坚实度：如果颗粒饲料的坚实度不高，在喷涂后续的工序及储运过程中就容易剥落外层和产生粉末，造成营养成分不足和配方失真。（5）控制系统：如果喷涂的自动控制系统不完善或缺少监测，一旦出现缺油或物流变化等特殊情况，就可能出现废料。颗粒饲料的表面油脂喷涂技术比其他添加技术有更多的优点，也存在一些不足，例如，饲料颗粒对油脂的吸收能力直接影响喷涂效果；油脂在喷涂时呈雾状难免在温度降低时黏附在设备表面及仓壁，形成交叉污染及饲料变质，但如果在设备结构、饲料生产工艺及使用上考虑到此问题，是可以避免的。

油脂喷涂的基本结构、基本要求及工作原理？

答： 在饲料中添加适量的动植物油，不仅可以提高饲料的能量水平，而且能改善颗粒饲料的外观质量。饲料中添加油脂的环节可置于成粒前和成粒后；成粒前的添加量一般不超过生产量的3%，否则将导致制粒后颗粒松散等问题；成粒后对颗粒饲料进行表面处理（即油脂喷涂），其添加量可达到4%～5%，解决了添加油脂对颗粒饲料坚实度的影响问题，直接提高了生产率，而且更加适用于膨化饲料的生产，但对设备及使用的要求较高。（1）基本结构：颗粒饲料油脂喷涂的形式主要有两种：一种是挤出颗粒时进行喷涂，另一种是在颗粒分级后进行喷涂。但两种形式在供油及电控部分的要求是一致的。油脂喷涂机主要由自控储油罐、粗精过滤器、控制阀、压缩空气、高压蒸汽及控制器等组成。自控储油罐的液位器、温控器、加热部件及搅拌器等主要是用于将油脂尽快地加热到60～80℃，以降低油脂黏度，便于流动及物料吸收。粗精过滤器防止杂质堵塞油路，使各类阀门、计量器及喷嘴等能正常工作。压缩空气或高压蒸汽主要是用来雾化油脂，使油脂能以雾状形式喷洒在物料中，达到均匀喷涂的效果。喷涂控制器是关键的部件，能自动调节和显示油脂流量的大小，并具备累计、缺油报警及流量偏差报警等功能。除上述以外，油路的加热、保温也是不可缺少的，它能尽快地熔解管道的残留油脂及使油脂在系统使用过程中保持恒温。（2）基本要求：管道中各控制元件应能可靠工作，管路上没有漏油、漏气等现象；油路和汽路中应保证一定的工作压力，一般为0.2～0.5 MPa；管路中一定要装有粗精过滤器，用于过滤杂质、防止堵塞喷头，并装有检测装置，检测喷涂量的准确性和可靠性；储油罐及喷油部位应装有加热装置，管道应包有保温隔热材料，防止油脂凝固；应有较高的自动化程度，使油脂喷涂量能根据喷涂机的喂料量变化而变化，从而保证油脂喷涂量的正确性；油脂喷涂机的喷涂率应能根据用户的需要自行设定；应保证喷嘴喷出的雾状油脂的宽度范围能均匀覆盖物料流经路线，减小油脂的浪费。（3）工作原理：当油脂从油池或油桶经粗过滤器进入储油罐后，由蒸汽加热管自动升温至 60 ~ 80℃，在此过程中，管道也加热到预定温度（油罐必须配备搅拌器以便能使油脂整体加热均匀及保证测温的准确性，而且温度可根据油脂的黏度进行调整）。当确定油路畅通后，就可进行油脂喷涂。喷涂时油脂经调速泵、单向阀、精过滤器进入电磁阀，在压缩空气的作用下，呈雾状喷涂在颗粒表面上。喷涂量通过椭圆齿轮流量变送器将脉冲频率送至可编程控制器进行处理，自动调整调速泵的转速、改变流量，使实际喷涂量达到预先设定值。

如何控制油脂后喷涂而不被浪费？

答：颗粒饲料表面喷涂油脂后可使它形成一层保护薄膜，防止水渗透到颗粒内部使颗粒溶化。随着喷涂量的不同，稳定性的增长也不同，一般可增加 2 ~ 10 倍。在加热的颗粒表面喷涂油脂有利于颗粒饲料的吸收，但油脂喷涂量必须严格控制，过量的油脂会粘在搅拌输送器或瘤管上并产生油垢，造成浪费且影响使用。为了合理地在饲料中进行油脂添加，必须了解油脂添加的作用。在预混合饲料和全价配合饲料中的添加作用不尽相同，添加比例也不一样。预混合饲料添加 1% ~ 2% 油脂有利于减少成品预混料再分级和避免产生粉尘，还具有提高载体承载微量组分的能力，消除静电，使活性成分隔离空气，防止氧化，以保持微量活性成分的稳定性。预混料常采用稳定性好，价格低的矿物油或植物油，不宜采用易凝固的动物油。在全价配合饲料中添加油脂以提高饲料能量，有利于制粒及提高颗粒在水中的稳定性，也能减少粉尘，防止饲料分级，尤其在幼小畜禽饲料中更为常用。油脂的添加量一般为 3% ~ 5%，应尽量采用优质油脂，否则油脂较易酸变，进而影响饲料的适口性，对畜禽的生长也不利。油脂添加虽然采用机电一体化产品控制，但是它一般都在就地控制，并且与配料秤进行开环连锁控制，通过检测配料秤开门信号，再延时添加，添加量则在就地显示并且无记录，这样配料秤及控制室人员无法知道油脂添加是否已加或加了多少，给生产带来不便，另外，换配方时也容易漏或错添油脂，而配料秤并不知道，这样对产品的稳定性也有影响。为此把油脂添加的流量信号直接接入配料秤仪表，有配料秤进行控制，这样在配料过程中控制室人员既可了解加油过程，又可记录添加情况，各配方中的油脂添加量同配方一起输入，既方便了操作，又避免了油脂添加的遗漏或输入错误，并可与混合机进行软件连锁控制，保证油脂添加和产品稳定性。还应注意以下问题，避免油脂后喷涂的浪费。（1）温度：喷涂时油脂温度过低，会降低油脂的黏度，形成脂肪球，影响流动性及雾化效果，造成喷涂不均匀。（2）喷嘴：油脂的雾化效果及喷涂时的均匀性跟喷嘴结构及安装位置有直接的关系。（3）颗粒的大小及流向：喷涂均匀性变异系数主要依赖颗粒的表面积、密度及物流的均匀性。因此，颗粒直径小、密度大、物流有均匀涡流运动更有利于油脂的均匀喷涂和吸收。（4）颗粒饲料的坚实度：如果颗粒饲料的坚实度不高，在喷涂后续的工序及储运过程中就容易剥落外层和产生粉末，造成营养成分不足和配方失真。（5）控制系统：如果喷涂的自动控制系统不完善或缺少监测，一旦出现缺油或物流变化等特殊情况，就可能出现废料。

有的饲料添加油脂后为什么会形成油团？

答：主要原因有二。首先，多数油脂具有黏性，配合饲料本身含有的细颗粒物料和大量粉尘在混合过程中黏附油脂，形成脂肪球。尤其是动物性脂肪，混合之前加热，混合过程中随温度降低而黏性增大。其次，油团的形成与混合工艺有关，当油脂添加在富含淀粉的物料上而不是富含蛋白质的物料上时，混合体系中游离的油脂较多，易造成油团。

饲料生产中添加液体油脂后产生脂肪球对产品有何影响，如何消除脂肪球？

答：在饲料生产中经常需要添加液体油脂，通常在混合过程中加入，由于添加后期液体的压力不足，形成小液滴进入混合物料中，与粉状饲料结合出现小颗粒脂肪球，如果粉状为均匀的混合物，形成的脂肪球不会影响产品的质量，但对产品的外观有影响；如添加时粉料不均匀或添加顺序不合理，对产品质量有影响，应避免这种现象的产生。要消除饲料中脂肪球，首先要保证液体脂肪能以雾状喷出，尤其是在油脂液体在喷雾结束前同样产生雾状，不能形成液滴状油脂，可以在油脂液体输送管道内增加适量高压气体，以保证管道内压力。另一种方法是做成油脂粉，以固体油脂粉进行添加。有些饲料厂生产时，在混合后用分级筛去除脂肪球，这种方法可能会造成粉料的分级，影响产品的质量。

目前饲料酶制剂的后添加技术有哪些具体的应用方式？比较有代表性的系统有哪些？

答：由于液体后喷涂的优越性，国内外饲料生产商纷纷采用这种工艺添加酶制剂等热敏性微量组分。德国 Kahl 公司是开发后置添加技术的先行者，其液体添加系统的核心是旋转喷雾添加机。该机内的中部设置有一组高速旋转的转碟，当转碟高速旋转时，可将 1 ml 的液体饲料原料分开为 1 000 万粒雾粒，喷洒在转碟四周由上而下的颗粒或膨化饲料上。该机结构简单，喷雾效果好，分布均匀。当用于添加植酸酶时，液体分布的均匀度的变异系数小于 10%；当颗粒料的流量为 5 ~ 20 t/h 时，液体料喷在颗粒饲料上的达 98% 以上。比利时的 Schranwen 公司与美国的 Finnfeads 公司联合开发了新型喷涂—添加系统。该系统通过一台泵将液态的酶制剂以经过计量的流速送至一气助雾化喷嘴，喷嘴位于一旋转圆盘的上方，这个圆盘从一个冲击式称量器中接收颗粒饲料，并能使物料在其上停留大约 30s。由于圆盘的转动，再加上有一个浆轮对颗粒饲料的不断翻动，因而所有的颗粒都能被喷涂到。诺和诺德公司（1993）开发了一种液体喷涂系统，这种系统能满足饲料制粒后液体酶制剂的要求。它主要由一个高精度的计量泵组成，它将精确量的液体酶制剂，经气压喷头喷出，并且泵的输出可根据饲料的不同而调整。Daniso 公司也开发了一种将液体酶制剂喷涂到颗粒饲料表面的酶喷涂系统，这种喷涂系统在添加液体酶制剂时，能保证添加量的精确和安全，并且该公司还配套生产了一系列的液体酶制剂。丹麦 matador 公司于 1999 年开发了微量液体添加系统，该系统主要用于添加酶制剂等微量液体组分到颗粒上。该系统的喷涂剂量能够达到每吨饲料 10g，并且其变异系数（CV）小于 10%。由于系统能够根据不同的饲料类型、配方的改变相应地调整喷涂，从而节省时间。其液体添加的准确性能够达到 98% 以上。BASF 公司联合 Prominent 公司于 1999 年开发了一种新的先进液体酶制剂应用系统。该系统着重在于其精确性，同时，该系统的喷涂剂量能够达到每吨饲料 83 ml。该系统拥有喷涂精确（±1.5%）和变异系数小（CV<10%）等特点。为了避免阻塞以及粉尘问题，该系统采用密闭，自我清理和故障自我排除等特点，该系统采用 PLC 控制面板控制可全自动喂料或单独控制。我国农业机械化科学研究院于 2000 年自行研究开发了一种液体喷涂系统。该系统的核心设备是液体喷涂机。工作时物料盘和液体盘同时启动，停留在物料盘上的干物质，在离心力和重力的作用下，被在 360℃的范围内抛出，并形成一向下流动的均匀干物料帘。与此同时，液体罐内的酶制剂等液体被泵入高速旋转的液体盘内，尔后在离心力的作用下被向上抛出，从而形成一向上的液体帘。两种逆向运动的料帘在喷涂室内，在桨叶的帮助下，经充分接触后落入混合室，在混合室内进一步混合后从料口流出。

为什么要对饲料进行后喷涂？有哪些后喷涂设备？

答：多数饲料在干燥和冷却后，使用液态的脂肪、糖蜜、酶或风味剂喷涂，以提高产品的可接受性、适口性、降低粉尘，因此，推荐分开放置干燥机和冷却机，喷涂工艺在干燥工艺之后、冷却工艺之前，这样在热产品上喷涂，可改善对喷涂物的吸收。液态脂肪、糖蜜和风味剂常用安装在旋转的圆筒式转轴的喷嘴，通过喷液体薄雾或撒干粉，使得进入这个旋转轴的产品吸收喷涂物。加热转轴，以防止油脂在转轴的内壁凝固。脂肪加热罐，作为脂肪添加系统的调节，一般具有预加热（60℃，推荐温度）脂肪的作用。计量设备用于计量进入旋转设备的干饲料的量，以确保准确的干物料量与添加的脂肪混合。脂肪的添加量在 1% ~ 5%，常在脂肪喷涂转轴内使用薄雾喷嘴来完成；如果脂肪添加比例进一步提高，则使用溢流喷头来完成任务。另一个喷涂设备，通过涡流盘设备制造液态涂层"幕帘"，通过幕帘将干物料分层，这样就可不使用喷头。高速混合机械也用于将液态物料均匀地与其他物料混合，这些机械装置排泄物料均比较迅速，实际上将批次式混合变成了连续批次混合，液态物料则整体倒入混合机中，依靠大量的饲料颗粒运动来分散加入的液体物料。每循环批次的典型时间在 30 ~ 90 s。与常压系统相比，真空后喷涂的优点比较明显，可以添加更多的液态物料、这种方式灌注的液态物料可充分吸附进饲料颗粒中；真空后喷涂可以使得喷涂液态物料进入膨化产品内部的所有空间，而常压空气喷涂仅在饲料涂层的表面有喷涂物。图 150 是真空后喷涂设备，在作者以前做讲座时，常有人误以为是原子能反应堆！图 151 是作者在美国得克萨斯农工大学为中国饲料企业家代表团翻译真空后喷涂设备的原理。

图 150　真空后喷涂设备

图 151　作者（中）在美国得克萨斯农工大学与技术人员讨论真空后喷涂设备的原理

斗式提升机产量达不到预期的具体原因和解决方案？

答：工程上常有反映斗式提升机产量达不到设计要求，从而影响整条工艺线正常生产的严重情况。真正能说明现场斗式提升机的产量数据必须在以下 3 个条件下产生：首先，上环节供料量连续并且充足；其次，下环节料流顺畅；再次，设备运行正常（不堵料停机）。这就需要在现场认真的检查、核实数据。明确了现场设备产量果然不能达到要求后，可以开始以下的原因分析及查找过程。（1）确认提升物料的物理特性：主要是指物料的容重，颗粒大小和流动性等。因为斗式提升机产量大多以质量产量来体现，并且现场测量质量产量也比较现实点，所以针对实际被提升物料的比重不同其设计质量产量是不同的。而颗粒大小和流动性好坏主要是影响料斗的填充系数。（2）检查设备相关配置：相关配置主要指电机和减速器型号、主从动链轮齿数（链传动）、畚斗型号、畚斗间距等。查看现场斗式提升机的配置电机频率是否与电网频率相一致；确认减速器的速比是否符合标准配置减速器减速比。如果是链传动必须同时查实主、从动链轮的齿数，弄清楚减速器和链轮的综合减速比是否与标准配置减速器减速比相一致。以上这些工作都是排除速度对产量的影响。速度和产量成正比关系，速度降低，单位时间内提升的畚斗个数减少，导致提升体积降低，从而导致产量减少。同时，由于速度的减低也会改变斗提机的卸料方式，导致回料量增加，从而进一步降低产量。在一定限度下增大速度会增加产量，但也会导致物料对机壁的冲击增大，从而增大机壁磨损及提高物料破碎率等问题。由于物料的提前抛出也有可能增加回料量。所以按照要求配置提升速度才能满足设备在最优状态下运行及保证产量。而查看畚斗型号及畚斗间距主要是排除相同线速下单位时间内提升体积对产量的影响。提升体积对产量的影响是显而易见的。而畚斗型号匹配的合理也是充分考虑到最大装料量、良好的接料和抛料性及填充率等因素。如果要满足设计产量以上配置必须满足设计要求。配置问题的产生可能是由于工艺人员疏忽所造成的工艺选型配置错误，也可能是由其他原因造成的配置型号发货出现错误或安装现场混乱出现的安装错误。斗式提升机从制作车间出厂时只是各个部件，只是完成了设备的一部分，只有在现场安装完毕后才真正的宣告设备的完成。这样的漫长过程导致了很多不确定因素的产生，出现配置错误难免。如果发现以上参数出现与标准配置不一致时请及时采取措施或更换，如果没有发现异常请进行下一步。（3）整体观察工艺布置，现场安装接口有无问题：①进料方式的影响：斗式提升机机座提供两个进料口，相对高的为逆向进料口，低的为顺向进料口。一般建议粒料采用逆向进料，粉料采用顺向进料。但有时因为工艺需要可能粒料也采用了顺向进料，可是顺向进料的产量仅为逆向进料的80%，这样的话我们的设计产量也必须要经过相应修正。②进料溜管布置不正：这里所说的溜管布置不正是指由于进料溜管的布置问题导致料流进入进料口时没有能够做到沿进料口宽度方向均匀铺开，而是向某侧偏移，从而使畚斗接料偏移，畚斗填充率减低，残留的物料沉积在机座，最终导致堵料现象的产生。如果遇到此问题建议改正进料溜管。如果空间不够的话，在进料口上增加小的变型斗也可以收到不错的效果。③出料口溜管拐角太大：这里的问题主要是由于工艺的空间位置不够导致出料溜管拐角太大，导致料流不畅，物料沉积，最终导致回料量剧增，产生堵料现象。现场工艺安装出现的问题可能千奇百怪，无法预测，但我们只要把握一个根本性原则：进入料口的料流在进料口的宽度方向必须均匀铺开，不能出现偏移，出料口的料流必须顺畅，不能出现料的滞留。现场查找斗式提升机产量不能达到设计要求是个综合的分析过程，不能简单地从某一方面去分析问题。不能只着眼于眼前的单机设备，更多的需要我们站在整个工艺的层面去分析考虑问题。

回转分级筛有哪些常见故障？如何解决？

答：（1）筛体发生强烈震动或扭震，引起的主要原因有偏重块安装不当、主轴发生弯曲或轴承损坏等。解决方法有调整偏重块的安装位置、更换或校直主轴、更换轴承等。（2）成品中有不符合粒度要求的颗粒，引起的主要原因如筛网有破损、孔洞、挺杆未压紧筛框或密封不严等。解决方法有更换筛网或补洞、把筛框挺杆压紧，检修密封毡带，填补漏洞等。（3）产量显著下降，引起的主要原因有物料水分过高，网孔堵塞严重、筛孔大小不符合要求、转速过低或皮带过滑、喂入量不足、弹性球磨损严重等。解决方法有降低物料水分、更换筛网、检查带轮、调整皮带张紧度、增加喂入量、更换弹性球等。（4）支撑机构的断裂，引起的主要原因是由于支撑板受力不均匀或长时间承受扭曲使其失去本身的弹性，即弹性失效而断裂。解决方法是在日常维护中，及时检查，及时发现及时更换，在更换条件允许的情况下，尽可能同时更换所有支撑板，并尽量使每个支撑板受力均匀，这样才能使其振幅一致。

空气压缩机油性能要求是什么？

答：压缩机油的基础油可分为矿物油型和合成油型两大类。矿物油型压缩机油的生产一般经溶剂精制、溶剂脱蜡、加氢或白土补充精制等工艺得到基础油，再加入多种添加剂调和而成。压缩机油的基础油一般要占成品油的95%以上，因此基础油的质量优劣直接关系到压缩机油成品油的质量水平，而基础油的质量又与其精制深度有着直接关系。精制深度深的基础油，其重芳烃、胶质含量就少。残炭低，抗氧剂的感受性就好，基础油的质量就高，它在压缩机系统中积炭倾向小，油水分离性好，使用寿命相对就长一些。合成油型的基础油是以化学合成的方法得到的有机液体基础油再经过调配或加入多种添加剂制成的润滑油。其基础油大部分是聚合物或高分子有机化合物。合成油的种类很多，用做压缩机油的合成油主要有合成烃（聚烯烃）、有机酯（双酯）、聚亚烷基二醇、氟硅油和磷酸酯等5种。合成油型压缩机油的价格比矿物油型压缩机油昂贵得多，但合成油的综合经济效益仍超过普通矿物油。它具有氧化安定性，积炭倾向小，可超过普通矿物油的温度范围进行润滑，使用寿命长，可以满足一般矿物油型压缩机油所不能承受的使用要求。

如何选用投料口栅筛？

答：玉米、小麦等流动性较好的原料应选用3 mm×30 mm；饼粕类等散落性较差的应选用4 mm×40 mm；同时要考虑初清筛的孔径，栅筛的孔径不能大于初清筛的孔径，栅筛的材料可用4 mm厚度、宽度为20 mm的扁铁或直径12 mm的圆钢焊接。

电子配料秤如何进行校准？

答：使用与配料秤相等的标准砝码或相等重量（一定要精确）的其他物体，逐步添加到配料秤平台上或挂钩上（均衡放置在有传感器的地方），每放一下做一次记录（均衡放置），等全部放完后，调整配料秤的电位调节钮，使之平衡。然后逐步取下，每取一下做一次记录（均衡取下），取完后，再调整配料秤的电位调节钮，使之平衡。如此反复，直到完全达到要求为止。建议对电子配料秤每一季度进行校准一次。

如何选用离心除尘器？

答：利用旋转气流的惯性离心力将粉尘从空气中分离出来的设备称作离心除尘器或旋风除尘器，气力输送中也称作离心卸料器，习惯称作"沙克龙"。它结构简单，制造容易，造价和运行费用较低，对于 10 μm 以上的较粗尘粒效率较高，对微小颗粒与 5 μm 以下的尘粒效率不高，通常和布袋集尘器配套使用。离心除尘器的原理：它的结构一般由内外两个圆筒和一个圆锥筒以及进气管所组成。含尘物料以较高速度沿外圆筒切线方向进入后即在内外圆筒之间和锥筒部位作自上而下的旋转运动，形成外旋涡，在旋转过程中由于尘粒的惯性离心力比空气大很多倍，因此，被甩向器壁，当尘粒与壁接触后，便失动惯力，在重力作用下沿壁面下落，经关风排出，还有部分体积、密度较小尘粒随自下而上气流经内圆筒向外排出，进入集尘布袋。饲料行业一般有下旋 55 型、内旋型及外旋型，设备选型应以安装位置和应用的目的进行综合考虑。下旋型产量较高效率低；内旋或外旋型效率稍高，产量较低。使用过程中，尤其是作为冷却系统除尘通风时要注意尽量让沙克龙接近冷却器，保温沙克龙外壁，减少温差，以利于沙克龙卸料，避免因卸料不畅导致向出风口方向喷料，浪费饲料、污染环境，当然，首先要保证卸料器或沙克龙外壁不能漏风。

如何避免生产工艺设备中的残留？

答：饲料生产中的残留容易形成交叉污染，对质量有极大的影响，因此，为了减少生产过程中的设备残留，应注意以下几个问题：（1）如工艺条件许可，把溜管、配料仓、缓冲仓的角度尽量做大，能用圆形的就不要用方形的，配料仓尽量做二级缓冲形，减少结拱。（2）混合机要选大开门自清式，还要定期清理，定期检查，混合叶片与内壁之间的距离，减少残留。（3）冷却器人工清除死角，特别是颜色外观、物理性状差别较大的颗粒料换料时更应彻底清理，以免造成混料，增加回机料的数量。（4）调质绞龙桨叶的角度，蒸汽喷嘴的选位要恰当。（5）其他设备，如提升机座、配料仓壁、成品仓壁也要定期清理。

电子配料秤精确度差是什么原因造成的？

答：电子配料秤以其称量准确快速而备受饲料厂的青睐。不过使用过程中也存在精确度难以保证问题，有些厂采用同种物料对电子秤进行复核相对差值最高达 0.6 kg！是什么原因造成电子配料秤精确度得不到保证？可能有以下几个原因：（1）电子配料秤本身制造质量，静态精度比较差；（2）电子秤料斗清理不及时；（3）传感器工作疲劳；（4）震动和气流平衡影响；（5）称量值比较小，空中料柱变异大；（6）给料器给料不稳定。

如何在饲料厂内采取有效措施对粉尘进行控制?

答: 可在每一个投料口单设一台脉冲除尘器,直接置于下料口的除尘罩上。这样既可作为投料吸尘,也可作各进料提升机的机座部的吸风,实现边进料、边除尘边回收。 粉碎机处如果用机械式出料,可设一台脉冲除尘器。小料因为量少,在混合机中需单独添加。对于小型饲料厂,可以此设一除尘点;对于大中型饲料厂,可设一小型除尘器。这既可避免组合风网中的交叉污染,又可使吸走的粉尘直接回到混合机中,防止了小料损失,从而有效地保证饲料的质量。大中型饲料厂各种料仓筒体较高,物料进仓时造成粉尘飞扬,应设置负压设施对其进行处理。 对于大型较高提升机,应采用投料和卸料处同时吸风,且并入组合风网,以减少风网长度,减少沿程阻力。

如何控制饲料厂粉尘爆炸?

答: 饲料厂的粉尘大多数具有有机、无毒、可燃的特点,且浓度高,具有一定爆炸危险性。如果设备密闭性好,吸风除尘设施完善且管理到位,车间内的粉尘是完全能够控制的,粉尘爆炸就不可能发生,且饲料厂的粉尘燃烧与爆炸,必须同时具有下面4个条件才可能产生:(1)易燃粉尘只有在一定的浓度下才会燃烧与爆炸:当面粉在 $1 m^3$ 空气中悬浮 $15 \sim 20 g$ 时,最易爆炸。特别是 $10 \mu m$ 左右的粒子,当浓度为 $20 g/m^3$ 时,危险性最大。这一浓度相当于看 $2 m$ 外的物体模糊不清;(2)粉尘爆炸要有足够的氧气:如果粉尘浓度过高,氧气相对不足,则不会造成爆炸。因此粉尘爆炸浓度有一个最高的界限,即粉尘在空气中的浓度为 $65 g/m^3$。粉尘浓度超过此界线,一般就没有爆炸危险;(3)有点燃粉尘氧气混合物的火源:包括机械摩擦、撞击等产生的热源、电机等各种电器的过热、短路、闪电放电、雷击等带来的火花,以及管理不善而造成的物料结块、自燃、抽烟等;(4)存在一个有限的封闭空间:将浓度适中易燃粉尘与氧混合,然后点燃它,如果没有一个有限的容量,就不会形成巨大的压力,粉尘也不会爆炸。

图 153　国外某饲料厂爆炸的情形

图 154　国内某饲料厂爆炸的情形

配料秤上配置螺旋喂料器有什么要求？

答： 在螺旋喂料器的实际应用中可在出口段采用双螺旋叶片，减少落料差，美国使用较多。亦可采用在进料口加装破拱匀料装置和既变径又变距的方式，值得注意的是对于配置碳酸钙、磷酸氢钙等流散性很强，粒度细的原料仓的喂料器，宜采用圆筒形螺旋供料器，并将轴承座与螺旋喂料器端板侧面之间留有排杂间距，防止有物料渗入，确保轴承的使用安全和供料的稳定性。

饲料分级有什么危害？如何防止分级？

答： 饲料组分的密度差异、载体颗粒度的不同以及添加剂等微量组分与饲料中的其他用量较大组分之间混合不充分，这是产生分级的重要原因。原料的输送、装料和卸料等加工流程会造成分级，手工操作和加工工艺流程设计不当也易造成分级。粉状饲料分级会影响产品的均匀性，产品质量不稳定，对于添加药物的粉料，分级可能产生动物的中毒。减少分级的常用方法主要有两种：一是尽可能减少原料之间在颗粒大小、形状和密度方面的差异。因此，在饲料加工时一定要注意原料颗粒的形状、密度及粉碎粒度要符合要求。二是在饲料配方中添加液体，如糖蜜、油脂或水，将不同大小的颗粒黏结在一起。但是，应在干饲料完全混合后再添加液体饲料。另外，混合以后的成品粉状料应尽量减少输送距离以减小物料分级的影响。

为什么永磁筒在清理工艺安装时放在筛选之后？

答： 在原料收获贮运和加工过程中，易混入铁钉、螺丝、垫圈和铁块等磁性金属杂质，这些金属杂质不预先清除，会随原料进入高速运转饲料加工设备，影响设备运行的安全和对畜禽带来伤害，同时直接影响饲料加工设备的正常使用。永磁筒是饲料厂广泛应用磁选设备，在工艺中主要用作清理工艺的磁选与重要设备的保护性磁选。清理过程中磁选设备应安装在初清筛之后，用于保护粉碎机永磁筒可以安装在待粉碎仓下面，而用于保护制粒机的永磁筒可以安装在待制粒仓上面，与永磁筒连接的溜管最好有一段是垂直的，以保证磁选的效果。

空中料柱对配料产生什么影响？

答： 空中料柱又称空中粮或空中量，是指给料器出口到物料重量被秤斗采集到之前的这段空中物料。空中料柱重量的大小除了与给料器到秤斗之间的距离和物料比重有关以外，还与配料顺序及给料器给料均匀性有关。空中料柱重量越大，越不均匀，动态精度越不易控制。在实际生产中，减少空中料柱对配料影响的方法主要采用近似扣除法或自动配料中由计算机自动检测来扣除。由于喂料系统不同，加量喂料系统配料时无法根除空中量，而减量配料系统则不会产生空中量（图155）。

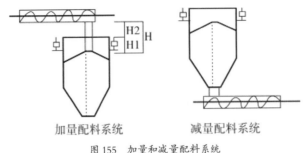

加量配料系统   减量配料系统

图 155　加量和减量配料系统

饲料配料生产中，为什么要用量程不同的配料秤进行配料？

答：配料原料品种繁多，各种原料用量差异较大，配料秤要将这些原料准确称量，就必须要用相应额定量程的秤来满足，配料量越接近配料秤的量程，其配料的准确度就越高。但在实际生产中，每一种原料匹配一台相应量程的配料秤是不现实的，一般采用大、中、小配料秤来满足配料准确要求。秤的精确度选择与物料添加量相关。目前，大多数饲料厂配料采用电子配料秤，称重传感器是影响电子配料秤精度的重要因素。称重传感器应采用高精度型，其测量精度应达0.05% ~ 0.01%。作为电子配料秤，其配料精度应达到静态0.1%，动态0.2%，微量配料秤配料精度静态0.05%，动态0.1%（表50）。

表 50　不同量程的配料秤误差表

秤量程	称重误差	称量值	配料误差
500	± 1/200	10	± 25%
100	± 1/200	10	± 5.0%
50	± 1/200	10	± 2.5%

刮板输送机断链的主要原因有哪些？

答：（1）事故性断链：①制造质量问题：圆环链制造质量差是造成断链发生的原因之一。其一，脆性断裂。脆性断裂的发生有以下几个原因：一是焊接接头处，拉伸残余应力与工作应力叠加，促进了脆性断裂的发生与扩展。二是焊接角变形和错边。在焊接施工中，由于制造误差，错边角变形的存在，造成局部应力集中，产生附加参矩，降低断裂应力，使结构发生脆性断裂。三是焊接热循环的作用，使接头处的硬度增高，塑性降低，容易造成脆性断裂。脆性断裂是由拉应力造成的，圆环链的脆性断裂一般发生在焊接接头附近。其二，塑性断裂。塑性断裂主要是由于母材塑性差，抗剪切强度低造成的。塑性断裂是由剪切力造成的。同样套筒滚子链的柱销质量差也是造成断链发生的原因之一，因其热处理不当会发生脆性断裂；焊接接头处残余应力叠加会促进脆性断裂发生。②工字销传动：在使用模锻链时，环与环之间使用工字销连接。这种模锻链在使用中容易由于工字销的转动失去位置面造成链环脱节，从而发生断裂。③跳牙：跳牙指的是链环从刮板输送机机头链轮处脱落。跳牙会使链环在机头轴与链轮齿上产生冲击作用。正常情况下，由于设计安全载荷较大，虽受冲击也不易断链，但当链环腐蚀磨损，拉力强度降低时，一旦发生冲击就会容易发生断裂。④装载物料过多或有结拱物料挤压刮板输送机：刮板链在满载或超载时启动或频繁启动，增大了链条承受的动张力，当其超过极限或链条腐蚀、磨损时，就极易断裂。⑤节距不等：刮板链工作一段时间后，会由于各种原因形成节距不等，而两条链的节距不等会使全部载荷集中在一条链上。当重载启动或链条腐蚀时，就可能发生断裂。⑥溜槽磨损：磨损严重的溜槽，在下槽的接头处容易卡阻刮板，使链条负载骤增。当张力超过极限或链条腐蚀磨损时，就有可能拉断链条。⑦机槽不直：机槽不直一方面使得两条链子受力不均，严重时链条拉力集中于一侧；当张力超过极限或链条腐蚀磨损时，就有可能拉断链条。⑧链条过紧：链条过紧一般是在紧链时产生的。由于紧链时初张力调整过大，不但影响了刮板输送机的正常工作，缩短了使用寿命，而且当刮板链被卡时，没有缓冲余地，增大了链环的张力载荷。当其超过极限值时，就有可能断链。⑨某些物料在机槽内残留较多：这种情况使得刮板输送机在下次启动时增加了摩擦力，这种带负载启动也相应增大链环的张力载荷，在启动时就容易断链。（2）自然性断链：由于刮板输送机工作环境较为复杂，因此，刮板链的自然损坏不可避免。常见的自然损坏方式有动载荷、腐蚀及磨损3种：①动载荷：链条在正常工作时，有动载荷的存在。因为机头链轮在传动链条时速度有变化，有加速或减速的存在，因此，有交变载荷作用于链条。尽管这种动载荷较之突然冲击力要小得多，但周而复始不停地交变作用，也是造成链条疲劳断裂的一个主要原因。②腐蚀：由于输送的某些物料本身会有一些腐蚀性，这些物质极易腐蚀链条，使链板产生锈蚀、脱皮，从而使得链板有效断面减小，强度降低，使链板容易断裂。③磨损：链条在工作中由于与机槽及物料接触摩擦，同时，主动链轮与刮板链条在啮合时会产生相对滑动，链条各段之间也有摩擦的存在，种种原因导致链条在工作中造成磨损。综合以上可能引起刮板链条断裂的因素，从以下几方面预防刮板链条的断裂：首先要严把质量关，使外购的刮板链条都能满足国家的相关制造标准，可以满足输送物料的基本强度；其次就是在设备安装过程中做到全程控制，应保证主从动链轮与链条的完全啮合，并应使机槽的下平面在同一水平面上；最后就是加强日常的生产维护，发现问题及时解决，以尽可能延长设备的使用寿命。

饲料厂输送设备如何选择，对产品质量有何影响？

　　答：饲料厂用于物料输送的设备可以分水平输送、垂直输送以及倾斜输送，在工艺设计时应尽量减少水平输送，如有可能应尽量采用自流输送方式，以节省输送时的能量消耗与减少输送时产生残留。饲料厂输送物料可以分混合前与混合后两个方面，混合之前输送的物料是单一原料，输送设备不会对原料品质产生影响，主要是原料的残留，垂直输送则尽可能采用离心卸料的斗式提升机。混合后的物料是均匀混合物，输送方式选择不当则会对产品质量产生较大影响，输送时应尽量减少分级、残留，垂直输送时可采用混合卸料或重力卸料的斗式提升机，水平输送时可采用自清式刮板输送机。制成颗粒饲料后，为防止输送时产生较多细粉，垂直输送时尽量不采用离心式卸料的斗式提升机。

用变频器控制普通电动机为什么容易产生电机烧毁？

答：异步电动机的阻抗不尽理想，当电源频率较低时，电源中高次谐波所引起的损耗较大。其次，普通异步电动机转速降低时，冷却风量与转速的三次方成比例减小，致使电动机的低速冷却状况变坏，温升急剧增加，容易产生电机烧毁。普通电机和变频电机主要有3方面区别：（1）散热系统不一样；（2）变频电机加强了槽绝缘，一是绝缘材料加强，一是加大槽绝缘的厚度，以提高承受高频电压的水平。（3）增大了电磁负荷，普通电机工作点基本在磁饱和拐点，如果用做变频，易饱和，产生较高的激磁电流，而变频电机在设计时增大了电磁负荷，使磁路不易饱和。

饲料加工设备的故障分析与排除程序？

答：饲料加工生产线具有以下特点：（1）生产线固定资产投资大，生产规模大，消耗原料多，劳动生产率高，创产值大，是一种劳动效率较高的生产组织形式。（2）它由许多加工设备、输送设备、电器、汽控元件等，按照先进加工工艺技术的需要，有机地组合在一起，自动化程度高，相互之间联系紧密；设备可3班24 h连续运转。若某台设备或某个元件发生故障，将导致全线或某一工艺段停产。（3）生产线上虽然操作简单，工人少，但设备管理和维修的技术含量高，工作量也大。所以要保证饲料加工设备经常处于完好状态，就必须加强设备管理工作，严格控制设备的故障发生。以达到降低故障率，减少维修费用，延长使用寿命的目的。设备故障，一般是指设备或系统在使用中丧失或降低其规定功能的事件或现象。设备是企业为满足某种生产对象的工艺要求或为完成工程项目的设计功能而配备的。设备的功能体现着它在生产活动中存在的价值和对生产的保证程度。在现代化饲料生产中，由于设备结构复杂，自动化程度很高，各部分、各系统的联系非常紧密，因而设备出现故障，哪怕是局部的失灵，都会造成整个设备的停顿，整个流水线的停产。设备故障直接影响企业产品的数量和质量。设备故障是多种多样的，可以从不同角度对其进行分类。1.按故障发生状态，可分为：（1）渐发性故障：是由于设备初始参数逐渐劣化而产生的，大部分机器的故障都属于这类。这类故障与材料的磨损、腐蚀、疲劳及蠕变等过程有密切的关系。（2）突发性故障：是各种不利因素以及偶然的外界影响共同作用而产生的，这种作用超出了设备所能承受的限度。例如：因制粒机压制室进入铁物或出现超负荷而引起安全销折断；因锤磨机锤片断裂而击穿筛板。此类故障往往是突然发生的，事先无任何征兆。突发性故障多发生在设备初期使用阶段，往往是由于设计、制造、装配以及材质等缺陷，或者操作失误、违章作业而造成的。2.按故障性质划分，可分为：（1）间断性故障：设备在短期内丧失其某些功能，稍加修理调试就能恢复，不需要更换零部件。（2）永久性故障：设备某些零部件已损坏，需要更换或修理才能恢复使用。3.按故障影响程度划分，可分为：（1）完全性故障：导致设备完全丧失功能。（2）局部性故障：导致设备某些功能丧失。4.按故障发生原因划分，可分为：（1）磨损性故障：由于设备正常磨损造成的故障。（2）错用性故障：由于操作错误、维护不当造成的故障。（3）固有的薄弱性故障：由于设计问题，使设备出现薄弱环节，在正常使用时产生的故障。5.按故障的危险性划分，可分为：（1）危险性故障：例如，安全保护系统在需要动作时因故障失去保护作用，造成人身伤害和机床故障；制动系统失灵造成的故障等。（2）安全性故障：

例如，安全保护系统在不需要动作时发生动作；机床不能启动的故障。6. 按故障的发生、发展规律划分，可分为：（1）随机故障：故障发生的时间是随机的。（2）有规则故障：故障的发生有一定规律。每一种故障都有其主要特征，即所谓故障模式，或故障状态。各种设备的故障状态是相当繁杂的，但可归纳出以下数种：异常振动、磨损、疲劳、裂纹、破裂、过度变形、腐蚀、剥离、渗漏、堵塞、松弛、绝缘老化、异常声响、油质劣化、材料劣化、黏合、污染及其他。不同类型设备的各种故障模式所占比例有所不同。为确保故障分析与排除的快捷、有效，必须遵循一定的程序，这种程序大致如下：第一步：保持现场的情况下进行症状分析。1. 询问操作人员：（1）发生了什么故障？在什么情况下发生的？什么时候发生的？（2）设备已经运行了多久？（3）故障发生前有无任何异常现象？有何声响或声光报警信号？有无烟气或异味？有无错误操作（注意询问方式）？（4）控制系统操作是否正常？操作程序有无变动？在操作时是否有特殊困难或异常？2. 观察整机状况、各项运行参数。（1）有无明显的异常现象？零件有无卡阻或损伤？管线有否松动或泄漏？电缆（线）有无破裂、擦伤或烧毁？（2）设备运行参数有何变化？有无明显的干扰信号？有无明显的损坏信号？3. 检查监测指示装置：（1）检查所有读数值是否正常，包括压力表及其他仪表读数，油面高度情况。（2）检查过滤器、报警器及连锁装置、打印输出或显示器是否正常。4. 点动设备检查（在允许的条件下）。检查间歇情况、持久情况、快进或慢进时的情况，看在这些情况下是否影响输出，是否可能引起损坏或其他危险。第二步：检查设备（包括零件、部件及线路）1. 利用感官检查（继续深入观察的过程）（1）看：插头及插座有无异常，电机或泵的运转是否正常，控制调整位置是否正确，有无起弧或烧焦的痕迹，电子管灯丝亮不亮，液体有无泄漏，润滑油路是否畅通等。（2）摸：设备振动情况，元（组）件的热度，油管的温度，机械运动的状态。（3）听：有无异常声响。（4）嗅：有无焦味、漏气味、其他异味。（5）查：工件的形状与位置变化，设备性能参数的变化，线路异常检查。2. 评定检查结果，评定故障判断是否正确，故障线索是否找到，各项检查结果是否一致。第三步：故障位置的确定：1. 识别系统结构及确定测试方法，查阅设备说明书，识别设备是哪一种结构，用什么方法进行测试，需要什么测试手段，可能获得什么测试参数或性能参数，在什么操作条件下进行测试，必须遵守哪些安全措施，是否需要操作许可证。2. 系统检测，采用最适合于系统结构的技术检测。在合适的测试点，根据输入和反馈所得结果与正常值或性能标准进行比较，查出可疑位置。第四步：修理或更换：1. 修理：查找故障原因，针对设备故障进行修理并采取预防措施；检查相关零件，防止故障扩散。2. 更换：正确装配调试更换零件，并注意相关部件。换下的零件进行修理或报废。第五步：进行性能测定：1. 起动设备：零部件装配调试后启动设备，先手动（或点动），然后进行空载和负载测定。2. 调节负载变化速度由低到高，负载由小到大，按规定标准测定性能。3. 扩大性能试验范围：根据需要，由局部到系统逐步扩大性能试验范围。注意非故障区系统运行状况。如性能满足要求则交付使用，如不满足要求则重新确定故障部位。第六步：记录并反馈：1. 收集有价值的资料及数据：如故障发生的时间、故障现象、停机时间、修理工时、修换零件、修理效果、待解决的问题、结算费用等，按规定的要求存入档案。2. 统计分析：定期分析设备使用记录，分析停机损失，修订备忘目录，寻找减少维修作业的重点措施，研究故障机理，提出改进措施。3. 按程序反馈有关故障上报主管部门，并反馈给设备制造单位。

提升机跑偏是由什么原因引起的？如何解决？

答：提升机畚斗带跑偏的原因是：（1）提升机的头轮和底轮安装有偏差，或整个提升机安装不垂直，应进行调整；（2）提升机的畚斗带安装有偏差。解决方法通常是在提升机的底轮处进行调节涨紧螺栓，直到畚斗带运行正常为止。

对于料仓结拱问题，除了震动和人工敲击外目前有无更新的方法？

答：（1）改变料仓结构；（2）控制原料水分；（3）控制料仓的储存时间，对于易结拱的原料尽量不在料仓内储藏时间过长，满足生产要求即可。图 156 为美国堪萨斯州某猪场料仓内豆粕结拱的情形，看上去如石乳柱？

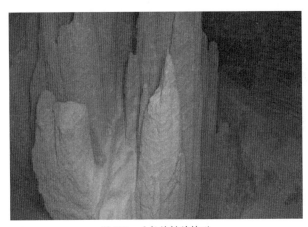

图 156　豆粕结拱的情形

在寒冷的冬天汽动门的汽缸经常不好用，除了增加保温外有无其他方法解决？

答：首先应在空压机出气口加装储罐和冷冻干燥机，使空压机出口有较高的温度（一般为 70～90℃），通过储罐和冷冻干燥机冷却后，使其压缩空气温度接近室温。由于冬季天气较冷，压缩空气管道与压缩空气产生温差，较易生成冷凝水，所以，压缩空气管道除了加强保温外（仅仅在冬季较为寒冷的地区），还需在靠近汽动元件处加装汽动三联件，即油水分离器、减压阀、油雾器，并需定期检查和清洁。

除铁设备共有几种？都适合什么场合？哪种效果较好？

答：除铁装置有两种形式：一种是管道型，一种是设备型。管道型通常采用永磁体，无需动力，在工厂中大多使用在进仓、斗或设备前的管路中，除铁效果好、成本低、便于操作与维修，但清除铁质时需人工清理，适用于中小产量的生产线。设备型通常采用电磁体，需使用动力，在工厂中多使用在进设备前的仓、斗上，除铁效果好、运行成本较高、操作与维修一般，清除铁质时无需人工清理，适用于较大产量的生产线。

溜管分配器（已用二年）对位不准，如何解决？

答： 分配器内分配管与出料口对位不准时，首先将分配器内分配管与传动部分的连接进行检查，是否固定牢固，位置是否正确并无变形。其后调整每一出口的行程开关位置，使分配器分配管在旋转到每一出料口时均能对准其位。

低压脉冲除尘器滤袋积灰为什么会过量？怎么处理？

答： （1）电磁阀失灵不喷吹，需要检查电磁阀及控制系统，比如电磁阀膜片是不是有异物小颗粒卡住造成不能正常关闭而漏气，或因膜片进水汽造成老化损坏。（2）滤袋受喷吹气源油水分离不净影响，粘堵滤袋，需要晒干滤袋或更换新的滤袋并保证压缩空气品质。（3）粉尘或原料湿度太高，需要及时检查，清理更换，或者加大型号规格，减少系统网点，并调整处理量。（4）除尘器停机顺序不对，应先停风机，过 5 ~ 10 min 再停除尘器喷吹系统，最后停除尘器关风器或清灰绞龙。（5）喷吹间隔或脉冲宽度过长或过短，需要调整喷吹间隔和脉冲宽度，一般让喷吹间隔和脉冲宽度调节阀中间位置。

除尘风机有些放在脉冲前，有些放在脉冲后，哪个更好些？为什么？

答： 在风网设计时风机放在脉冲后好一些。因为风机在前的话，进机气流含尘、杂质，对风叶磨损应该会很大、管道容易漏灰，而且容易粘风机叶轮，造成风机震动，影响机械性能。

饲料筛分对 PDI 有哪些影响？

答： 筛分不直接影响颗粒的 PDI，但如果筛分效果不好，造成包装成品中粉料较多，到了用户那里，相当于降低了颗粒饲料的 PDI，造成饲料的浪费。目前，常用的分级筛主要有振动分级筛和回转分级筛，两者的效果都较好。振动分级筛应根据物料的性质、流量来调整筛体的振幅，回转分级筛应选择合理的筛网规格和控制合适的料层厚度，以达到最佳效果，两者的分级效果都应控制在 98% ~ 99% 以上。

饲料厂的燃油锅炉在使用过程中有哪些常见问题？

答： 有效改善燃油锅炉燃烧工况与抑制硫、钒的腐蚀以及有效防止储油池、管路、过滤器、油泵、喷嘴火口、炉壁等处积焦、积炭、油泥的生成，降低能耗一直是各单位维修部设法解决的疑难问题。（1）开炉点不着火：多是喷嘴不出油，因喷嘴火口积炭、结焦过多，致使火口堵塞；或油管中有水或油泥、杂质，黏度太大，闪点太高；或空气严重不足，油泵压力太低。（2）点火后时燃时灭，且火焰不稳：油泵因油泥沉淀物堵塞；或油中含水油泥杂质太多，黏度太大，空气油压不稳，喷射用空气或蒸气压力过大或不稳。（3）喷油不畅且燃烧不良：燃料油黏度太大，喷嘴阻滞，预热温度不当，喷射油压过大或压力不足。（4）喷嘴火口积炭致喷油不畅：燃料油黏度及残炭值太大，喷射雾化不良，燃油化学稳定性不佳。（5）预热器积炭影响：热效率因油中含过多的油泥及胶质沥青所造成，燃油稳定性不好，或预热温度过高。（6）喷嘴火口堵塞燃料油中油泥或杂质太多，喷嘴火口积炭结焦过多。（7）炭烟过多：污染大气因燃油的灰分过大燃烧不完全，或油中重质馏分太多，或喷嘴积炭结焦，致使雾化性能不良，或空气供量不足造成。（8）滤油器堵塞：因油中含油泥或蜡分，杂质太多，黏度太大；或油温过低。（9）燃油管线堵塞：因油中含油泥或蜡分、水杂太多，凝点太高，黏度太大；或铁锈堆积过多所致。（10）油泵吸不上油：油管或滤油器堵塞，油泥过多；或油温太低，黏度太大；吸油管被腐蚀漏油；或泵被腐蚀发生故障。（11）发生腐蚀：储油系统、过滤系统、燃烧系统等发生严重的腐蚀，是由于燃油灰分含腐蚀性钒、钠等和油中含硫及盐分所致。（12）炉壁积炭和结焦：油黏度太大或太小；或燃烧不良的火焰直接冲击炉壁，油压力及喷射蒸气压力太大，炉膛温度太低，喷油距离或方向不当，致使未燃烧完的火焰油粒成焦。（13）不完全燃烧并呈混浊状焰：喷嘴积炭、结焦而造成喷雾阻滞，油泵压力太低；或一、二次空气调整不当；或预热器故障；或喷油部位不合适而造成。（14）火焰偏移：燃料油中含磨损性杂质太多，致使油孔磨损；或喷嘴积炭结焦阻塞；或输油管位置不当。

饲料厂设备常规维护和管理有哪些注意事宜？

答：（1）设备清扫、清理和检查：设备清扫是指每位从事生产的员工，在工作之前对自己工作相关的设备及楼层表层的清扫。在清扫区显眼处必须有清扫记录卡，上要注明清扫要求、清扫周期及清扫人。每次清扫必须记录清扫时间并签名，其目的是为了及时获得运行设备的外部信息及保持良好工作环境，良好的工作环境将提高员工的工作热情及促进工厂的安全。设备的清理是指定期对设备内部的清理，每个设备上最好挂有清理记录卡，在清理记录卡上要注明明确的责任人、清理方法、清理要求和周期。每次清理要及时记录清理时间及相关内容并汇报给设备或生产主管。不同设备清理的周期不同。例如，冷却器一般换不同品种时需清理，混合机每周操作人员进入清理。制粒机的调质器每20个班左右清理一次，一般绝大部分设备每月都要清理一次。清理设备的目的是为了保证饲料品质的稳定和获得设备内部磨损的信息。设备检查包括每日设备察看和每月设备检查。每日设备查看是指从设备外部的检查。检查人员每次必须走到每个设备附近用看、听、摸方法去查看设备的状况并且及时记录。一般由维修人员或设备管理人员来做，每次可让不同的维修或管理人员去执行，以获得不同重点的信息。每回检查时间根据工厂的规模大小而定，一般在0.5～2.5（人·h）/d左右。每月设备检查是指设备管理人员根据本厂设备的特点和专家对每个设备规定的制度制定出本厂每个设备的检查项目。它的主要内容包括：每个设备检查的具体项目及项目要求的标准、每个项目的检查时间及检查周期。此工作一般由设备管理人员指导维修人员去执行。每月设备检查时间根据工厂的大小可控制在20～70（人·h）/每月。（2）每日维修工作记录：每日维修工作记录是指维修人员准确及时的记录在每个工作时段的工作内容以及维修所使用配件，工作性质的分类。一般可分为预防性维修和影响生产的应急维修。每天设备管理人员必须将获得的信息汇总，录入设备管理手册以便于以后的查找和每月生产及设备管理的统计分析，并为第 2 天的维修计划提供信息。另外，给每周设备生产会提供设备方面信息。（3）润滑和调整：润滑一般可分为定期润滑和设备检查后的特别润滑。定期润滑一般是根据设备说明书的要求、设备专家建议和本工厂设备使用强度及管理者的工作经验制定的周期性润滑。一般可制定年度润滑和季度润滑。在每日和每月检查后，由于某些设备磨损程度较大或设备发热较严重时，设备管理者根据工作经验，要求设备的特别润滑和必要设备部件的调整，以防止设备劣化程度加速。有些高温或重载设备，必须进行特殊的润滑。例如制粒机的压辊轴承，每班次必须润滑 1 次，主轴轴承每周最好润滑 1 次，一般选用通用工业拥基脂。粉碎机主轴轴承每 2 周最好润滑 1 次，一般选用二硫化铝润滑脂。（4）生产设备分析会：生产和设备管理人员每周或每月必须对生产和设备的状况分析和总结。总结上周或上月的工作计划完成情况并说明未完成计划的原因。制定下周或下月的具体工作方向和维修、保全计划的具体内容。与会者必须提出各自的观点，让不同的观点碰撞，以便让经理最终确定最佳的方案。无论与会者观点是否与决定有差异，但必须严格执行已决定的方案。当然每位管理者必须把每周或每月的工作报告交送本部门的经理，同时，也要抄送其他相关部门经理和上一层次的经理或领导。其目的是促进各自工作正确率和保证信息通道的畅通。（5）备件的管理和支持维修：设备管理者应及时从每日维修记录及维修早会、每日行走式设备察看、每周及每月生产设备会、及零配件的安全库存，捕获需要零配件的信息。及时准备计划，以保证各种工作及时顺利完成。

燃料油质量优劣对锅炉燃烧工有什么影响？

答：（1）黏度：黏度大的燃料油因表面张力大，雾化性不良。喷射的油滴越大，燃烧愈不完全，导致燃料浪费。直径 $50\mu m$ 以上的粒子不能完全燃烧，会增加炉膛和炉管上的结焦和积炭，使锅炉热效率下降。（2）灰分：残油型燃料油含金属有机化合物较多，因其灰分含量大，极易随火焰喷射而沉积在炉管上，不但侵蚀炉管，且影响热传递效率。灰分中的五氧化二钒，对钢材有强烈的腐蚀性，并对构成炉壁的耐火砖也有破坏作用。其腐蚀的主要原因是由于灰分中五氧化二钒和钒酸钠等化合物，易与金属表面的氧化层保护膜发生作用，以致加速氧化或形成低熔点化合物的共融体，造成融脱而失去保护能力，同时这种腐蚀性钒化物还与废气中的氧化硫形成硫酸起催化作用。（3）硫含量：燃料油中含硫种类很多，包括硫化氢、硫醇、硫醚、二硫化物、多硫化物、环状硫化物、噻吩及其衍生物等，其中，主要是有机硫化物。硫化物对于燃料油的安定性和使用性能都有影响。硫醇可促进油料加速形成胶质，并腐蚀有色金属，而二硫化物则会严重影响油品的化学安定性。硫化物对人体及大气环境十分有害。在燃烧时大部分形成二氧化硫而随废气排出，不燃性硫酸盐含量极少。（4）残炭值：使用残炭值大的锅炉，燃烧室残炭堆积较快，特别是含硫较多的燃料油的积炭坚而硬，喷嘴火口更易磨损。（5）实际胶质：胶质含量过高的燃料油，储存稳定性差。胶质在进油管线或过滤器上析出时，会影响给油，这是由于胶质沉积在油泵和喷嘴火口，导致喷油孔堵死，油泵胶住，而无法正常燃烧。改善燃料油品质，是提高锅炉燃烧工况的稳定性，减少锅炉设备磨损，改善燃烧性能，节约燃油，降低烟气排放的最为关键的要素。

在饲料加工工艺中原料除杂工艺应注意哪些问题？

答：饲料加工过程中，原料清理是十分重要的环节。因清理工序不完善所造成的如溜管堵塞、料路不畅、输送机械空转、粉碎机筛片击穿和制粒机压模损坏等现象时有发生。要避免上述现象，就应在清理工序设计中注意以下几点。（1）合理设计与使用栅筛：栅筛一般设置在接料口处，是清理工序的第一环节。由于其构成过于简单，往往最易被人忽视。栅筛设计应首先考虑选用合理的栅隙。栅筛间隙的大小一般依物料的几何尺寸来定。对于玉米、粉状副料及稻谷类，筛隙应在 3 cm 以内，对于油粕类，筛隙应在 3～5 cm。同时，在使用中应对筛隙进行固定，并应对筛理出的大杂进行及时清除。这样才能有效地达到初步筛理的目的。（2）在工艺中应合理安排水平输送机械：由于水平输送机械成本低，输送效率高，且结构又简单，因而被广泛地用于饲料加工工艺中。但由于使用位置不当，其故障率也相应较高。较常见的是：将栅筛初步清理后的物料经绞龙或刮板直接输送至提升机。由于物料经过栅筛一道清理程序，许多较短的麻绳、较小的麻袋片及其他一些杂质，很容易缠绕或卡住水平输送机械，致使这些设备的使用效率降低，重则烧毁电机，造成一定的经济损失。因此，在工艺设计中，应尽量避免将水平输送机械放在初清、磁选设备之前进行使用。下料斗的物料最好经溜管直接送至提升机。这样可将因大杂对输送设备造成的影响降到最低程度。（3）合理选用圆筒初清筛工艺参数：圆筒初清筛是清理环节的主要设备。它用于清除物料中的麻绳、麻袋片、石块、泥块等杂物，其工艺参数的选用对清理效果有着直接影响。在对圆筒初清筛设计和选用中应注意以下几个问题：应根据筛理物料的物理性质及几何尺寸选择合适的筛孔直径。应选择可调的除尘吸风量。此条件可通过在喂风口上方设置阀门来达到目的。选择充裕的生产能力。通常，在设计参数中筛的处理能力应比前工序的输送设备的运送能力高 30%。在设计中，注意对上述参数进行合理选用，可有效地提高筛的工效。（4）磁选器的合理选用：饲料原料中混入的铁钉、螺栓、螺母、小铁块等杂质，对高速运转的粉碎机和制粒机危害最大。轻则使筛底击穿，重则损害压模及烧毁电机。合理的位置设置是十分重要的。在设计中常选用的磁选设备有两种，一种为永磁筒；另一种为永磁滚筒。前者体积小，占地面积也很小，无动力消耗，去磁效果也较为理想。但仅适用于几何尺寸较小的粉料、轻料。而且吸附的金属异物需人工定期清除。相比后者造价高，体积大，但对于几何尺寸较大的饼粕、宜结块的糠麸等物料也同样适用。虽有动力消耗，但可自动及时清除吸附的金属异物。在流程中的高位置设置更为适用。但在较小的饲料厂设计中限于资金、厂房面积等因素的限制，物美价廉的永磁筒更为常用。（5）磁选器在流程中的位置安排：将磁选器安置在初清筛后、粉碎机前，这样可有效地去除颗粒原料中的金属杂质，避免其对粉碎机造成损害。在制粒粉仓上都安置磁选器。这样可有效地防止副料原料中混入的金属杂质进入制粒机对压模造成损害。在打包秤上都安置一磁选器。此方法在工艺流程设计中并不常用，但对去除未经初清的副料原料中的金属异物，从而进一步提高及保障成品饲料的质量是很必要的。

饲料厂配料给料设备布置中有哪些注意事项？

答：配料给料设备选型与布置的设计关系到一个饲料厂能否顺利安装、正常运转、产能匹配、正常检修以及配料精度的高低等。（1）配料给料设备的选型要合理，产能要匹配。目前，给料设备多数选用的为螺旋输送机，配料绞龙的选配合理与否会影响到后段设备产能的最大限度的发挥。在特殊的仓位也有不少厂家选用叶轮喂料器或者单孔排料器，使用起来效果也很不错。（2）在给料设备布置设计中要避免以下几种情况：①给料设备之间的干涉；②给料设备与周围设备的干涉；③给料设备与周围建筑的干涉。（3）在给料设备布置中绞龙的长度最佳为 1.5～3 m，绞龙的长度种类尽量少。配料绞龙过短，料仓中流动性好的物料容易冲入秤中造成配料不准；配料绞龙过长，增加电耗、增加制作成本、制造困难、安装困难。绞龙长度的种类过多同样不利于制作，不利于安装。为解决上述问题，在工艺设备布置设计中调整好配料秤与料仓之间的相对位置至关重要。（4）为了防止料仓物料结拱料仓斗的中心要求，尽量偏向最好有两个直角边。而料仓斗的中心决定于给料设备的中心，因此，在给料设备设计中应尽量偏向料仓的两个垂直边。料仓斗和料仓衔接处尽量不要设计手动插门，避免物料在此处堆积。（5）给料设备布置时，减少配料给料设备到秤盖的距离，减少绞龙布置的层数，以减少给料设备的空中落料量和不同分层绞龙的空中落料量的差异产生的误差。解决此问题的办法：一台秤上绞龙数量不要过多；适当加大配料秤的面积；当多台秤大小不同时仓斗高低也可不同或小秤适当架高。另外绞龙排布时要考虑各种物料的重量及在配方中所占比重合理安排进料口的位置，保证整批物料在称斗中均匀分布。（6）配料速度的快慢直接关系着整个饲料厂的产能，十分重要。在充分考虑物料特性和配方对精度的要求下采用速比小的减速机配置提高配料速度，可以大大提高饲料厂产能。另外对配方中比重大的玉米和豆粕仓下面可以配置双绞龙进料提高配料速度。（7）在给料设备设计中对于输送有特殊性状物料的给料设备要有特殊的处置。如在饲料厂中多数都要用到石粉，但石粉的性状是：坚硬、容重大、流动性特别好。因此，进石粉的给料设备要达到耐磨、螺距小、中心距离不能过短、功率大等要求。另外可以在绞龙出口配置一个气动蝶阀可有效防止流动性好的物料容易冲入秤中。（8）在给料设备布置设计中要考虑给料设备的检修。此时可以考虑在配料绞龙下制作平台，上下两层绞龙之间应留下足够的间隙以方便打开下层绞龙的盖子。对残留量要求较高的预混料和高档乳猪料生产时，可以考虑采用圆绞龙底部间隔开清理门，方便换料后及时清理。

饲料厂设计时如何布置和控制通风除尘及粉尘爆炸？

答：通风除尘在整个工艺流程中是辅助设备，但也是核定工艺设计完善的重要方面。通常生产要求较高的单位，生产车间无扬尘，就是粉尘控制得好。现在各级环保部门都在关注各单位的生产环境，工程在开工前必须有环评报告。所以，通风除尘将会逐渐被人们重视。在钢板筒仓工艺设计过程中，应遵循"密闭为主、通风为辅"的原则。所有能密闭的管道尽量密闭，同时在物料输送中产生落差的地方采用一级除尘，对要求高场所采用二级除尘。现在人们对粉尘防爆已经有了很多的了解，但是事故仍偶尔发生。主要从以下几点考虑，加以防范。根据钢板筒仓设计规范要求，所有电机和电器元件必须是粉尘防爆型；设计合理的通风除尘系统，对粉尘进行收集，使排放浓度达标。不在粮食储运场所使用明火，在动火之前必须采取措施。发现电气线路老化时，及时更换。另外，最重要的是需要加强管理，及时对地面和设备表面的灰尘进行打扫，地面洒水等措施（图157）。

图 157 美国某年产 60 万 t 的饲料厂立筒仓安装了防爆装置

皮带输送机皮带跑偏应如何调整？

答： 皮带输送机运行时皮带跑偏是最常见的故障。为解决这类故障，重点要注意安装的尺寸精度与日常的维护保养。跑偏的原因有多种，需根据不同的原因区别处理。（1）调整承载托辊组：皮带机的皮带在整个皮带输送机的中部跑偏时可调整托辊组的位置来调整跑偏；在制造时托辊组的两侧安装孔都加工成长孔，以便进行调整。具体方法是皮带偏向哪一侧，托辊组的哪一侧朝皮带前进方向前移，或另外一侧后移。皮带向上方向跑偏则托辊组的下位处应当向左移动，托辊组的上位处向右移动。（2）安装调心托辊组：调心托辊组有多种类型如中间转轴式、四连杆式、立辊式等，其原理是采用阻挡或托辊在水平面内方向转动阻挡或产生横向推力使皮带自动向心达到调整皮带跑偏的目的。一般在皮带输送机总长度较短时或皮带输送机双向运行时采用此方法比较合理，原因是较短皮带输送机更容易跑偏并且不容易调整。而长皮带输送机最好不采用此方法，因为调心托辊组的使用会对皮带的使用寿命产生一定的影响。（3）调整驱动滚筒与改向滚筒位置：驱动滚筒与改向滚筒的调整是皮带跑偏调整的重要环节。因为一条皮带输送机至少有 2～5 个滚筒，所有滚筒的安装位置必须垂直于皮带输送机长度方向的中心线，若偏斜过大必然发生跑偏。其调整方法与调整托辊组类似。对于头部滚筒，如皮带向滚筒的右侧跑偏，则右侧的轴承座应当向前移动，皮带向滚筒的左侧跑偏，则左侧的轴承座应当向前移动，相对应的也可将左侧轴承座后移或右侧轴承座后移。尾部滚筒的调整方法与头部滚筒刚好相反。经过反复调整直到皮带调到较理想的位置。在调整驱动或改向滚筒前最好准确安装其位置。（4）张紧处的调整：皮带张紧处的调整是皮带输送机跑偏调整的一个非常重要的环节。重锤张紧处上部的两个改向滚筒除应垂直于皮带长度方向以外还应垂直于重力垂线，即保证其轴中心线水平。使用螺旋张紧或液压油缸张紧时，张紧滚筒的两个轴承座应当同时平移，以保证滚筒轴线与皮带纵向方向垂直。具体的皮带跑偏的调整方法与滚筒处的调整类似。（5）转载点处落料位置对皮带跑偏的影响：转载点处物料的落料位置对皮带的跑偏有非常大的影响，尤其在两条皮带机在水平面的投影成垂直时影响更大。通常应当考虑转载点处上下两条皮带机的相对高度。相对高度越低，物料的水平速度分量越大，对下层皮带的侧向冲击也越大，同时物料也很难居中。使在皮带横断面上的物料偏斜，最终导致皮带跑偏。如果物料偏到右侧，则皮带向左侧跑偏，反之亦然。在设计过程中应尽可能地加大两条皮带机的相对高度。在受空间限制的移动散料输送机械的上下漏斗、导料槽等件的形式与尺寸更应认真考虑。一般导料槽的的宽度应为皮带宽度的 2/3 左右比较合适。为减少或避免皮带跑偏可增加挡料板阻挡物料，改变物料的下落方向和位置。（6）双向运行皮带输送机跑偏的调整：双向运行的皮带输送机皮带跑偏的调整比单向皮带输送机跑偏的调整相对要困难许多，在具体调整时应先调整某一个方向，然后调整另外一个方向。调整时要仔细观察皮带运动方向与跑偏趋势的关系，逐个进行调整。重点应放在驱动滚筒和改向滚筒的调整上，其次是托辊的调整与物料的落料点的调整。同时，应注意皮带在硫化接头时应使皮带断面长度方向上的受力均匀，在采用导链牵引时两侧的受力尽可能地相等。

袋式除尘器是如何？过滤粉尘的该如何清灰？

答：利用纤维织物层实现悬浮于气体介质中的固体微粒或液体雾滴，从气体介质中分离过程的装置称为袋式除尘器。袋式除尘器清灰的目的是去除黏附滤袋外表的粉尘，控制系统运行阻力在一定范围内波动，保证除尘系统有效运行。对袋式除尘器过滤机理的了解，才能理解清灰的目的和正确使用清灰手段。（1）过滤机理：①典型过滤机理：尘粒之所以能从气流中分离出来，其主要靠惯性、碰撞、拦截和扩散效应等，其次还有静电、重力、电泳力等。事实上任何粉尘从气流中分离出来都是几种效应的集合作用的结果，很难用一种孤立的收集机理建立模型进行效率分析，将同时作用的效应用串联模式来分析是目前较为合理处理方式，称之为综合过滤效率法。②纤维织物层过滤理论：纤维织物层过滤理论是研究滤料、开发滤料及设计袋式除尘器、分析袋式除尘器性能参数的支撑理论。纤维织物层过滤方式分为两种：内部过滤和表面过滤。滤袋纤维直径一般为 $20 \sim 100 \ \mu m$；针刺毡纤维直径多为 $10 \sim 20 \ \mu m$，纤维间的距离多为 $10 \sim 30 \ \mu m$。当含尘气体通过干净滤料孔隙通道时，在各种过滤机理作用下尘粒分离，积储于纤维内部，粉尘粒子在短暂的时间内不断沉积在滤料纤维中，使得滤料的孔隙逐渐减小，在孔隙达到一定数值后，粉尘在纤维间的架桥现象。架桥现象完成后的粉尘粒子开始在滤料的表面沉积并很快形成 $0.3 \sim 0.5 \ mm$ 的粉尘层，常称为内层过滤层或一次粉尘层。随后再次沉积在一次粉尘层上面的粉尘称表面过滤层或二次粉尘层。二次粉尘层和一次粉尘一起参与含尘气体的过滤。这就是从内部过滤到表面过滤的变化过程，也是"尘滤尘"的概念。（2）影响除尘效率的主要因素："尘滤尘"是一个很重要的概念。重要性体现在除尘器的除尘效率上。袋式除尘器过滤效率是一个综合效率，效率的高低主要取决于滤料，提升效率取决于二次粉尘层。一般讲平纹织物滤料本身的除尘效率为 $85\% \sim 90\%$，效率比较低。但当滤布表面形成二次粉尘层后除生效率会提高到 99.5% 以上。这是因为粉尘层形成的筛孔比滤料纤维的间隙小得多，加强了粉尘层对粉尘的筛分作用，除尘效率也随之提高。（3）清灰的目的：从纤维织物层过滤理论我们知道二次粉尘层的形成及厚度极其重要。当二次粉尘层达到一定厚度时粉尘层会自动脱落，就会导致粉尘层的局部"漏气"，反而降低捕集粉尘的能力。再者粉尘层越厚滤袋阻力越高，形成系统阻力过高，导致除尘系统无法正常运行。除尘器自身的压损主要取决于滤料，而滤料的压损 80% 是粉尘层引起的。为保证除尘系统正常、有效运行，必须进行清灰，减少粉尘层的厚度。这是一个矛盾体，清灰的目的是既要去除粉尘层降低阻力，又要保证滤袋表面约 $0.3 \sim 0.5 \ mm$ 厚的粉尘层，保证除尘效率不会下降。所以，在除尘器使用过程中，这个清灰是难题，它的解决不仅要靠除尘器的设计技术，还要靠现场实际情况结合操作经验进行喷吹系统的调整。粉尘在滤料上的附着力是非常强，资料显示当过滤速度为 $0.28 \ m/min$ 时直径为 $10 \ \mu m$ 的粉尘粒子在滤料上的附着力可以达到粒子自重的 $1\,000$ 倍 $5 \ \mu m$ 的粉尘粒子在滤料上的附着力可以达到粒子自重的 $4\,200$ 倍。只要合理调整喷吹系统滤袋清灰之后，粉尘层会继续存在。粉尘层的形成很快，且和过滤风速有关。过滤风速高粉尘层形成较快，过滤风速低粉尘层形成较慢。（4）有效清灰的衡量基准：实际上清灰的结果直接表现为清理二次粉尘层而保留一次粉尘层。这个应该作为我们调整喷吹系统的基准。但二次粉尘层受粉尘量、过滤风速、过滤阻力、清灰时间、强度的影响，决定它是一个瞬间稳定而长时间非稳定的过滤状态。对于有较大间隙的滤料如普通的针刺毡内部过滤是一个前期不可缺少的过程；对于覆膜滤料则主要是表面过滤，滤料外面的腹膜起到形成粉尘层的作用。故不同的除尘器，不同的滤料，不同的工况喷吹系统的调整是不一样的，不能千篇一律。脉冲控制仪是实现调整的主要设备，它有两个关键参数，脉冲间隔和脉冲宽度。脉冲间隔是控制电磁阀何时动作；脉冲宽度是控制电磁阀动作时间的长短。形象地讲脉冲间隔就是控制什么时候对二次粉尘层进行清理；脉冲宽度就是控制对二次粉尘层进行清理的程度。当然这两者是互相配合和互补的。清灰中的两个问题：（1）清灰不足，二次粉尘层破坏量不足，导致系统阻力升高；（2）清灰过度，破坏了一次粉尘层或局部二次粉尘层破坏量太大，导致系统跑灰。从过滤理论知道滤料是形成二次粉尘层的基础，二次粉尘层是除尘效率的保证，粉尘层又影响着除尘器运行阻力。只有充分了解袋式除尘器过滤机理才能有的放矢，才能将喷吹系统调节趋于合理，实现除尘器的有效清灰。保证除尘系统正常运行。

回转分级筛应该如何选择？

答：现代饲料生产中，粉状物料或颗粒饲料的筛选和分级以及二次粉碎后中间产品的分级设备必不可少，而且分级、清理设备的性能好坏直接影响饲料成品的质量和产量。平面回转振动分级筛以其结构简单、产量大、维护简单、噪声低等优点被广为使用。但目前平面回转振动分级筛的型号很多，如何选择适合自己需要的设备，以及设备日常的维护和维修是我们所面临的问题。平面回转振动筛主要用于冷却或经碎粒的颗粒饲料的分级。在选型时应根据粒度分级范围、产量、和配用的工艺性能等因素选用。首先可根据需要的工艺性能先确定分级筛的系列，平面回转振动分级筛主要分为"B"形筛和"C"形筛两个系列，"B"形筛有两层筛面，一个进料口进入的物料同时散落在两层筛面上分别筛理，最终每层筛面都把物料分成筛上物和筛下物粗、细两种产品；"C"形筛又分为"2C"系列和"3C"系列，"2C"系列分级筛分上、下两层，上层筛的筛下物落到下层筛面上继续筛理，从而使出料口物料分为粗、中、细3个等级。"3C"系列分级筛分上、中、下3层，上层筛的筛下物落到中层筛面上继续筛理，中层筛的筛下物落到下层筛面上继续筛理，从而使出料口物料分为粗、较粗、较细、细四个等级。用户应根据自己需要定制各层筛孔的大小，然后根据粒度分级范围确定上下筛孔的大小。设备生产厂家通常配置的"B"形筛的筛孔为8目；"2C"系列分级筛上、下两层筛孔分别为4目、12目；"3C"系列分级筛上、中、下三层的筛孔为4目、8目、12目。最后再由生产线的产量确定平面回转振动分级筛的型号大小。平面回转振动分级筛的型号是根据筛面的宽度来确定的，一般分为56、80、110、130、140、153六个型号。例如，110就表示筛面的宽度为110 cm。

回转分级筛有哪些常见故障？如何解决？

答：回转振动分级筛主要用于颗粒饲料的分级和某些饲料原料的分级。使用前应先熟悉机器的性能，了解机器的结构及各个操作点的调整方法和作用，同时，检查各部位的连接螺栓，不得有松动现象。机器工作前应空载运转 3 ~ 5 min，看有无异常现象（如卡、碰、擦）。由于饲料生产过程中，粉尘多、环境恶劣，易污染轴承，从而加剧了轴承的磨损，加上冲击负荷运转或润滑不良使轴承处于干磨损状态，导致轴承疲劳点蚀，产生振动，出现非正常磨损使轴承发生失效。故在日常维护保养中，通常每隔 3 个月加油（脂）1 次，每隔 1 年对轴承部件彻底清洗 1 次并重新充填润脂。对整个系统特别是传动箱、筛体要定期检查，发现异常响声或噪声，应停机修理，彻底排查。常见故障有：（1）筛体发生强烈震动或扭震、噪声和轴承温升过高或其他不正常情况，应立即停机检查，寻找原因，待故障排除后，方可继续运行。设备不得在超负荷的情况下使用。引起的主要原因有偏重块安装不当、主轴发生弯曲或轴承损坏等。解决方法有调整偏重块的安装位置、更换或校直主轴、更换轴承等。（2）成品中有不符合粒度要求的颗粒，引起的主要原因如筛网有破损、孔洞、挺杆未压紧筛框或密封不严等。解决方法有更换筛网或补洞、把筛框挺杆压紧，检修密封毡带，填补漏洞等。（3）产量显著下降，引起的主要原因有物料水分过高，网孔堵塞严重、筛孔大小不符合要求、转速过低或皮带过滑、喂入量不足、弹性球磨损严重等。解决方法有降低物料水分、更换筛网、检查带轮、调整皮带张紧度、增加喂入量、更换弹性球等。（4）支撑机构的断裂，引起的主要原因是由于支撑板受力不均匀或长时间承受扭曲应力使其失去本身的弹性，即弹性失效而断裂。解决方法是在日常维护中，及时检查，及时发现，及时更换，在更换条件允许的情况下，尽可能同时更换所有支撑板，并尽量使每个支撑板受力均匀，这样才能使其振幅一致。

立筒仓的仓容如何计算？

答：粮食钢板筒仓的主要功能是用于储存粮食，作为一种储存容器。一般情况下，在设计规划前，兼顾总储存容量的要求和可使用场地情况下，配合合理的工艺流程，确定合适的筒仓规格型号。钢板筒仓仓容的计算应考虑：筒仓仓容包括总仓容容积和有效仓容容积。总仓容即指筒仓内总的仓容量，有效仓容即指可以储存物料部分的仓容量。有效仓容还与储存物料的品种有关，不同品种的物料的静止角不同。一般客户关心有效仓容，即指该筒仓内能储存何种物料多少吨。常见几种粮食的静止角：玉米 28°；大豆 25°；稻谷 35°；大米 28°；面粉 40°；小麦 25°。计算筒仓有效仓容，首先依据筒仓的两种不同出料方式，而将筒仓分为平底式钢板筒仓和锥底式钢板筒仓。有效仓容还与仓顶角度（d1°）和物料的静止角（d2°）有关。共分为以下 4 种进行计算：（1）静止角（d2°）≤仓顶角度（d1°）时的平底式钢板筒仓仓壁粮食的堆积高度离仓檐处为 300 mm。有效仓容为（V1 + V2）。（2）静止角（d2°）>仓顶角度（d1°）时的平底式钢板筒仓物料堆的最高处离仓顶中心处为 500 mm。有效仓容为（V1 + V2）。（3）静止角（d2°）≤仓顶角度（d1°）时的锥底式钢板筒仓仓壁粮食的堆积高度离仓檐处为 300 mm。有效仓容为（V1 + V2）。（4）静止角（d2°）>仓顶角度（d1°）时的锥底式钢板筒仓物料堆的最高处离仓顶中心处为 500 mm。有效仓容为（V1 + V2）。综上所述，只有搞清楚是何种形式的筒仓，才能准确计算出筒仓的有效仓容量。另外，关于筒仓内可以储存物料的重量，与储存物料的容重成正比关系。有专家研究，筒仓内装物料均有一定的压实系数，通常压实系数取 6% 左右，即物料的标准容重增加 6%。

【其他问题】

饲料加工工艺对饲料质量的影响都有哪些?

答:饲料配方设计和原料的品质对饲料产品的质量起决定性的作用,但饲料的加工工艺对饲料产品的质量也有不可低估的影响。(1)粉碎:粉碎后的物料表面积增大,有利于粉料混合均匀,随着单位体积内粒子数的增加,混合物的变异系数减少;粉碎对活性成分几乎没有什么影响。物料经过粉碎对淀粉的糊化作用有一定的改善,并通过粉碎深度的加大,其淀粉的糊化度加大,通常可提高 10% 左右,有利于动物的消化吸收;同等营养水平的饲料经过适宜的粉碎,有利于提高饲料报酬。(2)配料与混合:配料精度和混合均匀度直接影响到饲料的营养成分及其分布的均匀性,关系到饲料的质量和使用效果。配料精度确立配方的准确性,混合是饲料组分均匀、产品质量稳定的保证,它们都显著地影响着畜禽的生长发育。(3)成形:饲料可以通过加热调质的方法添加蒸汽和水分,对粉料进行调质,破坏谷粒的糊粉层的细胞壁,有利于淀粉的糊化,使细胞中的有效养分释放出来,被动物吸收;饱和蒸汽更有利于颗粒质量的提高,减少粉化率。饲料的成型通常有制粒,膨化,蒸汽压片等工艺。其中,膨化对淀粉的糊化度可高达 90% 以上,可使部分纤维糖化,提高蛋白质的消化率;成型对微量组分也有影响,成型过程中的高温、高压和机械作用,对有些活性成分(如维生素和酶制剂等)有较大的破坏作用,但对饲料中的有毒因子或抑制生长因子也有破坏作用,起到解毒的效果。

什么是饲料安全?

答:饲料安全是指饲料产品在加工、运输及饲养动物转化为畜产品的过程中,对动物健康、正常生长、生态环境的可持续发展、人类健康和生活不会产生负面影响的特性。

如何生产安全饲料?

答:(1)有效的监督管理和监控、检测体系建设;(2)加速推广应用新型绿色安全的饲料添加剂;(3)严禁使用、严厉查处违禁药物作为饲料添加剂;(4)谨慎使用抗生素:提倡谨慎使用抗生素,减少对抗生素使用的依赖性和随意性。因为抗生素除了在幼龄畜禽、环境恶劣、发病率高时应用效益较佳外,经验和实践告诉我们,抗生素并不是非用不可,在许多情况下并无太大的作用。我们应在改善饲养管理、改善卫生状况,应用安全绿色的添加剂,以最大限度地减少抗生素用量。

并严格执行停药期，人、畜用药分开，确保抗生素的使用是明智、安全和负责的；（5）饲料生产过程中的药物添加剂污染控制；（6）饲料标签标明药物的名称、含量、使用要求、停药期等；（7）饲料原料质量控制，防止霉变污染。

如何保证生产的饲料是安全的？

答：（1）饲料原料质量的控制：应严格按照饲料卫生标准 GB13078-2001 的要求进行饲料原料质量把关，加强对饲料原料中农药残留、有毒有害物质、霉菌毒素等严重影响饲料质量安全指标的检测，坚决杜绝不合格饲料原料入厂，严格执行《饲料和饲料添加剂管理条例》，严禁超量、超范围使用。（2）储藏过程的控制：饲料在储存过程中要尽量避免阳光直接照射，原料应分类堆放，防止相互掺混，发生交叉感染，保证先进先出，且要定期对饲料进行品质检测。（3）饲料加工的过程控制：饲料加工过程是饲料生产的重要部分，合理设计加工工艺和选择设备，是安全饲料生产中的重要环节。（4）成品饲料质量的控制：对于成品饲料一定要执行严格的质量检测，建立起完整、有效的质量监控和检测体系，要有严格的质量检验操作规程，消除安全隐患。

不合格饲料中有哪些因素会影响人类健康？

答：严格按照饲料安全生产标准生产的饲料对人类的健康是没有负面影响的，因包装物、标签、水分及营养指标不合格的饲料也不会影响人的健康。但是，也有极少数饲料生产者违规操作，在饲料中添加违禁药品（如三聚氰胺、β-兴奋剂、性激素、镇静剂和某些抗生素等）；超量添加某些药物，而养殖业者没有严格执行停药期；超量添加一些稀有矿物质（如硒、砷等）或者重金属（铜、锌等）；使用不合格饲料原料，如饲料中重金属含量（镉、铬、铅等）以及某些病原菌超标，饲料发霉产生具有致癌作用的毒素，某些劣质原料的腐败变质（产生组胺、腐胺等毒害成分，某些劣质油脂产品中的强毒性成分（如多环芳烃类等）。这些因素都有可能会影响消费者的健康。饲料管理部门要加强监督管理，加大执法力度，不要让这些含有有毒有害物质的饲料流入养殖场，对违法违规者依法惩处。

造成饲料不安全的因素有哪些？带来的危害是什么？

答：造成饲料不安全的原因是多种多样的，分析起来主要原因有以下几方面：（1）饲料原料本身含有的有毒有害物质，饲料（原料）在储存、加工和运输过程中可能造成的霉变和污染；（2）配方设计人员在设计配方过程中没有注意实际情况，例如某些后期或售前饲料配方中含有必须有停药期的药物，而只是在标签上注明屠宰前7天停药，但老百姓在使用饲料时不可能售前几天停止饲喂，导致有停药期的药物在实际生产中没有停药；（3）随意加大药物用量；（4）随意使用人药；（5）违法使用违禁药品，盐酸克伦特罗和莱克多巴胺在巨大利益诱惑前的屡禁不止；（6）生产和使用环节中的交叉污染，某些原料或添加剂对一种动物是安全的，但对另一种动物可能具有一定的危害性；（7）恶性竞争、误导消费者。例如，皮红毛亮、蛋黄更黄甚至红等，导致添加剂的滥用；（8）饲料加工工艺不过关，造成药物"剌峰"现象，从而造成药物超标残留。（9）检测、监控体系不健全是造成某些企业胆大妄为的一个主要原因。例如，莱克多巴胺的检测滞后造成某些企业违法使用的有恃无恐。饲料安全工程，即食品安全工程，也就是人类健康工程。饲料—食品—人类健康，一脉相承，饲料安全与人民生活水平和身体健康息息相关。饲料不安全带来的危害：（1）有害物质的残留和富集：药物添加剂随饲料进入动物消化道后，短时间内进入动物血液循环，最终大多数的药物添加剂经肾脏过滤随尿液排出体外，极少量没有排出的药物添加剂就残留在动物体内。大多数的药物添加剂都有残留，只是残留量大小不同而已。药物添加剂等有害物质在畜产品中的残留和富集，给人体的生理机能造成破坏，包括致残、致敏、致畸、致癌和遗传上的致突变等恶果已屡见不鲜。（2）细菌的交替感染：微生物对各种化学药物的敏感性，由于菌种和药剂的不同有显著的差异，当体内复杂的细菌从接触到特定的抗生素作用之后，敏感性高的菌种就开始减少或被消灭。这时能够耐受药剂抗菌作用的菌种或从其他途径进来的敏感性迟钝的菌种就残存下来，以保持生命或者繁殖，这种细菌交替现象存在，使得具有选择性作用的抗生素及其他化学药物失去效果。（3）细菌的耐药性：病原微生物对化学治疗剂发生钝化乃至出现耐药性，给现代化学疗法带来了极大的困难，而且又给抗生素及其他药品的化学疗法的前途投下了许多阴影。（4）造成环境污染：高铜、高锌等添加剂应用，有机砷的大量应用，给环境带来了污染。以砷为例，厂家宣传时对有机砷制剂如对氨基苯胂酸和硝羟基苯胂酸的介绍有片面强调其促生长及医疗效果的一面，而忽视其致毒及可能导致污染环境的一面。（5）出口贸易受阻：国外发达国家对饲料卫生安全、药残危害十分重视，目前已提出禁用兽药、激素、农药、杀虫药等达百种以上。我国存在着的畜禽产品的安全问题直接影响了出口创汇，制约产品的扩大和发展。

生产工业饲料应遵循的原则是什么？

答：生产工业饲料应遵循的原则有3条：（1）饲料安全：是指在生产过程中卫生质量的控制，各种原料与添加剂应满足相应质量标准与卫生标准，防止使用对动物与人类不安全的添加剂或原料，对某些原料中固有的毒害成分加以控制。同时需要注意生产过程中对人员的安全培训与控制。（2）饲料有效：是指饲料产品配方设计与生产时满足动物的各种营养需要与习性需要，以在满足动物营养的基础上，提高动物对饲料的利用率，保证动物的正常健康生产。（3）不污染环境：是指在饲料设计与生产时，不添加或控制影响环境原料的添加量，并注意动物的营养需要，防止采食过量或饲料低劣而影响饲料利用率，从而造成排泄物的增加而影响环境。

用工业饲料有什么好处？

答：使用工业饲料的好处有：（1）有利于养殖业的规模化、商品化生产。（2）促进农业产业结构调整与优化，有利于农业劳动力的转移和农民现金收入增加。（3）有利于提高饲料资源的利用效率。工业饲料营养全面，动物吸收利用率高，与饲喂单一饲料相比可节约大量粮食。（4）有利于促进化工、机械和食品加工等相关产业的发展。（5）工业饲料按照标准组织生产，质量安全容易控制，有利于安全畜禽产品的生产。

为什么说饲料产品是人类的间接食品？

答： 饲料是动物的食物，而绝大部分动物产品是人类的食物和食品工业的原料，食品工业的产品最终也是人的食物。所以饲料是人类的间接食品，与人民生活水平和身体健康息息相关。饲料无疑是众多病原菌，病毒及毒素的重要传播途径，例如，沙门氏菌、大肠杆菌、黄曲霉毒素等。农药、兽药、各种添加剂、激素、放射性元素等的环境污染物中，有一部分物质通过饲料和饲养过程，能危害畜禽，其在畜产品中的残留物又对人体有害，有一部分物质虽有利于促进畜禽生长或减少畜禽疾病，但在畜禽体内的残留物对人体有害。有一部分物质能引起微生物产生耐药性或引起人产生过敏而带来公共卫生上的问题。环境中的有毒有害物质通过食物链进入畜禽体内被富集，再通过畜禽产品的形式进入人体，所以，人往往是终端生物富集者，有毒有害物质在人体内的蓄积浓度最高。因此，如不逐级控制和减少有毒有害物质对畜禽产品的污染，由畜禽产品引起的公害给人类带来的隐患将是难以估量的。

自配饲料与工业饲料有什么区别？

答： 只要配方合理，混合均匀，自配饲料与工业加工饲料相比不会有太大的差别。但往往由于配方落后，设备简单，造成以下区别：（1）加工工艺简单，混合可能不均匀；（2）配方不够合理，易造成营养不足或浪费；（3）产品质量得不到保证。

怎样才能做到安全健康养殖？

答： 要做到安全健康养殖，需要从以下几个方面入手：（1）养殖场环境良好，要求周边没有污染源，土壤没有重金属等的污染，并且远离垃圾处理场；（2）饲料、兽药等投入要安全可靠，原料中不得含有农药、重金属等污染物，对于原料中本身含有危害物质的要在安全限量范围内使用；（3）动物福利良好，动物必须饲养在通风良好、空间适宜、卫生清洁的环境中；（4）严格科学的管理，不使用违规药物，严格按停药期的规定停药，及时防治动物疫病，严格控制传染病。

饲料中无机有害污染物质和有机有害污染物质主要有哪些？

答： 饲料中无机毒害污染主要有超量添加的矿物质和无机环境污染物。（1）饲料中超量添加矿物元素，最常见的是铜（常常达到每千克饲料250 mg）、锌（每千克饲料达3 000 mg）或砷制剂（如阿散酸）。饲料中过量使用铜、锌，可以引起养殖动物中毒。而且，大量铜、锌随粪便排出，严重污染环境。砷化物在肠道具有抗生素作用，能提高增重和改进饲料利用率，同时，砷也是一种必需元素，因此，饲料生产厂家也使用砷制剂。然而，砷的吸收率低，通过粪尿排到农田、河流中，可严重污染环境；同时，它们还富集在植物，特别是水生物（鱼类、贝类）中，最后转移到人类食物链中，使动物和人类发生三致（致癌、致畸、致突变）。（2）无机环境污染物与饲料原料中重金属超标等，如铅、镉、汞等重金属元素及氟、砷等非金属元素，这些污染物都具有在环境、饲料和食物链中富集、难分解、毒性强等特点，对饲料安全性和食品安全性威胁极大。饲料中有机有毒害污染物质主要有N-亚硝基化合物、多环芳烃类化合物、二噁英和多氯联苯等化合物。同无机污染物一样，这些污染物都具有在环境、饲料和食物链中富集、难分解和毒性强等特点，对饲料安全性和食品安全性威胁很大。

影响饲料安全的主要因素有哪些?

答：饲料安全是指饲料中不含有对动物及环境造成危害的有毒有害物质，或者含有这些物质但不会通过畜禽产品和环境转移而对人类健康造成危害。影响饲料安全的因素包括：（1）使用不安全的饲料添加剂（包括违禁药物）或不按规定使用饲料添加剂和饲料药物添加剂；（2）在饲料中过量添加微量元素；（3）环境的污染物对饲料原料造成的污染；（4）饲料原料中天然存在的有毒有害物质；（5）饲料发生霉变或被某种致病微生物污染。

如何控制饲料厂的生产损耗?

答：从原料和加工过程两方面考虑：1. 原料接收、存储损耗控制：（1）原料接收时，除重量核实外，还应严格关注物料的水分、杂质含量；（2）高水分的原料会增加粉碎、制粒工序的生产难度，如出现堵筛、制粒升温慢等问题，造成生产过程不连续，生产率低，同时，会因需要散发大量的水分而增加加工过程的能耗；（3）原料水分过低，则将直接增加机械设备磨损，缩短设备使用寿命。原料在接收时要经过筛选，如杂质含量大，筛选出下脚料多，将直接增加原料成本；（4）控制原料的水分和含杂量，是降低物耗的关键环节。在接收过程中，要求原料包装要完整，以降低使用运输中的损耗，卸车完毕要及时清扫现场，收集可用物料；（5）外垛存储的原料卸货后，破包及时归垛、清理现场，用苫布封垛并捆绑牢固，避免因天气变化造成原料损失；（6）原料入库后，要坚持先进先出的原则，避免由于存放时间长，引起变质不能使用或水分过低，损耗增加；（7）原料存放过程中特别是夏季，避免因原料温度与环境温度差异，造成原料中的水分产生冷凝水，附着到包装表面而产生霉变，因此，要不断巡查，保持物料垛间的通风，防水、防潮，必要时进行倒垛，将损耗降到最低；（8）使用完的原料垛底，按品种及时清扫回收；（9）原料库内定期清扫地面垃圾，过筛后统一存放。2. 生产过程的损耗控制：（1）小料及大料在投料后每个包装袋的余料应保证为零；（2）投料口投完一批或一品种后，要将地上洒落的物料及时清扫利用；（3）小料投料过筛产生的筛上物，及时碾碎并添加到相应品种中，避免以垃圾形式扔掉，造成投入产出比的降低；（4）倒运及领用原料时注意破包，尽可能在倒运路上不抛洒，如有应及时回收；（5）每运完一批原料要及时清收垛底；（6）小料称量，尽量避免泼洒，每个品种称量结束后，及时清扫地面洒落的物料，并平均添加到相应品种中；（7）生产过程中，除尘器收集的尘料，要及时进行挑选、回收再利用；（8）每批料的料头、料尾、洗机料、按要求及时回机，避免堆放时间长而报废；（9）生产过程中要及时治理"跑、冒、滴、漏"现象，因设备堵料或维修而产生的单一品种原料及时回收后，在下一次投料时及时使用，以降低损耗；（10）成品打包时，首先必须掌握单包重量的准确性，提高精度，减小称量误差；更应熟悉各产品系列的包装袋重量，及包装后成品的毛重；（11）称重用的计量器具，保持完好，每天用标准砝码检测，以保障成品无误差；（12）每一批成品打包完毕，要及时清扫现场，及时回机，避免交叉污染，提高回收率；

（13）推运、码包过程中不挂包，不抛洒。

什么是疯牛病？疯牛病的传播与饲料有什么关系？如何防范疯牛病？

答： 牛海绵状脑病，俗称"疯牛病"，是新发现的一种牛病，对牛是致死的。疯牛病的传播，是由感染疯牛病病毒的牛肉骨粉制成的牲畜饲料造成的，食用感染疯牛病的病牛牛肉能够导致人类罹患致命的类似病症，即新型克雅氏症。疯牛病病毒对环境的抵抗力非常强，除高温焚烧外，其他常规的消毒、杀灭方法均不能有效地杀死它。到目前为止，世界上尚没有任何治疗疯牛病的有效药物。切断疯牛病的传播途径是目前防范疯牛病的唯一有效方法。因此，各国政府禁止在市场上出售感染疯牛病的病牛牛肉，也禁止动物源性饲料饲喂反刍动物。只有这样才可以大大降低疯牛病传播的风险。

什么是饲料生产中的"刺峰"？

答： 所谓刺峰是指因先前加工含药饲料时以饼块形式滞留在加工设备中的药物的突然脱落而导致无药配合饲料或含药配合饲料中的药物浓度的突然升高。

动物必需的矿物元素有哪些？

答： 构成动物必需的矿物元素除有机物的组分碳、氢、氧、氮外，还需要各种无机矿物元素。根据需要量的多少，可分为常量矿物质元素和微量元素，常量矿物质元素包括钙、磷、钠、镁、钾、氯、硫 7 种，微量元素包括铁、锌、铜、锰、碘、硒、钴和铬等。这些元素都是从饲料中获得的，一旦其中一种或几种缺乏或过量都会导致动物生产性能下降，发生疾病甚至死亡。

饲料的颜色是不是越黄越好？

答： 由于原料本身大都是黄色：如玉米、豆粕，玉米蛋白粉等，而杂粮多为黑褐色，因此，有人认为：饲料颜色越黄证明豆粕越多，饲料越好；但以氨基酸平衡理论为基础并配以相关酶制剂后添加杂粮的日粮，不但价格便宜，生产性能也不错，而且能充分利用我国现有的饲料资源。虽然颜色较深，并不能说饲料不好；同时，对于动物而言，草食动物爱绿色，肉食动物爱红色，猪不好色；所以，并不是饲料颜色越黄越好。

不致拉稀的饲料是不是就是最好的饲料？

答： 对于断奶乳猪饲料而言，解决乳猪拉稀是一个较大的难题，所以，有人认为，只要乳猪不拉稀，饲料就是好。而乳猪拉稀是由各种各样的原因：饲养管理、卫生条件、温度、湿度、通风、病原菌、饲料污染及酸败等等，如果通过大量的药物添加或收敛剂的应用，虽然解决了拉稀问题，但同时也影响了猪的生长，使断奶猪体重减轻或停止生长，大大影响猪的后期生长速度。正确的做法是合理使用抗生素，加强管理，保障断奶期乳猪不掉重，反而有较大的增长，对后期的增重也会更加明显。所以对于饲料的评价而言，不仅仅是不拉稀，更重要的是要保证饲料的营养水平与质量，保证动物正常的消化吸收利用。

饲料企业开发生态饲料产品有何优点？

答： 饲料产品质量的定位或设计目标是决定饲料产品质量最重要的因素。它是饲料质量控制的起始点，也是最终的落脚点。饲料企业饲料产品的定位取决于多种因素，如企业的技术力量、市场情况、工艺技术条件等。其中，生态饲料代表了当今和未来饲料产品的发展趋势。所谓生态饲料是指可获得最大营养物利用率和最佳动物生产性能，且能最大限度地注重饲料对饲养动物、生产者、消费者和环境（主要是土壤、水资源等）的安全性，促进生态和谐的饲料。生态饲料的特点是：（1）强调提高资源的利用率，减少动物排泄，降低对环境的污染；（2）强调最佳的动物生产性能，提高饲料的经济性；（3）强调安全性，即不使用违禁饲料添加剂和不符合卫生标准的饲料原料，不滥用会对环境造成污染的饲料添加剂，尽可能不用或少用抗生素；（4）强调饲料的适口性和易消化性，善待动物；（5）强调改善动物产品的营养品质和风味；（6）提倡使用有助于动物排泄物分解和去除不良气味的安全性饲料添加剂。生态饲料着眼于现代畜牧业的可持续发展，着眼于现代农业的可持续发展，为人类提供安全、优质和营养型的动物产品，代表了21世纪国际饲料产品质量控制技术的发展方向。它较安全饲料、无公害饲料的质量要求要高出许多，是绿色饲料的总称。

设计饲料配方时有哪些注意事项？

答： 随着科学技术的进步，饲料品种和品质的提高，对配合饲料的要求要有一个高的起点，安全饲料要有一个科学的配方，选用最合理、最经济、最安全的原料组成饲料。因此，了解动物对营养物质需要量和各种饲料特性至关重要，根据实际情况，灵活多变制定满足不同群体配方，满足动物最佳营养，发挥动物最大潜力，为人类提供合格的肉、奶、蛋等食品。1.合理运用饲料标准：（1）配方设计时，营养指标的确定必须以饲养标准为依据，世界各国大都有自己的饲料标准，其中以美国的NRC饲养标准应用最广。我国也发布了一些畜禽的饲养标准，在设计饲料配方时，选择适当的标准至关重要，但又不能完全照搬，应综合考虑各种条件给予一定的安全裕量，如根据生产水平，气候变化，加工储存中损失及特殊需要进行超量添加给予一定安全系数等，另外，也要注意不要违背饲料产品标准；（2）借鉴最新科研成果：饲养标准等往往是以前科学研究成果的总结，因此，必须经常查阅国内最新资料，吸取最新科研成果，并在产品设计上体现出来；（3）根据实际情况对营养指标进行适当调整，如高产畜禽营养成分含量应提高一些，健康状况差及弱小动物，对营养的要求也高一些，高温环境也应提高营养等。具体情况下，可添加一些抗应激抗氧化的原料，以更好满足动物营养需要。2.注意产品切合实际：设计产品要考虑畜禽的种类、生产方式、生产水平和生产潜力，也要考虑使用地区的自然经济状况，环境条件，饲养习惯，原料与产品的供销前景，还要考虑饲料工业设备条件，饲养条件，从而使设计的产品档次、品种、规格与实际情况相一致。3.要兼顾饲料产品价格和生产性能之间的平衡：如果单纯追求饲料性能，产品成本往往较高，反之，如单纯追求产品价格最低，设计出的产品性能则可能欠佳。我们只有在保证产品质量的基础上，设计价格最低的产品，创造一个质量永远不变的品牌。4.正确选用饲料资源：设计者要熟悉本地区的饲料资源状况，尽可能利用本地资源，就地取材。精打细算，降低生产中的经济费用，使饲料原料更合理搭配，为此需考虑：

（1）原料的特性：考虑某些原料（如棉籽粕、菜籽粕等）的毒性，适口性，在制作配方时必须限制其最高用量。如制作蛋白饲料，单独使用优质（即低毒）菜粕、棉粕时可确定在 ≤ 5%，若两种均选用时限制在 ≤ 4%，肉骨粉的使用确定以 ≤ 8% 为宜，胚芽饼的使用确定以 ≤ 15% 为宜，若用于生产颗粒时则需适当降低用量，以免影响制粒。小麦麸用量大，会增加饲料容积。应用电脑制作配方，营养数值应选有代表性的，避免选用极端数据，不明确的原料尽量不用或少用。

（2）确定使用原料的种类和数量：对于使用的每种原料，只有确定最佳的营养值，才能制作出最适宜的最低成本的最佳配方，并为其饲料厂选购原料和成本分析提供正确的依据，从而为达最低配方成本下的质量作保证。种类多一些，设计产品在营养上就越易于平衡，充足。然而过度，质量难于控制，易造成消化营养上不平衡，会给生产带来弊病。如使用棉粕配制牛料，尽管棉粕对牛利用率高，但过量使用，会使乳脂变硬，故而应与软脂原料，芝麻饼或糖蜜结合应用，对原料特性起互补作用。5.合理用预混料配制浓缩料：浓缩料质量的好坏，是影响用户直接应用的关键。浓缩料设计配方，要考虑预混料中载体成分，以确保质量和成本控制，并配制好浓缩料，做专用浓缩料预混料，如猪用 2% 等，在预混料中，对于添加的抗氧化剂及防霉剂等，用于保护预混料和浓缩料添加量就少得多，用过多浓缩料具刺激性，并对营养成分有破坏，如用于保护全价料就需另行再添加，以防止糠麸饲料易吸收水分，造成饲料霉变。6.合理选用饲料添加剂：配方设计时应予以重视，明确认识饲料中需加哪种合成药物、抗生素、促生长剂，而不允许或绝对不准添加哪种药物。

低蛋白高氨基酸配方饲料的效果很好，从营养需要的角度如何解释？为什么以前只考虑高蛋白高氨基酸配方？

答：低蛋白理想氨基酸模式更符合动物生长需要，是未来环保配方的趋势；但以前并没有较好的应用于生产，原因有：（1）国内对原料的成分、消化率等还不十分了解；（2）为了保护消费者的权益，饲料营养成分的含量有一定的标准。

为什么用玉米豆粕型日粮还不如饲料厂用杂粕的饲料效果好？

答：这个问题只是个别现象。饲料的效果决定于饲料中含有的有效氨基酸和能量，另外，还与饲料中钙、磷、维生素、微量元素等有关，尽管豆粕型日量营养成分含量和消化率一般比杂粕高，但是，其他营养素如果不充分考虑，饲料效果也不会很好。另外，饲料厂在使用杂粕时，一般需要根据杂粮的特点添加相应的酶制剂和氨基酸，这样不仅杂粮的利用率提高，其整体饲料的利用率也有一定提高。

如何提高饲料能量？

答：向饲料中添加高能量的原料或者高能量的原料含量增高，高能量的原料如油类、玉米，也可适当使用脱皮豆粕（能量比普通豆粕高）、全脂膨化大豆等；向饲料中添加消化酶，提高各种原料的消化率，从而提高能量；配方中少用低能量的原料。

维生素少加了会怎么样？

答：维生素少加了，就会出现缺乏症，略微少一些，就会代谢速度降低，表现为日增重降低、料重比升高、抗应激能力降低。

为什么饲料配方长期没变化，但饲料质量却不如前？

答：饲料质量，是由好多因素决定的。一般而言，饲料配方、原料质量、加工工艺、质检和品控都会影响饲料质量，不能因为配方没变，就说饲料质量没有改变。同时，养殖效果还受品种、卫生与疾病控制、饲养管理、水质等因素影响，由于饲料成本占养殖总成本的60%以上，故一般养殖户总认为养殖不好是饲料原因，相反一般情况下养殖出现问题往往是饲料以外的原因较多，所以针对养殖效果问题，要进行调查研究，找出其中的真实原因。

怎样设计无鱼粉配方？

答：鱼粉不是饲料中的必需原料，只要设计的配方氨基酸平衡，都可以的，要按照每种动物不同阶段的要求来设计。

熟化料与非熟化料在营养上有何差异？饲料经高温熟化后，多种维生素及其他营养指标有什么损失？

答：熟化料一般是经过高温挤压或者膨化，是淀粉变性形成的，因而更加利于消化吸收。营养含量上没什么差异，消化率有所提高。但是在熟化的过程中，会对某些维生素有破坏作用，要按照损失率多添加安全量就可以的。哺乳动物（如猪等）对生淀粉的利用能力较差（与人一样），故一般需要对饲料进行适当的熟化处理；而禽类（鸡、鸭等）对生淀粉的利用率较高，故一般无需熟化处理；这就是为什么乳仔猪饲料的制粒温度较高并调质时间相对较长，以使淀粉熟化而提高利用率，而鸡与鸭料不要求有较高的制粒温度，只要保证颗粒质量就行。

怎样净化饲料中的大肠杆菌、沙门氏菌？

答：对饲料厂而言，最有效的方法就是采用膨化技术来杀死饲料中的有害细菌。国家专门指标标准，请参考相关资料。

鸡粪做猪饲料有哪些注意事项？

答：建议不用鸡粪做猪饲料。但如果一定要用，需将其干燥。干鸡粪中含粗蛋白 28.7%、粗纤维 13.9%、钙 7.8%、磷 2.1%、水分 11.4%，将收集的鲜鸡粪晒干或烘干，过筛除去泥沙杂质，然后用 70% 的干鸡粪、20% 干草粉、10% 糠麸混合均匀，置缸里或池中储存发酵，20 天后即可作饲料。应考虑的问题：（1）首先应注意消毒，切断传染源，排除臭气。可添加除臭剂、乳酸菌类、沸石吸毒剂等。其次，猪在屠宰前 14 天应停喂鸡粪，喂青绿饲料和芳香型饲料，使猪肉无喂鸡粪后遗留的特异味道；（2）初次添加鸡粪要掺入 70% 的配合饲料，然后逐渐增加鸡粪用量，减少配合饲料用量，防止一次加量过大，使猪因不适应而拒食，影响增重；（3）鸡粪应及时收集和处理，以防变质。患病鸡粪不可喂猪。喂量逐步增加，幼猪不宜喂鸡粪。生长期占日粮总量 5%～10%，肥育期占 10%～20%。下面是将鸡粪干燥的方法：（1）自然干燥：将收集的鸡粪单独或掺入一定比例的米糠或麦麸（占 20%～30%），拌匀后摊放在干净场所，利用阳光自然晒干除臭，干后过筛除去羽毛、石沙等杂物后粉碎，置于干燥处备用，饲喂时可按照前述比例添加。（2）烘干：在鲜鸡粪中加 10% 的工业硫酸亚铁，拌匀后在 120～160℃温度下烘干，当水分降到 10% 以下时，即可饲喂。（3）高温快速干燥：鲜鸡粪在不停运转的脱水干燥机中加热；500～550℃的高温下，在很短的时间内可使水分降到 13% 以下，即可作饲料。这种干燥装置主要包括热发生器、燃烧室、干燥筒、旋风分离器、自动控制器等。（4）机械干燥：利用烘干机械设备进行干燥，多以电源加热，温度在 70℃时加热 12 h；140℃时加热 1 h，180℃时加热 30 min 即可作饲料。

如何保管购买的饲料？

答：饲料的保管、加工、储藏，直接影响饲料的营养价值。饲料保管时温度过高可使蛋白质变质，或因储藏时间过久，因细菌作用而腐败。动物性饲料如含脂肪或水分多，储藏过久会使脂肪氧化变质，可利用能量就降低。如国产鱼粉因质量差，有的进料时已有结块，若保存过久就会结块成"饼"或变成黑色，所含养分均被破坏。因而，动物性饲料不宜久贮，而应脱脂后储藏。各类饲料储藏应防止霉菌污染，造成饲料腐败变质。玉米、花生米、花生饼储藏时易污染黄曲霉素菌而使畜禽或人（间接）致癌，保存时应保持干燥，储藏时间不能超过 3 个月。光和空气能使一些维生素氧化或分解，高温与酸败能加速饲料分解，保管时应注意避光、阴凉、干燥，或以骨胶、淀粉、植物胶等做成胶囊加以保护。具体做法：一是去旧存新，及时清底。如饲料库中存放的某种饲料垛，新料来时又接着往上码，还未用完又来新料，天长日久，放在底部的料一直未动用，等到清底时，最底层的料已板结得像"饼"一样。二是科学码垛、垫底通风。不同品种的料分别码垛，垛与垛之间留一定距离，便于存取和通风。垛的底部须用枕木等垫高，以利防潮通风。高温季节应采用风机强行通风降温，以防发霉、变质、虫蛀，破坏饲料中的营养成分，造成无形浪费。此外，无论畜禽舍还是饲料仓库都必须灭鼠。因老鼠不仅污染、吃掉大量的饲料，而且还带来一些传染病。1只老鼠1年要吃掉大约10 kg饲料，因此，消灭老鼠也是节约饲料的重要一环。

如何做好饲料厂防鼠、灭鼠的工作？

答：做到下面的八项注意：（1）每年至少进行较大规模的灭鼠工作两次，必要时增加次数；（2）投鼠药灭鼠需在停产时由专人进行；（3）要掌握厂内老鼠的分布、数量、危害程度；（4）保持厂区内干净整洁；（5）保持门、窗严密；（6）成立防鼠/灭鼠小组，设立一名组长、若干名组员；（7）灭鼠程序：第一天生产结束后用小药盒盛药在各个点投放，在图上标好每点并编号，第二天停产，第三天生产前根据图标和编号收回剩余鼠药、死鼠。将现场清扫干净，并把剩余鼠药、死鼠、现场清扫脏土远离厂区深埋。（8）做好详细的灭鼠记录存档备查（图158）。

图158 抓住老鼠后示众就没有必要吧？

纤维素和淀粉有什么区别？

答：尽管淀粉和纤维素的水解产物都是D-葡萄糖，但是由于其中的糖苷键不同（前者主链中为 $\alpha-1$，4糖苷键，而后者为 $\beta-1$，4糖苷键），使二者具有完全不同的构型，也使得动物内源酶仅能水解淀粉，而无法水分纤维素。直链淀粉盘卷成螺旋状，每一圈螺旋约有6个葡萄糖结构单元。这种螺旋结构在弯折起来形成看似不甚规则的立体构型。而纤维素分子呈长链平行排列，约60个纤维素分子在氢键的作用下形成纤维素束。几个纤维素束绞在一起形成绳索状的结构，这种绳索状结构再排列起来形成肉眼所见的纤维。因此，纤维素具有很大的强度和弹性。

碳水化合物是饲料的重要组成部分，能量的主要来源，什么是碳水化合物？

答：碳水化合物，又称糖。它构成了植物性饲料的主要部分，但在动物机体内却含量微小。

按概略养分分析方法它被分为粗纤维和无氮浸出物。按能否水解以及水解产物情况分为单糖、低聚糖（或称寡聚糖）和多糖（或称多聚糖）。（1）单糖，指不能被水解的多羟基醛或多羟基酮，如葡萄糖、果糖、半乳糖、木糖和核糖等。自然界中绝大多数的单糖都是 D 型。（2）低聚糖指水解后生成 2～10 个单糖分子的化合物，如双糖，如乳糖、蔗糖、麦芽糖和异麦芽糖以及纤维二糖等。此外，麦芽三糖和低聚糊精也是重要的代谢中间产物。（3）多糖，指水解后能生成 10 个以上单糖分子的化合物，如淀粉、糊精和糖原、纤维素、半纤维素和果胶等。

什么是饲料配方？如何配制科学的饲料配方？

答： 饲料配方是根据动物的营养需要、饲料的营养价值、饲料原料的现状及价格因素，合理地确定各种饲料的配合比例，这种饲料的配比即称为饲料配方。进行饲料的配合，必须有饲料配方。合理地设计饲料配方是科学饲养动物和生产高质量配合饲料的关键环节。设计饲料配方时，既要考虑动物的营养需要和消化生理特点，又应合理地利用各种饲料资源，才能设计出低成本、高效益的饲料配方。饲料配方的设计涉及许多制约因素，为了对各种资源进行最佳分配，配方设计应遵循以下原则：（1）科学性原则。饲料标准是对动物实行科学饲养的依据，经济合理的饲料配方必须根据饲养标准所规定的营养物质需要量指标进行设计。在选用的饲养基础标准的基础上，可根据饲养实践中动物的生长或生产性能等情况作适当的调整。设计饲料配方应熟悉所在地区的饲料资源现状，根据当地饲料资源的品种、数量以及各种饲料的理化性质和饲用价值，尽量做到全年比较均衡地使用各种饲料资源。（2）经济性和市场性原则。饲料原料的选用应因地制宜，要合理安排饲料工艺流程和节省劳动力消耗，降低成本。（3）可行性原则。即生产上的可行性。配方时在原料的选用种类、质量稳定程度、价格及数量上都应与市场情况及企业条件相配套。产品的种类与阶段划分应符合养殖业的生产要求，还应考虑加工工艺的可行性。（4）安全性与合法性原则。按配方设计出的产品应严格符合国家法律法规的要求，如营养指标、感官指标、卫生指标和包装等。（5）逐级预混原则。为提高微量养分在全价饲料中的均匀度，原则上讲，凡是在饲料成品中用量少于 1% 的原料，首先均要进行预混合处理。

配合饲料的粗蛋白质是不是越高越好？

答： 不一定。粗蛋白是由饲料中氮的含量乘以 6.25 所得到的数据。粗蛋白的高低反映了饲料中氮元素含量的高低。同时，一般而言也反映饲料中的蛋白水平，亦即氨基酸的水平。动物需要的是氨基酸，而不是粗蛋白或者说是氮元素。蛋白质是饲料的重要组成部分，蛋白质饲料一般比较贵。市场上相同厂家的饲料也总是粗蛋白质水平高的比较贵，这也造成了部分养殖户认为饲料粗蛋白质越高越好的片面认识。例如尿素等非蛋白氮的粗蛋白含量可以达到 100%～200%，难道说尿素是比豆粕和鱼粉更好的饲料原料？饲料中添加尿素则粗蛋白质水平高，对于单胃动物而言却毫无益处。同样是氨基酸态的真蛋白质：如羽毛粉和晒干的血粉，粗蛋白含量很高，但其消化率非常低，是比较差的蛋白质原料。所以对于饲料而言，更应当注重的是饲料的可消化蛋白质或氨基酸的含量,注重饲料的实际应用效果,而不是标签上的蛋白质。饲料的价值重在营养全面平衡,回报率高,而不是简单地以粗蛋白质水平高低来衡量的。科学的饲料配方设计不但要考虑粗蛋白质水平,还要考虑蛋白质品质,各种氨基酸的比例,粗蛋白质和能量的比例。如果对于反刍动物还要考虑过瘤胃蛋白质的比例。因此,对饲料蛋白质要进行综合评价,而不能简单地认为粗蛋白质含量越高越好。粗蛋白太高易造成蛋白消化利用率下降,排泄增加,而造成对环境氮污染的增加,同时往往会造成水体的富营养化,对环境极为不利。

饲养的动物出现生长不良应该怎么办?

答:动物出现生长不良的因素相当复杂,应综合判断分析。可能是蛋白质、维生素、矿物质缺乏,氨基酸不平衡,疾病和环境突然变化等原因。建议请畜牧兽医技术人员现场指导。

养殖动物出现死亡一定是饲料出了问题吗?

答:不一定是饲料问题,问题可能比较复杂,应综合判断分析。一是应立即停止使用疑似导致动物死亡的饲料,改用其他品牌饲料;二是保留饲料,通知生产企业到现场,共同取样;三是请兽医诊断动物疾病,必要时做动物尸检,出具检验报告和医治处方;四是委托有资质的专业检验机构检验样品,根据兽医建议和动物死亡原因,有针对性地选择检测项目;五是饲料产品和样品应在保质期内送检。

购买低价饲料、原料有哪些隐患?

答:低价原料中有些植物性饲料原料在生长过程中为了免受病虫侵害而被大量施用农药,造成农药残留大大超标。另外,工业生产中所排放的废水、废气对饲料原料污染也相当严重。但目前大多数饲料厂在接收原料时受检测设备的限制,对农药残留和工业污染原料未加检测,这是安全饲料生产的一大隐患,应引起饲料生产者的重视。低价饲料中有些原料具有天然有毒有害物质,如植物性原料中的生物碱、游离棉酚、单宁、蛋白酶抑制剂、植酸和有毒硝基化合物等,动物性饲料中的组氨、抗硫氨素等以及受微生物污染的哺乳动物的血、脂、骨粉或肉骨粉等,这类有毒有害物质对动物会造成多种危害。低价饲料水分含量一般都达不到安全储藏的标准,储藏过程中原料极易受霉菌的污染产生大量霉菌毒素,使饲料品质恶化。低价饲料掺假的问题也十分严重。一方面是饲料原料生产者掺假,以次充好,如在价格较高的鱼粉中掺入羽毛粉、尿素、尿醛聚合物、血粉、皮革粉、肉骨粉、贝壳粉、石粉、谷壳、棉籽饼和菜籽饼等;玉米蛋白粉中掺入尿素、尿醛聚合物等;棉粕中掺入沙石、泥土等;用这样的原料生产出来的饲料产品,其质量自然难以保证。另一方面是饲料生产者掺假,以次充好。即饲料原料质量过关,但在配料时用价格低廉的尿素、羽毛粉等代替鱼粉、豆粕等,也可使产品的质量指标达到要求,这实质上也是原料掺假。原料的质量直接关系到饲喂产品的质量。如果原料以次充好,很难满足动物营养的需要。

出现饲料质量安全问题应该怎么办?

答：这要分 3 种情况区别对待。（1）如果购买的是假冒饲料，如假冒他人的厂名、厂址，假冒他人的商标、品牌，假冒他人的认证标志、专利技术，可到当地饲料管理部门或工商管理部门举报；（2）如果购买的饲料质量有问题，比如畜禽生长不良，达不到预期的生长目标或生产性能，一是与饲料生产厂家联系，让其技术人员到现场查验是饲料质量问题，还是使用方法问题，或者是畜禽疾病问题。二是，如果生产厂家来人指导后畜禽生长效果仍得不到改善，就要停用这种饲料产品，换购规模、质量、信誉都比较好的厂家的饲料。如果换上饲料 1 周后情况有好转，就说明上批饲料真的有质量问题。三是再与原生产厂家联系协商解决，让其退货或换货，并提出经济赔偿。这时如果企业不认账或者协商未果，就要采取第四步，即携带证据向有管辖权的人民法院提起诉讼，利用法律武器维护自己的合法权益。同时，应向当地饲料管理部门报告并要求依法查处违法违规的饲料产品。要保留证据，证据包括购货发票、饲料标签、饲料使用记录、畜禽生长记录等。最后，如果在饲料质量安全的认定上出现争议，就要抽取饲料样品委托法定饲料检测机构进行化验；（3）如果购买的饲料出现安全问题，即畜禽出现大量急性死亡，一是立即停喂饲料，改换其他厂家的饲料。二是保存所有证据，包括饲料采购单据、使用记录以及死亡的畜禽。三是立即与饲料生产厂家联系，让其来人调查处理，协议赔偿。四是如协议不成，先让当地兽医诊断出病因，如怀疑是饲料中某种毒素或某种药物中毒，再抽取饲料样品到饲料检验机构化验饲料。最后就是到人民法院起诉。这里有两点要注意：一是要区分畜禽死亡，是正常死亡还是非正常死亡。如果健壮、食量大的畜禽大量急性死亡，饲料中毒的可能性较大；而个别的、病弱的畜禽少量死亡，应属畜禽的正常死亡。二是要区分是饲料中毒死亡，还是畜禽传染病引起的死亡。凡是使用了同一生产厂家饲料饲喂的畜禽都出现大批死亡，饲料中毒的可能性较大；而如果周围的养殖户饲喂的并不是同一生产厂家的饲料，但都有畜禽大批急性死亡，得传染病的可能性较大。

现在的全价料，有粉状的、颗粒状的，还有次粉型的，哪种料型最好?

答：随着养殖规模化程度的不断提高，全价料会越来越普及，这在畜牧业发达的国家已经得到了验证。但在我们国家这个转换过程会比较漫长，尽管最终的趋势亦是如此。至于粉料和颗粒料哪种好，这主要取决于动物品种、用料习惯以及料槽的结构形式，而且有些发达国家先进的养猪场已改为流体饲料，通过管道来输送饲料。一般来讲，规模较大的猪场喜欢采用颗粒饲料。相对而言颗粒料动物采食量稍大，浪费较少，另对于猪而言，颗粒料淀粉经相对熟化后利用率提高。

常见饲料饲喂方法是怎样的?

答：甘薯：不宜单喂或生喂，应煮熟后与配合料、糠麸、青料、粗料等合喂。米糠：营养丰富，营养价值高，喂量不宜过多，喂多了易引起便秘，米糠只占日粮的 15% ~ 20%，最好是与青料、甘薯合喂。麸皮：不仅含纤维高，还有轻泻作用，麸皮不能单喂或久喂，要与精、粗、青料配合，只占日粮的 15%。豆渣：营养单一，喂量不宜过多，也不能单独饲喂或生喂，要煮熟后与配合料、青粗料搭配饲喂，日喂量不超过日粮的 30%，发霉变质的不能用作饲料。酒糟：酒糟中含有一定量的酒精，在用作饲料前要加水磨细或晒干粉碎，与精料、青料、甘薯、土豆合喂，鲜酒糟不超过日粮的 30%。土豆：不能用绿色、青紫、已发芽的土豆作饲料，易中毒，喂量不超过日粮的 20%。秸秆：用作饲料必须粉碎，在饲喂前用沸水浸泡 8 ~ 12 h 软化，与配合料、青料、甘薯等合喂，喂量占日粮的 15% ~ 12%。菜叶：各类蔬菜叶是畜禽的优质青料，已腐烂的不能用作饲料，菜叶要新鲜清洁，不能堆放过久，不能焖煮。新鲜生喂，与配合料、粗料、糠麸、甘薯和土豆合喂。

如何正确使用维生素？

答： 维生素是维持动物正常生理机能必不可少的有机化合物，多数是辅酶的组成成分，这些酶参与糖、脂肪和蛋白质代谢，维生素缺乏会影响辅酶的合成，导致代谢紊乱，动物出现各种病症，因此维生素的作用是不可忽视的。维生素分为脂溶性维生素和水溶性维生素两大类，前者包括维生素 A、D、E、K，后者包括 B 族维生素和维生素 C 等。在猪的生长发育过程中，较重要的是维生素 A、D、E 和 B 族维生素中的几种，因为，它们在猪体内不能自行合成，需要靠饲料供应。一般脂溶性维生素能够在体内适量储存，因此不致发生急性缺乏，而 B 族维生素不易在体内大量积蓄，所以常易发生缺乏症。了解各主要维生素的特性和功能，对指导临床使用具有重要意义。（1）维生素 A：主要生理功能是保持猪的呼吸、消化及生殖系统黏膜的正常功能；维生素 A 容易遭受高水分、强光、微量元素的破坏。幼猪缺乏维生素 A 时，主要表现为食欲缺乏、生长停滞，还会出现神经功能退化以及过度兴奋症状，发生痉挛和抽搐等。母猪缺乏时，性周期不正常，卵细胞形成减少并缺乏生命力，即使受胎也很容易引起流产和死胎，畸形仔猪。公猪缺乏时，精液品质下降。（2）维生素 D：维生素 D 和钙、磷的吸收利用有密切关系，只有在维生素 D 的参与下，钙和磷才能被充分吸收和利用。维生素 D 的稳定性容易受湿度、光和微量元素的影响。长期缺乏维生素 D 可阻碍钙、磷的吸收和代谢，引起骨质钙化不全，使仔猪患佝偻病，使成年猪发生骨骼无机盐溶解而患软骨症。妊娠母猪严重缺乏维生素 D 时，不仅生下的仔猪体质衰弱和容易发生佝偻病，而且会生下畸形的仔猪。（3）维生素 E：具有保护生殖系统正常功能的作用，怀孕猪缺乏时有死胎现象。维生素 E 与神经、肌肉组织代谢有关，严重缺乏时，可引起肌肉营养不良。遇光和热时，维生素 E 分解加速。（4）B 族维生素：在生产实践中，较为重要的有硫胺素（维生素 B_1）、核黄素（维生素 B_2）、泛酸、烟酸和维生素 B_{12} 等几种。其中，核黄素、烟酸、维生素 B_{12} 较易缺乏，猪的日粮中应注意补充，其对光比较敏感。核黄素主要影响猪的食欲、毛发、体重等；烟酸为皮肤和消化器官正常生理活动所必需，缺乏会发生呕吐、下痢和皮肤炎症；维生素 B_{12} 参与造血过程和蛋白质合成。B 族维生素过多对机体无害，但不经济，会造成养殖成本的增加。维生素对猪场的生产非常重要，但其作用也不能过分夸大。要保证猪群的生产性能，首先要保证蛋白质、氨基酸、能量的供应，然后在适量维生素的作用下，把饲料中的营养素转化成猪肉产品，获得好的饲料转化率，从而获得好的经济效益。维生素的添加，既要保证猪场的实际需要，也要考虑经济成本的支出。维生素重要性已被认识，所以大多养殖者都会在猪饲料里添加，但是，真正有多少被吸收利用，就没有人去关心了。夏季的高温和高湿会造成动物的应激，再加上动物的饲养密度大，造成动物对维生素的需要量加大，因此，需要定期额外添加。另外，由于很多维生素在高温、高湿或强光条件下不稳定，易被破坏失效，选择工艺先进、质量稳定的多维显得尤为重要。目前，采用纳米分割和乳化包被新技术，将大分子的维生素颗粒分割为有利于机体吸收的小颗粒，而且将不稳定的维生素包被，使得维生素性质稳定，适合现场的添加使用。

如何选购配合饲料？

答：配合饲料是根据畜禽不同生长阶段和生产目的，对不同营养物质的需要，而配制的含有各种营养成分的饲粮。养殖户在选购配合饲料时要做到"四看"：（1）看厂家：目前饲料生产企业很多，选购饲料时要认准生产厂家，选择科研单位试验后推广应用的产品；（2）看包装：正规厂家生产的配合饲料，包装美观整齐，厂址、电话、适应品种明确，有在工商部门注册的商标；（3）看颜色：某一品牌某一种类的饲料，其颜色在一定时期内相对保持稳定。由于各种饲料原料颜色不一样，不同厂家有不同的配方。因而不能用统一的颜色标准来衡量，但在选购同一品牌的饲料时，如果颜色变化过大，就不要轻易购买；（4）看均匀度：正规厂家生产的优质饲料，混合都是非常均匀的，而劣质饲料因加工设备简陋，很难保证饲料的质量。

日粮中蛋白质的缺乏与过剩对动物机体有哪些影响？

答：日粮中蛋白质的缺乏与过剩均可对动物造成不良影响，影响动物正常的生长发育。（1）日粮中蛋白质缺乏对动物机体的影响：①生长减缓体重减轻，因缺少蛋白质会使体内蛋白质合成与代谢发生障碍而导致蛋白质沉积减少。②动物消化机能减弱：日粮中蛋白质的缺乏会影响到胃肠黏膜及消化腺体蛋白质的更新，从而影响消化液的分泌，由此引发消化功能的紊乱，影响动物的食欲。③导致动物繁殖机能的紊乱：日粮中缺乏蛋白质会影响到脑垂体的分泌机能，致使促性腺激素分泌减少而致公畜精子生成异常，精子数量减少品质降低；母畜发情、排卵、受精、妊娠等过程异常而致不孕、流产、死胎、弱胎等现象发生。④生产性能降低：各种畜产品的基本组成成分包括蛋白质，而日粮中的蛋白质缺乏，会导致动物机体蛋白质的合成而减低生产性能。⑤可导致组织器官结构与功能异常：蛋白质缺乏可导致肝脏功能异常、肾上腺皮质功能降低、肌肉等组织蛋白质合成不足。⑥动物机体的抗病力降低：日粮中缺乏蛋白质动物处于亚健康状态，所以抗病力减弱，易发生传染性疾病和代谢性疾病。（2）日粮中蛋白质过剩对动物机体的影响：在日粮中蛋白质超出一定限度内不会对动物机体造成影响，因为机体具有氮代谢调节机制，但超出一定限度会增加肝脏的负担，造成肝功能损伤。由于蛋白质过剩会造成异常代谢，异常代谢时要消耗大量能量，所以会导致饲料利用率降低。

各种维生素与相关酶的关系是怎样的?

答:维生素 C 参与胶原的合成、还原性。含有巯基的酶, 巯基的还原需要维生素 C, 例如, IgG、IgM 的多个二硫键是通过巯基氧化生成的, 所以, 动物体内维生素 C 含量影响动物的免疫力, 尤其是那些不能合成维生素 C 的动物。维生素 C 的另一个作用是还原铁离子, 增加氧在组织内的分布, 提高能量利用率; 同时, 提高铁在肠道的吸收。叶酸还原成有活性的四氢叶酸也必须有维生素 C 的参与。维生素 B_1 体内活性形式是焦磷酸硫胺素(TPP), 为 α – 酮酸的氧化脱羧反应所必需, 缺乏则丙酮酸、乳酸蓄积, 产生毒害, 表现为心力衰竭, 腹水症。B_1 能抑制胆碱酯酶的活性, 缺乏则乙酰胆碱数量减少, 胃肠蠕动减慢, 各种营养物质消化率降低。聚醚类抗球虫药拮抗维生素 B_1, 制作配方时要注意。维生素 B_2 具有可逆的氧化还原反应特性, 在生物氧化反应中传递氢。商品维生素 B_2 易带静电, 难于混匀, 罗氏维生素 B_2 经喷雾干燥处理, 消除静电, 但含量变成 80%。维生素 B_6 在体内经转化后为氨基酸转移酶、氨基酸脱羧酶、半胱氨酸脱硫酶的辅酶, 在氨基酸代谢中发挥重要作用。肠道细菌能够合成, 多量使用促生长剂时应注意。维生素 B_{12} 一碳单位转移酶系的辅酶, 与叶酸一起, 参与甲基化作用, 在核酸和蛋白质的合成中起重要作用。大肠细菌能够合成, 但不能吸收。烟酸与烟酰胺构成烟酰胺腺嘌呤二核苷酸(NAD)和烟酰胺腺嘌呤二核苷酸磷酸(NADP), 多种不需氧脱氢酶的辅酶, 在生物氧化反应中传递氢。肠道细菌能够合成一部分, 多量使用促生长剂时应注意。泛酸有旋光结构, 应注意。构成辅酶 A, 转移酰基, 如乙酸和脂肪酸的转移。肠道细菌能够合成一部分, 多量使用促生长剂时应注意。叶酸体内活性形式为 5, 6, 7, 8- 四氢叶酸, 由叶酸转化为活性形式需要维生素 C 和还原型 NADP 参加, 是一碳单位转移酶的辅酶, 转移甲基。生物素是多种羧化酶的辅酶, 参与体内 CO_2 的固定和羧化过程, 肠道细菌能够合成, 多量使用促生长剂时应注意。维生素 A 参与酸性黏多糖的合成, 磷酸视黄醇酯作为单糖基的载体, 参与细胞膜糖蛋白的合成, 维持细胞膜的完整性, 参与类固醇激素的合成, 影响生长、发育。维生素 D3 调节体内钙、磷代谢。维生素 E 具有抗氧化作用, 保护胆碱酯酶、琥珀酸脱氢酶等巯基不被氧化, 从而维持这些酶的活性; 不饱和脂肪酸氧化后产生自由基, 这些自由基会破坏各种膜的完整性, 维生素 E 防止不饱和脂肪酸的氧化, 维持各类膜的完整性, 由此产生抗衰老作用。维生素 K 参与体内氧化还原反应, 在黄酶与细胞色素之间传递氢原子参与线粒体氧化磷酸化过程, 对肌肉中 ATP 含量及 ATP 酶活性有影响; 参与凝血过程。肠道细菌能够合成, 多量使用促生长剂时应注意。

通常说的限制性氨基酸是哪三种?

答:蛋氨酸、赖氨酸、色氨酸。

维生素的分类及每一类的特性是怎样的?

答:(1)分类: 脂溶性维生素(V_A、V_D、V_E、V_K)、水溶性维生素(Vc 和 B 族类维生素)。

（2）特性: 脂溶性维生素: ①吸收到需要脂溶溶剂; ②能在体内大量储存; ③短期内缺乏影响不大。

水溶性维生素: （1）吸收利用需要水; （2）在体内不储存主要从饲料中获得; （3）Vc在体内可合成，只有在应激下才易缺乏; （4）饲料保存不当易失效。

常用饲料的储藏要求分别是怎样的?

答: 动物饲料种类繁多，不同饲料其特点也不同，不同的饲料其储藏方法和要求也不同，常用饲料的储藏要求如下: （1）全价颗粒饲料: 是用蒸汽调制或加水挤压而成，大部分微生物和害虫被杀死，且间隙大，含水量低，只要防潮、通风、避光储存，短期内不会霉变，维生素破坏也较少。（2）全价粉状饲料: 表面积大，空隙小，导热性差，容易返潮，脂肪和维生素接触空气多，易被氧化和破坏，不宜久存。（3）浓缩饲料: 含蛋白质丰富，含有微量元素和维生素，导热性差，易吸湿，微生物和害虫容易繁殖，维生素也易损。储藏时应在其中加入防腐剂和抗氧化剂，一般储藏3～4周。（4）添加剂: 一般要求在低湿、干燥、避光处储藏，包装后要密封。许多矿物盐能促使维生素分解，因此矿物质添加剂不易和维生素添加剂混在一起储存。添加剂预混料为避免氧化降低效价，应加入抗氧化剂。储存时间直接影响添加剂的效价，某些维生素添加剂每月损失量就有5％～10％，因此，其产品应快产、快销、快用，切忌长期储存。

发达国家控制养殖污染的措施有哪些?

答: 发达国家和地区非常重视对新建、改建、扩建畜禽养殖场建设的源头管理，尤其是对新建养殖场实行申报审批制度，根据拥有的土地确定畜禽养殖的规模，控制养殖场与水源、居民的距离，确定化粪池容积和粪便处理方案。其次，发达国家实施种养区域平衡一体化模式。发达国家发展畜禽养殖业，绝大多数是属于既养畜又种田的模式，有充足的土地可以利用、消化畜禽粪便。例如: 荷兰全国只有几个大型农场，整个农业、畜牧业分散在全国13.7万个家庭农场，畜禽产生的粪便由农场自身进行消化; 丹麦则靠全国8万个既种粮又养畜的自耕农场; 美国虽有大型畜牧场，但在养猪方面生产200～500头猪的小型农牧结合的农场也不少。日本早在20年前，就已经认识到大型养殖业对环境的污染和危害，将畜禽养殖业污染称为"畜产公害"。因此，严格限制了大型养殖场的建设，而且必须有治理污染的措施; 再次是综合利用，达标排放; 对规模化的畜禽养殖场必须规定要有一定的污染无害处理和综合利用的设施。畜禽污水或者就地处理，达标排放; 或者按排放要求进入市政污水处理厂进行处理，畜禽养殖场则需缴纳污水处理费用。日本横滨市要求牧场主对畜禽养殖产生的粪便、尿液和冲洗水实施分离，尿液、冲洗水全部进入下水道，由专门的污水处理厂处理，最终根据排放量及浓度进行收费。

动物福利的概念及具体操作现状如何? 是否可以为企业带来经济效益?

答: 动物福利这一概念已有30多年的发展历史，目前，已初步形成一门新的学科体系。早期的动物福利主要针对遭受残忍对待的动物个体，而近期的动物福利概念主要针对养殖动物的饲养体系及试验动物的试验规则。福利的定义可概括为动物个体在某个特定时间段或整个生命周期内生理和精神与所处环境的协调状况。它包括主观和客观两方面，主观内容是指人们对动物的态度（包括哲学、道德及宗教），客观内容是指福利学科的科学体系（包括动物生产、兽医防护和应用动物行为学）。福利的好坏可通过多种指标评价，如生理指标和行为观察，但目前福利的评价过多地依赖生理指标，免疫指标和行为学评价没有得到足够重视，且在实践中又经常忽视了疾病是福利恶化的最直接的体现。改善动物福利有助于降低应激水平，提高免疫力；满足动物的行为需求，降低动物异常行为，如异食癖、自残、相残、咬尾等，避免饲养效率的降低；提高畜产品质量。改善集约化养殖条件下动物的福利状况，如适当降低饲养规模、改变饲养方式、改善饲养环境等，可一方面增强动物机体的抗病能力，提高动物生产性能；另一方面还可以提高动物产品品质和价格。在北欧和澳大利亚，通常自由散养的褐壳蛋鸡所产的鸡蛋，贴上"自由散养"或"自由食品"的标志，在市场上的售价可比普通鸡蛋即笼养鸡蛋的价格高 20% ~ 30%。从不同蛋鸡生产方式的投资和生产成本核算表可以看出，适当改变生产方式不仅满足了公众对动物福利的呼吁，而且在经济效益上是合算的。动物的福利状况与畜禽生产的效益直接相关，通过适当方式改善动物的福利状况将明显提高动物的免疫机能，减少"人造病"的出现，提高畜禽产品的品质。在国外畜禽养殖业如果要持续稳定的发展，其生产方式尤其是动物福利的状况必须得到公众的认同。随着经济全球化的影响，福利对畜禽养殖业的影响将逐渐在中国市场上体现出来，而目前国内对动物福利的认识尚有很大的不足。可以预见，在良好福利条件下的畜禽高效生产将是未来养殖业的发展趋势。

动物饲养过程中常见的应激源有哪些？如何应对？市场上所应用的抗应激添加剂有哪些？

答：根据应激的来源可分为：内在应激、外界环境应激。所谓内在应激是指动物遗传种质（品种、类型）固有的生理不协调性，最典型的是高产应激。快大型肉鸡（躯体和心肺生长差引起的应激），产蛋鸡的高峰期，奶牛的泌乳高峰。外界环境应激无处不在，如圈养方式、房舍温度、湿度的过高或过低、地面材料、通风不良、有害气体的蓄积；动物管理中的分群、断奶、驱赶、捕捉、剪毛、去势、修蹄、断尾、运输；兽医防治中的采血、检疫、预防、接种、消毒；饲养中的日粮类型、营养水平、给水、给料方法的突然变化等都是应激源。强烈或持续的刺激，会致使动物神经体液调节系统紊乱，物质代谢出现不可逆反应，异化作用占主导地位，机体贮备耗竭，动物呈现严重的营养不良状况，免疫性能低下，性机能紊乱，肾上腺皮质增大及机能亢进，胸腺淋巴组织萎缩，血液嗜酸性白细胞及淋巴细胞减少，中性多核性白细胞增多，胃酸分泌增加而导致胃肠道形成溃疡或局部发生炎症。在猪上一般称猪应激综合征，常见于运输和宰前猝死，死后可见猪肉变性，如苍白松软的渗出性猪肉，干燥坚硬色暗猪肉，成年猪背肌坏死，猪急性心衰竭或昏厥等病理表现。猪的胃溃疡，咬尾症，禽的啄癖症等，均属严重应激刺激引起的症状。在家禽上，最常见的应激源为高温。由于鸡没有汗腺，对高温的调节机能较差，为降低体内深部温度而发生的家禽应答反应为：采食量下降，喘气严重，饮水量增加，双翅下垂。家禽高温应激时，其生理、生化机能发生异常变化，导致生长速度、产蛋率及蛋壳质量下降，严重时造成鸡只死亡。降低动物对应激源的敏感性；提高动物采食量以改善其营养体况；增强免疫提高抗病力；补充活性物质（维生素、微量元素和碱性元素等），调节动物的整体代谢强度等，是防治应激的基本思路。国内外常用的抗应激添加剂为应激预防剂，促适应剂和应激缓解剂等：应激预防剂，以减弱激源对机体的刺激作用为目的，多为安定止痛和镇静剂，这类药只允许用于兽医治疗，不允许以饲料饮水方式给予。促适应剂，以提高机体的非特异性抵抗力，增强抗应激为目的，有参与糖类代谢的物质（琥珀酸、苹果酸、延胡索酸、柠檬酸等），缓解酸中毒和维持酸碱平衡的物质，微量元素（锌、硒等），微生态制剂、中草药制剂、维生素制剂（V_C、V_E）。应激缓解剂，以缓解热应激为主要目的物质（杆菌肽锌等）。

脱氟磷酸盐的概念和生产情况如何？应用中有哪些优点？

答： 磷酸盐是最主要的矿物饲料添加剂品种。饲料磷酸盐的品种有钙盐、铵盐、钠盐等。其中钙盐占其总消费量的 90% 以上。磷酸钙盐又有磷酸一钙、磷酸二钙和脱氟磷酸钙 3 个品种。磷酸一钙和磷酸二钙是将磷矿首先制成磷酸，再将磷酸与钙盐反应而制得。故产品中的磷是全部由磷酸转变而来，需要耗大量电能（采用热法磷酸）或硫酸（采用湿法磷酸），故生产流程长，投资大，磷得率低，成本高。脱氟磷酸钙是以磷矿为主要原料，添加适量添加剂和少量磷酸或磷酸盐，经高温煅烧脱氟制得的。产品中的磷有 75% 左右直接来自磷矿，故具有流程短，投资省、磷得率高，成本低等优点。但技术含量高，世界上只有少数工业发达国家掌握脱氟磷酸钙的生产技术。脱氟磷酸钙具有优良的物理、化学性质，它不吸潮，不结块，不含游离酸呈中性（pH 值 =7），无腐蚀作用，便于包装、运输、长期储存和使用。它不溶于水，但溶于 0.4% 盐酸（相当于禽畜的胃酸），故可作为禽畜饲料的添加剂及农作物的肥料。

当前动物营养研究热点是什么？

答： 一是天然植物提取物的提取工艺、研究实验、具体应用；二是抗生素替代品的寻找与研究；三是酶制剂、"有用微生态"及其未来替代添加物的研究；四是现知的和诸多未知的菌类同中国传统的中医药学结合，对畜牧业生产效率的提高。

当前动物营养与饲料学之间存在哪些问题？

答：（1）缺乏动物组织代谢和生长的细胞调节和分子调节过程的基本知识。（2）缺乏对动物与其消化道微生物生态系统相互关系的了解。（3）对营养与遗传、营养与健康、营养与环境及动物福利、营养与产品品质等关系的研究十分薄弱。综合考虑这些因素的相互作用时，动物营养需要的含义及需要量有何变化，目前知之极少。（4）对动物达到最佳生产性能时的采食量及其调控机制与措施了解不足。（5）高效迅速地检测饲料中养分和抗营养因子的含量以及评定养分的生物利用率的技术尚不完善。（6）新饲料资源的开发及利用各类副产物合成动物的必需养分或其前体物的研究十分有限。（7）缺乏准确、客观评定动物福利要求的理论和技术。（8）饲料安全问题、动物生产与环境污染问题、动物生产与资源的合理利用、动物生产与其他产业协调发展等问题中的与动物营养与饲料学有关的理论和技术尚不成熟。

饲料厂与客户之间在饲料质量上的思路有何异同？

答：客户需要的适口性要好，饲料厂是增加提高适口性的产品，还是降低影响适口性的因素？客户需要没有腹泻，饲料厂是大量添加药物预防腹泻，还是通过抗病营养改善肠道健康降低腹泻的概率？客户要求料重比要低，这是对动物长势的需求，我们是增加促生长的产品，还是降低抑制生长的因素？客户需要皮红毛亮，这是客户对健康的需求，我们是增加皮红毛亮的产品，还是真正改善动物机体的健康？粪便颜色要深色，真正的需求是对饲料的消化率，我们是增加粪便深色的产品，还是减少破坏肠道的因素，让肠道健康起来，更好的消化？大部分饲料企业擅长做加法，如为了有较好的促生长效果，加 200 ~ 250 mg/kg 的高铜，为了达到微量元素之间的协同效果，又要加 200 ~ 220 mg/kg 的高锌和 220 ~ 300 mg/kg 的高铁，加了高铜、高铁、高锌又发现氧化因子偏多，大部分的微量元素都是硫酸盐，大量的硫酸根离子容易破坏肠道，又对维生素的破坏性很大，要额外增加维生素的安全剂量，同时，增加抗氧化剂的用量，抗氧化剂影响适口性，又增加调味剂，最后发现不断的加法已经导致成本的大幅提高，企业没有利润了。

在饲料中，为何说蛋白质营养就是氨基酸营养？

答：蛋白质品质的高低，主要取决于必需氨基酸的种类、含量和比例是否适当。

什么是复合酶？在什么时候起作用？

答：复合酶只是一类酶的叫法，不同产品其作用是不同的；厂家应当提供产品中有哪些酶、对哪些底物起作用，根据酶的特性，分析饲料中底物浓度，底物浓度越高，酶的效益越明显，越可以使用酶。

石粉加多了会有什么后果？

答：石粉加得太多会导致饲料中钙的含量增高，影响其他物质（如磷）的吸收利用，特别是二价离子，如铜、铁、锰等，有时会导致上述物质缺乏的表现。

饲料中有哪些物质可能引起动物肾炎？

答：饲料中的离子浓度、酸碱度、某些毒素等会影响肾炎的发生和严重程度。

维生素 B$_{12}$ 和肝脏的关系？

答：维生素 B$_{12}$ 是一碳单位转移酶的辅酶，参与核酸和蛋白质的合成，许多蛋白质都是在肝脏中合成的，所以缺乏维生素 B$_{12}$，肝脏功能就会减弱。

为什么沉积瘦肉多、脂肪少的动物的饲料效率高？

答：现代养殖业中，饲养肉用动物的主要目的是获得人类所需的蛋白质，主要产品是肌肉组织。对于肉用动物来说，在体内沉积 1 g 蛋白质所需的能量大约是沉积 1 g 脂肪的 3/4。而且，在动物的肌肉组织中，蛋白质含量在 23% ～ 29%，其余以水分为主，而脂肪组织中，以皮下脂肪为例，脂肪几乎占 90% 以上。就两者所含产品能衡量，脂肪组织几乎是肌肉组织的 7 ～ 8 倍。考虑前述的蛋白质沉积和脂肪沉积的因素，沉积同等重量的脂肪组织耗能是肌肉组织的 8 ～ 9 倍。所以，在同样的遗传背景下，沉积瘦肉多的动物的饲料效率较高，生长速度也较快。

如何通过营养策略控制畜禽生产对生态环境污染？

答：1. 采用生态营养饲料的配制技术：生态营养饲料就是利用生态营养学的理论和方法，围绕解决畜禽产品公害和减轻畜禽粪尿对环境污染等问题，从原料的选购、配方设计、加工饲喂方式等过程进行严格的质量控制，并实施动物营养调控，从而控制、减少或消除可能发生的畜禽产品公害和环境污染，达到低成本、高效益、低污染效果。采用生态营养饲料的配制技术，在原料的选择上要求至少 90% 来源于已认定的绿色产品及其副产品，其他饲料原料可以是达到绿色食品标准的食品。为了提高饲料养分的利用率，在选择原料时还需注意选择消化代谢率高、营养变异小的原料。要根据不同动物种类、不同性别、不同生长阶段的营养需要，尽可能准确估计动物各阶段环境下的营养需要及各营养物质的利用率，设计出营养水平与动物生理需要基本一致的日粮，减少养分的消耗浪费和对环境的污染。采用理想蛋白质模式，以可消化氨基酸含量为基础，配制符合动物需要的平衡日粮，以提高蛋白质的利用率，减少氮的排泄。在饲料加工工艺上，采用膨化和颗粒化加工技术，破坏和抑制饲料中的抗营养因子、有毒有害物质和微生物，以改善饲料卫生，提高养分的消化代谢率、减少排出量。在配制日粮时，单一考虑动物生产性能而不顾环境影响和资源利用的日粮配制方式是不可取的，应考虑各种因素的日粮最优化。在考虑动物的营养需要、最大生产性能的同时，应综合考虑生产性能、环境保护和资源利用。2. 使用无毒副作用、无残留的安全型饲料添加剂：（1）微生态制剂：微生态制剂又叫活菌剂。生菌剂，指用在动物体内正常的有益微生物经特殊工艺制成的活菌制剂。（2）寡聚糖：寡聚糖包括甘露寡糖、果聚寡糖、β - 葡聚糖。饲用寡聚糖具有预防疾病和促进生长的作用。据报道，葡聚糖对豆粕型饲料的饲养效果有明显改善作用，可以提高仔猪日增重。仔猪日粮中添加低聚果糖，可以提高仔猪日增重，其效果优于杆菌肽锌、硫酸抗敌素等抗生素。（3）酶制剂：酶是由生物体产生的一类具有高度催化活性的物质，又称生物催化剂；饲用酶制剂是通过特定生产工艺加工而成的含单一酶或混合酶的工业产品。目前，使用酶制剂来提高饲料中能量的利用和蛋白质、植酸磷的消化率已取得了很大进展。纤维素酶、阿拉伯木聚糖酶。β-葡聚糖酶等能够分解纤维性饲料原料，蛋白酶则可直接促进蛋白质原料的分解，提高氮的利用率。（4）中草药添加剂：中草药添加剂含有多种氨基酸、维生素、微量元素等营养物质，能增进机体新陈代谢，促进蛋白质和酶的合成，从而促进生长，提高繁殖力和生产性能，提高饲料报酬，增加饲养效益，且毒副作用小，无耐药性和残留公害，应用前景广阔，是一种天然优质新型的饲料添加剂。（5）有机微量元素添加剂：过去广泛使用的无机微量元素，由于其利用率低，且易受 pH 值。脂类、蛋白质、纤维、草酸、氧化物、维生素、磷酸盐、植酸盐及霉菌毒素等诸多因素影响，使其被动物吸收的数量远小于理论值。近来发现，使用有机微量元素可提高微量元素的生物利用率，促进生长、增强免疫功能、改善胭体品质。降低维生素矿物质预混料中维生素的分解和减少微量元素对环境的污染。可限制微量元素超大剂量的使用，如不使用高铜、高锌日粮等。高铜、高锌日粮对仔猪确实有显著的促生长或防止腹泻等效果。但是长期使用高剂量铜锌，大量多余的铜和锌随着粪便排出体外，会对生态环境造成严重污染。（6）生物活性肽：生物活性肽就是对动物具有特殊生理功能或生理作用的肽类，这些作用包括激素样作用、免疫调节作用、抗菌作用、抗氧化作用以及具有与矿物质结合的特性。对动物的消化、吸收、矿物质代谢、抗癌、促生长、免疫以及刺激产乳、调节神经、防治疾病等方面有重要作用。近年来已有多种生物活性肽从微生物、植物及生物体内分离出来，开发利用活性肽在饲料上有着广阔的前景。3.使用除臭添加剂：除臭剂的使用可以大大降低畜禽排泄物中的恶臭。目前所用除臭剂可分为三大类，即物理、化学和生物除臭剂。物理除臭剂主要指一些掩蔽剂、吸附剂和酸化剂。掩蔽剂常用较浓的芳香气味掩盖臭味，吸附剂可吸收臭味，常用的有机活性碳、金属本、麸皮、米糠、沸石、稻壳等，酸化剂是通过改变粪便的 pH 值达到抑制微生物的活动或中和一些臭气物质达到除臭的目的，常用的有甲酸、丙酸等。化学除臭剂可分为氧化剂和灭菌剂。常用氧化剂有氧化氢、高锰酸钾等，另外臭氧也用来控制臭味。甲醛和多聚甲醛是灭菌剂。生物除臭剂主要指酶和活性制剂。另外，使用植物提取物可以减少动物恶臭的产生。如一种丝兰属植物，它的提取物有两种活性成分，一种可与氨气结合；另一种可与硫化氢结合，因而能有效地控制臭味，同时也能降低有害气体的污染。

不同淀粉含量饲料制粒后淀粉糊化度、水分、温度以及颗粒质量有何变化？

答：颗粒饲料在现代饲养业中的应用越来越广泛，但是颗粒饲料中由于淀粉含量的不同而引起颗粒料含粉率的变化却很少引起众人的注意。如果能寻找出饲料中不同淀粉含量对制粒效果的影响规律，无疑对饲料厂节约能耗、提高生产效率、改善颗粒饲料质量、提高饲养效益以及消除配方师对颗粒饲料中含粉率的担忧有良好作用。为此，笔者在生产猪、鸡、鱼用颗粒饲料的正常生产过程中对不同淀粉含量的颗粒饲料日粮的含粉率进行了初步探索。本次研究采用正常鸡、猪、鱼用颗粒饲料配方及常规制料加工工艺，在蒸汽压力、调制温度基本稳定的条件下，分别在混合后、调制后、制粒后及冷却后 4 个工序点取样，测定饲料的水分、温度、淀粉糊化度和颗粒质量（用含粉率和粉化率来表示）。经过对 6 个品种 4 个工序点的抽样（每个工序点抽样 3 个），总计 72 组，检验分析数据，经 EXCEL 软件统计整理，各品种各工序点的相应数据如表 51。

表 51　6 个品种饲料 4 个工序点抽样检测表

序号	产品	淀粉含量（%）	压力（MPa）	阶段	水分（%）	制粒温度（℃）	料温（℃）	室温（℃）	糊化度（%）	含粉率（%）	粉化率（%）
1	鲤鱼后期配合颗粒料	30.15	0.7	混合后 调制后 制粒后 冷却后	9.6 12.11 11.57 9.99	87	35 83 92 35	34	36.89 41.01 44.91 45.69	4.23	3.2
2	鲤鱼中期配合颗粒料	29.46	0.65	混合后 调制后 制粒后 冷却后	9.63 11.69 11.42 10.12	86	35 82 93 32.5	34	36.98 43.19 48.6 55.98	3.23	3.47
3	草鱼中期配合颗粒料	34.39	0.66	混合后 调制后 制粒后 冷却后	9.22 11.93 11.18 9.07	84	37 82 97 37	38	37.7 43.46 48.49 54.51	2.77	2.8
4	鲤鱼前期配合破碎料	27.88	0.7	混合后 调制后 制粒后 冷却后	9.62 12.55 12.44 9.8	87	36.5 80 92 36 41	37	37.61 46.02 57.2 66.09	8.8	7.07
5	乳猪配合颗粒料	30.36	0.65	混合后 调制后 制粒后 冷却后	10.33 12.65 12 9.68	82.5	82 98 36 40	39	28.07 30.49 41.6 43.23	3.33	2.8
6	蛋雏	40.34	0.67	混合后 调制后 制粒后 冷却后	11 13.44 12.64 8.52	84	84 98 45	39	28.92 34.23 43.18 62.82	7	4.27

　　从上表可看出：各品种之间的蒸汽压力与初始温度基本相同，在混合后、调制后、制粒后及冷却后四道工序中加热增温幅度和降温幅度基本相近时，即在调制过程中加热升温 41 ~ 48℃，在制粒过程中物料加热升温 9 ~ 16℃（表 52）。使得不同品种、不同粒径、不同淀粉含量的颗粒饲料中的淀粉糊化度快速提高，提升幅度为 10% ~ 34% 不等（表 53），即在一定温度范围内升温和淀粉糊化度呈正相关。

表52 温度变化（℃）

样品号 产品名称	1 鲤鱼后期配合颗粒料	2 鲤鱼中期配合颗粒料	3 草鱼中期配合颗粒料	4 鲤鱼前期配合破碎料	5 乳猪配合颗粒料	6 蛋雏鸡配合破碎料
颗粒直径 Φ（cm）	3.5	3.5	2.5	–	2.5	–
淀粉含量（%）	30	29.5	34.4	27.9	30.4	40.3
混合后	35	35	37	36	41	40
调制后	83	82	82	80	81	84
制粒后	92	93	97	92	98	98
冷却后	35	32	37	36	36.2	45

表53 淀粉糊化度变化（%）

样品号 产品名称	1 鲤鱼后期配合颗粒料	2 鲤鱼中期配合颗粒料	3 草鱼中期配合颗粒料	4 鲤鱼前期配合破碎料	5 乳猪配合颗粒料	6 蛋雏鸡配合破碎料
颗粒直径 Φ（cm）	3.5	3.5	2.5	–	2.5	–
淀粉含量（%）	30	29.5	34.4	27.9	30.4	40.3
混合后	36.89	36.98	37.7	37.61	28.07	28.92
调制后	41.01	43.19	43.46	46.02	30.49	34.23
制粒后	44.91	48.6	48.49	57.2	41.6	43.18
冷却后	45.69	55.98	54.51	66.09	43.23	62.82

从表53可以看出，淀粉含量相近的1号、2号和5号样品，在调制后和冷却后的不同工序点的样品中其淀粉糊化度有明显不同。特别是5号（乳猪配合颗粒料），其制粒后淀粉糊化度上升并不十分明显，这可能与该产品中含有较多的热敏性原料有关。各工序淀粉糊化度与制粒直径大小和淀粉基础含量似乎没有直接关系。但水分含量和温度高低，特别是调制过程中的水分增加，对淀粉糊化起到相当的作用，如鲤鱼前期破碎料。在表3中可以发现，同类颗粒饲料（如鱼料）在相同的生产条件下，其淀粉糊化度变化趋向一致，但其调制时水分含量的高低对单一产品淀粉糊化度的影响远大于同类颗粒饲料淀粉含量及糊化度变化的一致性。同时也可以看到同是鱼用颗粒饲料，在不同的淀粉含量条件下，由于调制水分不同而表现出不同淀粉含量的高糊化水平（如4号和3号样品之比较）。同类饲料（如鲤鱼配合颗粒料）淀粉糊化度的提高与含粉率为负相关，但淀粉糊化度的高低与粉化率似乎关系不大。需特别说明的是加工颗粒破碎料时，上述相关性会因受到二次破碎的外力等因素而变化。高温高湿是淀粉糊化的基础，饲料中淀粉糊化度与饲料调制过程中水分含量有着相应关系。调制过程中平均增加水分2%以上时，淀粉糊化度有明显改善（表54）。

表54　水分变化（%）

样品号 产品名称	1 鲤鱼后期配合颗粒料	2 鲤鱼中期配合颗粒料	3 草鱼中期配合颗粒料	4 鲤鱼前期配合破碎料	5 乳猪配合颗粒料	6 蛋雏鸡配合破碎料
颗粒直径 Φ（cm）	3.5	3.5	2.5	–	2.5	–
淀粉含量（%）	30	29.5	34.4	27.9	30.4	40.3
混合后	9.6	9.63	9.22	9.62	10.33	11
调制后	12.11	11.69	11.93	12.55	12.65	13.44
制粒后	11.57	11.42	11.18	12.44	12	12.64
冷却后	9.99	10.12	9.07	9.8	9.68	8.52

综上所述，在相近的制粒温度下，饲料中淀粉含量高是淀粉糊化的前提，但调制过程中的水分调节水平在很大程度上决定了颗粒饲料淀粉糊化度的高低；其次制粒过程中温度的稳定（或蒸汽压力稳定）也对淀粉糊化度有直接影响；同类饲料中淀粉糊化度的变化趋势相近（在水分、温度相同条件下）；淀粉糊化度与颗粒饲料直径大小和淀粉基础含量似乎关系不密切；不同种类颗粒饲料的淀粉糊化度会受到其他原料性能的影响，因此，需要根据原料的不同制粒特性对产品配方进行相应调整。

粪便颜色能表征饲料质量好坏吗？

答： 评定饲料质量好坏，要看饲料转化率的高低，粪便颜色正常情况下是由采食饲料所组成的成分和动物的消化吸收能力所决定的。有些养猪户认为，排黑粪的饲料就好，排黄粪的饲料就不好。有些饲料厂家为了迎合养猪户的心理，在饲料中添加了对猪生长发育没有什么作用的物质，如腐殖酸和 160 mg/kg 以上的铜，提高了饲料成本，增加了养猪户的负担，而没有明显的促生长作用。

影响饲料成分差异性的原因与解决措施？

答： 在饲料产品中造成各样品之间成分差异的原因主要有：（1）不同批次与时间所用的原料在质量上的差异：饲料厂所用原料因来源不同、品种不同而差异很大，即使同一种原料的不同批次，也有一定的差异，有些原料厂家工艺不稳定或质量控制不严格时其成分的差异性则更大。再加上有些中小型饲料生产企业对原料的检测工作重视不够或由于检测设备简陋，还存着对主要成分检测上的诸多问题，在设计配方时，原料的成分用实测值的厂家为数不多，有些用查表的数据进行配方计算，和所用原料的实际成分存在着一定的差异，对饲料质量的影响很大。解决的措施是加强原料的检测工作，对于一些测定困难的成分指标，例如，氨基酸等可按照测定的蛋白数据进行校正，根据实测值与相应的校正值调整基本配方；对于一些小型厂家可通过长期检测数据的积累，摸索本厂常用原料的特点，制定分类更细、针对性更强适合本厂使用的原料营养成分表。（2）混合效果差别和混合后分级现象的产生：成品的混合均匀度的好坏取决于从原料的计量、配料、混合、输送、装卸直到成品的包装发放等各个工序，调查研究表明，大部分成品混合均匀度不良的工厂，问题大多出在配料精度欠佳、混合时间不够或物料添加程序不合理、混合后产品的过度提升与下落等。解决措施主要是对计量设备进行定时的校验与校正，定期统计并复核原料有关数据；严格按照混合机操作要求，特别对于预混料的生产应合理制定各种原料的投料程序；尽量减少混合后的过度提升与下落或改进料仓结构减缓下落速度；对新工艺设备加强调试验收，对老工艺设备加强质量管理，以严格控制成品的混合均匀度，保证产品的质量。（3）样品抽样、制备与测定的误差：饲料分析中原始样本的采集是个极为重要的步骤，大量调查结果证明，能否采集具有代表性的原始样本是影响分析结果准确性的最关键因素，所以，严格意义而言采样比分析更为重要；其次不正确的样品处理与制备也会影响分析结果的准确性，例如，原始样本缩样的不合理会影响化验样本、化验样本不合理的制备会影响分析样本，从而影响分析的准确性；最后测定的水平也会影响分析结果，包括称样的准确性、仪器设备条件、操作水平与环境条件等对因素。解决措施主要是要使采样与样品制备规范化，必须加强管理，严格按照相关规定规范采样方法与样品处理与制备，严格检化验各种制度，进行规范操作，包括使用规定测定方法、操作培训、仪器校验、试剂标定与配制、实验室环境控制、数据计算与处理等。

饲料厂在设计时可以通过哪些方面的考虑进行节能？

答： 能耗是饲料厂除原料成本、人员工资外的最大支出，特别是以生产颗粒饲料为主的饲料厂，能耗在加工成本中占有重要的比例，必须给予足够的重视。有效地识别导致能量过多消耗的因子并对它们进行控制，是实现能耗控制的关键。影响饲料厂能耗的因素很多，饲料企业应像建立质量控制体系一样，建立生产成本控制体系，建立能耗控制总目标，并将能耗控制。总目标分解为可实施控制的分目标，建立相关责任制和形成能量利用效率的持续改进机制，降低饲料产品的生产成本和提高产品的市场竞争力。企业规模越大，生产系统越复杂，产品加工越精细，实施能耗控制的效益就越显著，它是现代饲料企业提高竞争力和经济效益的有效手段。饲料厂的能源消耗包括电力、燃油和煤的消耗。饲料厂在设计时可以考虑以下几点节能建议：（1）在饲料配方设计中应优先选用营养价值高、加工能耗少的饲料原料。去皮豆粕、去皮棉籽粕、去皮菜籽粕与带皮的这类原料相比，具有较高的营养价值，但又容易粉碎加工，节省能源。从价格上，通常也是合算的。（2）正确确定加工质量指标，正确确定颗粒饲料尺寸以及膨化饲料的容重等，使其既能满足动物的消化要求，获得最佳动物生产性能，又可节省能源。（3）合理调控设备的开启，特别是仅开启必要的设备来降低工厂的最大用电量，减小需求量。（4）利用低电价期组织生产，降低生产成本。（5）正确确定饲料厂的最大用电负荷：根据不同车间用电负荷的变动性及相对独立性，合理确定变压器数量和容量。（6）合理设计使用无功功率补偿设备：通常采用并联电容器进行补偿。功率因素较低的主要原因是启动的电机达不到满负荷。当设备配备的电机功率大于操作负荷时或设备系统以小负荷或空载运行时就会发生这样的情况。当饲料厂不能有效地利用电力时，会受到电力公司的惩罚。（7）对某些要求多于一种以上运行速度的设备使用变频交流驱动：变频交流驱动器可在大约95%的功率因素下运行，在较低转速下需要较少的电。它们的理想应用场合是要求变速的条件，如泵、风机、喂料器等。（8）采用节电型固态降压启动器：对于恒速电机，专用的节电型固态降压启动器可以降低电机的电压以适应实际的电机负荷，这样可以达到约95%的功率因素。（9）将变压器靠近用电中心布置，可以减少电损耗和投资。（10）在设计中选择正确的照度和节能型灯，如金属卤素灯或荧光灯等。（11）合理采用自动控制系统：自动化用来消除人力和错误，收集数据，监控系统和设备操作以及合法操作，同时，它也是节省能量的最佳方法。自动化可以感知能量负荷要求，将设备调整到最有效率的水平下作业。它还可以根据需要启动和停止设备与系统，使能量不会被空闲的系统消耗。自动化包括整个工厂的自动控制、各工段的自动控制以及单机设备的自动控制。例如，粉碎机及粉碎系统的自动控制，配料混合系统的自动控制，制粒、膨化机及其系统的自动控制等都能有效地降低电耗。以粉碎系统为例，粉碎机负荷的自动控制能使粉碎机维持在85%～90%的负荷下工作，可有效提高粉碎机的工作效率，减少由于负荷不稳造成的多余能耗。再如对挤压膨化机采用自动控制可以大大提高其工作效率，减少不合格品的比例和负荷不足的时间，减少能耗。（12）设计中应最大限度减少物料的水平输送距离，尽可能利用重力实现物料的流动，减少能耗。（13）设计中选择低能耗作业设备：如水平输送设备中皮带输送机的能耗最低，其次是刮板输送机、螺旋输送机，垂直输送设备中斗式提升机的电耗最低，气力输送设备的电耗最高；粉碎设备中，对辊式粉碎机能耗最低，新型锤片粉碎机、新型微粉碎机的单产能耗较低；在混合机中，新型单轴、双轴桨叶混合机的单位能耗较低；在制粒设备中，装备有新型调质器的制粒机的逆流冷却器的单产电耗较低；在膨化机中，湿法膨化机的单产电耗低。（14）在设计中应进行正确的工艺组合，配备合理的辅助设备，保证生产系统效率的提高和能耗的降低。例如，粉碎系统中粉碎机吸风系统的合理设计，制粒系统中冷却风网的设计等。同一工段中不同设备的产量匹配和不同工段之间的相互匹配要合理，保证稳定高效生产。（15）科学设计蒸汽生产系统：饲料加工中使用的蒸汽是饲料厂除电外的主要能耗。首先要合理确定蒸汽的最大使用量，进而确定锅炉的额定蒸汽产量。第二，要根据不同地区的特点和燃料的供应与价格来选择恰当的燃料与锅炉形式，降低蒸汽的生产成本。目前，国内使用的主要燃料是煤、燃油。也有一些企业用燃气或电。第三，要合理设计蒸汽管路，在满足蒸汽供应的要求下，减少蒸汽的热损，采用性能优良的蒸汽控制仪表，阀门，减少能耗。第四，要对蒸汽管路进行隔热，减少热损。第五，要合理回收可利用的热量，如回收冷凝水，回收烟道气中的热量等。锅炉房应尽可能靠近主要用气设备，减少蒸汽管路长度。（16）科学设计压缩空气系统：首先应合理确定压缩空气的用量、压力，选用性能优良的压缩空气生产设备和控制仪表。第二要正确确定压缩空气管路的尺寸。

有效提高饲料成品中水分含量的手段有哪些？

答：（1）降低锅炉供气压力。生产使用压力正常情况下，锅炉供汽压力为7～9 kg/cm²，生产使用压力为2～3 kg/cm²。压力越高，湿度越低；反之，压力越低，湿度越高，蒸汽含水量高。因此只要满足生产需要，压力越低越好，建议生产使用压力调整为2 kg/cm²。（2）增加调质时间，增加物料在调质器内的停留时间，使物料与蒸汽充分混合，有利于淀粉糊化，提高畜禽消化吸收率，也能使物料充分吸收蒸汽中的水分，从而增加产品的水分。增加调质时间，可以采取降低调质器的转速或调整调质器的桨叶等方法。（3）关闭所有疏水阀。在分汽包和蒸汽供汽管道中一般安装了很多疏水阀，其目的是排除蒸汽管道中的冷凝水，防止蒸汽带入过多的水分，而造成制粒机堵机，但是夏季由于原料水分较低，蒸汽含水量也较低，调质后的物料水分很难达到16%。因此关闭疏水阀，不会造成堵机，反而有助于增加产品水分。（4）选择合适规格的压模。压模的孔径和厚度大小，不仅是影响制粒机产能的因素，同时，也影响颗粒饲料产品的水分。孔径小的压模，由于其颗粒直径较小，冷却风量容易穿透颗粒。因此，冷却时带走的水分多，产品水分低；反之，孔径大的压模，其颗粒直径较大，冷风不容易穿透颗粒，冷却时带走的水分少，产品水分高。对于厚度较大的压模，在制粒过程中，摩擦阻力较大，物料不容易通过孔径，挤压制粒时，摩擦温度高，水分散失大，其颗粒产品水分低。（5）选择合适的冷却风量，冷却过程的目的一方面是降低颗粒饲料的温度，使其不超过室温 3 ~ 5℃；另一方面也可以带走饲料中的水分，使产品水分符合规定的标准。

饲料加工过程中残留的污染是什么原因造成的？应如何避免？

答： 许多因素可造成饲料的残留，主要是饲料生产工艺设计、饲料机械制造和工作精度造成的。如在工艺设计和设备选择上采取相应的措施，则可以减少残留的产生。在工艺设计上，输送过程尽量利用分配器和自流的形式，少用水平输送。对于水平输送设备，例如，螺旋输送机，刮板输送机，由于结构的原因，这些设备或多或少存在残留，应在设备设计时，要求物料能容易进入和能有易于清理的设计，或者可以采用带自清功能刮板输送机。在满足工艺要求下，尽量减少物料的提升次数，过渡料斗的数量。吸风除尘系统尽可能设置独立风网，将收集的粉尘直接送回到原处，这样不会引起饲料的二次污染，尤其是加药的复合预混料的生产更应这样处理。微量组分的计量应尽量安排在混合机的上部，如果在计量和称重后必须提升或输送，则必须使用高密度气力输送，以防止分级和残留。药物类的高危险微量组分则必须直接添加到混合机中。对于加药饲料生产尽可能采用专用生产线，以最大限度地降低交叉污染危险性。为减少残留对饲料的影响，可设计一些清洗装置，利用压缩空气对某些设备特殊部位进行清理。在设备选用上，应该确定计量设备、电子秤和混合设备的精度，计量设备和电子秤在量程选择上，应根据不同配比物料性质来确定，采用不同量程的计量设备来满足不同物料量对计量的要求。在配合饲料与复合预混料生产上，混合机的选择是重要的，混合机应该能够在十万分之一的配比浓度下达到变异系数不大于 5% 的混合精度。混合机的设计应该保证在每一批次物料混合完毕后只有尽量少的物料残留在混合机中。由于粒度不同和生产的最终产品要求不同，预混合饲料生产中，物料的粒度小，混合均匀度要求高，要求的残留少，物料在混合过程中有静电的产生，在选择混合机时，应充分考虑混合物料特性对混合机的要求不同。斗式提升机、溜管、配料和起缓冲作用的料斗，也会产生残留，制作的溜管、料仓、料斗的内表面应光滑，不留死角，应减少不合理液体添加方式对物料的残留带来影响。饲料加工过程中要减少物料的残留，首先要保证物料在设备中能够"先进先出"。

如何控制饲料加工的质量？

答：（1）最佳粉碎粒度控制：该项技术的关键是将各种饲料原料粉碎至最适合动物利用的粒度，使配合饲料产品能够获得最佳的饲养效率和经济效益。要达到此目的，必须深入研究掌握不同动物对不同饲料原料的最佳利用粒度。对水产饲料而言，应采用超微粉碎技术。（2）配料准确度的控制：采用无差错的计算机配料控制技术，使每一种配料组分的配料量在每次配料中都能实现精确控制。对微量添加剂可进行预配预混并使用高精度微量配料系统。（3）混合均匀度控制：这包括配合饲料、浓缩饲料、添加剂预混合饲料、液体饲料的混合均匀度控制技术。选择恰当的混合机和适宜的混合时间与方法是保证混合质量的关键。（4）制粒质量控制：这方面首先是要控制饲料的调质质量，即控制调质的温度、时间、水分添加和淀粉的糊化度，使调质后的状态最适合制粒；其次是要控制硬颗粒饲料粉化率、冷却温度和水分、颗粒的均匀性、一致性、耐水性。要实现这些要求，必须配备合理的蒸汽供气与控制系统和调质、制粒、冷却、筛分设备，并根据产品的不同要求科学调节控制参数。（5）膨化颗粒饲料或膨胀饲料的质量控制：首先是要控制饲料的调质质量，即控制调质的温度、时间、水分添加和淀粉的糊化度，使调质后的状态最适合膨化或膨胀；其次是要控制膨化颗粒饲料的熟化度、容重、粉化率、冷却温度和水分、颗粒的均匀性、一致性和耐水性。要实现这些要求，必须配备合理的蒸汽供气与控制系统和调质、膨化、膨胀、干燥、冷却、筛分设备，并根据产品的不同要求科学调节控制参数，以获得客户满意的产品。（6）液体添加的质量控制：随着饲料加工技术的不断发展，许多添加剂都会以液体的形式加入粉状、颗粒状和膨化饲料中，并最大限度地保留这些添加剂的活性，降低饲料成本。一是要实现液体添加量的精确控制，二是要实现液体在饲料中的均匀分布或涂敷，三是要确保液体添加剂喷涂之后的稳定性和有效期。这需要采用高性能的常压液体喷涂设备、真空喷涂设备及控制技术。（7）饲料交叉污染的控制：饲料发生交叉污染的场所主要有：储存过程中的撒漏混杂；运输设备中残留导致不同产品之间的交叉污染；料仓、缓冲斗中的残留导致的交叉污染；加工设备中的残留导致的交叉污染；由有害微生物、昆虫导致的交叉污染等。因此，需要采用无残留的运输设备、料仓、加工设备和正确的清理、排序、冲洗等技术和独立的生产线等来满足日益高涨的饲料安全卫生要求。（8）清洁卫生饲料质量控制：这方面的控制技术包括了交叉污染的控制技术，还包括对饲料进行必要的热处理灭菌技术。热处理包括高温蒸煮、挤压、高压处理、紫外线照射等工艺技术，这些技术通常可与普通加工技术结合使用，也可单独实施（图 159 ~ 160）。

图 159　美国某饲料厂安装的金属探测装置，可将含有金属物的饲料袋分拣出来

图 160　美国某饲料厂安装机械手后，大大减少了操作工，提高了工作效率

从实践的角度看，影响配合饲料质量的主要因素有哪些？

答：（1）饲料原料：原料是影响饲料质量的关键因素。饲养户如果采用浓缩料，则要采购玉米和麸皮。玉米不能有霉变，且水分含量最好不要超过 13％，麸皮最好是直接从面粉厂进的货，如经过中间渠道，则有掺入糠壳粉的可能。饲养户如使用预混料，则还要购买蛋白质、钙、磷、盐等原料。购买豆粕时要注意生产厂家的规模及加工过程中的温度控制。温度过高则豆粕呈棕褐色，过低则呈白色。温度控制不稳定时豆粕有的生、有的熟。过熟的豆粕，其蛋白质变性，利用率只有正常的 70% 左右，生豆粕则由于胰蛋白酶抑制因子没有被破坏，而导致蛋白质消化上的障碍，从而引起猪腹泻。由于鱼粉的价格较昂贵，常有不法商贩往其中掺假，选购时要注意鉴别。好的进口秘鲁鱼粉，其蛋白质含量应在 62% 以上。（2）饲料配方：饲养户尽量按饲料厂家的推荐配方使用，但如果本地有更加丰富的廉价原料，可请饲料厂家的配方师单独制作推荐配方，切忌自己随意添减。一般来说，在猪的育肥阶段，饲养户如追求高的瘦肉率，则麸皮的添加量可稍大一些，大猪用量可达 25%；如果追求生长速度，则可将麸皮的添加量控制在 15% ~ 18%。饲养户追求的目的不同，所用配方应稍有差异。配方一旦确定，不要经常更换。如果不断地用廉价原料取代价格高的原料，则猪的生产性能将大受影响。（3）加工工艺的控制：有条件的饲养户可利用浓缩料配制全价饲料。应注意的是称量一定要准确，混合时间一定要充分。原料的添加顺序应遵循由大到小的原则。在进行手工拌料时，先倒一层玉米粉，再倒一层浓缩料，再倒一层麸皮，最后来回翻动几次直到均匀为止。混合均匀是保证饲养效果的一个重要因素，千万不能忽视。

饲料加工工艺（如制粒）有何研究资料?

答：自 1930 年首次引入颗粒饲料生产工艺后，制粒已成为饲料加工中最为普遍的工艺之一。与粉料相比，颗粒料具有营养因素和非营养等两方面的优势：如减少粉尘，防止饲料组分在运输等过程中再分级现象的发生，进而保证动物对养分的平衡摄食和防止挑食；通过提高饲料的适口性提高动物采食量，同时节约动物采食所需要的时间及能量的消耗；通过制粒的高温处理，可杀病原微生物；此外减少包装运输费用或储藏空间等。颗粒饲料对动物生产性能的影响有如下新研究结果：Graham 等（1997）研究了大麦基础日粮制粒对仔猪生产性能和养分消化率的影响，结果表明，与粉料相比，制粒加工可使 β - 葡萄糖的溶解度由 45% 提高到 62%，淀粉的全消化道消化率也从 98.6% 提高到 99.7%，制粒可提高日粮养分在大肠前的消化比例，大麦基础日粮制粒可以显著增加生长肥育猪对蛋白质的吸收并相应降低尿氮损失量等（Nasi，1992）。Waler 等（1995）采用 480 头杂交猪（平均体重 36 kg）比较了粉料与颗粒料的饲喂效果，发现颗粒料可使猪只胴体重增加 12%；Chae 等（1997）报道饲喂颗粒料的生长肥育猪平均胴体重显著高于饲喂粉料和膨化料的猪，饲料转化率也是颗粒料组为高；Ginst 等（1998）对开食料、生长料和肥育料进行制粒，与粉料相比，蛋白质的回肠消化率和全消化道消化率明显提高；Wondra（1995）报道猪日粮制粒可以提高平均日增重（ADG），然而其他一些学者认为制粒对猪的生产性能改善不够明显，但是从总体上来讲制粒可以使 ADG 提高 6%，在生长肥育阶段制粒可以使饲料转化率改善 6% ~ 7%。颗粒饲料或含粉率低的破碎料可以显著提高很多动物的生产性能，如对于猪和火鸡，粉化率较低可以使其饲料转化率改善 5%。Szabo 等（1997）认为原料粉碎后 3 mm 筛后调质制粒，对于 34 日龄制奶仔猪的增重效果和饲料转化率的提高较为明显。颗粒饲料对动物饲喂效果与颗粒大小的关系，颗粒大小取决两方面的因素，一是动物的采食行为，如仔猪更喜好小颗粒饲料；另一是制粒机的生产效率，采用模孔直径大和较薄的环模生产颗粒料效率高，能耗小。颗粒大小对猪生长性能影响的报道尚不多见。Helodevverson（1996）用孔径分别为 3.1、3.9 和 4.8 mm 的环模加工的颗粒饲料饲喂生长肥育猪，结果表明，模孔直径以 3.1 mm 为宜。Traylor 等（1996）报道，颗粒大小（2、4、8 和 12）mm 对 0～5 日龄断奶仔猪生长性能无影响，但在 29 日龄至肥育期间，4 mm 的颗粒对 ADG 具有积极作用，FCR 改善 4%。Peter（1998）总结了猪饲料加工工艺经验后认为，对于不同日龄的猪，2.5 mm 可被广泛接受，但仔猪补料的颗粒直径以 2 mm 为宜。Hancock 等（1999）认为，猪饲料采用 4～5 mm 颗粒直径较为合适，可显著地节约更换环模的时间和用于环模的投资（图 161）。

图 161　中国饲料企业家代表团在美国北卡罗莱那州立大学学习
制粒技术

制粒机和粉碎机的价值主要体现在哪里？

答：制粒机和粉碎机是饲料生产中的关键设备，其功能与配置的好坏直接决定了饲料生产线价值的高低。在相同的配方及工艺下，谁能提高粉碎机及制粒机的综合效能，谁就能为饲料厂赢得直接的经济效益。因此，如何让粉碎机、制粒机发挥最大的功能，降低吨料生产成本、提高饲料产量及饲料品质，是每个饲料生产厂商需要解决的课题。制粒机的功能主要体现在以下几个方面：（1）在配备相对应的加工工艺（调质温度、水分、环模压缩比）的情况下，能适应不同物料、不同配方的饲料制粒要求；（2）在相同的配方及饲料规格的情况下，其制粒产量高、粉比率低、饲料外观质量好（粗细均匀、长度一致）、颗粒稳定性好、饲养效果好；（3）制粒机运转平稳、安全可靠、各接口卫生密封、故障率低、环模压辊工作时间长；自动化程度高、维护方便。粉碎机的功能主要体现在以下几个方面：（1）能适应不同原料成分，不同粉碎细度要求的原料粉碎；（2）对于同一原料品种的每一种细度要求的粉碎产量吨料电耗有较大的优势；（3）粉碎机运转平稳、安全可靠、卫生密封故障率低、筛板锤片等易损件寿命长、操作简单、维护方便。

乳猪教槽颗粒饲料应采用什么工艺为好？

答：目前国内市场上采用的乳猪教槽料加工工艺有 3 种形式：（1）二次制粒工艺：工艺中有 2 台制粒机，调质后的粉状原料经过第一级粗制粒后再进行第二次精制粒，其实质也是强化制粒的调质，以改变最终颗粒的质量。二次制粒工艺，因对原料的熟化处理效果差，其饲料的糊化度低，不能消除原料中的抗营养因子，不能降低尿酸霉，乳猪采食后易腹泻，饲料的转化率低，且二次制粒的颗粒较硬，适口性差，乳猪不喜欢采食，故其生产的乳猪饲料品质较差。且投资成本高，运行成本高。（2）部分原料膨化＋低温制粒工艺：部分原料（玉米、豆粕等）膨化＋低温制粒工艺，因仍有部分原料采用细粉碎工艺，与已膨化熟化的原料混合后再低温制粒，部分未熟化的原料存在抗营养因子及尿酸霉含量较高的问题，乳猪采食后也会产生腹泻现象，只能少吃多餐，故不适合养猪场自由采食。乳猪采食后易上火。（3）全部大宗原料舒化熟化＋低温制粒工艺：全部原料（热敏物质除外）采用舒化熟化处理，达到100%消除抗营养因子，降低尿酶活性，并保留原料的固有活性，低温制粒后的颗粒料酥软，适口性好，乳猪采食量大，安全不腹泻，且消化吸收率高，是生产高档乳猪教槽料的最佳工艺。

饲料加工对酶制剂的应用存在哪些影响？

答：毫无疑问，酶制剂作为一种蛋白质将受到饲料加工过程的影响，而饲料加工工艺中对酶制剂活性有影响的工序主要有制粒和膨化等。P.Spring（1996）测定了不同制粒温度对纤维素酶、细菌淀粉酶、真菌淀粉酶和戊聚糖酶的影响。结果表明纤维素酶、戊聚糖酶和真菌淀粉酶在80℃时仍稳定，但在90℃时活性丧失90%。细菌淀粉酶更稳定些，在100℃时仍具有60％的活力。Cowan和Rasmussen（1993）测定了不同酶制剂在溶液中酶活的稳定性，其中戊聚糖酶的测定结果与P. Spring（1996）的结果相似。但制粒和溶液条件下均有不同结果的报道，Gadient等（1993）报道，在热溶液处理过程中，如果临界温度不超过75℃，碳水化合物酶的活性不受影响。Nunes（1993）报道，制粒蒸汽温度高于60℃时，显著降低戊聚糖酶的活性。这种结果的差异可能是由于酶活的测定方法不同或不同菌种来源的酶制剂耐热性差异所导致的。制粒后酶活的测定是一个尚具争议的问题，因为目前尚未出现统一的测定加酶饲料中被高度稀释的酶活方法。Gadient等（1993）认为酶活性损失的程度明显受到酶制剂类型的影响，淀粉酶在80℃下活力显著下降。植酸酶经70～90℃制粒后活力下降50%以上。Cowan（1993）报道，未经处理的β-葡聚糖酶经70℃制粒后在饲料中的存活率仅为10%。Inborr（1994）报道，β-葡聚糖酶在料温为75℃时调质30s，其存活率为64%，而再经90℃的制粒其存活率仅为19%。饲料加工调制对饲料消化率的提高、酶活性的破坏以及酶对饲料消化率的提高三者之间可能存在着一个平衡。Bedford等（1998）试验表明，日粮中木聚糖酶的活性随着饲料加工温度的升高而逐渐下降，但饲养试验发现，加工温度为82℃时肉仔鸡生产性能最好，温度低于或高于82℃生产性能都有所下降，而饲料转化率与饲料中酶活性之间相关性不显著。所有加工温度的加酶饲料均降低了肉仔鸡肠内容物的黏度，且在95℃时黏度降幅最大，这亦反映出热加工和酶制剂在提高饲料消化率上共同的作用。michael（1997）报道，以玉米、豆粕型肉鸡料做试验，粉状料加酶后45日龄肉鸡的体重和饲料效率分别比不加酶的对照组高5%和1.77%，而相同配方的颗粒料加酶后上述两项指标仅分别比对照组高4%和1.23%。这也提示，在实际生产中应以动物的实际生产性能作为检验酶制剂有效性的标准。在饲料加工过程中，酶制剂不可避免地要与饲料原料中对酶活起抑制作用的金属离子或物质接触，且在制粒和膨化的高温、高压、高湿度的条件下，更易于与其进行反应。金属离子不仅会影响酶的活性，而且会影响酶的稳定性。Co^{2+}，Mn^{2+}等离子通常可显著增加D-葡萄糖异构酶的活性；Cu^{2+}、Fe^{2+}、Al^{3+}、Hg^{2+}、Zn^{2+}、Ca^{2+}均有不同程度的抑制催化活性的作用；Hg^{2+}，Pb^{2+}可使酶发生变性作用，因此，应避免其与酶接触。另外，饲料原料中存在许多酶的天然抑制剂，有些是非专一的抑制剂，如植物中单宁类成分具有强烈的结合蛋白质的能力，易使酶失活，动物体内的肝素，青霉素等抗生素也能影响很多酶的活性，对纤维素酶而言，植物体内的酚类即各种白色素则是其抑制剂。因此，此类因素对酶失活应起到一定的作用，但目前尚无关于加工过程中此类因素对酶失活的具体试验报道。

饲料加工技术对饲料安全性有哪些影响？

答：安全饲料是指饲喂食用动物的饲料中，各种成分在动物体中不会产生危害人体健康的有机物和无机物。生产安全饲料是关系到饲料生产可持续发展和人类健康的重要问题。影响饲料安全的主要因素有饲料原料品质、饲料原料的安全储存、配方中对各种添加物数量的控制、加工中人工添加的控制、饲料加工工艺的合理设计和参数的恰当选择、操作过程的管理，加工后饲料储存管理等。只有严格控制加工过程的各个环节，才能生产出安全饲料。（1）原料的控制和安全储存：饲料原料是安全饲料生产的第一个控制点，有些植物性饲料原料在生长过程中由于受病虫侵害而大量使用农药防治，造成谷物产品的农药残留大大超标，饲料厂在接收原料时应加强对农药残留的检测。另外，工业生产所排放的废水、废气对饲料原料污染也相当严重。饲料生产企业由于检测设备的限制，大多数对农药残留和工业污染原料未加检测，这是安全饲料生产的一大隐患，饲料生产者应引起足够重视。饲料原料水分是安全储存的关键，尤其是一些刚收获的植物性原料，水分一般都达不到安全储藏的标准，储藏过程中原料极易受霉菌的污染产生大量霉菌毒素，使生产的饲料品质恶化。因此，需要改善原料的储存条件和控制饲料原料的水分（安全水分在12%以下），尽可能减少霉菌的污染，这是一个最有效、最积极的方法。许多原料处理时由于经济的原因，不可能达到相当干燥的程度。采用防霉剂控制霉菌滋生是一个有效的措施，然而防霉剂不能去除原料中已有霉菌毒素，因此，必须在霉菌污染发生之前尽早地采取霉菌控制措施。由于饲料原料供应紧缺，原料掺假现象十分严重，饲料原料的掺假给安全饲料生产带来困扰。因此，在接收原料时要通过严格的化验，确认是否符合质量标准，坚决杜绝不合格原料进厂。饲料中大部分原料为玉米，通常储存在立筒仓内，尤其是钢板仓，由于昼夜气温差别较大易引起储存原料的水分蒸发和水蒸气的结露，使靠近立筒仓壁的部分原料含水量偏高，如长期储存易使原料产生霉变。所以，应加强立筒仓内原料的管理，可通过翻仓等办法减少原料的水分以保证储存原料的安全。（2）原料的清理：在饲料加工中，人们往往重视饲料原料中的大型杂质和磁性杂质的清理以保证饲料加工设备的安全，而对饲料中小型杂质的清理常常忽视。这些小型杂质成分复杂，是各种有害微生物滋生的场所，当原料中水分和温度适宜其生长时，原料的营养又是其培养基，使其快速生长产生大量有害物质，对饲料安全构成威胁。因此，饲料生产中对小型杂质也要进行清除以有利于饲料的安全，保证产品质量。（3）原料中有害组分的控制：饲料加工中所使用的原料十分复杂，有些原料具有天然有毒有害物质，如植物性原料中的生物碱、游离棉酚、单宁、蛋白酶抑制剂。植酸以及有毒硝基化合物等，动物性原料中的组氨、抗硫氨素等以及受微生物污染的哺乳动物的血、脂、骨粉或肉骨粉等，这类有毒有害物质对动物造成多种危害。因此，在选用原料时应根据实际需要对这类原料加以控制，如棉、菜籽饼粕应选用脱毒饼粕或控制用量，反刍动物饲料中禁止使用肉骨粉等。（4）配方中各种添加物的控制：饲料配方除了需满足畜禽的生产性能要求外，所添加的原料应符合国家的卫生标准，同时，应贯彻国家在饲料方面的有关法规，严禁使用违禁药物和抗生素药渣。对于需要添加药物的饲料，应添加国家准许应用的药物，同时，必须符合适用动物范围、用量、停药期和注意事项要求。为了节约饲料生产成本，充分利用饲料资源，一些非常规饲料原料被应用。使用这些原料时，首先要保证其本身的安全性，对于本身具有某些毒性的原料，应采取措施加以防范。随着生物技术的发展，转基因作物和其副产品用作饲料的比例在逐渐增加，诸如高油玉米、高赖氨酸玉米、低毒油菜籽饼粕、高蛋氨酸大豆等原料已在饲料生产中应用。但这些转基因植物用作饲料原料，对动物健康及畜产品的安全性尚未得出一致的肯定结论。所以选择转基因产品用作饲料原料时需持谨慎态度。（5）人工添加控制：在饲料工厂设计时，为了方便某些少量物料的添加，减少饲料料仓数量，节省投资费用，往往设计人工添加口，这在工艺设计上是合理的。但可能出现人工添加的失误给安全饲料生产带来威胁。为了保证人工添加的准确性，在工艺设计上可以采用声控技术和光电结合方法来控制添加物的添加。这一技术可防止添加剂的漏加或重复添加，同时应加强管理防止人工计量失误。（6）饲料加工工艺设计和设备的选择：饲料生产是通过一系列加工设备与输送设备组合而成的，合理设计工艺和选择设备也是安全饲料生产中的重要环节。主要是减少加工过程物料分级和残留，同时利用加工过程中的热处理来消除原料中抗营养因子和有害微生物的影响。加工过程中，由于饲料组分的密度差异、载体颗粒度的不同以及添加剂等微量组分与饲料中的其他用量较大组分之间混合不充分，容易产生分级。原料的输送、装料和卸料等加工流程也会造成分级，手工操作和加工工艺流程设计不当也易造成分级。减小分级的措施是合理设计饲料加工工艺流程和选择优质精密的设备；通过调整原料的组成和粉碎的粒度来保证原料混合的均匀；对微量组分进行有效承载，以改变微量组分的混合特性；添加液体组分来增加粉料的黏结；将产品进行制粒或膨化也有助于避免上述现象的发生。对于粉状产品（尤其是复合预混料），混合以后的成品粉状料应尽量减少输送距离以减小物料分级的影响。同时，要注意加工过程的残留污染，许多因素可造成饲料在设备中的残留导致交叉污染。如在工艺设计和设备选择上采取相应的措施，则可以减少残留的产生。在工艺设计上，输送过程尽量利用分配器和自流的形式，少用水平输送。对于水平输送设备，例如，螺旋输送机、刮板输送机，由于结构原因或多或少地存在残留，应在设备设计时要求物料易进入和易清理，或采用带自清功能刮板输送机。在满足工艺要求的条件下，尽量减少物料的提升次数和缓冲仓的数量。吸风除尘系统尽可能设置独立风网，将收集的粉尘直接送回原处以免二次污染，尤其是加药的复合预混料的生产更应这样处理。微量组分的计量应尽量安排在混合机的上部，如果在计量和称重后必须提升或输送，则必须使用高密度气力输送以防止分级和残留。药物类等高危险微量组分则必须直接添加到混合机中。加药饲料生产应尽可能采用专用生产线，以最大限度地降低交叉污染的危险性。为减少残留对饲料的影响可设计一些清洗装置，利用压缩空气对某些设备特殊部位进行清理。在设备选用上，应该确定计量设备电子种和混合设备的精度，计量设备和电子秤在量程选择上应根据不同配比物料性质来确定，采用不同量程的计量设备来满足不同物料量对计量的要求。在配合饲料与复合预混料生产上，混合机的选择是重要的，混合机应该能够在十万分之一的配比浓度下达到变异系数不大于5%的混合精度。混合机的设计应该保证在每一批次物料混合完毕后只有尽量少的物料残留在混合机中。由于粒度不同和生产的最终产品要求不同，预混合饲料生产中，物料的粒度小，混合均匀度要求高，要求的残留少，物料在混合过程中有静电产生，在选择混合机时应充分考虑混合物料特性对混合机的要求不同。斗式提升机、溜管、配料和缓冲作用的料斗也会产生残留，选择设备时应要求溜管、料仓、料斗的内表面光滑，不留死角。

不合理液体添加方式对物料的残留也会带来影响，要予以注意热处理工艺的应用。传统的制粒之前调质热处理的效果取决于温度、时间以及蒸汽的质量。调质的作用是为了提高颗粒饲料的质量，改善饲料消化率，同时可以破坏原料中抗营养因子，杀灭原料中有害微生物，使颗粒饲料的卫生品质得到控制。这种调质处理受到颗粒机结构限制，调质效果并不理想。目前在调质处理上进行了改进，主要是用增加调质的距离来延长调质时间，使调质后饲料的卫生质量得到提高。另一种方法是采用膨胀或挤压膨化方法，充分利用时间、温度，并结合机械剪切和压力，处理强度高，杀菌的效果更明显。膨胀或挤压膨化调质使饲料的卫生质量得到较好保证。热敏物质在热处理过程中会造成损失，因此，在调质过程可以不加入，而通过外喷涂方式进行添加。这些物质被加到颗粒的表面，在输送或运送过程中可能会造成颗粒粉化，表面外涂物质粉化后产生富集影响均匀分布。因此，颗粒外涂要使外涂物料与颗粒结合紧密，颗粒加工质量是外涂品质的保证，通常挤压膨化产品外涂的效果较理想。（7）生产过程的管理：饲料生产是较为复杂的，原料的投料点多，生产设备多，输送设备形式多，吸风除尘管路多，因此生产过程的管理是一个系统工程，对安全饲料生产、控制产品质量具有重要作用。原料接收储存管理：在原料接收和储存时，要保证进厂的原料质量符合标准，原料应根据不同品种、质量，储存在相应的位置，严防交叉污染。储存原料要先进先出尽量减少品质变化，杜绝外界环境因素对原料的影响，防止虫害、鼠害和微生物滋生对原料的危害。投料与输送设备管理：投料时应检查原料品质是否有变化，发现原料有异常时应及时采取相应的处理措施。所投原料规格应与配方要求相符，各种原料按规定要求投入相应料仓。人工投料是责任心很强的岗位，要保证计量、投料的准确性，要建立误投、错投报告制度。斗式提升机底部、刮板输送机、螺旋输送机和溜管缓冲段易产生残留，要定期清理；斗式提升机卸料、稀相气力输送、溜管会使物料分级，要根据物料性质确定斗式提升机卸料方式，合理设置溜管的缓冲段，混合后物料严禁采用气力输送以防止分级的发生。生产设备管理：应检查设备运行是否正常，有无漏料现象，要防止设备润滑油渗漏对物料的污染。粉碎机要用相应筛板来控制粉碎粒度，注意筛板有无破损。计量设备称量准确性相当重要，要用不同量程计量设备来满足物料的称量，如小品种物料的添加量达不到计量精度要求，则小品种物料必须再稀释。确保混合机的混合时间，混合均匀度必须与工艺要求相符。预混料应直接打包，以防运输分级。调质过程要确保蒸汽质量，要充分运用水分、温度、时间因素使调质的潜力发挥。颗粒质量要能达到后续工序要求。颗粒冷却要根据配方要求、粒径和环境变化确定冷却时间。速度和冷却空气流量，使颗粒水分、温度符合储存标准。颗粒外涂时，喷涂量要能根据颗粒流量灵活调节，保证喷涂添加量和均匀喷涂。打包时，要保证打包物料计量准确，同时，要加强标签管理防止贴错标签。除尘系统与清扫：饲料生产过程的除尘和清扫是保证卫生生产的重要措施，每个投料点和易产生粉尘的设备都应设置吸风口，应根据物料特性合理设置除尘系统，最好设置独立吸风系统，吸附的粉尘能直接回到生产设备供二次生产。生产车间和生产设备应及时清扫以防粉尘堆积，清扫后的物料应按规定处理，防止产生二次污染。（8）加工后饲料储存管理：加工后物料按规定储存，防止储存过程中饲料变质，有利于成品先进先出，运输中不产生污染，严禁饲料与农药、化肥和其他化工产品混装。用户堆放成品时要防止饲料在畜禽舍内被污染。应指导用户正确使用，对加药饲料应注意该产品的停药期，以避免药物在畜产品中的残留。对于从用户回收的饲料应根据不同性质加以处理并有相应的记录。

饲料生产时等料最短时间原则是什么？

答：如果要等 3 种原料需配料，投进 A 的原料时 20（含粉碎）min，投进 B 的原料时 30（含粉碎）min，投进 C 的原料时 40（含粉碎）min，如不粉碎可视作粉碎时间为 0。投料原则：先投时间花费小的，最后投花费时间长的，这样可保证在刚开始投最后料时就可以配料。这样可在配料时连续配料。

饲料生产时准备停滞最短时间原则是什么？

答：如果有 3 个品种需在同一台机器上生产（粉碎、混合、制粒、包装），其量分别为 A：10 t，B：20 t，C：30 t，生产原则为：先生产批量小的品种，这样保证辅助准备工作时间停留最短，如混合前的添加剂准备停滞时间、包装前的编织袋准备停滞时间会最短，保证生产现场整洁。

饲料生产时客户等料最短时间原则是什么？

答：如果客户需等 3 种成品，A 品种，生产时间为 1 h，B 品种，生产时间为 2 h，C 品种，生产时间为 3 h。生产原则：先生产 A 品种，再生产 B 品种，最后生产 C 品种，一旦 C 品种满足出货条件时，可与生产同时进行出货。保证客户等料时间最短原则。

加药饲料生产后进行换批生产，为什么要对混合机进行清理？如何清理？

答：有药物添加剂时，应先生产无药物添加的饲料，再生产有药物添加剂的饲料，生产后对设备进行清理，防止交叉污染。清洗的方法：用少量的粉碎谷物或其他一些无害的和普通的或现成可利用的原料来清洗混合机，将潜在的有害药物残留清除出去。清理出来的含药物残留原料，必须加以标志和储存，以便最终加入到含有同种药物的饲料中。这种方法的效果相对较好，然而处理冲洗后的饲料却经常是一个问题。

饲料生产时为什么需按次序配料？

答：按次序配料是指先加工含同一种药物的饲料，然后加工不含药物的饲料，这样即使有少量药物交叉污染，也不会造成连锁反应（如先生产不含药物的饲料，其次生产高浓度药物的饲料，最后生产低浓度药物的饲料，以后再生产不含药物的饲料）。为正确应用这一方法，操作人员应非常清楚某一特定药物在哪里可以使用以及在哪里不能使用。如果采用恰当的配料次序，在混合工序中不应有交叉污染发生。每个饲料厂都应该有自己的按次序配料方案。

夏季饲料水分调控应注意哪些问题？

答： 夏天气温高，水分蒸发快；蒸汽管道热损失小，蒸汽饱和度高且吸附水含量低；原料本身温度高等因素均不利于颗粒饲料在生产过程中的保水及吸水。所以，在炎热干燥的季节，颗粒饲料成品的水分一般都在9%～11%，低于国家标准。颗粒饲料成品水分低，使饲料生产的投入产出率偏低，给饲料厂家造成了一定的效益损失。颗粒饲料成品水分低还会导致淀粉糊化度降低，饲料的适口性下降、粉末增加，从而降低动物的采食量、增加饲料的浪费，影响动物的生产性能，降低饲料报酬。因此，一些厂家在夏季采取一些措施给颗粒饲料增加水分。当然，如果颗粒饲料冷却时间短，冷却不均匀，可能造成局部水分偏高，会造成饲料霉变，应注意防霉，以免造成不必要的损失。

饲料生产中进行精细化管理有什么作用？

答： 精益生产管理可以理解为数字化管理，也就是量化管理，对于生产过程中各个岗位工作过程的数字化，比方说每吨饲料电耗，煤耗，人均工资，以及效率方面的数字化，更换品种的时间，转运原料成品的时间等，这些东西的控制可以找出生产过程中的瓶颈，有利于提高生产效率，改进生产工艺。但是如果这种工作成为了一种形式化，就会加重工人的负担。有些工厂进行记录是形式化的，主要用于检查，这样做就没有意义了。

乳猪教槽颗粒饲料应采用什么工艺为好？

答： 乳猪教槽料加工适宜的工艺：（1）原料适当热处理：玉米、豆粕膨胀熟化，大豆膨化熟化；（2）热处理后的原料再与热敏性原料（血制品＋乳糖＋葡萄糖＋多维＋酶制剂＋微生态制剂＋微量元素＋其他添加剂）混合。（3）低温制粒后，冷却形成成品。

如何降低成品粉化率？

答： 配方因素是最主要原因，其次粉碎粒度、环模压缩比以及原料水分都能影响颗粒的性状。一般饲料厂用增加环模压缩比，用不锈钢环模代替合金钢环模是最行之有效的方法，性价比较高。

冬季如何调控颗粒饲料水分？

答： 冬季平均气温比较低，饲料厂做颗粒料时，不光是启动制粒机有困难，而且颗粒料水分也不易除去。冬季玉米、豆粕水分一般为14%～15%。此时提高制粒温度、延长调质时间，对控制水分含量的作用有限。控制原料水分是最有效的方法，可以将不同水分的原料搭配使用，其次是提高冷却风的温度，增加冷却风承载水分的能力。

配方设计对产品质量控制有多大影响?

答:(1)对颗粒持久性(PDI)指数的影响:配方(原料组成与配比)决定40%,粉碎粒度、调质效果、模孔参数以及冷却工序等生产工艺与设备因素决定60%,这足以说明配方的重要性。(2)对生产过程中交叉污染的影响:配方中选用的原料品种越多,越容易造成原料间的交叉污染,对产品质量产生不良影响。用同一条生产线生产的产品规格品种越多,越容易造成交叉污染。(3)计量精度的影响:配方中原料的添加比例要适合生产工艺中计量设备所能达到的精确度,超出计量范围,不仅会降低配方的转化率,更主要的是会对产品质量产生不利影响。

配方的评判标准是什么?

答:配方既依靠适宜的生产工艺及设备完成向产品的转化,又对生产效率、生产成本以及生产质量产生深远的影响,所以强化配方与生产工艺及设备的相互适宜性是技术部门与生产部门的一项重要工作。可以从以下方面评判配方适宜与否:(1)产品性价比:良好的配方建立在产品的性价比优良的基础上,对于客户来说,经济效益比产品价格更重要,所以说没有最贵的配方,只有最好的配方。(2)综合成本:饲料产品的成本包括营销成本、财务成本、制造成本和配方成本,良好的配方能够带动整个系统实现综合成本最低的目标。(3)生产适应性:配方的设计与原料的选用一定要考虑生产工艺及设备的加工精度,脱离了这个基础,配方的生产转化率就会降低,产品不能够达到配方的内在要求。

微爆化处理是怎么回事?

答:微爆化处理是用混合气体将陶瓷体加热到一定温度后,使谷物通过这些陶瓷体,将谷物进行对辊式粉碎和冷却处理。微爆化加工过程的温度通常控制在140~180℃。但微爆化处理在这个温度下的暴露时间为20~70 s,比膨化处理的时间(5.6 s)长。最近的资料显示,对生产性能影响来讲,陶瓷体加热后的对辊式粉碎过程的重要性需进行重新认识。早期研究表明,这些加工过程可改善大麦的营养价值,显著提高玉米的营养价值,但对小麦营养价值影响的结论并不一致。最近的研究表明,微爆化处理对于改善猪饲料中小麦的营养价值并无显著作用。另外,一些关于微爆化试验中所使用谷物的水分含量可能很低,研究结果充分证明了这种加工工艺对生产性能的改善效果。因此,为了使试验条件一致,并取得理想的结果,谷物在试验前应进行预浸泡处理,使水分含量达到21%。

自动送料系统如何清洗?

答:依经验,只要是在经常使用,管路不太需要清洗。主塔清洗一般0.5~1年进行一次。

有什么办法能回收掉入水槽中的饲料？

答：鸡在采食粉碎的饲料后，饮水时黏在喙上的饲料常落入水中，使水槽中的水遭到污染，还会浪费饲料。据统计，一只鸡一年黏在喙上而落入水中的饲料有 1.5 ~ 1.8 kg，尤其是粉碎过细的饲料，损失更多。采用以下方法可避免损失：（1）沉淀法：采用长流水的水槽，在水槽末端地下埋一大缸，使随水流出的饲料沉淀到缸的下部，每天将上面的水用虹吸法放掉，将下部沉淀的饲料取出，拌入猪饲料中喂猪。注意要及时取出，防止其酸败。（2）限水法：即每天 11：00 时和 16：00 时，水槽不加水，让鸡将水饮净，沉淀下部的饲料可任鸡啄食干净。然后刷洗水槽，再将刷洗水槽的倒入缸内，任其自然沉淀，取沉淀物喂猪。

为什么普通畜禽饲料常采用先粉碎后配料工艺，而水产饲料采用先配料后粉碎工艺？

答：当主要产品的主要原料为玉米、大麦、高粱时，可采用先粉碎后配料工艺；而当配方中谷物代用品种类较多时，可采用先配料后粉碎工艺。一般来说禽畜饲料采用先粉碎后配料工艺，鱼虾饲料采用先配料后粉碎工艺。对于畜禽饲料来说，原料粉碎粒度不需太细，原料粉碎的品种较单一，主要对主原料进行粉碎，采用先粉碎后配料可以节省生产成本。而对于水产饲料来说，根据水生动物本身的生理特点，要求原料的粉碎粒度较细，大部分的原料都需进行粉碎；水产饲料原料粉碎性能差异较大，原料配合后粉碎性能可以互补，有利于难粉碎原料的粉碎；原料粉碎较细时，物料的流动性差，容易在配料仓产生结拱，原料配合后粉碎，可以节省粉碎时间，提高单位时间粉碎机的产量。

饲料原料和配方对颗粒质量（PDI）有哪些影响？如何预测颗粒质量？

答：颗粒物理质量受多系统综合因素的影响，原料的特性与配伍是一个关键因素。配方是各种原料的组合，它是影响 PDI 的主要因素。在配方设计时合理选择原料和恰当原料配合，可以预测加工后颗粒质量的物理品质。有研究表明，配方在各种影响因素中所占的比例在 40% 左右。配方中的各种原料组分对整个 PDI 的贡献率是不同的，要预测颗粒饲料品质，就需给各种原料确定一个颗粒质量因素（PQF），系数值为 0 ~ 10，副作用的值为负数。根据不同原料对 PDI 的贡献率大小不同，Boerner（1992）把一些常用的原料给出不同的 PQF，如表 55。PQF 越大的原料，制出的颗粒越结实，PDI 越高，反之则越低。如表中的膨润土、木质素，它们的 PQF 较高，一般作为黏结剂来使用；又如表中的酸性油，PQF 为负的 40，表明油脂类原料组分越多，制出的颗粒越松散，颗粒的 PDI 越低。不同的加工工艺 PQF 值会发生变化。一个合理的配方，既要考虑营养方面的需求，又要考虑制出颗粒的质量，通过 PQF 值计算颗粒饲料质量，如果一个饲料配方的颗粒质量大于 4.7，可认为此配方能制得较好质量的颗粒。

表 55　通过 PQF 值计算颗粒饲料质量

原料品种	PQF	原料品种	PQF
大麦	5	酸性油	−40
油菜籽粕	5.5	膨润土	10
大豆粕	4	饲料厂下脚料	3.5
血粉	3	乳清粉	9
高粱	3	燕麦	2
鱼粉	4	石灰石	7
糖蜜	5.5	小麦	5
小麦粗粉	8	豆类	7
矿物质 + 维生素	3	木质素	50

注：应根据加工条件建立相应 PQF 值，本表数据仅供参考

原料中不同的营养成分及含量高低和来源亦对 PDI 有不同的影响。淀粉是饲料中的主要营养成分之一，一般生淀粉不容易制粒，制出的颗粒较松散，但如果通过水热作用进行糊化，则其制粒性能大大提高，制出的颗粒表面光滑，冷却后颗粒结合较紧密，颗粒的 PDI 较高。不同来源的淀粉其对 PDI 的影响也不同，一般大麦和小麦的淀粉就比玉米和高粱的制粒性能要好，这是因为其所含淀粉的结构不同。蛋白质也是饲料中的主要营养成分，天然蛋白质在水热作用下具有良好可塑性，制出的颗粒紧密结实，PDI 较高，但如果配方中的蛋白质含量过高，因其影响蒸汽的吸收，反而制粒性能下降。另外，配方中如果是外加的非蛋白氮（如尿素），则会影响制出的颗粒质量。对于饲料中的纤维成分，一般少量的纤维(3% ~ 5%)对颗粒的质量有利，由于纤维的相互牵连作用，制出的颗粒硬度高，不易破碎，但配方中纤维含量较多，由于其本身具有弹性和吸水膨胀作用，制出的颗粒容易产生裂纹，进而容易破碎产生细粉。配方中的脂肪成分，如果是原料本身含有的脂肪，如豆粕等，对颗粒的 PDI 影响较小，且有利于制粒，减少对模具的磨损。如果是外加的脂肪，则对颗粒的 PDI 影响较大，制出的颗粒较松散，细粉较多。一般外加脂肪不宜超过 3%，再多则需要采用后喷涂的方式进行添加。

目前国外有哪些微粒饲料加工技术?

答： （1）在饲料加工工艺中，装置颗粒粉碎机。即将制粒机挤压的大型颗粒饲料经破碎机处理后，再通过不同目数的振动筛选，得到所需的不同规格的微粒饲料。（2）微型颗粒加工。把苗种所需的配方原料进行充分混合并加混合剂，然后用超微粉碎机等机械加工成不同粒度的微型颗粒，通过振动筛选，得到不同目数的微型颗粒。（3）微囊加工技术，有物理机械成形法和化学凝固成形法两种，前者采用喷雾干燥等工艺，后者采用单凝聚、复凝聚等方法。该技术成形简便、成本低。

糊化淀粉尿素的加工方法有哪些？如何进行质量控制？有哪些注意事项？

答：尿素作为一种应用广泛的反刍动物蛋白质替代饲料，其特殊的异味以及释放氨的速度太快，利用率低、危险性大。因此使用尿素时应有适量的、易分解的碳水化合物。利用膨化技术使淀粉通过机械作用，生成改性淀粉 α－糊化淀粉。它具有很强的吸水性和黏接功能，不仅使尿素扩散在其中，也可以将其他营养物质混合其中。常见的非蛋白氮产品的加工方法有以下几种：（1）秸秆氨化法：将秸秆和尿素用塑料袋法、缸池法、堆垛法和氨化炉法等生产。但是这些方法使部分尿素以氨氮的形式挥发，损失30%左右；（2）尿素舔块：这种方法主要怕雨淋、潮湿和牛采食过量发生中毒；（3）包被尿素：经过特殊工艺，用营养物质和蜡类物质制成颗粒状包被尿素。此外还有尿素浓缩料法等。目前常见的为膨化法加工的糊化淀粉尿素，在膨化腔温度为120～150℃、2.5～3.5 MPa的压力下，实现淀粉的变性并对尿素包覆，同时，使淀粉的糖醛基与尿素的氨基发生反应，形成复合物使氨释放速度变慢，而淀粉糊化后降解供能速度加快，可以促进瘤胃微生物蛋白的合成。糊化淀粉尿素加工的质量控制要注意下面几点：（1）制作糊化淀粉尿素必须保证淀粉的质量，否则难以成功。玉米的执行标准：GB／T 17890－1999 2级。（2）混合料的含水在15%～20%。（3）膨化腔温度在135～145℃范围内，自动温控设置在140℃。（4）玉米淀粉的糊化度为80%～90%。（5）环境要求通风良好、空气湿度70%为宜；生产场地清洁、干燥。（6）包装物：产品具有较强的吸水性，对包装物的要求较严格，必须双层包装且内层密闭性要好、封口要仔细，不能漏气。糊化淀粉尿素的加工重点是玉米淀粉糊化度的掌握：淀粉糊化＝胶性的凝胶体，外观为酥脆棒状、淡黄色、肉眼细看多微孔。影响糊化度的因素为原料的粒度和含水率、膨化腔工作时的温度和膨化腔内的压力等。粒度小、含水率合适、温度为140℃、压力在2.5～3.5 MPa时，糊化度就较高。蛋白当量控制略为简单，通过计算尿素的用量来达到控制目的。一般蛋白当量控制范围是70%～77%。饲用与注意事项：经过检验糊化淀粉尿素的蛋白当量在70%以上，通过反刍动物饲喂的反复试验，可提高产奶量，用于肉牛可增重，糊化淀粉尿素只能喂给青年和成年牛、羊、鹿。犊羔因其瘤胃尚未发育完全，缺乏利用尿素的能力，不能饲喂；患病、妊娠后期的反刍动物不宜饲喂；放青季节不用饲喂。反刍动物饲喂糊化淀粉尿素后不能马上饮水，尿素的吸水性极强，溶于水后很快被吸收，分解成氨，大量的氨进入血液内会引起氨中毒，甚至引起牛羊死亡，饮水时间应在喂尿素后0.5～1 h为宜。

二噁英有何危害？

答："二噁英"（Dioxin）属于氯代环三芳烃类化合物，是目前已知化合物中毒性最大的物质之一，这类物质既非人为合成，又无任何用途，化学性质十分稳定，不溶于水，但易溶于脂肪，环境中难自然降解。二噁英非常容易在生物体内积累，进入体内后积累于脂肪中；毒性极大，国际癌症研究中心已将其列为人类一级致癌物。进入人体后，不能降解，也不易排出。世界卫生组织将其列为与DDT杀虫剂毒性相当的剧毒物质，国际癌症研究中心将其列为人类一级致癌物。美国环保局1995年公布的评价结果显示，二噁英不仅具有致癌性，而且具有生物毒性、免疫毒性和内分泌毒性，一旦侵入人体，将会永久破坏人体的免疫系统及扰乱人体的激素分泌，它已被世界卫生组织作为新的环境污染物列入监测名单。二噁英极易在劣质油脂产品中积聚，造成对饲料的污染，二噁英污染饲料在欧洲一些国家曾经发生过。被污染的饲料饲喂动物后，二恶英可残留在肉、蛋、奶和鱼等动物产品中，通过食物链危害人类健康。二噁英的稳定性极强，最容易存在于动物的脂肪和乳汁中，因此，家畜、家禽及其产品蛋、乳、肉和鱼类是最易被污染的食品。人食用微量污染的食品后不会立即引起病变，但因其不易排出，所以长期食用会使有毒成分逐渐蓄积，最终对人体造成危害。有证据表明，法国男人的精液中精子的数量60年来少了一半，而罪魁祸首便是二噁英。另外，二噁英还可能对皮肤造成伤害，甚至长出严重的暗疮以及其他一些不常见的病，包括可能对肝功能、生殖器官、荷尔蒙产生影响。其副作用是影响人体免疫力，若儿童食入，则有可能妨碍智力发展。二噁英在工业化国家中问题较为严重，因为其主要来自含氯化学品的杂质、城市垃圾焚烧、纸浆漂白和汽车尾气排放等。二噁英类物质在历史上已多次给人类造成灾难，曾发生在日本的米糠油事件和中国台湾的食用油事件，都是由于采用多氯联苯作为无火焰加热介质（加热时可以产生二噁英类物质），又因管道渗漏使二噁英进入食用油中，从而造成大规模食物中毒；美国也因局部污染多次发生动物中毒事件。

什么是"瘦肉精"？在饲料中添加瘦肉精有什么危害？

答："瘦肉精"学名盐酸克仑特罗，是国家严令禁止在饲料中添加的物质。盐酸克仑特罗属于 β - 肾上腺类激素的一种，是一种治疗呼吸系统疾病的药物，临床用于治疗哮喘病。由于在饲料中使用"瘦肉精"可提高动物瘦肉率，所以极个别养殖户违反国家规定在饲料中添加"瘦肉精"。"瘦肉精"对动物的危害症状：动物在饲养初期会在短期内出现血压升高、血管扩张、心率加快、呼吸加剧、体温上升、心脏和肾脏负担加重等剧烈反应，并出现采食下降，行为动作失调，神经紧张不安，甚至全身震颤等症状。使用"瘦肉精"会在动物产品中残留。这种物质的化学性质稳定，一般加热处理方法不能将其破坏，人食入含有大量"瘦肉精"残留的动物产品后，在 15 ~ 20 min 就会出现头晕、脸色潮红、心跳加速、胸闷、心悸和心慌等症状，对人健康危害极大。尤其对高血压、心脏病、甲亢和前列腺肥大等患者，其危险性更为严重。长期食用，有可能导致染色体畸变，会诱发恶性肿瘤。

克伦巴胺是什么？畜禽饲喂莱克多巴胺有什么危害？

答：克伦巴胺又称苯乙醇胺A，学名为 2-4-（4- 硝基苯基）丁基 -2- 基氨基 -1- 甲氧基苯乙醇，是一种人工合成的化学物质。克伦巴胺是福莫特罗的同分异构体，是美国礼来公司合成莱克多巴胺的副产物，具有同瘦肉精和莱克多巴胺相同的作用和效果，属于 β - 兴奋剂的同属物，具有营养再分配作用。被农业部第 1519 号公告列为禁止在饲料和动物饮水中使用的物质，克伦巴胺与"瘦肉精"同属于 β - 肾上腺素受体激动剂，2010 年底农业部公告禁止在饲料和动物饮用水中添加该物质。莱克多巴胺也能提高饲喂动物的瘦肉率，但因其危害大，我国现已明令禁止使用。畜禽饲喂莱克多巴胺对动物和人都会产生危害，对动物的危害：长期使用后易引发肌肉震颤，四肢和面部肌肉最明显，其他中毒症状包括心动过速、心律失常、腹痛、肌肉疼痛、恶心和晕眩等。对人的危害：人吃了残留有莱克多巴胺的组织后可能会出现中毒症状，通常表现为面色潮红、头疼、头晕、胸闷、心悸和四肢麻木等不良反应，对患有高血压、青光眼、糖尿病、前列腺肥大等疾病的患者危害更大，严重的危及生命，我国严禁在饲料中添加使用。

三聚氰胺是什么？三聚氰胺的假蛋白原理是怎样的？

答： 三聚氰胺（mela mine）（化学式：$C_3H_6N_6$），俗称密胺、蛋白精，是一种三嗪类含氮杂环有机化合物，被用作化工原料。它是白色单斜晶体，几乎无味，微溶于水（3.1g/L 常温），可溶于甲醇、甲醛、乙酸、热乙二醇、甘油、吡啶等，不溶于丙酮、醚类、对身体有害，不可用于食品加工或食品添加物。由于三聚氰胺中氮的含量为 66.7%，按照测定粗蛋白的方法计算，其粗蛋白的含量为 416.7%，所以，在一些强调粗蛋白含量的原料中，三聚氰胺被用于掺假，提高原料的粗蛋白水平。三聚氰胺本身为低毒性，一般成年人身体会排出大部分的三聚氰胺，不过如果与三聚氰酸并用，会形成无法溶解的氰尿酸三聚氰胺，造成严重的肾结石。

三聚氰胺的物理化学特性是什么？有何特点？

答： 三聚氰胺性状为白色结晶粉末（白色单斜晶体），无味，在一般情况下较稳定，但在高温下或燃烧时会分解生成含氢化氰、氮氧化物和氨等有毒和刺激性烟雾。能溶于甲醇、甲醛、乙酸、热乙二醇、甘油、吡啶；微溶于水（3.1g/L，20℃）、乙醇；不溶于乙醚、苯、四氯化碳。三聚氰胺显弱碱性（pH 值为 8），能够与多种酸反应生成三聚氰胺盐。在中性或微碱性情况下，与甲醛缩合而成各种羟甲基三聚氰胺，但在微酸性中（pH 值 5.5 ~ 6.5）与羟甲基的衍生物进行缩聚反应而生成树脂产物。在强酸或强碱液中，三聚氰胺发生水解，氨基逐步被羟基取代，生成三聚氰酸二酰胺、三聚氰酸一酰胺和三聚氰酸。三聚氰胺与醛类反应生成化合物。三聚氰胺的最大的特点是含氮量很高（66%），从它的分子式 $C_3N_6H_6$ 不难算出，在被检样品中，每增加一个百分点的三聚氰胺，会使通常以凯氏定氮方法测定的蛋白质虚涨 4 个多百分点，与之其生产工艺简单、成本很低，给了掺假、造假者极大的利益驱动，有人估算在植物蛋白粉和饲料中使蛋白质增加一个百分点，用三聚氰胺的花费只有真实蛋白原料的 1/5。

三聚氰胺在饲料中添加有哪些危害？在动物体内是如何代谢的？

答： 三聚氰胺简称三胺，是一种重要的有机化工原料，白色结晶粉末，无味。三聚氰胺本身毒性很小，被动物食入后，大部分从尿中排出。三聚氰胺是非法添加物，在饲料中非法添加三聚氰胺的主要目的是增加假蛋白含量，牟取非法利益。但因为三聚氰胺被动物所吸收利用，势必影响动物的生产性能，并导致在动物产品中的残留，影响人的食用安全。同时使用其他蛋白精类原料，还存在引起动物氨中毒的隐患。三聚氰胺在机体内的代谢属于不活泼代谢或惰性代谢，即它在机体内不会迅速发生任何类型的代谢变化。单胃动物以原体形式或同系物形式排出三聚氰胺，而不是代谢产物的形式。三聚氰胺对不同动物的毒性具有选择性，这种毒性的选择性可能是由于不同动物种属间毒物代谢的差异引起的。

三聚氰胺会在人体内蓄积吗？对人体健康不造成危害的安全限量是多少？

答： 三聚氰胺对人体健康的影响取决于摄入的量和摄入的时间，如果摄入的量大和时间较长，就会在泌尿系统如膀胱和肾脏形成结石。到目前为止，尚未发现三聚氰胺对人类有致癌作用的报道。国际上通常用人群耐受摄入量（TDI）来表示人群对食品污染物的安全摄入限量，即每人每天终身摄入该剂量一般不会对健康造成危害。美国食品药品监督管理局在对食品中三聚氰胺进行风险评估时提出人群 TDI 为 0.63 mg/kg 体重。欧洲食品安全局提出三聚氰胺及其类似物的 TDI 值为 0.5 mg/kg 体重。我国专家考虑到婴幼儿的敏感性及奶粉中可能含有三聚氰胺的类似物等其他不确定因素，提出三聚氰胺的 TDI 为 0.32 mg/kg 体重。每人每天最多能吃进去多少三聚氰胺是安全的呢？假定成人、儿童和婴幼儿的体重分别按照（60、20 和 7）kg 来计算，以 TDI 为 0.32 mg/kg 体重进行计算，那么成人、儿童和婴幼儿每人每天三聚氰胺的摄入量不超过（19.2、6.4 和 2.24）mg时，一般不会对健康造成危害。

三聚氰胺的中毒症状什么样？中毒的机制是什么？

答： 三聚氰胺经口给予的动物实验中常见的临床症状包括饲料消耗量减少，体重减轻，膀胱结石，结晶尿症，膀胱上皮细胞增生以及存活率降低。三聚氰胺中毒的机制是肾衰。虽然在肾脏和膀胱中都发现了结晶，但现在仍不清楚在三聚氰胺摄入之后肾衰竭的发生和肾脏的结晶作用之间是否有直接的联系。Comell 大学的 Smith 拍摄了结晶的电子显微镜照片，并在实验室进行三聚氰胺和三聚氰酸的混合实验，重现这种结晶的形成。这是一个瞬间反应，当两种物质的澄清溶液混合后，呈烟雾状，静置片刻，晶体下沉。然而，Smith 强调，三聚氰胺已知的毒性反应还不能解释所有病例的临床及病理症状，例如，中毒后在肾脏中出现的肾小管急性损伤和特征性的细胞炎症等。

生产三聚氰胺所用的原料是什么？用途有哪些？

答： 生产三聚氰胺所用的原料主要有硅胶、合成氨、液氨、尿素。三聚氰胺是一种重要的化工原料，主要用途是与醛缩合，生成三聚氰胺、甲醛树脂，这种树脂不易着火、耐水、耐热、耐老化、耐电弧、耐化学腐蚀，有良好的绝缘性能和机械强度，广泛运用于木材、塑料、涂料、造纸、纺织、皮革、电气、医药等行业；它还可以用来做胶水和阻燃剂、甲醛清洁剂等；在部分亚洲国家，也被用来制造化肥、黏合剂、消毒剂和杀虫剂等。

饲料中混入三聚氰胺的原因？

答： "增加"产品的表观蛋白质含量是饲料中添加三聚氰胺的主要原因。很多饲料厂检测饲料中粗蛋白质时，基于条件所限，常用凯氏定氮法测定粗蛋白的含量，原理很简单：蛋白质含有氮元素，用强酸处理样品，让蛋白质中的氮元素释放出来，测定氮的含量乘以 6.25，就可以算出蛋白质的含量，因此，也称之为粗蛋白质。凯氏定氮法只能测出含氮量而无法测出氮的来源，为牟取不当得利和弥补饲料中蛋白含量低的问题，不法商人常常加入非蛋白原料，如工业尿素、缩二脲等非蛋白氮而冒充粗蛋白质。三聚氰胺含氮量为 66.6%，折合成粗蛋白含量为 416.7%，掺入少量就可以迅速提高粗蛋白含量；对于加入尿素以及尿素类成品，可以通过检测氨氮的方法检测出来，而三聚氰胺不溶解在水里，饲料分析化验部门也很难分析出来。三聚氰胺通常被掺入大豆蛋白粉、鱼粉、肉骨粉、玉米蛋白粉以及饼粕类等蛋白原料中。但是近来也发现添加三聚氰胺的另一原因，即改变产品的加工和口感特性，这是由于三聚氰胺有一定的黏性，少量添加即可改变蛋白粉和饲料的黏韧性。从三聚氰胺的含量可以大致知道掺假的目的，为增加表观蛋白量一般饲料中添加量都在 2 000 mg/kg 以上，而为改变产品黏韧度一般不超过几百 mg/kg。在化验一些蛋白质原料时，如果蛋白质含量高，而氨基酸含量低，也可能是加入了三聚氰胺。

饲料中三聚氰胺的外来污染途径有哪些？

答：（1）环丙氨嗪：亦称"灭蝇胺"，美国 1974 年批准为种植业杀虫剂，1984 年批准为兽药，在畜禽养殖过程中广泛使用。我国也批准其作为农药、兽药和药物饲料添加剂使用，研究表明，光降解是环丙氨嗪的主要降解方式，产物主要是三聚氰胺，在动植物体内亦可通过脱烷基作用代谢为三聚氰胺。（2）三聚氰胺废料：实际上是生产三聚氰胺的下脚料，主要含有以三聚氰胺、三聚氰酸、羟甲基羧基氮等三嗪类含氮化合物和少量主反应催化剂。三聚氰胺在土壤中缓慢水解生成三聚氰酸。由于三聚氰胺废料没有规范的回收办法，废物排放易造成土壤和水质污染。（3）化肥：三聚氰胺及其废料可以与多种化学肥料制成复合肥。有科研单位和饲料企业在玉米、小麦等谷物原粮中检出三聚氰胺。（4）包装物：有饲料企业对二次使用的旧包装物抽样检测，结果显示部分样品中检出三聚氰胺。（5）黏合剂：如果制作饲料时使用了含有三聚氰胺成分的化工黏合剂，饲料中也会检出三聚氰胺。（6）人为违法添加：直接向原料奶中添加，引发食品安全事件；违法生产"蛋白精"用于动物饲料生产。

什么是"苏丹红"？

答："苏丹红"并非食品添加剂，属于化工染色物质，主要是用作工业溶剂，也用于鞋、地板等的增光。苏丹红有Ⅰ、Ⅱ、Ⅲ、Ⅳ号 4 种，其中，含有一种叫萘的化合物，具有致癌性，对人体的肝肾器官具有明显的毒性作用。尤其是苏丹红Ⅰ号在人类肝细胞研究中显现可能致癌的特性，在我国，严禁在食品或饲料中使用苏丹红。

什么是"孔雀石绿"？

答：孔雀石绿是有毒的三苯甲烷类化合物，既是染料，也是杀菌剂。虽然孔雀石绿在渔业上防治水霉病有较好效果，但因其可致癌，很多国家已禁用，我国已于 2002 年 5 月将孔雀石绿列入《食品动物禁用的兽药及其化合物清单》，严禁使用。

什么是超级细菌？

答："超级细菌"在英文中被称为"superbugs"，不论是在中国还是国外，它都不是一个严谨的学术用词。在医学上，"超级细菌"泛指那些耐药性极强的细菌。超级细菌是对所有抗生素有抗药性的细菌的统称。能在人身上造成脓疮和毒疮，甚至逐渐让人的肌肉坏死。这种病菌的可怕之处并不在于它对人的杀伤力，而是它对普通杀菌药物—抗生素的抵抗能力，对这种病菌，人们几乎无药可用。

商业化饲料厂危害分析与关键点控制体系要点有哪些？

答：危害分析与关键点控制（HACCP）计划是食品生产中为保证食品安全所使用的一种系统化方法，此定义由美国食品微生物标准咨询委员会根据 1985 年发表的国家科学院食品安全报告提供。全球饲料生产团体已日益认识到他们有责任控制影响人类健康（而不仅仅是动物）的危害因素。荷兰肉与肉制品基金会策划了名为"安全饲料安全食品"的动物饲料质量保证计划，美国饲料工业协会最近也推出了同名的活动计划。两个机构对于饲料安全与食品安全的内在联系也进行了交流与沟通。在 HACCP 计划的形成过程中，首先需要科学信息的帮助，这些信息可以是来自于企业的研究，也可以是杂志综述文章中的观点。一些病原微生物可以从饲料传给动物并造成疾病，由动物传给人类的疾病通常称为动物源性疾病。鲜见文字记载的经过饲料传给动物而后再传播给人类的疾病案例。即便如此，仍存在发生的可能性。为保证饲料不会给人类带来危害，世界上许多公司引入 HACC 体系。成功应用了 HACCP 体系的饲料厂都有一些共同点，如下所述。

管理层的决心：HACCP 体系不是一个自下而上的体系。HACCP 团队需要投入很多时间、付出很多努力以建立一种共同的文化氛围，以使 HACCP 原则能够引入饲料的生产过程。企业有责任召回那些因疏忽大意运送出厂的超出关键限值的产品，并且还要进行 HACCP 的年度审核，两者都需要整个体系做出巨大努力。因此，HACCP 计划的形成和落实需要两个关键的环节：首先应通过 HACCP 的应用把改善食品安全作为企业共同的责任；其二是把这个目标贯彻于整个组织生产当中。必要的基础程序：这些是指并没有列入 HACCP 计划中的质量保证程序。但是如果没有这些程序企业就无从着手 HACCP。"基础程序"由加拿大食品安全强化项目下的加拿大农业与农业食品委员会提出，而随后由食品微生物标准咨询委员会和国际食品法典委员会定义。一般性基础程序例如"现行良好生产规范"针对的是设备设施和良好的加工程序以避免加药性产品的拖带、标签以及召回制度等。其他的例子有供应商管理、规格、清洁与消毒、人员卫生、培训、储存运输和虫害控制。良好的卫生程序可以控制多种存在于饲料生产中的生物、化学和物理性的危害并且包含良好卫生规范（SSOPs）。美国农业部和食品药物管理局的行政管理标准中包括了 SSOPs，体现出了 SSOPs 的重要性。卫生不仅仅局限于设备的清洁，还应该涵盖人员的行为、正确设计的设备与操作、虫害控制、库房管理等。人力资源：建立 HACCP 计划的第一步是组织一个 HACCP 团队，要求其成员具有相关产品和过程的专门知识。团队的任务就是建立 HACCP 计划。这些人应该具备正确进行如下活动的知识与经验：（1）开展危害分析；（2）鉴别潜在的危害；

（3）找出必须控制的危害；（4）推荐控制措施和关键限值；（5）监测和审核的程序；（6）在一些重要信息缺乏的情况下，推荐出与 HACCP 计划相关的研究方案；（7）将 HACCP 计划付诸实施。HACCP 团队的领导必须担负起 HACCP 建立、发展并保证其落实的责任。该负责人需要广泛的科学知识背景以领导团队进行危害分析等工作，并保证该计划的科学性。HACCP 负责人还需要具备很强的人际交流和沟通能力。对于大多数公司，开展 HACCP 计划都需要进行培训。首先培训 HACCP 负责人，而后他再去培训团队的其他人，这是完成这项任务的一项策略。大多数的培训已经标准化，一般采用国际 HACCP 联合会建立的标准体系，这个联合会还接受委托开展培训服务。这些培训的课本题目为 "HACCP：食品安全的系统化途径"，由 Stevenson 和 Benard 编著，食品加工研究所出版。正确的危害鉴别：危害分析工作可以理解为这样一个过程——收集与产品相关的危害信息并进行评估，判断哪些是重要的因素以及是否将其纳入到 HACCP 计划体系。危害通常分为 3 类：即生物性、化学性和物理性危害。分析工作包括鉴别潜在危害（危害鉴别），然后评估其严重性和发生的可能性（危害评估）。危害鉴别包括综合分析饲料原料和加工过程，并列出所有的对人畜潜在的危害。重点指出的是，HACCP 强调的是人类食品的安全。但是，有诸多理由指出，在分析阶段找出对动物的危害具有重要意义。一些病原性微生物（生物性危害）和毒素（化学性危害）可通过饲料传给动物，再传给消费肉奶蛋的人，因此，存在对人和动物健康的潜在危害，而且对人和动物来说控制这些危害的手段相似。有些危害对动物重要而对人不重要，应在基础程序中加以说明。危害评估包括分析危害对人类健康影响的严重程度以及发生的可能性。表 56 是一个危害鉴别与评估的实例，它是由德州农工大学系统下的德州化学家办公室在近期举办的饲料行业 HACCP 培训班上提出的。

表 56 肉牛液体饲料生产加工过程中生物、化学和物理性危害的鉴别与评估

原料或加工过程	本步骤引入、增加或控制的潜在危害	是否有重要危害？严重程度：发生的概率		重要性的解释		预防、清除或减轻对动物和人的危害的方法	此步骤是否为关键点
		动物	人	动物	人		
袋装来料/手工添加/包装	生物性现在未发现						
	化学性借的产品/添加量	Y	N	错误的产品或者添加量可能导致过量添加或者无效剂量	不大可能引起人类的健康问题	依照原料标准执行原料接收的标准操作程序，经过认可的供应商管理体系、原料指标和检验、合同标准和目测	
	二噁英	Y	N	二噁英似乎不会发生	二噁英似乎不大可能发生		
	物理性玻璃/塑料/金属/石块	Y	N	口部外伤/消化道问题	动物过滤	来料的目测、过筛和磁选	

实施计划：类似于"管理责任"，HACCP 计划的成功落实需要团队成员协调一致的努力，才能保证成功地实施。"审核"和"记录"用于保证计划的落实。审核活动包括有效性的求证（所做的事情是否正确）和明确人员在正确地执行 HACCP 计划。例如，如果认定制粒机上面的蒸汽调制器是杀死饲料中肠道病原菌（沙门氏菌和大肠杆菌）的关键控制点，进行饲料取样分析则能够证实调制器的温度、蒸汽压力以及停留时间是否足以对饲料灭菌。审核工作包括检查每一班次结束后温度纪录的打印结果和操作的纪录，以确认进行了关键点的监控，并且没有超出关键限值。

确认所有关键点已经被监控，所有记录得到保留，加工过程稳定地处在可控状态，或者在不符合关键限值时采取了正确的行动，需要付出大大超过一般质量保证程序的努力。审核过程包括定期（每年）评估 HACCP 计划以便保证过程的变化被反映在 HACCP 计划之中，也包括确认是否将所有新的、与危害和关键限值相关的科学信息都纳入到体系之中。记录是进行审核时考察的基本要素，而且审核活动本身也将记录在案。HACCP 体系的自愿采纳，将给中国一个建立于科学基础之上的手段，用于控制威胁人畜健康的生物性、化学性或者物理性的危害。5 个基本步骤和 7 项原理给出了有助于保障食品安全的系统化方法。本文简单地概括了重要的管理原则并有助于 HACCP 体系在其公司里运用。

饲料部门的检验记录和报告应保存多长时间？

答：饲料企业质检部门必须有完整的检验记录和检验报告，并保存两年以上。

ISO9000 与 HACCP、GMP 有什么区别和联系？

答：ISO9000 质量管理体系是一种为实施质量管理所需的组织结构、程序、过程和资源及其相互配置。国际标准化组织（ISO）1979 年成立了质量管理和质量保证技术委员会（TC176），负责制定质量管理和质量保证标准。形成以 ISO9000 族标准为建立、实施、保持、改进的通用要求或指南的 ISO9000 质量管理体系。ISO9000 质量管理体系比 GMP+HACCP 所覆盖的范围更广泛，几乎涉及企业管理的方方面面，提出了 8 种管理思想理念，同时建立一个较为科学，完整的管理体系结构模型，适合于各类组织实施质量管理。但它只提出了管理要求，不涉及具体的管理方法和手段，是饲料生产管理的"面"，可为饲料企业建立管理体系提供平台。而 GMP 和 SSOP 紧扣饲料生产实际，以饲料卫生管理为主线，针对饲料生产加工的具体过程提出了许多饲料卫生管理方法和手段，适用于所有饲料企业。并为饲料安全控制（HACCP）体系提供基础支持，是饲料生产管理的"线"。HACCP 体系则直插饲料控制核心——安全。对 CCP 提供科学、系统的控制方法，能充分发挥其控制饲料安全的高效性和经济性，是饲料生产管理的"点"。既要达到 ISO9000 的质量管理体系的要求，又达到 HACCP 安全控制体系的要求，将质量手册、程序文件、作业指导书，记录表格融为一体、形成便于生产操作和运行的模式——饲料安全、卫生、质量一体化管理模型，即在 ISO9000 质量管理体系的平台上，以 GMP、SSOP 为主线，建立科学的卫生标准操作程序（SSOP），对整个饲料加工的环境、人员、设施设备加以控制；同时以危害分析、HACCP 计划等手段，充分发挥 HACCP 体系控制饲料安全效果显著的优点，在满足质量要求的同时，确保饲料的卫生与安全。

统计过程控制技术及其在饲料生产中的应用有哪些？

答：饲料是肉、蛋、奶生产中最主要的生产成本，而饲料工业中原料占到总生产成本的 80% 以上。饲料行业的竞争特性促使行业内的企业有必要采取策略性的方案来降低成本，包括对一个公司内质量保证程序的经济价值进行分析。统计过程控制技术（SPC）能够改进产品质量并降低制造成本，这个策略包括质量策划、分析和控制，它能保证质量管理程序，对资金流动、投资回报和商业利润产生正面影响。SPC 是将统计的原理与技术应用在生产的所有阶段，目标是最经济的制造某种产品。与 SPC 相关的经济意义包括产品一致性的提高、返工和浪费的减少、生产和工厂运行效率的改善、客户满意度提高以促进消费、成品监督和检验费用的减少以及更少次数的产品召回等。经济回报应该会超过运行 SPC 程序的成本，因而获得正面的经济回报。工具：SPC 工具包括频率分布图、控制图、因果关系图、帕雷托（Pareto）分布图和散点图。频率分布图对于过程或者产品性状给出了一个图形化的总结（或直观描述）（图 162，表 57）。

表 57　频率分布图结果

组中值	组距	组限	样本数	频率
41.90	0.4	41.70 ~ 42.09	1	3.1
42.30	0.4	42.10 ~ 42.49	1111	12.5
42.70	0.4	42.50 ~ 42.89	111111111	28.1
43.10	0.4	42.90 ~ 43.29	1111111111	31.2
43.50	0.4	43.30 ~ 43.69	1111	12.5
43.90	0.4	43.70 ~ 44.09	11	6.2
44.30	0.4	44.10 ~ 44.49	11	6.2

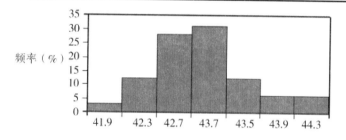

图 162　豆粕中蛋白质含量频率分布图

它有助于回答以下 4 个重要问题。

（1）过程或者产品是否存在正态分布？（2）过程的中心点集中在哪里？（3）过程是否符合工程制造或产品指标？（4）经济损失与产品指标不合格有何关系？

描绘一个频率分布图包括以下几个步骤：（1）收集过程当中代表性的样本 / 测定结果；（2）找出数据库当中的最大值和最小值；（3）计算极差；（4）计算组距（当样本少于 50 个时，除数为 7；当多于 50 个时除数为 10）；（5）给出组限和中点（组中值）；（6）列出每个组限范围内发生的频率；（7）描绘频率分布图。控制图有助于回答"变异何时发生"（图 163）。

控制图在许多行业内流行，原因有：（1）控制图已经证实可以改善生产效率；（2）控制图可以有效地预防缺陷；（3）控制图可以控制不必要的过程调整；（4）控制图能给出反映过程能力的信息。描绘一个控制图包括以下步骤：（1）收集过程中代表性样品或者测定结果的信息；（2）计算平均数和极差；（3）计算控制界限；（4）在控制图上描点。

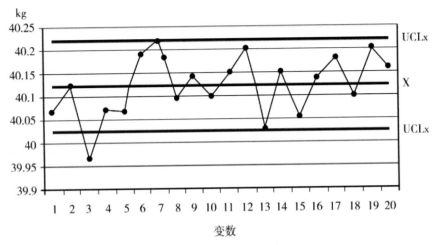

图 163　平均袋重控制曲线

　　分布图和控制图应用的是中心极限定理中的统计原理。这个定理认为，变异在群体中自然存在，群体中大量的样品簇拥在中心点附近。平均数每侧各 3 个标准差解释了群体中 99.7% 的变异（图 164）。

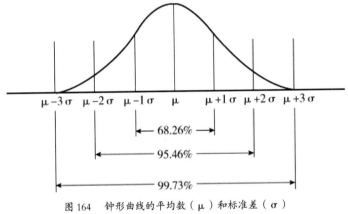

图 164　钟形曲线的平均数（μ）和标准差（σ）

　　因果关系图（也称作鱼骨刺图）用于鉴别一个过程内变异的由来。为有助于问题的解决，这一工具把变异的原因归入到人、机、料、法、环 5 个方面。下面举例应用因果关系图以寻找饲料产成品中蛋白质含量变异的来源（图 165）。蛋白质含量变异的原因有很多种，其中，包括豆粕的蛋白质含量（原料因素）和饲料厂库存管理方法（归入方法因素）。

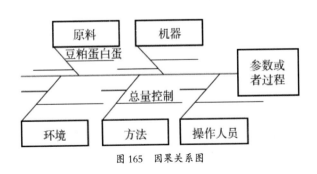

图 165　因果关系图

　　帕雷托（Pareto）图利用频数分布图的格式来帮助找出首要问题。下面的例子当中对客户的抱怨按重要性进行了归类。第 1 步：把抱怨分类（细粉、夹杂物、低脂肪、虫害和颜色）。第 2 步：

把每个抱怨添加到各个类别当中；第3步：计算累积的抱怨数；第4步：计算累积的百分数（图166，表58）。

表58 通过纠正细粉和夹杂物等问题，使客户抱怨中的75%得到解决

缺陷	抱怨数	累积的抱怨数	累积百分率/%
细粉	10	1 0	4 2
夹杂物	8	1 8	7 5
低脂肪	4	2 2	9 2
虫害	1	2 3	9 6
颜色不正常	1	2 4	1 0 0

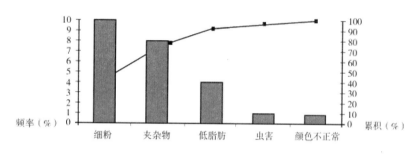

图166 某公司客户抱怨的帕雷托分析图

帕雷托分析图使应用者直观地看到反映变化的结果（因变量）和解释性变量（自变量）之间的关系。水活度（解释性变量）和开始发霉的天数（反应变量）之间的关系在图167中反映出来。当描绘散点图时，解释性变量放在水平轴（X轴）。相关系数用R2来表示，它指出有多大比例的发霉天数变异可以由水活度来解释。

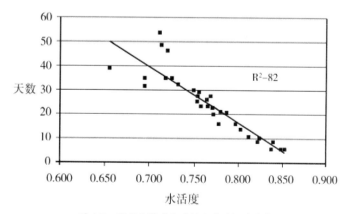

图167 颗粒水活度和开始发霉时间的关系

SPC和持续改进是这样一种理念：即通过持续的评估和员工参与，找到完成工作的更好方法，设立并获得达到更高标准的途径等，以获得逐步的不间断的改进。SPC帮助生产者客观地测量改进的程度并通过方便易懂的图表方法将信息反馈给员工。SPC使人们能够对生产过程进行实时评估，而其工具需要员工的参与。

为什么只听到饲料安全、安全饲料，却听不到生产安全、安全生产？

答： 这个问题很重要，生产安全、安全生产是一切的根基。美国的很多饲料厂管理人员非常重视生产安全、安全生产，生产人员必须戴上安全帽，图168中美国饲料厂老工人的安全帽上清楚地写着：想着安全！而作者在亚洲许多饲料厂却见不到安全帽；图169为作者在越南作技术咨询时看到的情景：工人往上吊半袋（预混料？药物？），万一绳子松了，下面有人怎么办？万一砸倒的人正好是老板怎么办？图170为工人们戴的不是安全帽，只能挡挡粉尘而已；图171中人们戴的才是真正的安全帽！

图168　时刻想着安全！

图169　作者在越南作技术咨询时看到的情景

图170　工人们戴的是旅游帽，只能挡挡粉尘而已

图171　真正的安全帽

参 考 文 献

程宗佳.饲料生产的质量管理方法及试验参数对动物生产性能的影响，（一）颗粒饲料稳定性指标.饲料广角，2004

程宗佳.饲料生产的质量管理方法及试验参数对动物生产性能的影响，（二）饲料粉碎粒度.饲料广角，2004（21）：29-31

程宗佳.饲料生产的质量管理方法及试验参数对动物生产性能的影响，（三）淀粉糊化度.饲料广角，2004（22）：24-25

程宗佳.饲料生产的质量管理方法及试验参数对动物生产性能的影响，（四）水稳定指标.饲料广角，2004（23）：30-31

程宗佳.饲料生产的质量管理方法及试验参数对动物生产性能的影响，（五）总磷和植酸磷.饲料广角，2004（24）：36-38

谭长敏.BF型圆形摆动筛动力平衡的分析与研究[J].木材加工机械，1993（02）

郑桂梅，沈宝林.振动吸皮机[J].农业机械化与电气化，1995（03）

杨天生，张忠良.平转筛平衡设计的探讨[J].粮食与饲料工业，1995（05）

应卫东，刘文波.正压式重力分选机筛体结构及参数对分选质量的影响分析[J].现代化农业，1998（05）

于庆波，岳强，陈光等.谷物干燥数学模型的建立及求解[J].节能，2002（05）

最新谷物干燥仓[J].现代农业装备，1994（01）

戴天红，曹崇文，朱一轨.谷物干燥机分析与管理的计算机系统[J].中国农业大学学报，1996（04）

谷物干燥机[J].山东农机，1996（05）

江伟耀.5HL型系列谷物干燥机[J].湖南农机，1999（03）

张丽，马蓉.谷物干燥控制的研究与探索[J].中国农机化，2003（05）

单丽.立式小型谷物干燥机[J].江苏农机与农艺，2000（01）

戴天红，曹崇文.谷物干燥研究中的模糊数学方法[J].农业工程学报，1996（03）

李忠平.饲料加工技术对饲料安全的影响.中国饲料，2003（23）

王志培.膨胀加工对饲料理化性质和营养价值的影响.[期刊论文]-国外畜牧学-饲料，1998（2）

Clayton gill，安建忠.膨化加工对微量成分的影响.1998（1）

高占峰.饲料加工技术——目前的问题和挑战.1998（2）

顾华孝.颗粒饲料生产技术[期刊论文]-饲料工业.1994（1）

李德发，张子仪.猪的营养需要论文集，1994

李德发.现代饲料生产.1997

李德发.挤压膨化对断奶幼仔猪饲料的影响.1996

谯仕彦.膨化技术及其在饲料中的应用[期刊论文]-中国饲料，1997（23）

杨春珂.换代乳仔猪料试验研究报告，1996（6）

杨志刚，陈乃松.环保型水产饲料加工工艺的探讨[期刊论文]-粮食与饲料工业，2007（09）

李兆新，翟毓秀，王唯芬.对虾配合饲料水中稳定性的影响因素及其测定方法[期刊论文]-海洋水产研究，2000（3）

谢瑞红,王顺喜,谢建新等.超微粉碎技术的应用现状与发展趋势 [期刊论文] －中国粉体技术,2009(3)

金树兴,葛蓓蕾,邢金山.粒料品质对肉鸡生长的影响 [期刊论文] －饲料研究,2008(9)

Healy B J.J D Hancock.G A Kennedy Optimum Particl Size of Corn and Hard and Soft Sorghum for Nursery Pigs 1994

孙剑,周小秋.饲料粉碎粒度与饲料营养价值和动物生产性能的关系 [期刊论文] －饲料研究,1999(3)

刘梅英,熊先安,宗力.饲料加工对营养的影响及研究方向 [期刊论文] －饲料研究,2000(1)

蒋守群.猪饲粮颗粒大小的研究(综述) [期刊论文] －养猪,2006(01)

李清晓.豆粕粉碎粒度对肉鸡日粮养分利用率的影响 [学位论文] 硕士,2005

石德顺,凌泽继,韦英明等.牛体外受精胚胎冷冻保存的研究 [J].广西农业大学学报,1998(04)

韦英明,韦精卫,蒋和生等.不同激素对高产荷斯坦奶牛超排效果的影响 [J]广西农业生物科学,2005(03)

姚淑珍,王恒,吕文发.牛早期胚胎的性别鉴定 PCR 技术的研究 [J].黑龙江动物繁殖,2006(01)

杨桦.利用脂肪将酶涂敷到颗粒或粗屑饲料上 [J].国外畜牧学(饲料),1999(05)

吴德胜.液体喷涂技术 [J].饲料广角,2001(09)

史文超,金征宇.膨化饲料中热敏性物质的后添加工艺 [J].中国饲料,2000(08)

Clayton Gill.Keeping Enzyme Dosing Simple .Feed International, 1999, 10, (10) :32~38

Peter Best et al.Fit for Phytase .Feed International, 1999, 9, (9) : 22~32

高民,卢德勋,冯宗慈等.绵羊对不同糊化玉米和缓释尿素产品利用率的研究 [J].内蒙古畜牧科学,1995(02)

陈万钟,董德宽,莫放等.高效蛋白浓缩料的研制与应用 [J].中国饲料,1994(09)

朱丽华,冯仰廉,莫放等.不同非蛋白氮在牛瘤胃中氨释放规律 [J].中国奶牛,1995(06)

李宝林,莫放,冯仰廉等.糊化淀粉缓释尿素在产奶母牛中的应用 [J].中国畜牧杂志,1996(01)

杨秀荣.锤片粉碎机加装吸风系统的参数及效果 [J].武汉工业学院学报,1993(04)

周治海.国外配合饲料的粉碎机械 [J].粮食与饲料工业,1983(03)

曹念正.我国锤片粉碎机的现状和提高方向 [J].武汉工业学院学报,1989(02)

张学杰,黄善武.色素万寿菊不同品种叶黄素含量的综合评价 [J].北方园艺,2005(06)

刘国道,罗丽娟.海南木本饲用植物资源考察及营养价值评价 [J].草地学报,1998(01)

卢小良,蒲英远,陈荣珍,谢渭彬,谢晓雨.干燥和储存对柱花草叶黄素和胡萝卜素的影响 [J].草地学报,2001(01)

刘国道,王东劲,侯冠彧等.海南热带植物叶黄素和 β－胡萝卜素含量分析 [J].草地学报,2006(02)

张丽英.饲料分析及饲料质量检测技术,2006

郝林华,徐雁.鱼粉中酸价测定方法的研究 [期刊论文] －中国饲料,2000(3)

王苏闽,刘华清,茅於芳.关于油脂酸价测定中指示剂的选择 [期刊论文] －黑龙江粮油科技,2001(4)

肖青,钟烈铸.用异丙醇代替乙醚－乙醇混合溶剂测定植物油酸价的研究,1999(27)

张丽英.饲料分析及饲料质量检测技术,2004

郭金玲,刘庆华.新编饲料应用技术手册,2004

傅翔.饲料香味剂的应用 [期刊论文] －饲料研究,2001(12)

李顺时.气相色谱法测定猪用香味剂的主要成分 [期刊论文] －计量与测试技术,2001(3)

李松柏.谈谈饲料香味剂及其应用 [期刊论文] －畜牧市场,2006(9)

孙黎.稳定性氯化胆碱的研究 [期刊论文] －饲料工业,2001(6)

喻麟,李华峰.香味剂的稳定性及其测定 [期刊论文] －饲料博览,2001(2)

李云龙，吴浩，黄南贵等.燃油锅炉结垢物分析及其成因的探讨［期刊论文］－化工进展，2002（5）

许飞.关于重油气化炉结渣结构问题的探讨，1997（3）

李凤瑞，陈耀如，池作和等.一种既能保证煤粉燃烧器稳燃又能缓解炉膛结渣的方法［期刊论文］－
中国电机工程学报，2001（11）

秦裕琨，李争起，孙锐等.风包粉煤粉燃烧原理及实验研究［期刊论文］－中国电机工程学报，2000（5）

周武，庄正宁，刘泰生等.切向燃烧锅炉炉膛结渣问题的研究［期刊论文］－中国电机工程学报，2005（4）

刘恬，袁信华，过世东.双螺杆挤压生产虾饲料的工艺参数研究［期刊论文］－中国粮油学报，2009（4）

马亮，徐德香，陈震等.膨化型沉性水产饲料的加工技术及其生产效率的提高［期刊论文］－饲料工业，
2006（17）

马文智.牛羊全日粮复合秸秆饲料成型工艺研究［学位论文］硕士，2005

汪沐.双螺杆挤压膨化机在水产饲料加工中应用优势［期刊论文］－饲料与畜牧，2007（1）

曹康，金征宇.现代饲料加工技术，2003

俞微微，刘俊荣，王勇，路红波，谢智芬.双螺杆挤压机操作参数对膨化水产饲料物性的影响［期刊论文］
－水产学报，2007（3）

王道尊，刘永发，徐寿山.渔用饲料实用手册，2004

王加启，于建国.饲料分析与检验，2004

朱金林，过世东，徐学明.浊度法快速测定水产饲料耐水性方法研究［期刊论文］－饲料工业，2005（2）

钟启新，齐广海.制粒机理及其影响因素，1999（4）

CLAYTON GILL，韩立明，骆利欢，秦江帆.饲料是否达到最佳的粉碎粒度——从饲料效率、消化道健康
和加工成本方面来调整饲料颗粒大小［期刊论文］－广东饲料，2007（2）

王卫国.饲料粉碎粒度对营养价值、动物生产性能的影响及粉碎成本的控制，1999（10）

王卫国，邓金明，廖再生.饲料粉碎粒度与蛋白质消化率的体外消化试验研究［期刊论文］－粮食与
饲料工业，2000（11）

孙剑，周小秋.饲料粉碎粒度与饲料营养价值和动物生产性能的关系［期刊论文］－饲料研究，1999（3）

魏时来，蔺淑琴，李典芬，张永升，张金平，马琼.饲粮样品粉碎粒度对 ADF 和 NDF 尼龙滤袋法测定
值的影响［期刊论文］－畜牧兽医杂志，2008（4）

蔡景义.粉碎粒度对猪生产性能及胃的影响［期刊论文］－畜禽业，2001（1）

王根虎，林泉.饲料粉碎粒度的研究，1996（3）

王卫国，朱礼海，廖国平.产蛋鸡饲料的粉碎粒度研究［期刊论文］－饲料工业，2002（2）

任慧波，单安山，张永根.反刍动物过瘤胃蛋白的保护措施［期刊论文］－黄牛杂志，2003（04）

谯仕彦，李德发.膨化技术及其在饲料中的应用［期刊论文］－中国饲料，1997（23）

王聪，黄应祥，李红玉.反刍动物过瘤胃蛋白保护的研究进展［期刊论文］－中国奶牛，2000（02）

Leeson S.Atteh J O Response of broiler chicks to dietary fullfat soybeans extruded at different
temperatures prior to or after grinding 1996

周建民.反刍动物营养学，1992

王雅晶，李胜利.蛋白质过瘤胃保护途径［期刊论文］－中国饲料，2001（02）

田鹏飞.制粒机多层强力调质器蒸汽配管原则，中国饲料，2001（3）

李同祥.制粒机压辊与环模的间隙调节，1999（7）

杨慧明.颗粒饲料压制机模辊间隙的探讨，1996（1）

陈义厚，周思柱.三锥辊式平模制粒机的设计与研究［期刊论文］－机械设计与制造，2007（11）

金征宇.挤压膨化技术及其在饲料工业中的应用［期刊论文］－饲料工业，2000（06）

林仕梅.挤压膨化工艺在浮性水产饲料中的应用［期刊论文］－粮食与饲料工业，2001（03）

刘俊荣，朱赞清，俞微微.双轴挤压机在低湿挤压过程中操作参数对系统运行稳定性的影响［期刊论文］
　　－大连水产学院学报，2005（02）

刘俊荣，薛长湖，佟长青.鱼肉蛋白在双轴湿挤压过程中系统运行稳定性的拟合模型［期刊论文］－
　　水产学报，2005（02）

王钦德，杨坚.食品试验设计与统计分析，2003

陈风琴.国内外鸡粪饲料化处理方法和设备现状，1994（07）

刁治民，王得贤.畜禽粪便再生饲料［期刊论文］－中国饲料，1996（03）

李明锋.鸡粪再生饲料养鱼技术，1997（05）

白彩霞，李华.鸡粪的再利用及处理，1997（01）

尹书田，苏建华.鸡粪饲料开发利用现状及展望，1998（01）

黄聪，孟庆翔.鸡粪发酵及其作为反刍动物饲料的营养价值，1997

于书琴，熊易强.鲜鸡粪－玉米秸青贮作为反刍动物饲料的研究，1988

谢骏，王广军，邓岳松，余德光，乌兰，卢迈新.耐高温酶制剂对奥尼罗非鱼免疫和肠道结构的影响［期
　　刊论文］－渔业现代化，2008（3）

徐淑玲.加工工艺对饲料中热敏物质的影响及后添加工艺［期刊论文］－广西畜牧兽医，2007（5）

刘梅英，彭健，刘敏跃，高雁.从后处理工艺提高植酸酶热稳定性的研究进展［期刊论文］－饲料工业，
　　2007（11）

罗有文，周岩民，王恬.饲料加工工艺对益生素活性的影响［期刊论文］－饲料博览，2006（3）

马文智.牛羊全日粮复合秸秆饲料成型工艺研究［学位论文］硕士，2005

翟洪玲.降低配合饲料生产过程中维生素损失的技术研究［学位论文］硕士，2005

黄渊清，花锦荣.制粒机操作要点［期刊论文］－粮食与饲料工业，2002（03）

吴建国，张培建.基于预测函数控制的纯滞后系统的研究［期刊论文］－自动化仪表，2004（11）

韦雄强.减少颗粒饲料含粉率的探讨，1997（05）

张甫生，庞杰，李文东.魔芋精粉的性质及其在粮食与饲料上的应用［期刊论文］－粮食与饲料工业，
　　2003（01）

胡春.魔芋粉的性质及应用，1992（02）

宁中华，徐桂云，沈慧乐.饲料原料对蛋鸡生产性能和鸡蛋品质的影响［期刊论文］－动物科学与动
　　物医学，2003（07）

谷文英，过世东.配合饲料工艺学，1999

王瑞霞，杨雨虹.膨化全脂大豆在水产饲料中的应用研究［期刊论文］－渔业经济研究，2009（4）

张采，周正宇，王禹斌等.膨化饲料的特点及用于Beagle犬的试验研究［期刊论文］－实验动物与比
　　较医学，2009（1）

周联高，吴蓉蓉，章世元等.大豆胰蛋白酶抑制剂及其钝化技术的研究进展［期刊论文］－中国饲料，
　　2009（3）

王洪新，王晓玲.茶多酚钝化大豆胰蛋白酶抑制因子(STI)的研究［期刊论文］－江苏农业学报，2008(3)

张采.挤压膨化原理以及膨化对饲料中各种营养成分的影响［期刊论文］－当代畜牧，2008（9）

何余湧，陆伟，谢国强等.早期断奶仔猪袋装流质饲料蒸煮加工参数研究［期刊论文］－江西农业大
　　学学报，2008（2）

柳旭东.不同加工温度的蛋白饲料及其对水产动物的影响［期刊论文］-饲料博览（技术版），2008（2）

水产饲料加工的主要工艺与设备［期刊论文］-渔业现代化，2006（3）

饶应昌.饲料加工工艺与设备，1996

徐健，冯秋.甲基紫法测定混合均匀度的探讨［期刊论文］-广东饲料，2003（02）

田华，卓震.抛射式双轴混合制粒机混合机理及参数优化［期刊论文］-江苏石油化工学院学报，2001

范大茵，陈永华.概率论与数理统计，1996

牛长山.试验设计与数据处理，1988

陈海槟.沸腾制粒机设计的点滴体会［期刊论文］-医药工程设计杂志，2000（04）

姜洋，郭军，王忠诚等.生物质致密成型设备生产颗粒燃料技术及经济分析［期刊论文］-可再生能源，2006（4）

刘恬，过世东.虾饲料的表观质量对耐水性的影响［期刊论文］-饲料研究，2009（2）

谢瑞红，王顺喜，谢建新等.超微粉碎技术的应用现状与发展趋势［期刊论文］-中国粉体技术，2009（3）

周庆安，姚军虎，刘文刚等.粉碎工艺对饲料加工、营养价值以及动物生产性能的影响［期刊论文］-西北农林科技大学学报（自然科学版），2002（6）

黄其春.影响颗粒饲料品质的因素［期刊论文］-龙岩师专学报，2002（3）

王渊源.水产配合饲料物理性状的探讨［期刊论文］-饲料工业，2006（04）

蔡奕椿.虾料加工质量缺陷分析和对策［期刊论文］-广东饲料，2006（05）

朱金林，过世东，徐学明.快速浊度法测定水产饲料耐水性方法研究［期刊论文］-饲料工业，2005（02）

蔡奕椿.影响水产颗粒饲料加工质量因素的分析与对策［期刊论文］-饲料工业，2006（21）

刘邦俊.影响颗粒饲料外观质量的因素及改善对策［期刊论文］-粮食与食品工业，2006（06）

过世东.水产饲料生产学，2004

过世东.虾和蟹饲料加工质量缺陷分析及对策，2005（09）

黄渊清，花锦荣.制粒机操作要点［期刊论文］-粮食与饲料工业，2002（03）

吴建国，张培建.基于预测函数控制的纯滞后系统的研究［期刊论文］-自动化仪表，2004（11）

吴宏鑫，解永春，李智斌.基于对象特征模型描述的智能控制［期刊论文］-自动化学报，1999（01）

吴宏鑫，王迎春，邢琰.基于智能特征模型的智能控制及其应用［期刊论文］-中国科学E辑，2002（06）

吴宏鑫，王颖，解永春.非线性黄金分割自适应控制［期刊论文］-宇航学报，2002（06）

吴宏鑫，王颖，解永春.非线性系统的特征建模与控制方法，2002（06）

郭健，陈庆伟，朱瑞军.一类非线性系统的自适应预测控制［期刊论文］-控制理论与应用，2002（01）

陈喜斌，陈宏，丁斌鹰.霉变对豆粕营养价值的影响.中国粮油学报，2004（3）

王俊国.膨化压榨法生产半脱脂大豆饲料蛋白粉.中国油脂，2006（9）

左青.风味豆粕生产探讨-中国油脂，2007（9）

王卫国，杨洋，左朝晖.水产膨化颗粒饲料的加工质量分析 粮食与饲料工业，2003（5）

董颖超，李军国，李俊，牛力斌.水产膨化颗粒饲料生产工艺特点及危害分析.饲料广角，2006（10）

熊易强.制粒作业的蒸汽调制.饲料广角，2006（17）

黄渊清，花锦荣.制粒机操作要点.粮食与饲料工业，2002（3）

田鹏飞.制粒机多层强力调质器蒸汽配管原则.中国饲料，2001 1（3）

赵春，朱忠珂.制粒温度对饲喂含植酸酶日粮肉仔鸡生长性能及钙磷利用的影响.西北农业学报，2007 16（4）

颜邦斌，樊平.家禽营养代谢病的日粮调控.四川畜牧兽医，2004（10）

Austin J.Lewis，武书庚，程宗佳.妊娠母猪的饲养管理要点.中国畜牧杂志，2008 44（16）

邓君明等.酶制剂的后置添加技术.粮食与饲料工业，2002（1）：18~20

章世元等.加酶饲料体外预消化工艺的可行性研究.饲料工业，2002，23（3）：17~20

邱万里.关于饲料制粒工艺中要素的控制.粮油加工与食品机械，2002（8）：51

Robert R.McEllhiney主编，沈再春等译.饲料制造工艺.北京：中国农业出版社，1996

戴四发等.绿色木霉纤维素酶系分泌特性及酶解条件的研究.安徽技术师范学院学报，2001，15（4）：50~53

董国忠，杨育才，彭远义等.饲粮因素对早期断奶仔猪蛋白质和脂肪消化率，腹泻和生产性能的影响［期刊论文］－养猪，1999（4）

顾宪红，李德发.仔猪脂肪代谢的影响因素［期刊论文］－饲料研究，2001（4）

顾宪红.仔猪脂肪代谢特点及其影响因素［期刊论文］－中国饲料，2001（14）

黄大鹏，高宏伟.仔猪早期断奶后腹泻与大豆蛋白抗原的关系［期刊论文］－养猪，1999（4）

早期断奶仔猪对脂肪的利用［期刊论文］－中国饲料，2000（14）

刘金银.早期断奶仔猪脂肪营养研究进展［期刊论文］－湖北农业科学，2000（4）

孙素玲.铜水平对断奶仔猪生长和日粮脂肪应用的影响，1996（1）

王春林.脂肪在保育期仔猪日粮中的应用［期刊论文］－国外畜牧学－猪与禽，2000（5）

王友明，邹晓庭.不同油脂对断奶仔猪生长效果的比较试验，1999（9）

谢启宇，早期断奶仔猪日粮中添加铜和脂肪的研究，1998（1）

刘丽霞，董惠娜，刘显军.不同添加水平的维生素E对育肥猪肉质的影响饲料工业，2007，28（18）

张树清.应激条件下肉用仔鸡生产的对策.中国畜牧兽医，2008，35（5）

任延利，齐德生.热应激对家禽的影响及其营养防治措施饲料工业，2008，29（13）

贝远清.夏季猪场的饲养管理措施－湖南畜牧兽医，2007（03）

廖华英，吴珺.规模猪场高温季节的饲养管理及保健措施 浙江畜牧兽医，2007，32（1）

张玲，陈秋梅.猪场防暑降温的有效措施.畜牧兽医科技信息，2008（12）

席红萍，席烟然.怎样减轻猪的热应激.江西畜牧兽医杂志，2001（4）

王雷，张依裕，陈伟等.热应激对剑白香猪相关指标的影响.山地农业生物学报，2006（02）

江龙海，赵松，宁国信.滴水降温与雾化降温对妊娠、哺乳母猪效果观察，2001（3）

兰宗宝，莫彬，苏晓波等.畜牧业对生态环境的污染以及防治措施［期刊论文］－广西农学报，2009（1）

朱娟，胡加如，冯新民等.控制畜禽养殖业污染改善农村生态环境［期刊论文］－农业科技管理，2008（02）

陶新，徐子伟，王峰.发展养猪业循环经济.实现养猪零污染［期刊论文］－家畜生态学报，2007（06）

王诚，张印，王怀忠等.零排放无污染发酵床养猪关键技术研究［期刊论文］－山东农业科学，2009（6）

刘红莲，姜咏栋，郭东方.利用蛋白质快速测定法鉴别玉米蛋白粉的质量.山东畜牧兽医，2005（3）

孙刚，王振堂，宋榆钧.家蝇幼虫集约化生产的初步研究［期刊论文］－应用生态学报，1999（2）

刘宏，朱刚.蝇蛆的饲养及其开发利用，1997（2）

朱开建，陈小麟，赵扬等.利用猪粪集约化生产蝇蛆的生态工程研究［期刊论文］－厦门大学学报（自然科学版），2003（2）

汤永忠，盛凯，余海东.水产饲料膨化工艺技术.中国饲料，2001（20）

洪兰华.浅谈湿法膨化饲料的有关工艺和设备.广东饲料，2001（3）

张祥，杨巧鹏.影响湿法膨化机膨化效果的主要因素及常见故障.饲料工业，2006，27（11）

赵学前，丁元香.植物蛋白性饲料在皮毛动物饲养中的应用.中国畜禽种业，2009，5（1）

王昌禄，刘洋，陈志强等.土壤中蓖麻变应原降解菌脱毒效果的研究［期刊论文］—饲料研究，2008（06）

王昌禄，张盈，王文杰等.蓖麻碱降解菌的选育及脱毒效果的研究［期刊论文］—微生物学通报，2007（01）

许光明，袁世寅，徐彩芬.脱毒蓖麻粕蛋白粉饲喂猪的应用试验［期刊论文］—上海畜牧兽医通讯，2006（03）

郑成，雷德柱，周勇强等.蓖麻碱的提取［期刊论文］—广东化工，2003（06）

邵建新，邓树娥，高景华等.蓖麻粕的脱毒及营养分析.中国卫生检验杂志，2002，12（2）

边四辈.提高秸秆营养价值的研究进展，1999（5）

苗志虹，汝应俊.尿素处理粗饲料的研究进展，1991（3）

夏兆刚，孟庆翔.提高秸秆饲用价值的方法和途径［期刊论文］—饲料研究，19

Kim DS, Kim TW, Park, et al.Effects of chromium picolinate supplementation on insulin sensitivity, serum lipids, and body weight in dexamethasone－treated rats.Metabolism, 2002, 51（5）：589～594.

郑晓中，冯仰廉，莫放等.日粮中添加长链脂肪酸钙对肉牛瘤胃发酵及营养物质消化率影响的研究［J］.动物营养学报，1999，11（增刊）:157～163

杨胜.饲料分析及饲料质量检测技术［M］.北京：北京农业大学出版社，1993.

李建国，冯仰廉，莫放等.粗料型日粮真胃灌注棕榈油对肉牛能量和蛋白质转化效率影响的初步研究［J］.畜牧兽医学报，2000，31（5）:385～389

蔡青和，贾志海等.绵羊日粮中添加不同水平脂肪酸钙对养分消化的影响［J］.中国农业大学学报，2001，6（3）:113～118

卢德勋.日粮纤维的营养作用及其利用［A］.刘建新.饲料营养研究进展［C］.成都：亚洲中医药杂志社，1998

罗长才，李莲，刘亚力等.琼脂扩散法测饲料中微量纤维素酶活力的测定［J］.饲料工业，2003，24（10）:39～41

禹慧明，林勇，徐有良等.常用饲用酶制剂测定方法的比较［J］.广东饲料，2002，11（3）:25～28

史锋，王璋.混合非淀粉多糖水解酶酶活测定方法的改进［J］.食品科学，2002，23（3）:121～126

堵苑苑.饲用非淀粉多糖酶活性分析方法的研究进展［J］.动物营养学报

陆文清，李德发等.还原糖地测定饲用非淀粉多糖酶的分析［J］.饲料工业

冯涛.酶活力测定方法及其影响因素［J］.中国饲料，2003（18）:32～33

Guan R L, Zhou J, Zhu H.Advance in separation and purification technology of soybean lecithin. China Food Additive, 2005, 5:44～47

聂月美，邵庆均.大豆磷脂及其在水产饲料中的应用［J］.水利渔业，2005，25（5）:80～82

赵春蓉，周小秋.磷脂与水生动物生物膜的关系［J］.中国饲料，2005，17:24～26

曹俊明，林鼎.饲料中添加大豆磷脂对草鱼肝胰脏脂质脂肪酸组成的影响［J］.水产学报

赵红霞.磷脂在水产养殖中的应用［J］.科学养鱼，2003（1）:55～56

邵邻相，何新霞，胡燕月等.复合磷脂和大豆磷脂对大鼠血脂和心肌丙二醛及脉搏的影响［J］.中国药学杂志，1993，31（12）:721～723

吴宏忠，袁涛，徐继成等.饲料营养成分对畜禽肉品品质的影响.饲料博览，2003（7）

张先勤等.中草药添加剂对生长育肥猪胴体品质和肉品质的影响 [J], 云南农业大学学报, 2002（2）

余国乔.N-甲基-D, L-天冬氨酸（NMA）对育肥猪生长性能、胴体组成的影响及其作用机理探讨 [D], 浙江大学, 1998

许梓荣等.N-甲基-D, L-天冬氨酸对育肥猪生长性能和胴体品质的影响 . [J] 中国畜牧杂志, 2001, 37（4）: 8~11

汪以真等 . 甜菜碱对猪肉品质的影响及机理探讨 . 中国农业科学, 2000, 33（1）: 91~99

余东游等 .CrPic 对生产育肥猪性能及胴体组成和肉质的影响 . 浙江大学学报, 27（1）: 96~98

任慧波, 单安山, 张永根 . 反刍动物过瘤胃蛋白的保护措施 [J]. 黄牛杂志, 2003, 29（4）:32~34

焦仕彦 . 膨化技术及其在饲料中的应用 [J]. 中国饲料

王聪, 黄应祥 . 反刍运物过瘤胃蛋白保护的研究进展 [J]. 中国奶牛

Leeson S, Atteh J O.Response of broiler chicks to dietary fullfat soybeans extruded at different temperatures prior to or after grinding[J].Anim Feed Sci Tech, 1996, 57: 239~245

周建民, 张晓明, 王加启 . 反刍动物营养学 [M]. 北京: 中国农业科技出版社, 1992.186.

王彩云 . 玉米膨化质构变化的研究, 1998（6）

王潇, 何瑞国, 张文静 . 不同添加量的膨化玉米对断奶仔猪的生长性能和养分消化率的影响 [期刊论文] -饲料工业, 2005（23）

肖志刚, 张秀玲, 任运宏等 . 挤压膨化玉米理化变化的研究 [期刊论文] -食品研究与开发, 2001（3）

赵静杰, 李小成, 王景儒 . 低聚糖对断奶仔猪生产性能的影响 [期刊论文] -中国畜牧兽医, 2008（2）

郭长义, 胡民强 . 早期断奶仔猪营养生理及其调控 [J]. 饲料研究, 2006（2）:20~23

朴香淑, 李德发等 . 不同大豆加工产品对早期断奶仔猪生长及日粮养分消化率的影响 [J]. 中国饲料, 2001（14）:13~14

GillC, 韩立明, 骆利欢 . 饲料是否达到最佳的粉碎粒度——从饲料效率、消化道健康和加工成本方面来调整饲料颗粒大小 [J]. 广东饲料, 2007, 16（2）:24~25

沈慧乐, 杨秀文 . 豆粕质量与脲酶活性和蛋白质溶解度 [J]. 饲料广角, 2005（16）:23~26

王卫国 . 饲料粉碎粒度对营养价值, 动物生产性能的影响及粉碎成本的控制 [J]. 饲料工业

王卫国, 邓金明 . 饲料粉碎粒度与蛋白质消化率的体外消化试验研究 [J]. 粮食与饲料工业

孙剑, 周小秋 . 饲料粉碎粒度与饲料营养价值和动物生产性能的关系 [J]. 饲料研究, 1999（3）:25-28.

Zinn R A, R.Barrajas.CoMParative Ruminal and Total Tract Digestion of a Finishing Diet Containing Fresh vs Air-Dry Steam-Flaked Com.J.Anim.Sci., 1997, 75:1 704~1 707

Zinn R A.Influence of steaming time on site of digestion of flaked corn in steers.J.Anim.Sci., 1990, 65:776~751

Zinn R A, F.N.Owens, R.A.Ware.Flaking corn: Processing mechanics, quality standards, and iMPacts on energy availability and performance of feedlot cattle J.Anim.Sci., 2002, 80:1 145~1 156

朱钦龙 . 玉米和高粱的不同加工处理饲喂奶牛的不同效果 [期刊论文] -乳业科学与技术, 2000（4）

谭鹤群, 张炳利 . 制粒工艺参数对制粒效果影响的试验研究, 1998（22）

刘梅英, 熊先安, 宗力 . 饲料加工对营养影响的研究 [期刊论文] -粮食与饲料工业, 2000（1）

宿刊根 . 颗粒饲料的加工技术, 1996（11）

Malathi V.G Devegowda 查看详情, 2001

NRC Nutrient requirements of poultry（9thEd）, 1994

Cheng, Z.J., Hardy, R.W.and M.Blair.2003.Effects of supplementing methionine hydroxy analogue in soybean meal and distiller's dried grain-based diets on the performance and nutrient retention of rainbow trout [Oncorhynchus mykiss (Walbaum)].Aquaculture Research, 34: 1303 ~ 1310

Cheng, Z.J., RW.Hardy, and J.L.Usry.2003.Plant protein ingredients with lysine supplementation reduce dietary protein level in rainbow trout (Oncorhynchus mykiss) diets, and reduce ammonia nitrogen and soluble phosphorus excretion.Aquaculture, 218 (2003) 553 ~ 565

Cheng, Z.J.and R.W.Hardy.2003.Effects of extrusion and expelling processing, and microbial phytase supplementation on apparent digestibility coefficients of nutrients in full-fat soybeans for rainbow trout (Oncorhynchus mykiss).Aquaculture, 218 (2003) 501 ~ 514

Cheng, Z.J.and R.W.Hardy.2003.Effects of extrusion processing of feed ingredients on apparent digestibility coefficients of nutrients for rainbow trout (Oncorhynchus mykiss). Aquaculture Nutrition, 9: 77 ~ 83

Cheng, Z.J.and R.W.Hardy.2002.Effect of microbial phytase on apparent nutrient digestibility of barley, canola meal, wheat and wheat middlings, measured in vivo using rainbow trout (Oncorhynchus mykiss).Aquaculture Nutrition, 8: 271 ~ 277

Cheng Z.J, K.C.Behnke, and W.G.Dominy.2002.Effect of moisture content, processing water temperature, and immersion time on water stability of pelleted shrimp diets.Journal of Applied Aquaculture, 12 (2): 79 ~ 89

肉用种蛋鸡日粮中添加VD3对其后代性能和骨畸形的影响 [期刊论文]—养殖与饲料, 2005 (11)

李德发, 刘焕龙, 席鹏彬, 陈勇, 李宇红.维生素D3对断奶仔猪生长性能和免疫机能的影响 [期刊论文]—中国农业大学学报, 2001 (5)

金奇志.TMR卧式饲料搅拌机的建模与仿真 [期刊论文]—农业机械, 2008 (9)

李忠平.饲料加工技术对饲料安全的影响.中国饲料, 2003 (23)

陈小玲, 陈代文.酶制剂对不同饲料原料营养价值的互作效应模型研究 [学位论文], 2004

MALATHI L.DEVEGOWDA G In vitro evaluation of non.starch polysaccharide digestibility of feed ingredients by enzymes, 2001

CHOCT M.ANNISON G Anti-nutritive effect of wheat pentosans in broiler chickens:roles of viscosity and gut microflora, 1992

BEDFORD M R.MORGAN A J The use of enzymes in poultry diets, 1996

严宏祥.挤压膨化技术对饲料营养特性的影响 [期刊论文]—湖南饲料, 2006 (05)

汪秋宽, 赵宏伟, 王吉桥等.单螺杆挤压鱿肝脏饲料的工艺研究 [期刊论文]—水产科学, 2006 (01)

汪秋宽, 王吉桥, 赵宏伟等.鱿肝脏配合饲料的营养成分及饲养凡纳滨对虾的效果 [期刊论文]—大连水产学院学报, 2006 (03)

付玉升.食品膨化机螺杆加工技术研究 [学位论文] 博士, 2005

金征宇, 李星.蓖麻饼粕的饲用开发, 1995 (5)

贵州农学院.生物统计与试验设计, 1981

刘大川.蓖麻籽粕脱毒新工艺, 1991 (6)

山西农业大学.兽医学, 1987

张元贞.蓖麻饼资源的开发利用, 1992 (2)

张采, 周正宇, 王禹斌等. 膨化饲料的特点及用于 Beagle 犬的试验研究 [期刊论文] - 实验动物与比较医学, 2009（1）

周联高, 吴蓉蓉, 章世元等. 大豆胰蛋白酶抑制剂及其钝化技术的研究进展 [期刊论文] - 中国饲料, 2009（3）

王洪新, 王晓玲. 茶多酚钝化大豆胰蛋白酶抑制因子(STI)的研究 [期刊论文] - 江苏农业学报, 2008(3)

张采. 挤压膨化原理以及膨化对饲料中各种营养成分的影响 [期刊论文] - 当代畜牧, 2008（9）

何余湧, 陆伟, 谢国强等. 早期断奶仔猪袋装流质饲料蒸煮加工参数研究 [期刊论文] - 江西农业大学学报, 2008（02）

柳旭东. 不同加工温度的蛋白饲料及其对水产动物的影响 [期刊论文] - 饲料博览(技术版), 2008(02)

徐奇友, 许红. 膨化对大豆抗营养因子的影响 [期刊论文] - 中国饲料, 2006（16）

俞微微, 刘俊荣, 王勇等. 双螺杆挤压机操作参数对膨化水产饲料物性的影响 [期刊论文] - 水产学报, 2007（03）

周兴华, 郑曙明, 向枭等. 齐口裂腹鱼对膨化和非膨化饲料粗蛋白质酶解速率研究 [期刊论文] - 粮食与饲料工业, 2006（04）

冯毛. 颗粒饲料纤维素酶真空喷涂技术的研究 [学位论文] 硕士, 2006

王勇, 路红波, 刘俊荣. 挤压蒸煮技术在水产饲料业的应用 [期刊论文] - 水产科学, 2005（08）

周兴华, 郑曙明, 向枭等. 齐口裂腹鱼对膨化和非膨化饲料粗蛋白质的离体消化率 [期刊论文] - 粮食与饲料工业, 2005（03）

罗莉, 叶元土, 林仕梅等. 异育银鲫肠道对膨化和非膨化饲料蛋白质的酶解动力学研究 [期刊论文] - 饲料工业, 2003（09）

林仕梅, 罗莉, 龙勇等. 膨化与非膨化饲料对湘云鲫生长的影响 [期刊论文] - 饲料工业, 2002（10）

王海东, 董致远, 吕小文等. 颗粒饲料淀粉糊化度的快速检测方法 [期刊论文] - 农业工程学报, 2008（12）

Wondra K J.Hancock J D.Kennedy G A Effects of mill type and particle size uniformity on growth performance, nutrient digestibility and stomach morphology in finishing pigs 1995

谢正军, 盛亚白, 张连军. 主要加工条件对水产颗粒饲料耐水性的影响 [期刊论文] - 中国饲料, 1997（17）

李启武. 不同加工工段对淀粉糊化度的影响 [期刊论文] - 饲料工业, 2002（1）

胡友军, 周安国, 杨凤等. 饲料淀粉糊化的适宜加工工艺参数研究 [期刊论文] - 饲料工业, 2002（12）

周兵, 李树文, 张宏玲, 简丽, 程宗佳. 不同淀粉含量饲料制粒后淀粉糊化度、水分、温度以及颗粒质量的变化初探 [期刊论文] - 饲料广角, 2006（8）

黄渊清, 花锦荣. 制粒机操作要点 [期刊论文] - 粮食与饲料工业, 2002（3）

田鹏飞. 制粒机多层强力调质器蒸汽配管原则. 中国饲料, 2001, 1（3）

王桂英, 李路胜. 液体饲料添加剂后喷涂工艺的研究. 饲料与畜牧, 2007 （11）

牟永义. 法国的饲料加工技术 [期刊论文] - 中国饲料, 1997（16）

罗伯特, 麦克希尼. 饲料制造工艺学, 1985

庞声海, 饶应昌. 配合饲料机械, 1989

谢正军, 盛亚白. 不同调质设备对颗粒饲料质量的影响, 1997（1）

过世东. 饲料加工工艺中各工序的改进 [期刊论文] - 饲料工业, 1998（1）

钟光明.影响制粒质量的因素［期刊论文］－粮食与饲料工业，1997（12）

武文利.影响制粒质量与效率的主要因素.粮食与饲料工业，2004（0）

程译锋，袁信华，过世东.加工对饲料蛋白质体外消化率和糊化度的影响.中国粮油学报，2009，24（02）

陆色.毛皮动物养殖业前景乐观［期刊论文］－农村新技术，2006（4）

赵占强.水貂产业的国际竞争力分析［期刊论文］－中国牧业通讯，2005（20）

Day MG.Linn I Notes on the food of feral mink（Mustelavison）in England and Wales，1972

郭天芬，常玉兰，席斌.我国毛皮动物养殖业现状及发展的对策［期刊论文］－畜牧兽医科技信息，
      2006（3）

朴厚坤，高祝兰.动物福利与裘皮贸易的新形势［期刊论文］－经济动物学报，2006（1）

张同功.中国裘皮产业的国际竞争力评价［期刊论文］－中国皮革，2006（5）

商展.饲养毛皮动物抓牢赚钱机遇［期刊论文］－乡镇论坛，2005（18）

刘召乾，张超，闫琴.人工养殖水貂的繁殖技术［期刊论文］－中国农村科技，2006（3）

王淑雯，苗兴元，姜水等.毛皮动物饲喂配合料应注意的几个问题.养殖技术顾问，2004（10）

张海华，李光玉，刘佰阳等.毛皮动物饲料使用过程中存在的问题与解决方法.饲料工业，2008 29（7）

张振兴.我国毛皮动物养殖概况及存在的问题［期刊论文］－经济动物学报，2005（4）

刘长乐，文思标，潘阳等.我国毛皮动物养殖业的风险分析.特产研究，2009，31（1）

郭天芬，常玉兰，席斌.我国毛皮动物养殖业现状及发展的对策 畜牧兽医科技信息，2006（3）

威克尔公司材料：制粒机操作及环模压辊使用保养手册

根据中国畜牧人论坛各版主提出的问题及相关答案进行综合

郑桂梅，沈宝林.振动吸皮机[J].农业机械化与电气化，1995（03）

杨天生，张忠良.平转筛平衡设计的探讨[J].粮食与饲料工业，1995（05）

应卫东，刘文波.正压式重力分选机筛体结构及参数对分选质量的影响分析[J].现代化农业，1998（05）

于庆波，岳强，陈光等.谷物干燥数学模型的建立及求解[J].节能，2002（05）

最新谷物干燥仓[J].现代农业装备，1994（01）

戴天红，曹崇文，朱一轨.谷物干燥机分析与管理的计算机系统[J].中国农业大学学报，1996（04）

谷物干燥机[J].山东农机，1996（05）

江伟耀.5HL 型系列谷物干燥机[J].湖南农机，1999（03）

张丽，马蓉.谷物干燥控制的研究与探索[J].中国农机化，2003（05）

单丽.立式小型谷物干燥机[J].江苏农机与农艺，2000（01）

戴天红，曹崇文.谷物干燥研究中的模糊数学方法[J].农业工程学报，1996（03）

Cheng, Z.J.and R.W.Hardy.2004.Protein and lipid sources affect cholesterol concentrations of
      juvenile Pacific white shrimp, Litopenaeus vannamei（Boone）.Journal of Animal Science,
      2004（82）：1136～1145

Cheng, Z.J., R.W.Hardy, V.Verlhac, and J.Gabaudan.2004.Effects of microbial phytase
      supplementation and dosage on apparent digestibility coefficients of nutrients and dry
      matter in soybean product-based diets for rainbow trout Oncorhynchus mykiss.Journal of the
      World Aquaculture Society, 35（1）：1～15

Cheng, Z.J.and R.W.Hardy.2004.Effects of microbial phytase supplementation in corn distiller's
      dried grain with solubles on nutrient digestibility and growth performance of rainbow
      trout, Oncorhynchus mykiss.Journal of Applied Aquaculture, 15：83～100

胡彦茹，何余湧，陆伟等．2011 不同调质温度对肉鸡颗粒饲料加工质量的影响。饲料工业，2011（23）:38 ～ 40

赵克振，王卫国，程宗佳等．2011 GM大豆粉碎膨化工艺参数的优选。饲料工业，2011（1）：16 ～ 18

卢玉发，何仁春，程宗佳等．2009 膨化大豆复合营养舔砖对舍饲圈养山羊生产性能的影响。饲料工业，2009（17）：44 ～ 47

孙培鑫，陈代文，余冰等．2007 去皮膨化豆粕对早期断奶仔猪免疫机能和血液生化指标的影响．饲料工业，2007（15）：35 ～ 39

孙培鑫，陈代文，余冰等．2006 去皮膨化豆粕在断奶仔猪日粮中的应用．饲料工业，2006（13）：43 ～ 47

何余湧，刘春雪，程宗佳等．2006 加水调质对饲料霉变及发霉饲料对猪生产性能和器官病变的影响．饲料工业，2006（9）：34 ～ 37

刘春雪，陆伟，何余勇等．2004 在混合机内的粉料中添加水分对颗粒质量和猪生产性能的影响．饲料工业，2004（9）：11 ～ 14

程宗佳．2006 来自饲料厂和养殖场生产第一线的若干问答（三十四）．饲料工业，2006（23）：68 ～ 68

程宗佳，庄苏，朱建平．2005 来自饲料厂和养殖场生产第一线的若干问答（二十）.饲料工业，2005（19）：64 ～ 64